Kim Weinand

Local Marketing

Online werben, lokal verkaufen

Liebe Leserin, lieber Leser,

Lokal und *online* sind keine Gegensätze: heute finden Kundinnen und Kunden das nächste lokale Geschäft online. Die Suche im Web ist so schnell und einfach geworden, dass – selbst ohne einen Online-Kauf im Sinn zu haben – der erste Griff oft zum Smartphone führt. Um Ihre Dienstleistungen oder Waren an die Käuferschaft zu bringen, müssen Sie in den Suchergebnissen oben mitspielen, gefunden werden und potenzielle Kundschaft ins Geschäft führen.

Kim Weinand leitet Sie mit seiner Expertise und Praxiserfahrung an, Ihre persönliche Online-Präsenz aufzubauen. Der Marketing-Experte kennt das Rezept für starkes »Local Marketing«: Sichtbarkeit über zielgerichtete Werbung und einen professionellen, aufgeräumten Online-Auftritt. Verstehen Sie, was Ihre Kunden brennend interessiert und wie Sie online die richtige Ansprache finden. Ob Suchmaschinenoptimierung, Google My Business oder Facebook Ads – erfahren Sie mithilfe vieler Praxisbeispiele, wie Sie Ihre persönliche Online-Marketing-Strategie für Ihren Einzelhandel oder Ihr KMU entwerfen und umsetzen.

Dieses Buch wurde mit größter Sorgfalt geschrieben und hergestellt. Sollten Sie dennoch Fragen, Kritik oder inhaltliche Anregungen haben, freue ich mich, wenn Sie mit mir in Kontakt treten. Zunächst aber wünsche ich Ihnen viel Erfolg bei Ihrem lokalen Marketing.

Ihr Erik Lipperts
Lektorat Rheinwerk Computing

erik.lipperts@rheinwerk-verlag.de
www.rheinwerk-verlag.de
Rheinwerk Verlag · Rheinwerkallee 4 · 53227 Bonn

Auf einen Blick

Wir hoffen, dass Sie Freude an diesem Buch haben und sich Ihre Erwartungen erfüllen. Ihre Anregungen und Kommentare sind uns jederzeit willkommen. Bitte bewerten Sie doch das Buch auf unserer Website unter **www.rheinwerk-verlag.de/feedback**.

An diesem Buch haben viele mitgewirkt, insbesondere:

Lektorat Erik Lipperts, Fynn Koretz
Korrektorat Monika Paff, Langenfeld
Herstellung Janne Brönner
Typografie und Layout Vera Brauner
Einbandgestaltung Bastian Illerhaus
Satz III-Satz, Husby
Druck und Bindung mediaprint solutions, Paderborn

Dieses Buch wurde gesetzt aus der TheAntiquaB (9,35/13,7 pt) in FrameMaker.
Gedruckt wurde es auf chlorfrei gebleichtem Offsetpapier (90 g/m²).
Hergestellt in Deutschland.

Bibliografische Information der Deutschen Nationalbibliothek:
Die Deutsche Nationalbibliothek verzeichnet diese Publikation in der Deutschen Nationalbibliografie; detaillierte bibliografische Daten sind im Internet über *http://dnb.dnb.de* abrufbar.

ISBN 978-3-8362-8372-4

1. Auflage 2022
© Rheinwerk Verlag, Bonn 2022

Informationen zu unserem Verlag und Kontaktmöglichkeiten finden Sie auf unserer Verlagswebsite **www.rheinwerk-verlag.de**. Dort können Sie sich auch umfassend über unser aktuelles Programm informieren und unsere Bücher und E-Books bestellen.

Inhalt

6 Sichtbar sein mit Google Ads 119

7 Die erste Anlaufstelle – Google My Business 145

8 Noch mehr Werbung – weitere Möglichkeiten 167

9   Funktioniert meine Werbung?   201

10   Soll ich auch in Social Media präsent sein?   225

12   Online-Marketing-Strategien   273

13   War es das jetzt? – Wie geht es weiter?   299

Vorwort

Liebe Leserin, lieber Leser, vielen Dank, dass Sie dieses Buch gekauft haben und den Mut haben, sich auf dieses Abenteuer einzulassen. Das Abenteuer nennt sich Digitalisierung, und es ist eine große Herausforderung für uns Unternehmer und Unternehmerinnen, IT- und Marketing-Verantwortliche.

Innovationen überschlagen sich, und die digitale Kommunikation wird immer schneller. Aus diesem Grund ist es mir ein wichtiges Anliegen, Ihnen nicht nur zu zeigen, wie Sie werben sollten.

Mit keinem anderen Medium können Sie potenzielle Interessenten so zielgerichtet ansprechen wie mit dem Internet. Noch viel besser, im Internet finden Sie nicht nur potenzielle Interessenten, sondern Sie lassen sich finden – und zwar genau in dem Moment, in dem ein Interessent oder eine Interessentin in Ihrem Umkreis nach Leistungen Ihres Unternehmens sucht. Klingt gut? Dann freuen Sie sich auf anregende Einblicke in die Tiefen des Online-Marketing. Sie erfahren, wie Sie in Zukunft Werbekanäle bewerten und als Chance für Ihr Marketing erkennen können.

Ich werde Ihnen dazu aus meiner Praxis in den unterschiedlichsten Branchen und Unternehmen berichten. Ich hoffe, dass ich Ihnen passende Beispiele aus Ihrer Branche aufzeigen kann und Sie mit den Tipps und Tools ebenfalls Ihr Marketing optimieren können.

Der Fisch auf dem Teller ist zwar schön und macht satt, aber ich möchte Ihnen zeigen, wie Sie angeln, denn dann haben Sie auch morgen, übermorgen und in fünf Jahren etwas, das Sie voranbringt.

In diesem Sinn – holen Sie schon mal die Angel, wir gehen fischen!

Kim Weinand

Kapitel 1

Was Sie mit lokalem Marketing erreichen können

Sprechen Sie Ihre Zielgruppe über digitale Wege direkt an, können Sie sich auf hohe, effektive Reichweiten in Ihrem lokalen Wirkungsgebiet freuen. Kombiniert mit performance-orientierten Zahlungsmethoden ergibt sich eine effektive Werbestrategie für Ihr lokales Marketing.

Wie der Begriff schon definiert, zentriert sich lokales Marketing auf ein bestimmtes Wirkungsgebiet. Ihr Marketing soll dort ausgespielt werden, wo es die höchste Wirkung für Sie und Ihr Unternehmen hat: *lokal*. Dabei ist es für Sie als Unternehmer bzw. Entscheider wichtig, dass Ihr Marketing möglichst effizient für Sie arbeitet und jeder eingesetzte Euro auch einen Ertrag bringt.

So sind vor allem die Maßnahmen für Sie interessant, bei denen Sie kein kontinuierliches Werbebudget benötigen und bei dem Sie eher durch persönliches Engagement die Bekanntheit Ihres Unternehmens steigern können. Als Expert*in in Ihrer Branche können Sie mit Vorträgen, Fachveranstaltungen und persönlichem Netzwerken in ortsansässigen Unternehmer-Organisationen bereits Kunden und Kundinnen gewinnen, ohne großflächig in Werbung zu investieren.

Die Bekanntheit Ihres Unternehmens können Sie auch im Internet durch eine eigene Website und durch einen kostenlosen Branchenbucheintrag bei Google My Business steigern. Zudem hilft Ihnen die Interaktion mit Ihren Kunden bei Facebook, Instagram und Co., um eine beständige Kommunikation aufzubauen.

Dies sind Beispiele für den Aufbau Ihrer lokalen, digitalen Präsenz. Es sind Werbetätigkeiten, für die Sie kein originäres Marketing-Budget benötigen und die für Sie trotzdem bereits gute Erfolge erzielen können.

Diese Situation beschreibt die gängige Praxis vieler kleiner und mittlerer Unternehmen (KMU) heute. Sie schalten eventuell die ein oder andere Anzeige in den lokalen Printmedien und haben auch schon mal Radiowerbung eingesetzt. Dazu haben Sie (erste) Erfahrungen mit sozialen Netzwerken auf Facebook, YouTube und/oder Instagram gesammelt und haben gehört, dass Suchmaschinenoptimierung für Sie wichtig ist.

Was vielen Unternehmern und Entscheidern dabei fehlt, ist eine sinnvolle Bewertung der Kosten und Aufwendungen im Verhältnis zu einem messbaren Gegenwert.

Henry Ford formulierte bereits treffend: »Wenn Sie einen Dollar in Ihr Unternehmen stecken wollen, so müssen Sie einen weiteren bereithalten, um das bekanntzumachen.« Und weiter philosophierte er: »Ich weiß, die Hälfte meiner Werbung ist hinausgeworfenes Geld. Ich weiß nur nicht, welche Hälfte.«

1.1   Digitale Werbekanäle und Online-Marketing

Damit Sie nicht die Hälfte Ihres Werbebudgets zum Fenster hinauswerfen, werden wir uns in diesem Buch mit den Medien und Strategien beschäftigen, die Sie auf vordefinierte Ziele und messbare Einheiten hin bewerten können. Werbung ist heute in vielerlei Hinsicht messbar, nur leider hält sich die Zielgruppe nicht immer an Ihre Auswertung. Daher schauen wir nicht nur, wie Sie die Werbung ausführen, sondern auch, wie Sie die Werbung bewerten können und welche Rückschlüsse Sie daraus ziehen sollten.

Folgend sehen Sie fünf Beispiele für Ziele, Werbekanäle und messbare Ergebnisse:

Ziele	Werbekanal	Messbare Einheit
Die Werbung soll möglichst häufig in meiner Region ausgespielt werden.	Display-Werbung	Ad Impression
Möglichst viele Interessent*innen sollen auf die Website geleitet werden.	Display-Werbung	Klicks der Werbeauslieferung / Benutzer*innen (messbar in Google Analytics)
Ich möchte in den Google-Suchergebnissen erscheinen, wenn jemand nach einem Malerbetrieb in Köln sucht.	Organische Google-Suchergebnisse (SEO) / werbliche Anzeigen in den Suchergebnissen (GoogleAds – SEA)	Impressionen (SEA: messbar in Google Ads / SEO: messbar mit der Google Search Console)
Ich möchte Probefahrten für das neue Modell von XYZ erhalten.	Diverse digitale Medien	Ausgefüllte Probefahrt-Formulare (messbar über Google Analytics)

Tabelle 1.1 Beispiele für Ziele, Werbekanäle und messbare Ergebnisse

Ziele	Werbekanal	Messbare Einheit
Ich möchte den Umsatz meines Onlineshops um 200 % steigern.	Google Shopping	Umsatz in Google Analytics messen

Tabelle 1.1 Beispiele für Ziele, Werbekanäle und messbare Ergebnisse (Forts.)

1.2 Klassische und digitale Werbung – Unterschiede und Stärken

Lokales Marketing ist nicht ausschließlich digital. Lokale Werbung umfasst eine Vielzahl unterschiedlicher Werbemedien und -kanäle. Sie können sowohl auf Plakaten, Videowalls, in Lokalzeitungen, Kinos, im Radio als auch an vielen weiteren Plätzen für Ihr Geschäft werben. Alle diese Medien haben ihre Berechtigung und werden je nach Anwendungsfall sehr gute Ergebnisse erzielen.

Bei der Frage nach dem Potenzial lokaler Werbung beziehen wir uns in diesem Buch auf digitales Marketing und den großen Unterschied zu den eben genannten klassischen Werbemedien.

Stellen Sie sich vor, Sie schalten für Ihr Unternehmen eine Werbung bei dem beliebtesten Radiosender Ihrer Stadt. Sie erreichen in jedem Fall eine hohe Durchdringung in der Hörerschaft des Senders. In den meisten Fällen liegt der Zielgruppenanteil, der für Ihr Unternehmen relevant ist, allerdings nur bei einem Bruchteil der Personen, die den Radiospot hören (siehe Abbildung 1.1).

Bei den klassischen Medien zahlen Sie für die Reichweite, also dafür, dass Ihre Werbung ausgespielt wird. Es ist dabei egal, ob Ihre originäre Zielgruppe bei 70 % oder lediglich bei 10 % der erreichten Kontakte liegt. Die Kosten sind somit unabhängig von Ihrem Werbeerfolg. Man bezeichnet dieses Vergütungsmodell als *TKP*-Vergütung (Tausender-Kontakt-Preis). Sie zahlen einen Festpreis pro 1000 Kontakte, die mit dem jeweiligen Medium erreicht werden.

Im Online-Marketing können Sie ebenfalls viele Werbemedien mit diesem Ziel einsetzen, um Ihre Präsenz im lokalen Umfeld digital zu erweitern. Wenn Sie Ihre digitale Werbung flächendeckend ausspielen, schaffen Sie dabei eine Reichweite, die dem lokalen Radio durchaus gleichgesetzt werden kann. Sie können aber auch – und hier beginnt der große Unterschied – Ihre Werbung anhand des Verhaltens der Internetnutzer gezielt an potenzielle Interessenten aussteuern und so den *Streuverlust* um ein Vielfaches verringern. Die effektiven Werbekosten pro relevantem Kontakt werden so oft bei einem Bruchteil der Kosten von lokalen, klassischen Medien liegen (siehe Abbildung 1.2).

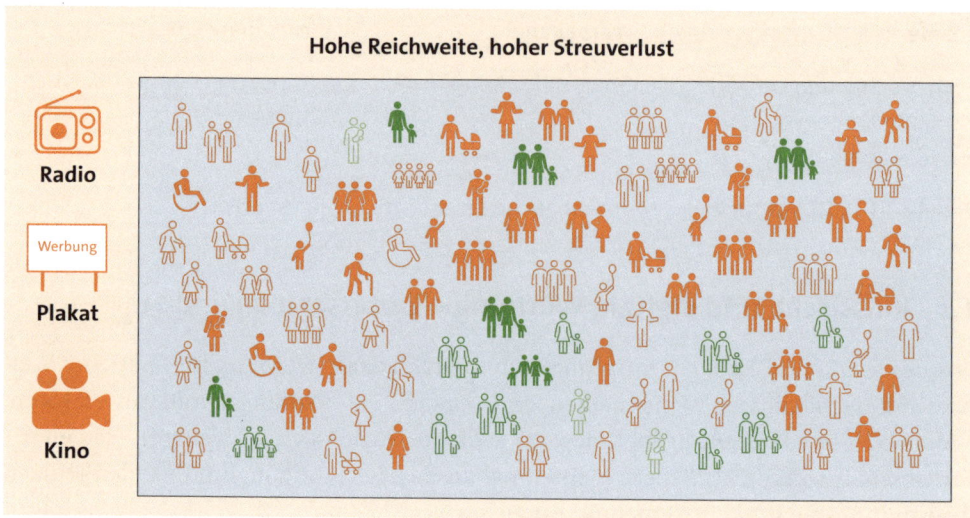

Abbildung 1.1 Klassische Werbekanäle haben eine hohe Reichweite, aber auch einen hohen Streuverlust.

Abbildung 1.2 Digitale Werbekanäle bieten eine gezielte Werbeansprache nach Nutzerverhalten und haben geringen Streuverlust.

So können Sie auch die Ausspielung Ihrer Werbung viel stärker ausweiten und über einen regionalen Werberadius hinaus Ihre Werbung landesweit – ganz gezielt – an Internetnutzer ausspielen, die nach Ihren Produkten und Leistungen gezielt in bzw. aus Ihrer

Region suchen. Beispielsweise können Sie als Immobilienmakler bzw. -maklerin potenzielle Interessenten aus der ganzen Welt ansprechen, die gerade nach Immobilien in Ihrer Stadt suchen. Ebenso könnte jemand in München nach einem Malermeister in Berlin suchen, da er seine Eigentumswohnung in der Hauptstadt renovieren möchte. Es gibt viele Anlässe, zu denen Menschen über das Internet nach Leistungen und Produkten an Orten recherchieren, die Sie erst in den nächsten Tagen oder Wochen besuchen werden. Diese Menschen können Sie mit der passenden Werbebotschaft über digitale Medien adressieren, ohne dabei hohen Streuverlust und immense Werbekosten in Kauf nehmen zu müssen.

Kommen wir noch mal zu unserer Radiowerbung. Stellen Sie sich vor, Ihr Zielgruppenanteil liegt bei 25 % der Hörerschaft. Jeder vierte Hörer ist ein potenzieller Kunde für Ihr Unternehmen. Die Kosten für die anderen 3 bzw. 75 % der Hörerschaft müssen Sie jedoch ebenfalls bezahlen. Diese Kosten müssen Sie auf Ihre Zielgruppe umrechnen und so erhöhen sich die Kosten pro relevantem Kontakt um ein Vielfaches. Online sind konsumierte Inhalte und Eigenschaften des Nutzenden für den Werbetreibenden einsehbar. Aus diesem Surfverhalten können Sie schließen, ob der Nutzende zu Ihrer Zielgruppe gehört.

Wir bezeichnen diese Möglichkeit allgemein als *Targeting*, wobei das Targeting viele unterschiedliche Ausprägungen haben kann, die Sie miteinander kombinieren können.

1.3   Location-based Advertising und Targeting

Eine wichtige Komponente der lokalen Werbung ist das *Location-based Advertising*. Laut der Definition des Bundesverbands digitale Wirschaft umfasst Location-based Advertising (LBA) alle Werbeformen, die Nutzern auf ihrem (mobilen) Endgerät in Abhängigkeit ihres Aufenthaltsortes ausgeliefert werden. Der Aufenthaltsort kann hierbei sowohl über eine manuelle Angabe der User*innen als auch mithilfe technischer Messmethoden (u. a. IP-Adresse, Wi-Fi, GPS) ermittelt werden.

Dies bedeutet, dass man lediglich in einem vordefinierten geografischen Wirkungsgebiet seine Werbung ausspielt. Die Verortung eines Internetnutzers erfolgt dabei über den Einwahlknoten der Internetverbindung (IP-Adresse), die GPS-Position, eine WLAN-Triangulation oder andere technische Möglichkeiten zur Standortbestimmung. Gezielt für die lokale Werbetätigkeit sprechen wir hier von *Hyperlokalität* beziehungsweise dem *Hyperlocal Marketing*.

Mittlerweile läuft der größte Anteil des Datenaustauschs im Internet über Smartphones und mobile Internetverbindungen. In der Altersgruppe der 14- bis 49-Jährigen sind

Smartphones mit einem Nutzeranteil von über 95 % nicht mehr wegzudenken. Die Anzahl der Smartphone-Nutzer*innen in Deutschland belief sich im Jahr 2019 auf rund 58 Millionen.[1]

Die Position eines Smartphones ist relativ genau messbar, und es ist möglich, ein Bewegungsprofil seines Besitzers oder seiner Besitzerin anhand der über die Zeit anfallenden Daten zu erstellen. Dies ermöglicht Ihnen, Ihre Werbung nicht nur lokal auszuspielen, sondern auch darauf zu achten, in welcher Situation Ihre Werbung lokal ausgespielt wird. Sitzt der Nutzer gerade auf der Autobahn im Stau, ist er oder sie im Fitnessstudio, schlendert durch die Innenstadt oder ist zu Hause auf der Couch? Je nach Anbieter können Sie diese Informationen auch noch um Uhr- oder Tageszeit und das Wetter anreichern.

So können Sie beispielsweise als Autohaus in Ihrem lokalen Umfeld an sonnigen Tagen die Werbung für das neue Cabrio ausspielen, während Sie diese an regnerischen Tagen pausieren. Sie können den neuen Kombi oder den neuen SUV an Internetnutzer ausspielen, die morgens und nachmittags im Umfeld eines Kindergartens oder einer Grundschule unterwegs sind, und gezielt solche Personen bewerben, die mit hoher Wahrscheinlichkeit Kinder haben. Das Jobangebot für junge, angehende Ingenieur*innen bewerben Sie am besten mit einem zielgerichteten Geotargeting auf den Campus der lokalen Hochschule. So wird Ihre Werbung genau dann ausgespielt, wenn ein Internetnutzer im vorgegebenen Gebiet im Internet surft und eine Seite öffnet, auf der Ihre Werbeausspielung platziert werden kann.

Neben den technischen Möglichkeiten des Location-based Marketing können Sie zudem nutzer- und umfeldbezogene Targeting-Kriterien für Ihre Werbung einsetzen. Diese werden uns im Laufe der nächsten Kapitel immer wieder begegnen. Die konkrete Selektion von Kontakten zur Werbeansprache hilft uns dabei, die richtige Person zum richtigen Zeitpunkt auf dem richtigen Gerät (Smartphone, Tablet, Desktop, TV oder sogar Smart-Speaker) zu erreichen. An dieser Stelle sei lediglich erwähnt, dass Sie durch diese Möglichkeit Ihre Werbung zielgerichtet an Personen ausspielen können, die mit hoher Wahrscheinlichkeit ein Interesse an Ihren Produkten und Dienstleistungen haben und sich vielleicht sogar gerade in einem Kauf- oder Entscheidungsprozess befinden.

All das wird durch technische Messmethoden, Cookies und das Surfverhalten der Nutzerinnen und Nutzer ermöglicht, und so findet eine gewisse Vorqualifizierung der Kontakte statt, bevor Ihre Werbung diesen Personen angezeigt wird. Neben dem Surfverhalten ist für die lokale Werbetätigkeit natürlich der Standort der Nutzenden aus-

---

1 Quelle: *https://de.statista.com/statistik/daten/studie/198959/umfrage/anzahl-der-smartphonenutzer-in-deutschland-seit-2010/*

schlaggebend, und so werden die unterschiedlichen Methoden miteinander kombiniert, um für Sie eine höchstmögliche Genauigkeit zu erzielen.

1.4   Klasse statt Masse – Mediakosten nur, wenn Werbung wirkt

Ein weiterer wesentlicher Vorteil, warum gerade Online-Marketing für Ihr lokales Marketing wichtig ist, ist die Vergütungsmethode. Wie bereits dargestellt, werden die Kontakte anhand diverser Kriterien vorgefiltert, und somit erhöht sich die Wahrscheinlichkeit, dass Ihre Werbung ausschließlich an potenzielle Interessenten ausgeliefert wird. Google, Facebook und weitere Werbenetzwerke bieten Ihnen zusätzlich auch noch den Vorteil, dass Sie für Ihre Werbung lediglich dann zahlen, wenn Ihre Werbung wirkt und der Nutzer Ihre Werbung anklickt. Dieses Vergütungsmodell bezeichnet man als *Cost-per-Click*-Verfahren (CPC).

Zusammengefasst heißt das also, dass Sie anhand der Targeting-Kriterien Ihren Streuverlust reduzieren und Ihre Werbung ausschließlich an relevante Kontakte ausspielen. Und Sie zahlen für diese Werbeausspielung auch nur dann, wenn ein potenzieller Interessent Ihre Werbung wahrnimmt und diese anklickt. Das macht Online-Marketing effektiv und bietet Ihnen bereits für kleine Werbebudgets eine effiziente Werbemöglichkeit. Schauen wir uns dazu ein Beispiel an. Stellen Sie sich vor, Sie sind Inhaber*in eines Hochzeitshauses und bieten Brautmode an. Ihre potenzielle Zielgruppe sind Paare, die in den nächsten Monaten heiraten möchten. Ihre klassischen Werbekanäle sind regionale Hochzeitsmessen, Tageszeitungen und Radiowerbung. Alle diese Werbeoptionen ermöglichen Ihnen eine hohe Aufmerksamkeit im regionalen Umfeld. Sie adressieren jedoch eine sehr breite Bevölkerungsschicht, und mit hoher Wahrscheinlichkeit wird nur ein geringer Anteil an der Gesamtheit der erreichten Personen zu Ihrer Zielgruppe gehören.

Die digitale Alternative wäre eine Werbetätigkeit in den sozialen Netzwerken, wie beispielsweise Facebook und Instagram sowie in der Google-Suche. Sie können bei Facebook und Instagram eine Werbetätigkeit ausführen, bei der Sie einen geografischen Radius definieren, in dem Ihre Werbeanzeige angezeigt werden soll. Beispielsweise 50 Kilometer um das Hochzeitshaus herum. Als Zielgruppe definieren Sie dann Nutzerinnen, die als Familienstatus »Verlobt« angegeben haben. Sie erreichen somit alle lokalen Facebook-Nutzer in Ihrem vorgegebenen geografischen Wirkungsgebiet, die bei Facebook den Status »Verlobt« nutzen.

Sie könnten die Zielgruppe sogar aufgrund weiterer demografischer Merkmale spezifizieren. So können Sie Frauen im Alter zwischen 20 und 35 Jahren mit dem Status »Verlobt« mit einer anderen Werbebotschaft bewerben als Frauen im Alter zwischen 35 und

50. Und natürlich differenzieren Sie Ihre Werbebotschaften nach Geschlecht und bieten Männern eine andere Werbeanzeige an als Frauen. Wie Sie sehen, können Sie Ihre Werbung wesentlich spezifischer ausspielen. Und Sie zahlen für diese Werbetätigkeit auch nur dann, wenn die adressierte Person Ihre Werbung nicht nur wahrnimmt, sondern auch anklickt und somit auf Ihre Website weitergeleitet wird.

Zusätzlich erstellen Sie Werbeanzeigen, die in den Google-Suchergebnissen eingeblendet werden, wenn jemand nach einem Brautmodengeschäft, einem Hochzeitshaus, nach Brautkleidern oder anderen Artikeln recherchiert, die Sie in Ihrem Geschäft anbieten. Auch hier definieren Sie Ihr geografisches Wirkungsgebiet, und Sie zahlen ebenfalls nur dann, wenn ein Interessent oder eine Interessentin bei Google auf Ihre Werbeanzeige klickt und auf Ihre Website weitergeleitet wird. Zusammengefasst: Sie zahlen nur noch für relevante Kontakte, die durch einen Klick oder eine Interaktion ihr Interesse an Ihrem Unternehmen bestätigt haben. Sie zahlen nicht, wie bei den klassischen Medien, für die reine Werbeausspielung.

Haben Ihnen diese Beispiele für digitales Marketing gefallen? In den kommenden Kapiteln zeige ich Ihnen, wie Sie auf den unterschiedlichen Kanälen gezielt und lokal werben und so Ihre Verkaufsziele erreichen.

1.5   Welches Werbemedium zu welchem Zweck?

Zuerst einmal kurz zu mir – ich bin zwar Coach und Unternehmensberater für digitales Marketing, dennoch würde ich Ihnen nie dazu raten, komplett auf analoge Medien zu verzichten. Bedenken Sie, jedes Werbemedium hat seine Berechtigung, und so sind auch klassische Medien ein wichtiges Instrument, wenn es um den Imageaufbau einer Marke oder eines Unternehmens geht. Auch sind sie der Weg, wenn eine breite Streuung Ihrer lokalen Präsenz gewünscht ist und Sie eine hohe Durchdringung in der Bevölkerung um Ihren Standort herum wünschen. Sobald Sie jedoch ein vertriebsorientiertes Marketing zur direkten Ansprache Ihrer potenziellen Zielgruppe wünschen, wird Online-Marketing für Sie ein wichtiger Kanal, mit dem Sie kosteneffizient genau die Nutzerinnen und Nutzer ansprechen können, die sich für Ihre Leistung und Ihre Produkte interessieren. Und so möchte ich hier keine Lobeshymne auf digitale Marketing-Maßnahmen halten. Ich möchte Ihnen – sofern das durch die Brille eines Online-Marketing-Managers möglich ist – einen objektiven Überblick zu den lokalen Werbemöglichkeiten geben. Dabei berücksichtige ich anhand meiner langjährigen Erfahrung das Verhalten potenzieller Zielgruppen für unterschiedliche Branchen. Ich definiere mit Ihnen entsprechende Werbekanäle, die Ihre Zielgruppe nutzt und in denen Ihre Werbung wahrgenommen wird.

1

Der Budget-Anteil Ihres Marketing-Etats, den Sie für digitales Marketing einsetzen sollten, steigt, je zielgenauer Sie potenzielle Kunden ansprechen möchten, ohne Ihre Unternehmensbekanntheit in der Region durch Streuwerbung stärken zu müssen.

In den meisten Fällen empfehle ich Unternehmen einen gesunden Mix aus Imagewerbung für Ihr Unternehmen und Performance-Marketing (Online-Marketing) für die unmittelbare Vertriebsunterstützung. Was können Sie also mit lokalem Marketing erreichen? Werbung für Ihr Unternehmen, ausgerichtet an Ihrem Bedarf und Ihrer Wettbewerbssituation, um als Unternehmen wahrgenommen zu werden und Internetnutzer anhand ihres Verhaltens als potenzielle Kunden zu identifizieren und zu bewerben.

Kapitel 2
Wie Sie lokal sichtbar werden

Ihre lokale Präsenz ist ein wichtiger Faktor für Ihren Geschäftserfolg. Sind Sie nicht sichtbar, sind Sie nicht existent – zumindest nicht für Ihre Kund*innen. Lesen Sie in diesem Kapitel, warum Digitalisierung Ihnen Vorteile verschafft.

Die Bekanntheit Ihres Unternehmens und Ihrer Marke ist ein wichtiges Gut und eine vorrangige Zielsetzung Ihres Marketing. Wie werden Sie von Ihren potenziellen Kundinnen und Kunden wahrgenommen, und wie erfährt ein lokaler Interessent, dass es Sie gibt? Vor gut 20 Jahren hätte wahrscheinlich ein Eintrag in den Gelben Seiten bereits dazu geführt, dass Ihr Unternehmen Aufträge erhält. Wenn Sie heute einen Jugendlichen fragen, was die Gelben Seiten sind, wird er Ihnen wahrscheinlich darauf noch nicht einmal mehr eine Antwort geben können.

Wie werben Sie also heute? Nehmen Sie sich kurz Zeit, um über Ihre eigene Werbestrategie nachzudenken. Wie werben Sie derzeit, beziehungsweise wie würden Sie werben, um Ihr Unternehmen lokal bekannt zu machen?

Unternehmer*innen, die bereits seit Jahren ortsansässig für ihren Betrieb werben, beantworten die Frage häufig mit klassischen Medien. Also sind wir wieder bei der lokalen Tageszeitung, in der Sie eine Werbung oder eine PR-Anzeige buchen können. Sie können Radiowerbung zur Steigerung der Bekanntheit einsetzen, und Sie können die Stadt mit Plakaten fluten. Zudem können Sie eine Postwurfsendung aufsetzen und regional alle Haushalte beliefern. Und wir sollten natürlich auch den Werbespot im lokalen Kino nicht vergessen. Mit diesen Maßnahmen werden Sie definitiv Ihre Bekanntheit steigern. Sie werden aber auch einen extrem hohen Budgeteinsatz haben. Und wenn Sie eine nachhaltige Steigerung Ihrer Bekanntheit erreichen möchten, dann sollten Sie schon ein paar Monate bei Ihrer Werbetätigkeit bleiben. Wollen beziehungsweise können Sie sich das leisten, und erreichen Sie damit den optimalen Nutzen?

Jungunternehmer*innen beziehungsweise Menschen, die jetzt gerade mit einer Werbetätigkeit für ein Unternehmen starten, werden wahrscheinlich aufgrund ihres eigenen Verhaltens eine viel stärkere Werbepräsenz in den digitalen Medien forcieren und die klassischen Medien – auch aufgrund der hohen Einstiegskosten – eher vernachlässigen.

Die digitale Präsenz fördert verstärkt die Auffindbarkeit, während klassische Medien einen positiven Einfluss auf die Markenwahrnehmung im lokalen Umfeld haben.

Es stellt sich also die Frage, müssen Sie als Marke bekannt sein, oder müssen Sie lediglich lokal gefunden werden? Wie bekannt muss Ihre Marke sein, um nachhaltig einen Einfluss auf Ihren Unternehmenserfolg zu haben? Benötigen Sie zuerst die Bekanntheit, oder zählt zuerst, dass Sie gefunden werden? Die Antwort lautet: Eins funktioniert ohne das andere nicht. Nur die Gewichtung ist von Unternehmen zu Unternehmen bzw. von Branche zu Branche unterschiedlich. Sie müssen Ihre Bekanntheit steigern, aber Sie müssen vor allem lokal gefunden werden.

Fragen wir uns doch mal, was eine Interessentin macht, wenn sie Ihr Unternehmen durch Radio, Plakat oder Lokalzeitung wahrgenommen hat. Ruft sie Sie an, weil sie Ihre Anzeige in der Zeitung gesehen hat? Wird sie Sie beauftragen, weil sie einen Radiospot gehört hat? Wendet sie an Ihrem Plakat ihr Auto, um Ihr Verkaufsgeschäft anzusteuern? Ja, vielleicht wird sie das tun. Wahrscheinlich aber eher nicht. Dennoch gilt, je häufiger die Interessentin Ihr Unternehmen wahrgenommen hat, desto stärker wird sie sich an Ihr Unternehmen erinnern können. Was macht sie allerdings in den meisten Fällen, sobald sie sich mit Ihnen, Ihrer angebotenen Leistung oder Ihren Produkten befasst? Mit großer Wahrscheinlichkeit wird sie ihr Handy zücken und nach Ihnen »googeln«. Sie schaut sich Ihre Bewertungen bei Google oder anderen Plattformen an und ruft dann Ihre Internetseite auf.

Mit anderen Worten: Klassische Werbung führt dazu, dass Ihre Interessent*innen sich online über Sie informieren. Zudem werden sie sich auch die lokal ansässigen Mitbewerber anschauen, weil diese nur einen Klick entfernt sind. Also sollten Sie auch eine professionelle Webseite haben. Sie sollten in den sozialen Netzwerken wie Facebook, TikTok, Snapchat, YouTube oder Instagram vertreten sein, und eine sichere sowie schnelle Kommunikation über E-Mail, WhatsApp und Facebook Messenger ist ebenfalls Pflicht. Ihre Bewertungen im Internet sollten Sie stets im Blick haben, und wenn Sie bewertet werden, müssen Sie darauf reagieren. Sieht so das Marketing-Konzept der Zukunft für lokale Unternehmen aus? Ja, zum Teil trifft das bestimmt zu. Die Veränderungen im Marketing und der Vertriebstätigkeit durch die Verschmelzung des Internets mit alltäglichen Situationen und neuen Verhaltensmustern prägt nachhaltig die Kommunikation mit Ihren potenziellen Kunden und Kundinnen. Sie müssen daher darauf reagieren und Ihre Werbestrategie am Nutzerverhalten Ihrer Zielgruppe ausrichten.

Haben Sie bei der Frage »Wie würden Sie heute werben?« an viele der klassischen Medien gedacht? Zudem vielleicht an Ihr bevorzugtes soziales Netzwerk? Haben Sie auch die digitalen Komponenten der Werbung berücksichtigt, die Ihre Zielgruppe nutzt? TikTok, Instagram, Facebook? YouTube? Google? Haben Sie an E-Mail-Marketing gedacht? Haben Sie an das Bewertungsmanagement im Internet gedacht? Haben Sie an Ihre Website und die Auffindbarkeit in Suchmaschinen gedacht?

Über 40 % der heutigen Suchanfragen bei Google haben einen lokalen Bezug. Über das letzte Jahr gab es in Köln im Durchschnitt monatlich 27.000 Suchanfragen zu »Bäckerei« und 2.400 zu »Bäckerei in der Nähe«. In München suchten 33.000 Menschen nach einem »Friseur«, in Berlin 34.000 nach »Zahnarzt«.

Das mediale Nutzungsverhalten Ihrer Zielgruppen hat sich verändert, und so sollten auch Sie einen stärkeren Fokus auf digitale Mediamaßnahmen legen. Heute recherchiert man nach lokalen Handwerksbetrieben, Dienstleistern und Geschäften via Internet – man googelt –, und man informiert sich auf der Unternehmenswebesite über das Unternehmen. Sofern Sie also nicht zu Ihren Leistungen und Angeboten in den Suchergebnissen erscheinen, werden diese Nutzer Ihre Marktbegleiter besuchen und die Produkte bei den Unternehmen kaufen, die in den Suchergebnissen vertreten sind.

Zudem reicht es nicht mehr aus, lediglich bei Google auffindbar zu sein. Ihre Website, Ihre digitale Präsenz in sozialen Netzwerken, Ihr digitales Leistungsangebot und Ihre Reaktionszeit bei Anfragen auf allen digitalen Kanälen werden zukünftig ausschlaggebend für Ihren Geschäftserfolg und das Wachstum des Unternehmens sein.

Die eigene Internetpräsenz ist der erste Kontakt zum potenziellen Kunden. Früher betraten Kunden einen Verkaufsraum und entschieden aufgrund von Atmosphäre, Design und Ästhetik, ob sie bereit wären, diesem Unternehmen ihr Vertrauen zu schenken. Sie wogen ab, ob diese Firma zu ihren persönlichen Interessen und Bedürfnissen passte.

Der Werbefachmann John Hegarty formulierte es treffend: »Wir kaufen nicht, was wir haben wollen, wir konsumieren, was wir sein möchten.«

Dies hat sich bis heute nicht geändert – doch betreten Kunden statt physisch Ihren Laden viel eher die Website Ihres Unternehmens und nehmen Ihre Online-Reputation unter die Lupe. Früher hat man mit einem Auto eine Probefahrt gemacht, um zu prüfen, ob das Auto zu einem passt. Heute schaut man sich die Website der Unternehmen an, um zu prüfen, ob das Auto zu einem passen könnte. Man fährt sozusagen die Website Probe. Wenn Sie das nicht glauben, beobachten Sie sich und Ihr Umfeld, und fragen Sie Freunde, Bekannte und Kunden aktiv danach, welche Rückschlüsse sie aufgrund einer Webseite über das Unternehmen ziehen.

Ihre digitale Präsenz wird Ihre Marke umso mehr stärken, je wirksamer sie Ihre Philosophie und Ihr Unternehmen widerspiegelt. Fördern Sie die Auffindbarkeit im Internet, so fördern Sie damit auch Ihre Markenbekanntheit und steigern gleichzeitig die Chance, gut gefunden zu werden.

2.1   Es kommen schwere Zeiten? Nehmen Sie es locker!

Neue Technologien haben in den letzten 25 Jahren das Lebensbild sowie die Art, wie wir unseren Alltag und unsere Arbeit erleben, revolutioniert und nachhaltig verändert. Die Innovationszyklen von Produkten, die unsere Denkmuster aufbrechen und uns beeinflussen, werden immer schneller, und für Unternehmen wird es zunehmend wichtiger, Ihre eigenen Prozesse an die Wünsche und Kommunikationsmedien Ihrer Kundinnen und Kunden und potenzieller Interessenten anzupassen und sich ständig weiterzuentwickeln.

Welchen Einfluss hat die Digitalisierung auf das Informations- und Kaufverhalten der Zielgruppen? Welche aktuellen Herausforderungen ergeben sich daraus für Sie? Anhand einiger Beispiele möchte ich Ihnen aufzeigen, wie dieser Wandel im Alltag aussieht und welche Änderungen sich daraus für Ihr Unternehmen ergeben.

Alle Menschen sind heute digital – egal wo wir hinschauen. Die Pizza wird auf der Homepage konfiguriert und digital bezahlt. Der Friseurtermin wird online vereinbart. Rückfragen zu Terminen und Leistungen kommen via Facebook Messenger. Der Tisch im Restaurant wird online reserviert. In sozialen Medien wird der Service bewertet. Die Kinotickets und Konzertkarten werden online gekauft und die Sitze per Klick bequem im Vorfeld ausgesucht. Die Fotos des Konzerts werden anschließend bei Instagram gepostet. Die Urlaubsreise, das Hotelzimmer, der Leihwagen, der Touristenführer – alles wird digital recherchiert, gebucht und bezahlt. Sogar die Kommunikation erfolgt häufig ausschließlich über das Internet. Bei Facebook wird die Reise dokumentiert, bei Google werden die Locations bewertet, und der Leihwagen wird bereits über die App bezahlt. Der Parkplatz in der Innenstadt wird über eine App gebucht und bezahlt. Das Taxi/ Uber/Carsharing wird über eine App gebucht. Die Reisekostenabrechnung kann über die App direkt an die Firma übermittelt werden. Das Studium erfolgt über einen digitalen Campus und mit Webinaren. Eine Präsenz im Hörsaal ist nicht mehr notwendig. Wie auch, wenn man mehrere Tausend Kilometer entfernt ist?! Autos werden digital konfiguriert und gekauft – wie etwa bei *Tesla*. Nur fahren muss man vorerst noch selbst – fragt sich nur, wie lange noch? Bankdienste werden über die App abgewickelt. Der Besuch am Schalter ist längst passé. Die neue Wandfarbe wird am Smartphone mit eingeschalteter Kamera bereits Realität, bevor sie aufgetragen ist. Augmented Reality hilft bei der Raumgestaltung. Sie suchen eine Information – Sie googeln! Selbst beim Gespräch bzgl. neuer Laufschuhe fragte mich eine Bekannte: »Hast du schon bei Amazon danach gegoogelt?«

Diese Verhaltensänderungen muss man auch für sein eigenes Unternehmen reflektieren. Man kann sie als Herausforderung oder als Chance sehen. Sie halten dieses Buch in der Hand, weil Sie diese Situation gerne als Chance sehen möchten. Herzlichen Glückwunsch, denn damit sind Sie auf einem guten Weg, sich Ihren Marktbegleitern gegenüber einen entscheidenden Wettbewerbsvorteil zu erarbeiten.

Für viele kleine und mittelständige Unternehmen stellt sich das Thema Digitalisierung als Graus dar, denn häufig stehlen einem genau diese ganzen Themen die Zeit, die man benötigt, um effizient arbeiten zu können. Als kleines Unternehmen hat man weder die Zeit noch die Affinität, um sich mit Digitalisierung zu beschäftigen – zumal es nie der eigene Fokus war. Man kann doch kein Personal dazu abstellen, sich nur noch mit Online-Marketing zu beschäftigen, oder? Ja, da kommen schwere Zeiten auf Sie zu.

Der Nutzwert für Ihre Interessenten ist plausibel, und auch jeder Unternehmer nutzt digitale Kanäle/Applikationen für seine eigenen Vorteile. Dennoch fällt es enorm schwer, diesen Nutzwert für die Kund*innen auch in die eigene Unternehmenskultur aufzunehmen und den Mehrwert als Chance für das eigene Unternehmen zu sehen.

Also aufgewacht und aufgepasst! Nehmen Sie es locker, denn genau jetzt dreht sich das Bild für Sie. Die Digitalisierung Ihrer Prozesse bietet Ihren Kundinnen und potenziellen Interessenten einen Mehrwert, das konnten wir auf den letzten Seiten bereits feststellen. Den größten Nutzen haben allerdings *Sie selbst*, und genau das wird allzu häufig unterschätzt oder sogar übersehen! Je stärker Sie Ihren Kunden und potenziellen Interessenten die Mehrwerte der digitalen Kommunikation anbieten, desto stärker werden Sie Ihre Vorteile gegenüber Ihren Wettbewerbern herausstellen. Und ein Punkt ist gewiss: Es geht nicht darum, ob Sie Ihre Prozesse umstellen wollen oder nicht – sondern ob Sie so lange warten, bis Ihre Kunden Sie dazu zwingen.

2.2 Warum Ihre Kundschaft die Spielregeln bestimmt

In vielen Bereichen sind digitale Prozesse für uns bereits alltäglich, und wir sind uns nicht bewusst, wie stark sie bereits auf viele Branchen Einfluss genommen haben. Auch Sie nutzen viele digitale Funktionen, und es ist Ihnen nicht bewusst! Sie denken, dem ist nicht so? Die bisherigen Beispiele haben Sie noch nicht überzeugt? Lassen Sie uns prüfen, ob Sie digitale Helfer dort einsetzen, wo es für Sie persönlich – für Sie als Privatmensch – nützlich ist:

Buchen Sie Ihre Reise ausschließlich über ein Reisebüro, und informieren Sie sich dabei nur über die vom Reisebüro angebotenen Kataloge? Oder gehen Sie online? Nutzen Sie heute noch Telefonbücher (in gedruckter Form)? Oder googeln Sie? Wann haben Sie das letzte Fax versendet? Oder läuft bei Ihnen alles über E-Mail? Schauen Sie noch lineares Fernsehen? Oder streamen Sie via Netflix oder Amazon Prime? Und wenn Sie lineares

Fernsehen schauen, warten Sie auf die Werbung, um in die Küche zu gehen, oder drücken Sie auf die Pause-Taste, weil Ihr TV-Gerät eine integrierte Festplatte hat? Laufen Sie in einer fremden Stadt zum Taxistand – oder nutzen Sie eine App? Und falls Sie zum Taxistand laufen, wie finden Sie diesen? – Via Google Maps oder Waze? Lesen Sie Ihre Tageszeitung als gedruckte Zeitung oder digital? Kaufen Sie den Kaffeevollautomaten aufgrund der Empfehlung im lokalen Einzelhandel – oder prüfen Sie vorher Produktbewertung und Preis im Internet? Wann haben Sie das letzte Mal aus einer Telefonzelle heraus telefoniert? Wissen Sie noch, wo es eine öffentliche Telefonzelle gibt? Nehmen Sie heute noch einen Wecker, einen Fotoapparat, eine Landkarte und einen tragbaren CD-Spieler mit in den Urlaub, und schreiben Sie Postkarten – oder nutzen Sie Ihr Smartphone für den Großteil der Funktionen, die diese Produkte früher ausgeführt haben? Es gibt unzählige Beispiele für technologische Innovationen, die unseren Alltag verändert haben. Wie fällt Ihre Antwort jetzt aus – nutzen Sie digitale Dienste im Alltag, die Einfluss auf ganze Branchen hatten?

Das Smartphone war für viele dieser Verhaltensänderungen der ausschlaggebende Impuls. Das Smartphone sowie das Internet haben unser Leben nachhaltig verändert, und es gibt kaum noch Lebensbereiche, in denen es noch keine digitalen Helfer gibt. Der Mensch von heute ist kontinuierlich mit der digitalen Welt verbunden. Das Smartphone ist kein Accessoire, mit dem wir hin und wieder telefonieren. Es ist unser erstes »Plug-in« zu einer sich wandelnden, vernetzten Welt.

Digitale Dienste sind bequem und bieten uns einen Mehrwert. Deshalb wird auch Ihre Kundschaft Ihr Unternehmen nur dann weiterhin als relevant erachten, wenn Sie Ihre Leistung durch digitale Dienste erweitern oder gänzlich digital anbieten.

Ein Restaurant hat eine digitale Tischreservierung, ein Friseur eine Online-Terminvereinbarung, ein Autohaus einen virtuellen Showroom, und ein Immobilienmakler führt via Livevideo potenzielle Interessenten durch das Wunschobjekt. Das Schuhhaus hat einen Onlineshop, und man kann die Produkte zur Anprobe vor Ort reservieren. Der Handwerksbetrieb zeigt Referenzen in Videos und gibt praktische Tipps für die Hobby-Handwerksleute, und der Sachverständige oder die Sachverständige bietet einen Datei-Upload zur ersten Einschätzung einer Sachlage. Der Kauf bzw. die Leistungserbringung erfolgen offline, die Vorbereitung des Kaufs allerdings nahezu ausschließlich online.

Wer diese Services seinen Interessenten nicht digital bereitstellt, wird sich zukünftig nicht nur potenzielle Käufer*innen entgehen lassen, er wird sie in naher Zukunft gänzlich an Marktbegleiter mit einer digitalen Unternehmensstrategie verlieren. Der Grund dafür ist einfach, denn der Nutzwert für Verbraucher*innen ist sofort erkennbar und wird mit wachsender Digitalisierung auch immer stärker durch die potenziellen Kund*innen gefordert werden.

Die Kundschaft von morgen wird keine Rücksicht darauf nehmen, ob Sie eine digitale Funktion wie eine Terminbuchung oder eine Tischreservierung anbieten möchten und ob es für Sie im ersten Schritt einen Mehraufwand bedeutet. Entweder bietet ein Unternehmen diese Möglichkeit an, oder man wählt ein anderes Unternehmen aus, bei dem man diesen Service erhält. Als Unternehmen haben Sie sich zukünftig an den digitalen Anforderungen Ihrer Kunden auszurichten. Glauben Sie, ein Taxiunternehmen kann heute noch entscheiden, ob es seine Aufträge nur telefonisch entgegennehmen möchte? Nein? Warum denken Sie, dass es in Ihrer Branche dann keine Änderungen geben wird? Ihre Kundschaft bestimmt die Spielregeln, und wenn sie die Regeln ändert, dann werden Sie sich anpassen müssen.

»Wenn ich Hundefutter verkaufen will, muss ich erst einmal die Rolle des Hundes übernehmen; denn nur der Hund allein weiß ganz genau, was Hunde wollen.« – Ernest Dichter, Psychologe und Pionier der Marktpsychologie

Gehen Sie auf Ihre Kundinnen und Kunden zu. Fragen Sie proaktiv, mit welchen digitalen Diensten Sie Ihr Leistungsangebot ergänzen sollten. Fragen Sie Ihre Kunden, ob Sie konkrete Services und Tools für Ihre Branche kennen und ob sie diese nutzen würden, wenn Sie die Funktionen für Ihr Unternehmen anbieten würden.

2.3   Nachhaltiges Marketing im lokalen Wirkungsgebiet

Stellen Sie sich vor, Sie gründen ein neues Unternehmen. Sie bieten eine Dienstleistung oder ein Handwerk an, so wie es bereits einige andere Unternehmen in Ihrer Stadt, Ihrer Region beziehungsweise in Ihrem Wirkungsgebiet tun. Sprich, Sie eröffnen einen Malerbetrieb, ein Ingenieurbüro, eine Versicherungskanzlei, eine Kfz-Werkstatt ein Friseurgeschäft, ein Blumengeschäft, eine Praxis für Osteopathie, ein Büro für Personaldienstleistungen oder auch ein IT-Systemhaus. In den meisten Fällen werden Sie bereits einige Kundinnen und Kunden aus Ihrem Bekanntenkreis haben. Die beste Werbung sind Mundpropaganda sowie die klassischen Empfehlungen zufriedener Kunden.

So starten Sie bereits mit einer guten Basis, die aber in den meisten Fällen nicht ausreicht, um das Unternehmen erfolgreich aus der Gründungsphase herauszuführen und sich als regionaler Player in Ihrer Branche zu etablieren.

Wie sollte also Ihre Werbestrategie aussehen, und wie gewinnen Sie lokale Neukunden für Ihr Unternehmen? Wie kann Ihr Unternehmen Kunden gewinnen und wirtschaftlich erfolgreich wachsen?

2.3.1   Lokales Marketing

Im besten Fall beginnen Sie damit, den Menschen Ihr Unternehmen und Ihr Angebot vorzustellen, die sich gerade dafür interessieren. Das klingt einfach, und das ist es auch, sofern man einige Fallstricke beachtet.

Ihr Wirkungsgebiet ist eingeschränkt. Sie agieren nicht bundesweit oder sogar global, sondern Sie haben ein lokal begrenztes Angebot, und Sie bieten Ihre Leistungen in einem lokal begrenzten Gebiet an. Bei Ihrer Werbestrategie ist es wichtig, dies zu beachten. Wenn Sie ein Restaurant in München haben und Ihren Pizza-Lieferservice bewerben, dann ist es für Sie unerheblich, ob eine Familie in Berlin gerade Hunger hat und im Internet nach einem Pizza-Lieferservice recherchiert. Wenn die Familie aber nächste Woche in München ist und ein Restaurant in der Nähe des bereits gebuchten Hotels sucht, dann könnte es durchaus interessant sein. Und deshalb ist es wichtig, dort präsent zu sein, wo die Familie aus Berlin sich über die Restaurants in München informiert – im Internet. Das Internet ist die weltweite Informationsquelle, mit der Sie Ihr Unternehmen für Menschen von ganz weit weg bis ganz nah auffindbar machen können. Egal ob es der Student zwei Straßen weiter ist, der nach einer Bäckerei in der Nähe sucht, oder ob es der Tech-Konzern ist, der für eine Veranstaltung in Ihrer Stadt eine Eventagentur oder ein Kongress-Zentrum sucht. Das Internet ermöglicht es Ihnen global, lokal auffindbar zu sein. Ein wichtiger Wegbereiter in diesem Zusammenhang ist für Sie der Suchmaschinengigant Google, der Ihnen eine Vielzahl an Services bereitstellt, die Sie für Ihre lokale Auffindbarkeit einsetzen sollten. Sei es Ihr Firmeneintrag im Branchenbuch Google My Business, Ihre Auffindbarkeit in der gleichnamigen Suchmaschine oder einer der unzähligen weiteren Dienste wie YouTube, Shopping oder die integrierte Hotel- und Jobsuchmaschine, die Google ebenfalls in der originären Google-Suche mit anbietet.

Im digitalen Marketing ist das aufgrund der Verortung durch GPS, IP-Adresse und weitere technische Möglichkeiten und des messbaren Verhaltensmusters augenscheinlich sehr einfach. Es gibt eine Vielzahl technischer Messmethoden, um den Standort eines Nutzers zu prüfen. Die Bekannteste ist dabei GPS. Wenn Sie mit Ihrem Smartphone im Internet surfen, kann aufgrund Ihres GPS-Signals festgestellt werden, wo Sie sich gerade befinden, und auf Basis des Standortes können Ihnen spezielle lokale Werbeangebote präsentiert werden. Eine Verortung kann zudem auf Basis der IP-Adresse und einer WLAN-Triangulation (einer WLAN-basierten Ortung) erfolgen. In Ballungsgebieten senden beispielsweise viele WLAN-Stationen. Die Kenntnis über den Standort dieser Netzwerke (Router) erlaubt so die Berechnung des eigenen Standortes. Je mehr Netzwerksignale empfangen werden, desto exakter kann eine Lateration zur Berechnung des eigenen Standortes erfolgen.

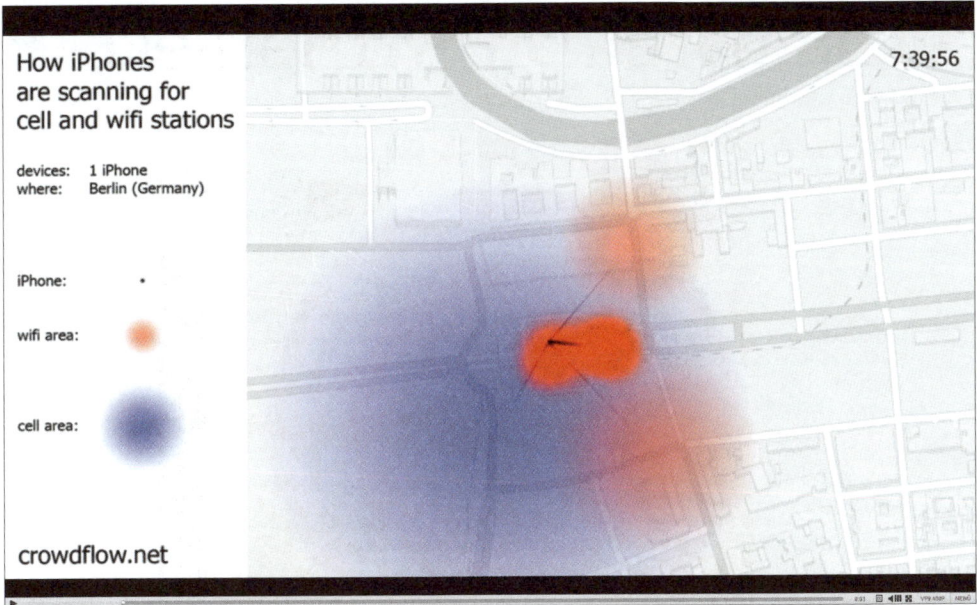

Abbildung 2.1 WLAN-basierte Ortung – ein Erklärvideo finden Sie auf:
https://de.wikipedia.org/wiki/WLAN-basierte_Ortung.

Über die lokale Verortung hinaus senden Sie mit Ihrem Surfverhalten weitere Signale, die Aufschluss über Ihre Interessen und potenziellen Zielgebiete geben. Wenn Sie in Berlin verortet werden, aber nach einem Hotel in München recherchieren, dann können Google und andere Anbieter dieses Verhalten analysieren und werden Ihnen passende Werbeangebote zum Zielgebiet anbieten können. Das Gleiche gilt für Urlaubsrecherchen, für Flüge und natürlich viele weitere Themenfelder. Je mehr Daten die großen Anbieter von Ihnen einsammeln, desto genauer kann die Werbebotschaft auf Sie ausgerichtet werden.

Sofern Sie auf einem Computer oder einem Smartphone mit einem Google-Account angemeldet sind, kann Google kontinuierlich Ihren Surfverlauf protokollieren und die Werbung dann aufgrund der Interessen personalisieren.

Wenn Sie wissen möchten, ob Google Ihnen bereits personalisierte Werbung ausspielt, dann prüfen Sie die Seite *https://adssettings.google.com/authenticated?hl=de*. Hier sehen Sie die Informationen, die Google über Sie speichert.

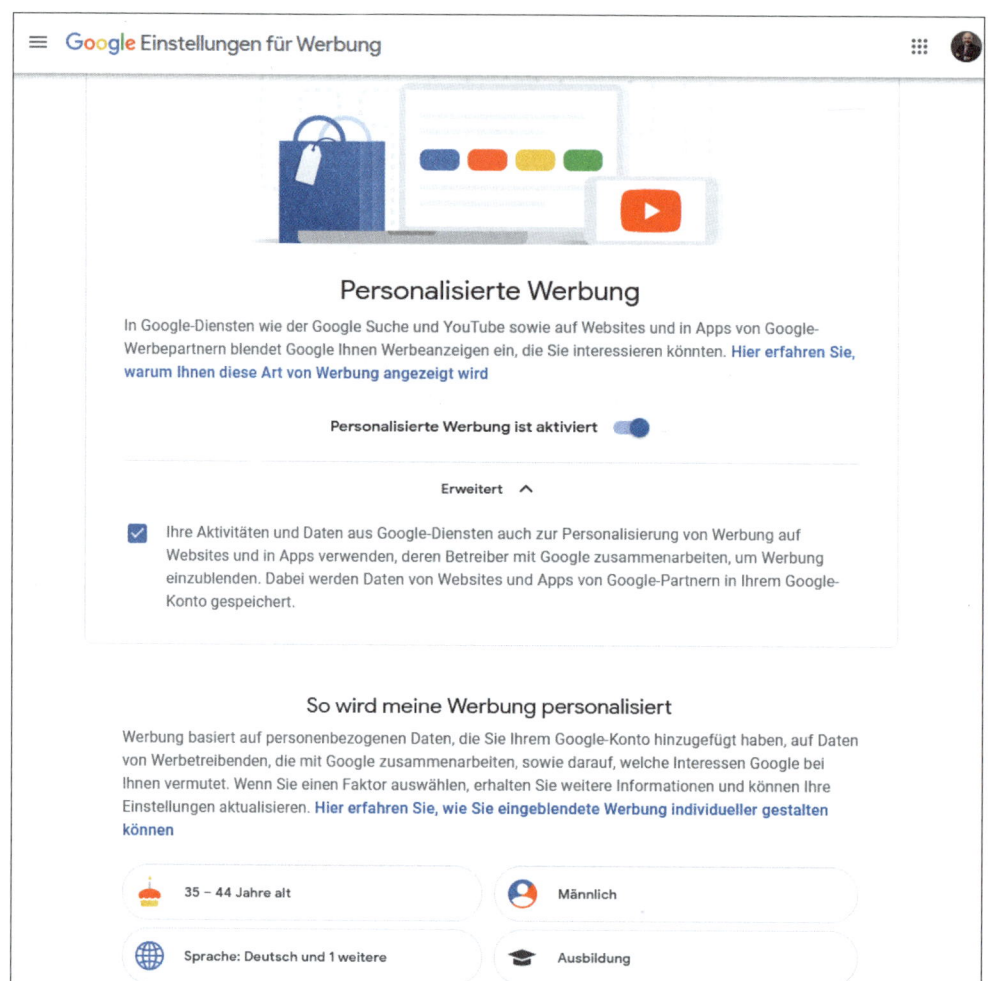

Abbildung 2.2 Google – Einstellungen für Werbung finden Sie unter: https://adssettings.google.com/authenticated?hl=de.

2.3.2   Lokale digitale Services

Die Jahre 2020 und 2021 werden in Bezug auf unsere gewohnten Verhaltensmuster nicht als unsere Lieblingsjahre in die Geschichte eingehen. Wir mussten unserer Gewohnheiten einschränken und uns in vielerlei Hinsicht verändern. Die Pandemie hat die Digitalisierung stark vorangetrieben. Homeoffice, Homeschooling, Onlineshopping, Lieferdienste und Web-Konferenzen prägten und beschleunigten den Wandel zur digitalen Gesellschaft.

Für viele Unternehmen war es eine unerwünschte Entwicklung. Sie stellten aber auch schnell fest, dass Ihre Kunden neu erschaffene, digitale Angebote annahmen und teilweise sogar einforderten und die Unternehmen antrieben. Es gab eine stärkere Nutzung digitaler Services für den lokalen Einzelhandel und Dienstleistungsunternehmen. Beratungsgespräche per Video-Konferenz, Bestellung von Lebensmitteln und Produkten zur lokalen Abholung oder Auslieferung, Fahrzeugpräsentationen via WhatsApp-Call oder Immobilienbesichtigungen via Livecam waren für viele Unternehmer*innen bereits nach wenigen Wochen ein routinierter Bestandteil des neuen Alltags.

In Zukunft gilt es nun diese neu gewonnenen Vertriebs- und Kommunikationswege in die Unternehmensprozesse effizient einzugliedern und die Arbeitsweise anzupassen. Was als Ausweichmaßnahme aufgrund der Kontaktbeschränkung begann, entpuppt sich auch im lokalen Bereich als effiziente Arbeitsweise, die Rüstzeiten vermeidet oder sogar komplett neue Vertriebsmöglichkeiten erschließt.

Die Kreativität vieler Unternehmerinnen und Unternehmer zeigte hier, dass man mit innovativen Ideen neue Möglichkeiten erschaffen kann.

Dazu einige Beispiele:

► **Tanzschulen** veranstalten den Unterricht in Gruppen oder einzeln per Zoom-Meeting. Die Aufzeichnungen können alle Teilnehmer hinterher auf der Webseite erneut anschauen.

► **Winzer** versenden zu verkostende Weine als Paket zur virtuellen Weinprobe zu Hause.

► **Autohäuser** halten digitale Fahrzeugpräsentationen ab und vereinbaren Termine zu Probefahrten zu Hause bei Kunden.

► **Immobilienmakler** laden zu virtuellen Immobilienbegehungen mit 360°-Bildern oder Videocall ein.

► **Friseure** lassen per Newsletter einschließlich Videobotschaften den Kunden während des Lockdowns Tipps zukommen. Zudem wurde die Möglichkeit der digitalen Terminvereinbarung und des Beratungsgesprächs per Videokonferenz geschaffen.

► **Anwälte** halten Beratungsgespräche virtuell ab. – Besonderen Anspruch haben Klienten bei der Klärung der DSGVO und dem Thema Datensensibilität.

► **Eine Vielzahl an Unternehmen** musste sich binnen Wochen darauf einstellen, dass ihre Mitarbeiter*innen von zu Hause arbeiten. Team- und Abteilungsmeetings wurden virtuell umgesetzt, und es wurden Konzepte zur dezentralen Zusammenarbeit erstellt.

In den meisten Fällen begannen lokale Unternehmen damit, ihre Beratungsleistung in Video-Konferenzen umzusetzen. Darüber hinaus ergaben sich Video-Präsentationen für Produkte und daraus wiederum die Möglichkeit, Leistungen und Waren gleich digital zu kaufen bzw. zu buchen.

In Zukunft wird es immer wichtiger werden, diese Services auszubauen und jetzt auch nachhaltig der Bestandskundschaft und den Interessenten bereitzustellen. Das Angebot an lokalen digitalen Services wird dabei einen Wettbewerbsvorteil gegenüber Marktbegleitern darstellen, die auch zukünftig auf dieses Angebot verzichten werden.

Sie werden in den folgenden Kapiteln viele Themenfelder des digitalen Marketing kennenlernen und in Kapitel 12, »Online-Marketing-Strategien«, erfahren, wie diese Komponenten in der Praxis eingesetzt werden. Anhand verschiedener Beispiele zeige ich Ihnen Lösungsansätze für unterschiedliche Unternehmenstypen. Bevor wir jedoch zu den Beispielen kommen, möchte ich mit Ihnen eine Reise durch die digitalen Medien und die damit verbundenen Dienste starten.

Kapitel 3

Die Customer Journey meiner Kundschaft verstehen

Wie tickt mein Kunde, und wann, warum und für welches Produkt entscheidet er sich, und wieso spielt es eine Rolle, ob ich ihm bei seiner Entscheidungsfindung Informationen bereitstelle? Am Ende interessiert mich doch nur eins – er soll bei mir kaufen! Oder?

Die *Customer Journey* – ein Begriff, der wohl in jedem guten Marketing-Ratgeber zu finden ist, und deshalb wollen wir hier auch nicht darauf verzichten. Doch was versteckt sich eigentlich hinter dieser Phrase, und warum ist es so wichtig, sich vor der Ausarbeitung eines Marketing-Plans mit den einzelnen Phasen auseinanderzusetzen?

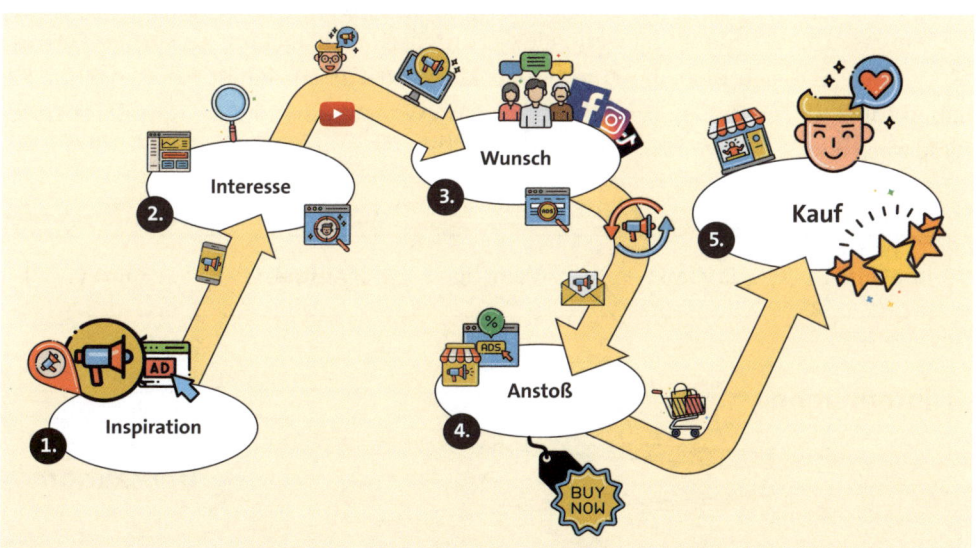

Abbildung 3.1 Die Customer Journey beschreibt die Reise des Kunden vom Erstkontakt (der Inspiration) über diverse Touchpoints bis zur Entscheidungsfindung (dem Kauf).

3.1 Was ist eine Customer Journey?

Grundsätzlich versteht man unter dem Begriff der Customer Journey, auch als User Journey oder Buyer's Journey bekannt, die einzelnen Phasen, die ein potenzieller Kunde durchläuft, bevor er sich für die Anfrage einer Leistung oder den Kauf eines Produktes entscheidet. Es handelt sich also um den Weg des Konsumenten, quasi seine Reiseroute, die er durchläuft, bis er sich auf Basis aller Berührungspunkte (Touchpoints) mit unserer Marke und allen Wettbewerbern, über die er sich informiert hat, umfasst. Bevor man ein Produkt kauft oder eine Leistung beauftragt, durchläuft man verschiedene Phasen, in denen man unterschiedliche Interessen verfolgt. Bevor man *transaktionsorientiert* nach einem konkreten Produkt und dem besten Preis recherchiert, ist man erst einmal *informationsorientiert* auf der Recherche, um sich selbst einen Überblick für die Entscheidungsfindung zu verschaffen. Während man die Phasen der Customer Journey durchläuft, schwindet das informationsorientierte Interesse und das transaktionsorientierte Interesse steigt.

Ein Beispiel: Wenn Sie morgen entscheiden, dass Sie einen neuen Fernseher kaufen möchten, dann ist Ihr Transaktionsinteresse erst einmal gleich null. Zuerst möchten Sie einmal einen Überblick über aktuelle Produkte, Angebote und Funktionen moderner TV-Geräte. Was ist heute »State of the Art«, und mit welchem durchschnittlichen Kaufpreis müssen Sie rechnen? Erst wenn Sie das durchschnittliche Preis-Leistungs-Verhältnis kennen und sich über die Funktionen klar sind, die ein neuer Fernseher für Sie haben sollte, schwindet langsam Ihr Informationsinteresse und das Transaktionsinteresse wächst.

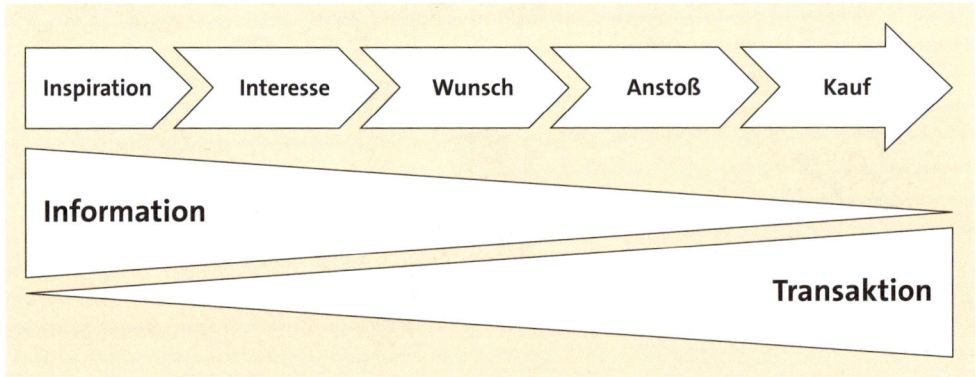

Abbildung 3.2 Informations- und Transaktionsinteresse während der Customer Journey

Es gibt grundsätzlich verschiedene Modelle, die den Entscheidungszyklus bis zur Kaufentscheidung darstellen. Während die Unternehmensberatung McKinsey auf das Modell der *Consumer Decision Journey* setzt, das lediglich zwei Phasen (*Initial-Consideration set* und *Moment of purchase*) beschreibt, so geht das *AIDA-Modell* noch einen Schritt weiter und unterteilt die Reise des Kunden immerhin in vier verschiedene (*Awareness, Interest, Desire* und *Action*). Lassen Sie uns noch einen Schritt weitergehen und ein klassisches Modell der Customer Journey als Grundlage nehmen, das fünf Stationen umfasst:

1. **Awareness**: Inspiration/Aufmerksamkeit wecken

   In der ersten Phase der Customer Journey wird das Bewusstsein für ein Produkt oder eine Dienstleistung geweckt. Der potenzielle Kunde nimmt Ihr Angebot zum ersten Mal wahr. Dies geschieht oft im Rahmen eines Bedürfnisses oder eines Wunsches. Mögliche erste Berührungspunkte können z. B. digitale Werbebanner sein, die die Aufmerksamkeit des potenziellen Kunden auf sich ziehen.

2. **Favorability**: Interesse verstärken

   Das Interesse des potenziellen Kunden ist geweckt. Er möchte sich weiter über das Produkt oder die Dienstleistung informieren und beginnt, aktiv nach diesem sowie vergleichbaren Angeboten zu suchen. Eine gut auffindbare Webseite sowie bezahlte Anzeigen auf den Suchergebnisseiten von Google & Co. können dabei helfen, dem künftigen Kunden nützliche Informationen zu bieten.

3. **Consideration**: Wunsch

   In dieser Phase erwägt der Kunde den Kauf des Produktes. Seine Suchanfragen bei Google und Co. werden konkreter – er informiert sich aktiv über die detaillierten Eigenschaften des Produktes und stellt Produktvergleiche an, um sich tiefgreifend zu informieren. Eine konkrete Kundenansprache sowie eine leichte Auffindbarkeit sind weiterhin der Schlüssel zum Erfolg.

4. **Intent to Purchase**: Anstoß und Entschluss

   Das Interesse des potenziellen Kunden wird immer konkreter. Er vergleicht Ihr Angebot mit den Preisen der Mitbewerber*innen und sucht aktiv nach Rabattmöglichkeiten oder anderen ausschlaggebenden Aktionen. Der Entschluss, das Produkt in nächster Zeit zu kaufen, wird gefasst.

5. **Purchase**: Kauf des Produktes

   Aus einem Interessenten wird ein Käufer. Der Kunde entschließt sich, das Produkt bei Ihnen zu kaufen oder eine Dienstleistung bei Ihnen in Auftrag zu geben. Manche Modelle erweitern diese Phase um After-Sales und Aufbau einer Kunden-Loyalität gegenüber der Marke.

   Die Kundenloyalität ist ein wichtiger Punkt im Modell des Customer Hour Glass. Sobald Sie anfangen, sich verstärkt mit dem Kundenbindungsmanagement und der Kundenloyalität zu beschäftigen, sollten Sie diese Phasen ebenfalls in Ihre Strategie einbauen. In diesem Buch werden wir uns mit dem 5-Phasen-Modell der Customer Journey beschäftigen. Nichtsdestotrotz möchte ich Sie dazu ermutigen, sich über die Zeit mit den weiteren Phasen zu beschäftigen. Wer sich weiter damit befassen möchte, dem empfehle ich die Bücher von Chip Bell – Autor und Berater für Kundenbindung und Serviceinnovation. Um es mit seinen Worten zu sagen: »Loyale Kunden kommen nicht nur zurück, sie empfehlen Sie nicht einfach weiter; sie bestehen darauf, dass auch ihre Freunde mit Ihnen Geschäfte machen.« Und wie eine alte Marketing-Weisheit besagt: »Mundpropaganda ist die beste Werbung.« Wer sollte also besser für Sie werben können als überzeugte, zufriedene Kunden?

Kommen wir nun zu unserer Customer Journey zurück. Ob der Entscheidungszyklus einige Stunden oder gar Tage und Wochen in Anspruch nimmt, kommt ganz auf das beworbene Produkt an. Denn während sich die meisten Konsumenten eine neue Haarbürste ohne lange Recherchen und Preisvergleiche zulegen, so kann der Kauf eines neuen Fernsehers durchaus über einen längeren Zeitraum hinweg erfolgen. Das Ziel der Customer Journey müssen dabei nicht zwangsläufig ein Kauf oder eine Bestellung sein; auch der Download einer Broschüre oder das vollständige Ansehen eines Informationsvideos können sinnvolle Ziele sein, mit denen sich der Werbeerfolg eines Unternehmens messen lässt.

Lassen Sie uns das Modell der Customer Journey anhand eines konkreten Beispiels ausführlich verdeutlichen. Wir wollen dazu das Beispiel des Kaufs eines TV-Gerätes noch einmal aufgreifen:

1. **Awareness**: Inspiration/Aufmerksamkeit wecken

   Seit einiger Zeit ziert das Fernsehbild von Max' Fernseher ein schwarzer Streifen, was sich laut Kundendienst nur durch einen teuren Austausch reparieren lässt. Ein neues Gerät muss her. Durch ein animiertes Werbebanner eines Elektronikherstellers wird Max auf das aktuelle Modell eines TVs aufmerksam und schaut sich diesen zum ersten Mal näher an. Er hat bereits bei Freunden gesehen, dass diese während des normalen Fernsehprogramms einfach auf »Pause« drücken. Zudem interessieren ihn Streamingdienste, und er hat auch den Begriff Smart-TV schon mal gehört, weiß aber nicht genau, was das bedeutet.

2. **Favorability**: Interesse verstärken

   Max hat durch die Werbeeinblendung Interesse am Produkt und sieht auch in der Werbung wieder Begriffe wie Smart-TV, Auflösung UHD/4K, 3D-fähig, WLAN, Bluetooth und OLED. Er hat einige dieser Begriffe bereits gehört, kann aber nicht genau zuordnen was er davon braucht. Er recherchiert bei Google allgemeine Begriffe wie »Was bedeutet Smart-TV«, »OLED« und »Wozu braucht man Bluetooth beim TV-Gerät«.

Er informiert sich und prüft mit seinem neuen Wissen die TV-Modelle aus der Werbung. Er beginnt sich im Internet über die Vor- und Nachteile von Fernseh-Modellen und den Funktionen zu informieren und führt Vergleiche durch, bei denen er die Funktionen jetzt bewerten kann. Er ruft die Website einiger Hersteller auf, um dort alle notwendigen Informationen zu finden. Er ruft Vergleichsseiten wie Stiftung Warentest auf und schaut sich aktuelle Bewertungen und Empfehlungen an. Max hat nun einen guten Überblick und weiß, was er will. Er hat ein konkretes Gerät ins Auge gefasst.

3. **Consideration**: Wunsch

Max wünscht sich, das Produkt zu besitzen. Nachdem Max gelesen hat, dass das neue Modell auch über eine intelligente Sprachsteuerung verfügt und er in den Werbepausen nicht mehr länger die Fernbedienung suchen muss, lässt ihn der Gedanke an den Fernseher nicht mehr los. Er recherchiert weiter und informiert sich weitreichend über die vielen Funktionen und die Vorteile des Gerätes.

4. **Intent to Purchase**: Anstoß und Entschluss

Max entscheidet sich, das Produkt zu kaufen. Da Max keinen Film mehr ohne den störenden Streifen auf dem TV-Bildschirm genießen kann, entschließt er sich, den ausgewählten Fernseher zu kaufen. Er hat sein Wissen zu den Funktionen der aktuellen TV-Geräte in den letzten Tagen aufgefrischt, das Angebot im Internet überfordert ihn allerdings, und er versteht zwar die Unterschiede, kann die Angebote aber aufgrund der Vielzahl der Funktionen nicht eindeutig vergleichen. Zudem möchte er online nicht so einen hohen Betrag in Vorkasse bezahlen müssen, um dann auf das Paket zu warten. Er hat diesbezüglich schon einmal schlechte Erfahrungen gemacht. Er entscheidet sich, nach regionalen Unternehmen und eventuellen Angeboten zu schauen. Er kennt einige örtliche Fachgeschäfte, prüft aber dennoch bei Google, welche Unternehmen es gibt. Er tippt die Suchanfrage »elektrogeschäfte in meiner nähe« bei Google ein und findet lokale Unternehmen. Er sieht auch Einträge, an die er zuerst nicht gedacht hat. Er wirft einen ersten Blick auf die Bewertungen der Unternehmen. Am nächsten Tag sieht er ein Werbebanner eines Anbieters, dessen Webseite er am Vortag aufgerufen hat. Er prüft die Öffnungszeiten des Unternehmens und beschließt, nach der Arbeit das Unternehmen aufzusuchen.

5. **Purchase**: Kauf des Produktes

Max betritt das Unternehmen und lässt sich von einem Fachverkäufer beraten. Aufgrund seiner Recherchen kann er dem Fachberater bereits relativ genau sagen, was er sich vorstellt und welche Anforderungen er hat. Der Berater zeigt Max das von ihm favorisierte Modell und weitere Geräte. Er erklärt Max die unterschiedlichen Vorteile für jedes Gerät. Max ist sich sicher. Er hat seinen Fernseher gefunden und kauft das neue Gerät. Da Max sich allerdings nicht zutraut, das Gerät alleine einzurichten, bucht er den vom Berater angebotenen zusätzlichen Service und lässt das Gerät liefern, aufbauen und installieren. Zudem schließt er gleich vor Ort die Garantieverlängerung ab, damit er beim nächsten schwarzen Streifen nicht gleich wieder eine teure Reparatur oder einen neuen Fernseher benötigt. Max ist zufrieden und freut sich auf den nächsten Fernsehabend.

So wie Max durchlaufen tagtäglich viele Menschen eine mehr oder weniger umfassende Customer Journey oder einen Entscheidungszyklus, um sich für Produkte und Leistungen zu entscheiden. Es gibt in diesem Prozess etliche Kontaktpunkte, an denen Sie mit einer (werblichen) Ansprache Ihren potenziellen Kunden oder Ihre potenzielle Kundin ansprechen und auf Ihr Unternehmen aufmerksam machen können.

3.2   Wie sieht eine lokale Customer Journey aus?

»So weit, so gut. Doch wir erbringen unsere Leistungen nicht im Internet, sondern vor Ort beim Kunden oder in unserem Ladenlokal!« Wer das jetzt vielleicht denkt, für den kommen nun die passenden Antworten. Die Customer Journey lässt sich ohne Problem in die Offline-Welt übertragen. Viele Kunden informieren sich heutzutage im Internet und kaufen das Produkt anschließend in einem Fachgeschäft in ihrer Nähe. Und ja, »Haare werden nicht im Internet geschnitten«, aber auch hier beginnt der eigentliche Entscheidungsprozess heute oftmals genau dort. Wer neu in einer Stadt ist, wird mit hoher Wahrscheinlichkeit nach dem neuen Friseur googeln, bevor er »offline« zum Friseur kommt. Ebenso wenn es um den Malerbetrieb, ein Umzugsunternehmen, einen Kinderarzt oder ein anderes lokales Unternehmen geht. Dieses Verhalten bezeichnen wir als *ROPO-Effekt* (Research online, Purchase offline), und es lässt sich in nahezu allen Branchen beobachten – vom Handwerker über den Friseur bis hin zum Einzelhandel.

Dass der ROPO-Effekt nicht nur ein Hirngespinst engagierter Marketing-Experten ist, beweisen zahlreiche Studien, die in regelmäßigen Abständen unter anderem vom Suchmaschinengiganten Google veröffentlicht werden. So zeigt auch die repräsentative Gfk-Studie im Auftrag von Google und dem Deutschen Sparkassen- und Giroverband (DSGV), dass die Customer Journey zwar immer digitaler wird, die Abschlüsse jedoch immer noch gerne vor Ort getätigt werden.

Finanzprodukte ohne persönliche Beratung? Keine gute Idee. Doch kaum ein Abschluss kommt heute noch ohne vorherigen digitalen Touchpoint zustande, beweist auch die Studie. 92 % aller Recherchen finden demzufolge heute online statt, das wichtigste Segment bilden im Finanzsektor weiterhin die sogenannten ROPO-Kunden. Damit bestätigt sich, was viele schon seit Jahren auf dem Markt beobachten: Recherchiert wird online, gekauft beim lokalen Experten. Dies gilt insbesondere auch für komplexe und beratungsintensive Produkte wie eine Baufinanzierung, über die potenzielle Kunden nicht selten mehr als eine Nacht schlafen müssen, bevor ein Abschluss zustande kommt.

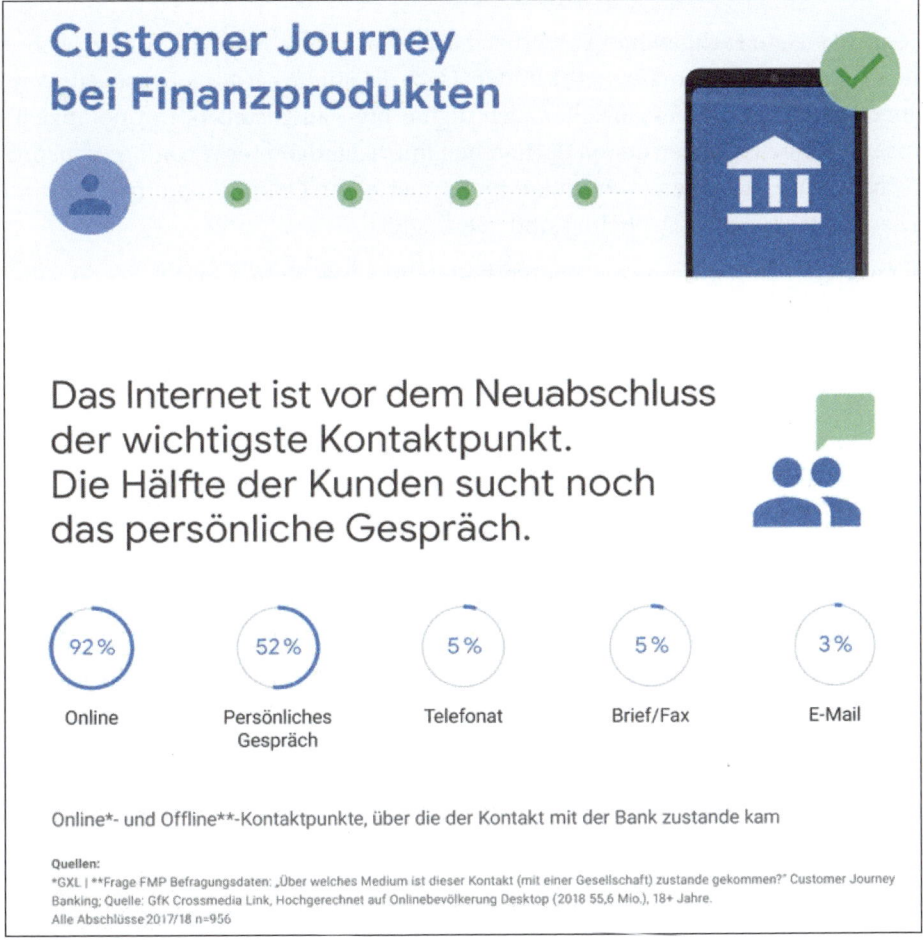

Abbildung 3.3 Customer Journey bei Finanzprodukten: der ROPO-Effekt[1]

In unserem Beispiel mit Max und seinem Fernsehkauf habe ich Ihnen einen weiteren wichtigen Aspekt des ROPO-Effekts gezeigt. Viele Menschen möchten keine Geschäfte online tätigen, bei denen sie hohe Beträge für eine Ware in Vorkasse bezahlen. Der

---

1 Quelle: *www.thinkwithgoogle.com/intl/de-de/insights/customer-journey/digitalisierung-bankensektor-kaum-noch-abschluss-ohne-online-touchpoint-studie*

Schwellenwert liegt hier bei ca. 300 €. Ab diesem Betrag möchten wir eine gewisse Sicherheit, dass wir für unser Geld auch wirklich einen Gegenwert erhalten, der in Qualität und Eignung unseren Erwartungen entspricht. Je höher der Wert, desto stärker ist der Wunsch nach Sicherheit beim Kauf, und diese Sicherheit kann der lokale Handel allein durch die physische Präsenz eines Standortes bereits gewährleisten.

Die Möglichkeit, ein Fachgeschäft vor Ort zu besuchen, ist also nach wie vor ein wichtiges Entscheidungskriterium für viele Kunden. Doch die Studie beweist ebenso: Für Werbetreibende ist es immer essenzieller, sich digital breit aufzustellen, um potenzielle Interessenten bereits bei den ersten Recherchen mit zielgerichteter Werbung anzusprechen – auch wenn die eigenen Produkte nicht über einen Onlineshop erhältlich sind oder Dienstleistungen vor Ort beim Kunden erfolgen.

In einer weiteren Studie wurde das Kaufverhalten für Smartphones und TV-Geräte analysiert. Während hier bereits ein wesentlich höherer Anteil an Online-Käufen stattfindet, zeigte sich jedoch, dass ähnlich wie im Finanzsektor das Beratungsgespräch ausschlaggebend dafür ist, wo gekauft wird. Grund für den Einkauf im Geschäft war die persönliche Beratung.

Lassen Sie uns an dieser Stelle einmal einen Blick auf die oft genutzten Suchbegriffe der potenziellen Kunden werfen. Denn schon hier wird deutlich, wie bei Google und Co. gesucht wird. Grundsätzlich lassen sich diese in drei verschiedene Typen clustern:

▶ Interessenten, die sich erst einmal ganz *allgemein* zu einem Produkt oder einer Dienstleistung informieren möchten

▶ Interessenten, die bereits nach *konkreten Produktmerkmalen* oder *Produkteigenschaften* suchen

▶ Interessenten, die auf der Suche nach einem *Anbieter* oder *Preisen* sind

Betrachten wir diese unterschiedlichen Such-Typen, wird schnell klar: In jeder Phase der Customer Journey suchen potenzielle Kunden anders. Wer also grundsätzlich erst einmal auf der Suche nach einem neuen Sofa ist, will sich zunächst einen Überblick über das große Angebot verschaffen und wird eher allgemein suchen. Der Kunde hat zu diesem Zeitpunkt noch keine detaillierten Vorstellungen davon, was er genau kaufen möchte. Er möchte sich zunächst einmal informieren und in Ruhe durch die Auswahl stöbern. Daher sucht er z. B. ganz allgemein nach Begriffen wie »Polstermöbel« oder »Sofa bequem«.

Hat sich der Suchende einen ersten Überblick verschafft, werden seine Suchanfragen schließlich konkreter. In dieser Phase der Customer Journey könnten beispielsweise »Sofa L-Form« oder »Sofa Stressless« mögliche Suchanfragen sein. Der potenzielle Kunde hat zu diesem Zeitpunkt die Auswahl bereits eingegrenzt und sucht gezielter.

Ein Großteil der Smartphones und TV-Geräte werden online gekauft.

Jeder Dritte recherchiert im Internet und kauft im Geschäft.

56 % **der Smartphones** und **42 % der TV-Geräte** werden online gekauft.[1]

Ein Drittel der Smartphone- und TV-Käufer erwerben ihre Geräte offline, nachdem sie online recherchiert haben.[1]

Grund für den Einkauf im Geschäft: **persönliche Beratung**

KAUFEN

Top-3-Gründe für den Kauf beim Online-Anbieter:[1]

1.	günstiges Angebot verfügbar	
2.	Kauf bequem von zu Hause aus	
3.	gewünschtes Modell / Hersteller verfügbar	
	und kostengünstige Lieferung des Gerätes	

Top-3-Gründe für den Kauf beim stationären Händler:

1.	günstiges Angebot verfügbar	
2.	Gerät konnte gleich mitgenommen werden	
3.	gewünschtes Modell / Hersteller verfügbar	
	und gute Beratung bei diesem Anbieter	

Abbildung 3.4 ROPO-Effekt: Jeder Dritte recherchiert online und kauft offline.[2]

2 Quelle: *www.thinkwithgoogle.com/intl/de-de/insights/verbrauchertrends/ neue-studie-jeder-dritte-tv-und-smartphone-kaeufer-ist-ropo-kunde/*

Es folgt die Recherche nach spezifischeren Produkteigenschaften. Der oder die Suchende möchte etwa wissen, ob das Sofa eines bestimmten Herstellers auch über eine verstellbare Sitzflächenbreite verfügt oder ob sich die Armlehnen bei Bedarf in der Höhe verstellen lassen. Auch die Frage nach dem Preis des Traumsofas rückt immer weiter in den Vordergrund. An dieser Stelle verlassen viele Suchende den Online-Kanal und setzen ihre Suche offline fort, z. B. indem sie ein Möbelhaus in der Nähe suchen, in dem sie das gewünschte Modell Probe sitzen können. In dieser Phase der Customer Journey häufen sich Suchanfragen, die einen lokalen Bezug haben, etwa »Möbelhaus Stressless in meiner Nähe« oder »Stressless Sofa Köln«.

Dieses Beispiel einer lokalen Customer Journey lässt sich beliebig auf nahezu alle Geschäftsbereiche übertragen:

▶ **Handwerk**

Ob Elektriker, Schreiner, Malerbetrieb oder Fliesenleger – um Aufträge zu erhalten, müssen Handwerksunternehmen zunächst von potenziellen Kund*innen gefunden werden. Voraussetzung dafür ist eine strukturierte Webseite, auf der sich Suchende informieren und Kontakt aufnehmen können. Je nach Gewerk sind Bilder für die Zielgruppe wichtig, um sich einen ersten Eindruck zu verschaffen. Zudem dienen Bilder immer als Inspirationsquelle.

Die Suche nach Handwerkern beginnt in den meisten Fällen mit einer Recherche bei Google:

Suchbegriff	Monatliches Suchvolumen*
Elektriker Mannheim	880
Schreiner Gelsenkirchen	390
Maler Chemnitz	390
Fliesenleger Bochum	320
Elektriker *in der Nähe*	6.600
Schreiner *in der Nähe*	6.600
Malerbetrieb *in der Nähe*	1.300
Fliesenleger *in der Nähe*	2.900
* Durchschnittliches Suchvolumen der letzten 12 Monate (deutschlandweit) in der Google-Suche.	

Tabelle 3.1 Suchvolumen zu Handwerkerleistungen (Quelle: Google Ads Keyword-Planer)

▶ **Einzelhandel**

Ob Textilgeschäft für Kindermode, Tapetenfachgeschäft oder Deko-Laden: Potenzielle Kunden möchten sich nicht nur einen Überblick über das Sortiment verschaffen, sondern ebenso wichtige Informationen wie Rabattaktionen oder Öffnungszeiten auf einen Blick erhalten. Auch hier ist die Voraussetzung eine aktuelle und gepflegte Webseite, die dem Suchenden alle Infos schnell und unkompliziert darstellt. Bei Mode, Möbeln und Deko-Artikeln wird heute bereits häufig nicht mehr nach einem Unternehmen in der Nähe gesucht. Die Recherche beginnt bei großen Onlineportalen und Onlineshops, so wie bei Google. Als lokales Unternehmen haben Sie dennoch einen entscheidenden Vorteil. Nutzer*innen wünschen sich lokale Anbieter und Angebote und bevorzugen diese häufig gegenüber großen Konzernen. Ein wichtiges Entscheidungskriterium ist allerdings die digitale Kontaktaufnahme und Kommunikation. Sie sollten daher großen Wert auf eine schnelle Reaktionszeit legen.

▶ **Friseur und Kosmetiker**

Öffnungszeiten, Preise, Kontaktmöglichkeiten – auch im Friseur- und Beautyhandwerk ist es heutzutage wichtig wie nie, digital bestens aufgestellt zu sein. Sucht ein potenzieller Kunde nach »Friseur in meiner Nähe« und findet als Erstes die Website Ihrer Konkurrenz, wird er sich mit großer Wahrscheinlichkeit nicht für Ihren Salon entscheiden.

Ein weiteres Kriterium ist die Online-Terminvereinbarung. Wer flexibel in der Auswahl seines Friseurs ist, wird sich eher für die spontane Terminvereinbarung interessieren als für die langjährige Erfahrung eines Friseurs, den er zwingend zu den Öffnungszeiten anrufen muss, um einen Termin zu vereinbaren.

Die digitale Terminvereinbarung ist heute ein Entscheidungskriterium. Potenzielle Kunden recherchieren außerhalb der Öffnungszeiten nach einem Termin und freuen sich über den direkten Service und die prompte Buchung.

Dies konnten wir auch in der Praxis bei einem Friseurbetrieb sehen. In Kapitel 12, »Online-Marketing-Strategien«, stelle ich Ihnen die passende Strategie vor, die wir bei einem Friseurbetrieb umgesetzt haben.

Ähnlich wie bei einem Friseur ist es auch bei der Auswahl eines Restaurants. Man bucht morgens um 9 Uhr online das Restaurant in der Nähe – und wartet nicht bis 17 Uhr, weil der Lieblingsitaliener dann öffnet und man erst dann weiß, ob er noch einen Tisch frei hat. Die Konkurrenz ist zu groß und das Angebot zu vielfältig. Der Nutzen und die schnelle und flexible Buchung – die Sicherheit, einen Termin zu bekommen – haben Vorrang. Wissen Sie noch: »Lieber der Spatz in der Hand als die Taube auf dem Dach.«

Versetzen Sie sich in die Lage Ihrer Zielgruppe. Versuchen Sie, aus Sicht der Konsumenten und Konsumentinnen eine Customer Journey zu erstellen, bei der Ihre Kundschaft auf Sie aufmerksam wird und sich für Sie anstatt für ein anderes Unternehmen entscheidet. Setzen Sie sich in dem Zusammenhang mit der Abgrenzung Ihres Unternehmens gegenüber Ihren Marktbegleitern auseinander, und prüfen Sie, ob Ihre Kunden in Ihrem Entscheidungszyklus diese Abgrenzung überhaupt wahrnehmen und verstehen. Als Unterstützung für Ihre Überlegungen biete ich Ihnen die Matrix in Abbildung 3.5 an. Sie finden diese Matrix als Ausfüllhilfe in DIN A4 Größe auf meiner Webseite unter: *https://tipps.kim-weinand.de/linkliste*

Ziel/ Zielgruppe	Phase 1: Inspiration	Phase 2: Interesse	Phase 3: Wunsch	Phase 4: (Anstoß)	Phase 5: (Kauf/Conversion)
	Wie können wir das Bewusstsein für die Produkte/ Dienstleistungen wecken?	Wie können wir das Interesse für unsere Produkte/ Dienstleistungen verstärken?	Der Interessent erwägt Kunde zu werden.	Die »Kaufabsicht« wird konkret.	Vertragsabschluss
Interesse/ Informationsbedarf der Zielgruppe					
Verhalten der Zielgruppe					
Eventuelle Suchbegriffe der Zielgruppe					
Ziele des Unternehmens					
Maßnahmen des Unternehmens					
Welche Conversion kann gemessen werden?					
Multiplikatoren, Webseiten					
Priorität (Ziel)					

Abbildung 3.5 Ausfüllhilfe zur Customer Journey (zu finden unter: https://tipps.kim-weinand.de/linkliste)

Kreieren Sie mit der Ausfüllhilfe die aus Ihrer Sicht wahrscheinliche Customer Journey für Ihre Zielgruppe. Wechseln Sie dann die Perspektive, und prüfen Sie, ob Sie den potenziellen Kunden und Kundinnen entsprechend der Phase, in der Sie sich gerade befinden, den richtigen Content und damit den gewünschten Mehrwert bieten. Schauen Sie, ob Sie eine messbare Zielgröße entwickeln können, mit der Sie Ihre Zielgruppe durch die einzelnen Phasen der Customer Journey verfolgen können.

Was heißt das für Unternehmen, die Ihre Produkte oder Dienstleistungen nicht online anbieten? Ganz einfach: Machen Sie Ihr Business digital! Gehen Sie auf die Bedürfnisse

Ihrer potenziellen Kunden ein. und stellen Sie Interessenten alle Informationen bereit, nach denen sie suchen könnten. Datenblätter mit technischen Merkmalen oder Produktabmessungen, Preislisten oder Angebotsaktionen – bieten Sie den Suchenden echten Mehrwert! Denn das freut nicht nur die Besucher Ihrer Internetpräsenz, sondern hat noch einen weiteren Vorteil: Auch Google bewertet Websites immer stärker nach ihrem Informationsgehalt. Seiten, die Interessenten viele Informationen zur Verfügung stellen, werden somit solchen Seiten vorgezogen, auf denen sich lediglich die Kontaktdaten des Unternehmens befinden. So schlagen Sie zwei Fliegen mit einer Klappe.

Beispiele und Inspirationen, wie Sie Online-Marketing für Ihr Unternehmen einsetzen können, finden Sie später in Kapitel 12, »Online-Marketing-Strategien«.

Werfen wir noch einen Blick auf die eben angesprochene Google-Studie, denn aus dieser können wir eine weitere wichtige Erkenntnis ziehen: Die meisten Suchanfragen erfolgen heutzutage per Smartphone. Das liegt nicht nur daran, dass der Anteil der Smartphone-Nutzer von Jahr zu Jahr steigt; immer häufiger werden die mobilen Endgeräte auch als Rechercheinstrument verwendet und lösen somit langsam, aber sicher den klassischen Desktop-PC ab. Dachte man noch vor einigen Jahren, dass beratungsintensive Onlinerecherchen oder -käufe eher über einen stationären PC erfolgen, so informieren sich die Kunden in der heutigen Zeit ebenso über Kredite und mehr via Smartphone: Ein Trend, den es auch bei der Gestaltung der eigenen Werbemittel zu beachten gilt. Schließlich eignet sich nicht jedes Werbeformat für die deutlich kleineren Bildschirme, während Apps wie Facebook oder Instagram neue Möglichkeiten für die Bewerbung eigener Inhalte eröffnen.

Und auch in einer weiteren Studie liefert Google gemeinsam mit Ipsos MediaCT den Beweis, dass das Thema Lokalität bei Kunden hoch im Kurs steht. Denn wer heutzutage eine Suchanfrage tätigt, erwartet schnelle Ergebnisse, die den eigenen Bedürfnissen entsprechen. Fast drei von vier Smartphone-Nutzern sind der Meinung, dass Suchanzeigen an ihre Stadt, ihre Postleitzahl oder ihre unmittelbare Umgebung angepasst sein sollten. Verbraucher*innen reagierten im Studienzeitraum besonders positiv auf Anzeigen, die ortsbezogene Informationen wie die Geschäftsadresse, Wegbeschreibungen oder eine Telefonnummer aufwiesen.

Eigentlich logisch, wenn wir an unser eigenes Suchverhalten denken: Wahrscheinlich war bereits jeder von uns einmal in der Situation, dass er unterwegs das nächstgelegene italienische Restaurant oder ein Café für eine Pause vom Stadtbummel gesucht hat. Während wir früher Passanten nach dem Weg oder einer Empfehlung fragen mussten, zücken wir heute unser Smartphone und googeln. Oder wir suchten von zu Hause aus nach den Öffnungszeiten eines Geschäftes, um nicht vor verschlossenen Türen zu stehen. Auch hier lieferte Google die passende Antwort. Laut Studie nutzen neun von zehn

Befragten Suchmaschinen, um nach Produkten, Dienstleistungen oder Rezensionen in unmittelbarer Nähe zu suchen – 83 % von zu Hause aus, 45 % unterwegs, 40 % in Geschäften und Einkaufszentren, 38 % auf der Arbeit und 30 % auf Reisen.

Diese Studie lässt zudem den Rückschluss zu, dass Verbraucher, die entsprechende lokale Suchanfragen stellen, auch unmittelbar davorstehen, eine Handlung zu vollziehen, also einen Anruf zu tätigen oder ein Ladenlokal zu besuchen. 82 % der Konsumenten handelten, nachdem sie online eine passende Anzeige zu ihrer Suchanfrage fanden. Einer von dreien suchte ungeplant ein Geschäft auf, und nur einer von fünf entschloss sich, den geplanten Kauf doch nicht zu tätigen. Ein weiteres schlagendes Argument: Mehr als zwei Drittel behaupteten, dass die Websuche ihnen stark bei der Kaufentscheidung für ein Produkt oder eine Dienstleistung half – 43 % wurden innerhalb einer Stunde nach der Suche aktiv.

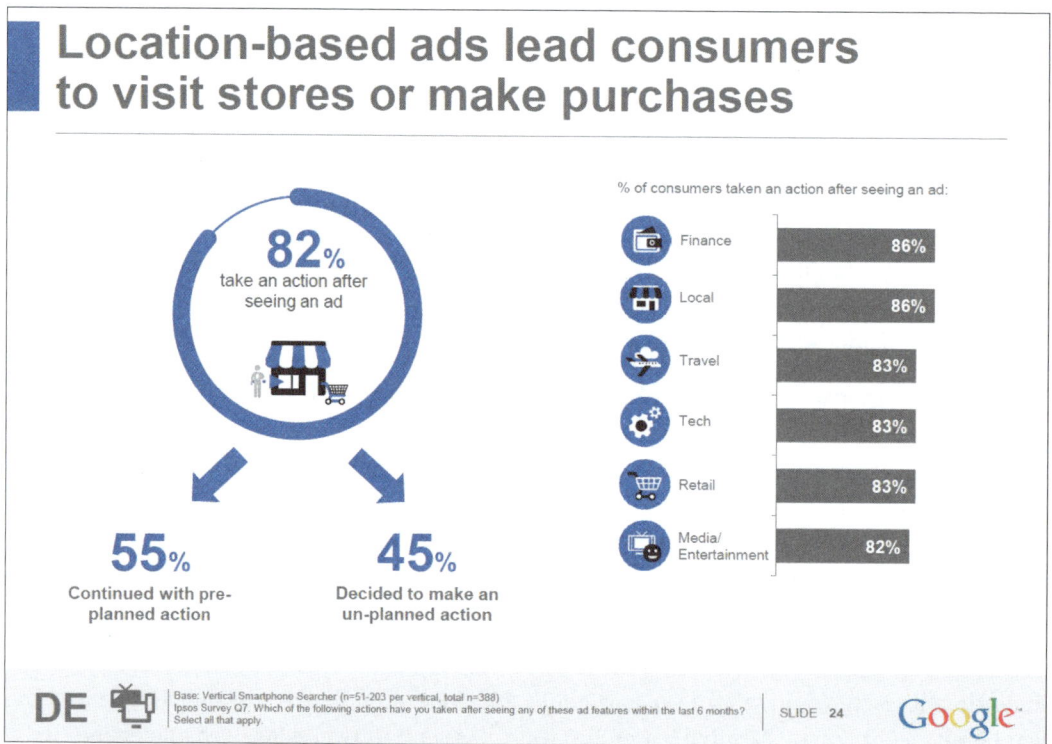

Abbildung 3.6 Lokale Anzeigen unterstützen Nutzerinteresse: Interessante Einblicke einer Studie von Google und Ipsos MediaCT[3]

---

3 Quelle: *www.thinkwithgoogle.com/intl/de-de/marketing-strategien/daten-und-messung/nah-am-kunden-wie-werbetreibende-mit-lokalen-anzeigen-ihre-relevanz-steigern-konnen/*

Doch was bedeutet dies im Umkehrschluss für Ihre Werbung? Potenzielle Kunden erwarten, dass ihnen passende Suchergebnisse ausgeliefert werden, und freuen sich umso mehr, wenn diese einen lokalen Bezug beinhalten. Mehr als 77 % der mobilen Nutzer gaben zudem an, lokale Informationen wie eine Telefonnummer, eine Wegbeschreibung oder einen »Call-to-Action«-Button einer Werbeanzeige, beispielsweise von Google Ads, genutzt zu haben. Die wechselnden Aufenthaltsorte der Nutzer*innen können sich dabei nicht nur E-Commerce-Händler zunutze machen, auch lokal ansässige Anbieter aus der Umgebung können durch cleveres Multichannel-Marketing neue Kundinnen und Kunden in ihr Geschäft locken und die Customer Journey vollenden.

Werfen wir an diesem Punkt auch einen Blick auf die Zukunft des Einzelhandels. In einer gemeinsamen Studie mit Euromonitor veröffentlichte Google im September 2020 Erkenntnisse, die den Weg des Einzelhandels in den nächsten Jahren prägen werden. Die Studie finden Sie unter: *www.thinkwithgoogle.com/intl/de-de/insights/verbraucher-trends/trends-einzelhandel-strategien/*.

Der Fokus dieser Studie lag auf der Bedeutung des integrierten Online- und Offline-Angebotes. Die wichtigste Kernaussage? Obwohl die Digitalisierung schnell voranschreitet und der Online-Umsatz stetig steigt, erfolgen die meisten Käufe auch bis ins Jahr 2024 weiterhin offline (78 % offline im Vergleich zu 22 % online). Voraussetzung dafür: ein nahtloser Übergang zwischen Online- und Offline-Kommunikation.

Bis 2024 werden laut der Studie 53 % des Umsatzes von Einzelhändlern erwirtschaftet, deren Geschäftsmodell ein digitales Angebot umfasst. Daraus leiteten die Verantwortlichen drei Trends für eine langfristige Strategie ab:

1. *Multichannel-Formate* (Kundenansprache sowohl online also auch offline) werden immer wichtiger und für einen Großteil des Umsatzes der nächsten fünf Jahre verantwortlich sein.
2. Kunden erwarten **besser** *integrierte, nahtlose Angebote* und nutzen sowohl analoge als auch digitale Kanäle für ihren Einkauf.
3. Durch immer kompliziertere Kaufentscheidungen erwarten Kunden *hilfreiche Informationen als Entscheidungsgrundlage*, z. B. wettbewerbsfähige Preise, sachliche Empfehlungen, hilfreiche Personalisierungen, lokale Ansprechpartner*innen.

Die wohl wichtigste Erkenntnis der Studie: Kunden ziehen Einzelhändler mit einem digitalen Angebot vor, auch wenn die eigentliche Transaktion im Geschäft stattfindet. Da potenzielle Kunden heutzutage vor einer schier unendlichen Auswahl an Geschäften und Dienstleistern stehen, wünschen sie sich hilfreiche Informationen, die ihnen dabei helfen, selbstbewusst eigene Entscheidungen zu treffen. Einzelhändler sollten sich also in der Zukunft nicht mehr zwischen Ladenlokal und Online-Präsenz entscheiden, sondern sich darauf konzentrieren, ein integriertes Online- und Offline-Angebot bereitzustellen. Einzelhändler müssen den steigenden Erwartungen der Kunden gerecht werden und ein nahtloses Einkaufserlebnis bieten. Investitionen in die digitale Transformation sind unausweichlich. Wegweisende Ergebnisse, die sich in ihrem Grundgedanken auf jede Branche übertragen lassen, in denen Dienstleistungen offline getätigt werden.

3.3   Gestalten Sie die Reise Ihrer Kunden

Möbel, Mode, Pflegeprodukte, Haushaltshelfer, ja sogar Lebensmittel lassen sich heutzutage online bestellen. Die Auswahl an Onlineshops und Websites ist so groß wie nie. Umso wichtiger ist es für Unternehmen, den Weg des Kunden bis zum Abschluss der Conversion möglichst interessant zu gestalten und zu begleiten. Schließlich soll sein gerade erst geweckres Interesse an Ihrem Produkt nicht bereits nach kurzer Zeit wieder verebben. Wie das zu schaffen ist? Indem sie potenzielle Konsumenten an jedem Touchpoint der Customer Journey mit maßgeschneiderter Werbung bzw. mit den passenden Botschaften ansprechen. Während der erste Kontakt beispielsweise durch eine allgemeine Bannerwerbung entstehen kann, welche die Produktvielfalt Ihres Unternehmens widerspiegelt, so sollten Sie dem Kunden spätestens ab der zweiten Botschaft nur noch die Produktkategorie anzeigen, für die er sich auch bei seiner Recherche interessiert hat. Hat sich der Interessent lange mit den Funktionen und Vorteilen eines Massagesessels beschäftigt? Dann präsentieren Sie ihm dieses Modell erneut, z. B. über eine Retargeting-Kampagne, E-Mail-Marketing oder seinen Facebook-Feed. Keine Angst, in Kapitel 8, »Noch mehr Werbung – weitere Möglichkeiten«, gehen wir genauer darauf ein, was das bedeutet und wie Sie diese Werbekanäle nutzen können.

Mit jedem Touchpoint muss der Wunsch des Kunden weiterwachsen, das Produkt zu besitzen. Doch Achtung: Bombardieren Sie den Konsumenten unaufhörlich mit Werbung und Newslettern, kann sich dieser schnell belästigt fühlen. Wie bei jedem guten Marketing-Plan gilt: Eine gesunde Mischung bringt den Erfolg.

Die Planung einer zielgerichteten Marketing-Strategie lässt sich mit der Planung einer langen Pauschalreise verglichen. Denn auch in diesem Fall ist den Mitarbeitenden des Reiseunternehmens daran gelegen, die Reise der Kunden so angenehm wie möglich zu gestalten. Die Übernachtungsmöglichkeiten müssen ansprechend, die Speisekarten geschmackvoll und die Zeitpläne der Tagesausflüge stressfrei sein. Statt kühle Drinks und lokale Spezialitäten aufzutischen, ist es das Ziel der Marketing-Verantwortlichen, den potenziellen Kunden an die Hand zu nehmen und ihn vom ersten Kontakt mit

Ihrem Produkt bis zum Kaufabschluss zu geleiten und zu führen. Und auch hier gilt: Die Aufbereitung aller Informationen muss geschmackvoll präsentiert werden und das Timing zwischen den einzelnen Berührungspunkten stimmen. Ziele abstecken, Maßnahmen planen und anpassen

Wer die eigenen Marketing-Maßnahmen entlang der Customer Journey abstecken möchte, sollte sich zunächst Gedanken über die wichtigsten Ziele machen. Möchten Sie Produkte online verkaufen? Möchten Sie Besucher und Besucherinnen in Ihr Ladenlokal locken, um sie dort persönlich beraten zu können? Oder möchten Sie, dass Besucher Ihrer Website Kontakt zu Ihnen aufnehmen, um ein individuelles Angebot für eine Dienstleistung anzufragen? Machen Sie sich klar, was Sie mit Ihrer Werbung erreichen möchten.

Bevor Sie Ihre Ziele dann in Stein meißeln, prüfen Sie auch, ob Ihre Zielsetzung zum Verhalten Ihrer Zielgruppe passt und auch zukünftig den optimalen Nutzwert für Ihre Kundschaft hat. Der Wurm muss nicht dem Angler schmecken, sondern dem Fisch. – Folglich sollten Sie bei Ihrer eigenen Zielsetzung auch berücksichtigen, dass Ihre Zielsetzung Ihrer Zielgruppe schmeckt und nicht nur Ihnen.

Sind die Ziele einmal abgesteckt, geht es an die Planung der geeigneten Maßnahmen. Hier hilft Ihnen auch die in Abbildung 3.5 dargestellt Matrix. Laden Sie sich die entsprechende Vorlage von *https://tipps.kim-weinand.de/linkliste* herunter, und prüfen Sie mit der Tabelle, ob Sie alle Punkte berücksichtigt haben.

Orientieren Sie sich dabei an den einzelnen Punkten der Customer Journey, die Sie für Ihr Unternehmen aufgezeichnet haben. Was erwarten potenzielle Kunden in der ersten Phase, und wie möchten Sie Ihr Unternehmen beim ersten Kontakt präsentieren? Da ein Bild bekanntlich mehr als 1.000 Worte sagt, eignen sich für die Awareness-Phase vor allem grafische Werbemittel wie Banner und Plakate oder auch Online-Displaykampagnen und kurze Werbevideos. Der Vorteil der digitalen Medien liegt auf der Hand: Statt einfach eine ganze Bandbreite an Menschenmengen mit Plakaten oder Radiowerbung anzusprechen, können digitale Werbemittel auf das passende Umfeld angepasst werden.

Wenn Sie Gartenmöbel verkaufen und ein Interessent surft auf unterschiedlichen Seiten, die Inhalte zum Thema Garten und Gartengestaltung enthalten, kann Ihre Werbung anhand der Algorithmen, die Werbeserver einsetzen, den Nutzer als potenziellen Interessenten erkennen und Ihre Werbung ausspielen.

Sie werden also nur denen angezeigt, bei denen die Wahrscheinlichkeit für einen Kauf oder eine Kontaktanfrage höher ist. Auch Kampagnen in Suchmaschinen, z. B. über Google Ads, eignen sich zu diesem Zeitpunkt der Customer Journey sehr gut, um

Kunden, die aktiv auf der Suche nach einem Produkt oder einer Dienstleistung sind, zu erreichen.

Abbildung 3.7 Thematisch platzierte Werbebotschaften – Ansprache von Zielgruppen in der Customer Journey (Quelle: www.gartentipps.net).

Hat der Kunde bereits Kontakt mit Ihrem Unternehmen gehabt, heißt es: am Ball bleiben! Nun ist es wichtig, dass der potenzielle Käufer nicht das Interesse verliert und Ihr

Unternehmen schnell und ohne lange Suche erneut auffindet. Neben Werbekampagnen bei Suchmaschinen, also bezahlten Textanzeigen ober- und unterhalb der organischen Suchergebnisse, können ebenso Retargeting-Kampagnen dabei helfen, das Interesse hochzuhalten. Bei dieser Art der Werbung können Sie z. B. die Besucher*innen Ihrer Webseite, die noch keinen Kontakt aufgenommen haben, erneut ansprechen und sie so an Ihre Produkte oder Dienstleistungen erinnern. Mehr zum Retargeting erfahren Sie in Kapitel 8, »Noch mehr Werbung – weitere Möglichkeiten«. Auch eine suchmaschinenoptimierte Webseite, die sich weit oben auf den Suchergebnisseiten findet, kann dem potenziellen Interessenten dabei helfen, sich weiter über das Produkt oder das Leistungsangebot zu informieren und schlussendlich einen Kauf zu tätigen oder ein Angebot zu erfragen.

Doch fragen Sie sich an dieser Stelle gegebenenfalls auch, ob Sie etwas innerhalb der eigenen Unternehmensstruktur verändern müssen, um den Kunden bestmöglich zufriedenzustellen. Wünschen sich Kunden zunächst eine telefonische Beratung, bevor sie sich auf den Weg zu Ihrem Ladenlokal machen, um die beworbene Matratze persönlich zu testen? Dann stellen Sie potenziellen Interessenten auf den ersten Blick eine Rufnummer zur Verfügung und kommunizieren Sie, wann Sie unter dieser zu erreichen sind. Oder möchten potenzielle Kunden eventuell erst einmal einen virtuellen Rundgang durch den Wellnessbereich eines Hotels? Ebenso kann es für Neukunden wichtig sein, sich einen Überblick über die Preise eines Friseursalons zu verschaffen? Stellen Sie den Kunden stets aktuelle und klar strukturierte Preislisten zur Verfügung. Denn nur, wenn sich der Interessent gut aufgehoben und informiert fühlt, wird er den Weg der Customer Journey weiter bestreiten und die letzte Purchase-Phase erreichen.

Sie haben die ersten Werbemaßnahmen anlaufen lassen? Dann ist der erste Schritt in die richtige Richtung getan. Lassen Sie verschiedene Werbeformen nun einige Wochen laufen, und analysieren Sie im Anschluss die Ergebnisse. Haben die Maßnahmen den gewünschten Erfolg gebracht und die von Ihnen gesteckten Ziele erreicht? Wenn ja, machen Sie genauso weiter und bleiben Sie mutig, auch einmal neue Maßnahmen auszutesten und den Erfolg zu bewerten. Wenn nein, passen Sie die Maßnahmen an. Gehen Sie auf die Suche, wo die potenziellen Kunden aus der Customer Journey aussteigen, und testen Sie neue Werbe-Layouts und zusätzliche Werbebotschaften, neue Werbemaßnahmen oder neue Texte, um die Schwachpunkte innerhalb Ihres Werbeplans auszumerzen. Am besten setzen Sie dazu auf ein verlässliches Analysetool wie beispielsweise Google Analytics. Die Website-Analyse wird in Kapitel 9, »Funktioniert meine Werbung?«, ausführlich erklärt. Mit einer Website-Analyse erhalten Sie nicht nur grundsätzliche Zahlen zur Nutzung Ihrer Webseite, sondern auch wichtige Informationen zum Verhalten der Besucher auf der Seite. Wie gelangen potenzielle Kunden auf Ihre Website? Wie lange verbleiben sie dort, und welche Unterseiten schauen sie sich besonders häufig an? An welchen Stellen verlassen die Besucher Ihre Website, und mit welchen Geräten wird Ihre Unternehmenspräsenz besonders häufig besucht?

Sammeln Sie über einen längeren Zeitraum Daten, werten Sie diese aus und ziehen Sie Rückschlüsse – oder anders ausgedrückt: Lernen Sie Ihre Kundschaft noch besser kennen, und tun Sie alles dafür, dass sie sich bei Ihnen bestmöglich aufgehoben fühlen.

Bevor Sie jetzt aber gleich zu Abschnitt 5.3, »Websitebesuche messen – Google Analytics«, springen, weil Sie alles über die Website-Analyse erfahren möchten, lassen Sie uns zuerst noch einmal zu Ihren Zielen zurückkehren und eine andere Frage klären: Sind Sie eigentlich im Internet auffindbar?

3.3.1   Ihr persönlicher Bestandscheck – bin ich eigentlich auffindbar?

Kritisches Hinterfragen – eine unangenehme Aufgabe, die von den meisten gerne vor sich hergeschoben wird. Schließlich spricht keiner gerne von der eigenen Fehlbarkeit. Und doch ist es der erste Schritt in Richtung gelungenes Digitalmarketing. Sind Sie eigentlich auffindbar, wenn man nach Ihnen googelt? »Na klar«, lautet die eindeutige Antwort. Und wenn man nach Ihrem Produkt- oder Leistungsangebot recherchiert? Jetzt fällt die Antwort häufig schon etwas verhaltener und meistens doch etwas unsicher aus: »Ich glaube schon.« Dann kann ich immer gerne mit den Worten meiner Tochter kontern, die sie mir mit fünf Jahren mal entgegengeschmettert hat: »Glauben ist nicht wissen, Papa, wir können ja mal gucken«, und dann beginnt das große Erwachen. Man beginnt die Leistungen und Produkte ohne einen Bezug zum Unternehmen zu recherchieren und muss feststellen, dass das eigene Unternehmen zu generischen Suchbegriffen – so wie ein Neukunde recherchieren würde – nicht auffindbar ist.

Was bedeutet das im Klartext? Wenn ich Friseur in Trier bin und die Interessenten nach meinem Unternehmen »Kai Weinand Hairlounge« recherchieren oder nach »Friseur Trier« suchen, ist es für mein Unternehmen noch relativ einfach, auffindbar zu sein.

Wenn die Suchanfragen aber »Friseur für Hochsteckfrisuren«, »Friseur Brautfrisur«, »Haarverlängerung Trier« oder »Balayage Trier« sind, wird es bereits deutlich schwerer, auffindbar zu sein.

Ebenso ist es für das Musikhaus, den Malerbetrieb, den Metallbauer und die Schreinerin wichtig, nicht nur unter seinem Branchenbegriff oder seiner Berufsbezeichnung auffindbar zu sein.

Natürlich recherchieren Internetnutzer nach einem Musikhaus, nach einem Maler oder einem Metallbauer. Noch viel häufiger googeln die Menschen aber nach dem, was Sie interessiert, oder nach dem, was sie benötigen. Wie beispielsweise »Klarinette kaufen«, »Klavier stimmen«, »Stucco Veneziano«, »Gartentor Metall« und vieles mehr.

Es entspricht dem Suchinteresse vieler relevanter Kontakte, und so ist es essenziell für Unternehmen, zu solchen Begriffen auffindbar zu sein. Vergleichen wir die Suchanfragen zu Branchenbegriffen mit den Suchanfragen zu den Interessen der Nutzer, so merkt man schnell, dass es ein enormes Potenzial gibt.

Musikhaus			
Branche / Beruf / Unternehmen		**Nutzerinteresse / -bedarf**	
Suchbegriff	monatl. Suchvolumen	Suchbegriff	monatl. Suchvolumen
Musikhaus	6.600	gitarre kaufen	12.100
		klavier kaufen	18.100
		klarinette kaufen	1.900
		klavier stimmen	1.600
		gitarre reparatur	1.000
TOTAL:	**6.600**	TOTAL:	**34.700**

Malerbetrieb			
Branche / Beruf / Unternehmen		**Nutzerinteresse / -bedarf**	
Suchbegriff	monatl. Suchvolumen	Suchbegriff	monatl. Suchvolumen
malermeister	5.400	wandfarbe wohnzimmer	6.600
malerbetrieb	9.900	welche farbe passt zu grau	4.400
anstreicher	1.300	wände streichen	12.100
verputzer	3.600	stucco veniziano	6.600
malerbetrieb in der nähe	1.300	wandfarbe ideen	5.400
malerfachbetrieb	1.000	wandgestaltung wohnzimmer	9.900
		wohnzimmer wand	8.100
		wandfarbe ideen	5.400
TOTAL:	**22.500**	wandfarbe Küche	2.900
		wandfarbe badezimmer	1.000
		küche streichen farbideen	1.300
		schlafzimmer wandgestaltung farbe	1.300
		wandfarbe kleine küche	1.600
		...	
		TOTAL:	**66.600**

Abbildung 3.8 Vergleich des Suchvolumens zwischen Unternehmensrecherche und Informationsbedarf

Wie Sie in Abbildung 3.8 bereits anhand weniger Schlüsselwörter sehen, gibt es ein enormes Potenzial an Kontakten, wenn man die Suchanfragen der Interessenten bedient.

Ein Kunde, der informationsorientiert nach neuen Ideen für die Küchenfarbe sucht, den werden Sie als Malerbetrieb, der lediglich sein Leistungsportfolio darstellt, nicht ansprechen. Sie werden nicht in den Suchergebnissen zu den Suchanfragen dieses Interessenten erscheinen. Erst wenn Sie zusätzlich zu Ihrem Produktportfolio weitere Inhalte mit Tipps zur Raumgestaltung oder einen Artikel »Welche Wandfarbe passt zu meiner Küche« auf Ihrer Website veröffentlichen, erhöhen Sie Ihre Chance, zu den passenden Suchanfragen auch potenzielle Kontakte auf Ihre Website zu locken.

3.3.2   Zielplanung – was wollen »Sie« von »wem«?

Die Customer Journey ist ein äußerst hilfreiches Mittel, um die Bedürfnisse und Wünsche Ihrer Kunden besser zu verstehen. Doch wer sind eigentlich Ihre Kunden? Und was wünschen Sie sich von ihnen? Sollen Sie ihre Kontaktdaten in einem Formular absenden? Sollen Sie einen Termin über Ihre Website buchen? Oder sollen Sie ein Produkt in Ihrem Geschäft vor Ort erwerben? Wer erfolgreich werben will, muss sich zunächst einmal klarmachen, welche Ziele er mit seiner Strategie verfolgt. Daher besteht Ihr erstes To-do darin zu definieren, was **Sie** von **wem** wollen. Machen Sie sich mit Ihrer Zielgruppe vertraut, z. B. indem Sie sogenannte Personas erstellen und mehr über das demografische Gefüge Ihrer potenziellen Kunden erfahren. Und definieren Sie für sich die wichtigsten Ziele Ihres Unternehmens. Ist diese Arbeit geschehen, heißt es, sich selbst kritisch zu hinterfragen: Stimmen meine Marketing-Aktivitäten eigentlich mit den Wünschen der potenziellen Kunden überein? Verliere ich wichtige Kontakte, weil ich interessierte Konsumenten auf eine falsche Unterseite meiner Webpräsenz leite? Nutze ich eventuell sogar die falschen Werbekanäle, weil meine Kundschaft ganz andere Medien nutzt? Die schönste und ausgeklügeltste Werbestrategie nützt Ihnen nichts, wenn Ihre Zielgruppe sie nicht sieht und Ihre Werbung nicht wahrnimmt. Eine Werbung auf der lokalen Onlinepräsenz Ihrer ortsansässigen Tageszeitung nützt nichts, wenn Ihre Zielgruppe zwischen 18 und 25 Jahren alt ist und diese Seite nicht aufruft. Eine Werbekampagne auf YouTube ist irrelevant, wenn Ihre Zielgruppe 60+ ist und YouTube noch nie (oder selten) benutzt hat. Achten Sie auch immer darauf, mit welcher Hardware (Smartphone, Tablet, Computer/Notebook oder eventuell auch Smart-TV/Smart-Speaker) sie Ihre Zielgruppe erreichen sollten.

3.3.3   Ziele und Zielgruppen definieren

»Nur wer sein Ziel kennt, findet auch den Weg.« – Zugegeben, diese Weisheit des chinesischen Philosophen Laotse wirkt etwas abgedroschen und erinnert an die Worte eines Glückskeks. Doch aufs Digitalmarketing übertragen, ist die Redewendung aktuell und zutreffend. Viel zu oft investieren Unternehmen große Summen in Maßnahmen, die zwar im Trend liegen mögen, jedoch vollkommen an den Wünschen und Bedürfnissen der eigenen Zielgruppe vorbeischlittern. Was nützt einem die ansprechendste Werbung auf TikTok oder Instagram, wenn sich die potenziellen Kunden doch gar nicht auf diesen doch eher jungen Plattformen aufhalten? Und welchen Return on Investment bringt eine teure Anzeige in der Printausgabe der Welt am Sonntag, wenn die Konsumenten Ihrer Produkte doch eher zur Digitalausgabe des Spiegels greifen?

Wen möchte ich mit meiner Werbung ansprechen? Eine Frage, die es zu Beginn einer jeden Strategieplanung zu beantworten gilt. Hier erweisen sich vor allem sogenannte Personas als hilfreich, also fiktive Personen, die mit den typischen Eigenschaften Ihrer Zielgruppe ausgestattet werden. Diese werden anschließend in einem Steckbrief zusammengefasst. Stellen wir uns einmal vor, wir definieren die Zielgruppe für ein junges Start-up, das sich auf die Herstellung von reinigungsstarken Spülmaschinentabs spezialisiert hat, die anders als der Wettbewerb nicht einzeln in Plastik verpackt sind. Vertrieben werden diese über einen kleinen Onlineshop sowie ein Ladenlokal abseits der großen Einkaufsmeilen.

Persona – Der Steckbrief Ihrer Kund*innen

- ▶ Name: Katrin Hoffmann
- ▶ Alter: 32
- ▶ Familienstatus: seit drei Jahren verheiratet, ein Kind (1 Jahr alt)
- ▶ Beruf: Grafikdesignerin in Elternzeit
- ▶ Hobbys: Zeichnen, Spazieren, Basteln, Serien schauen
- ▶ Interessen: Essen & Trinken, Nachhaltigkeit & Umwelt, Familie, Regionalität, Mode

Ergänzt werden diese Stichpunkte um Fragen wie »Wie kommt Lisa mit unserem Unternehmen in Berührung« oder »Was könnte für Lisa für den Kauf unserer Produkte sprechen«. So erhalten Sie Schritt für Schritt ein immer klareres Bild von Ihren potenziellen Kunden. Wenn Ihnen Laotse diesbezüglich zu weit hergeholt scheint, dann lassen Sie uns Henry Ford zitieren: »Ein Geheimnis des Erfolgs ist, den Standpunkt des anderen zu verstehen.«

Um an die erforderlichen Daten zu kommen und das Profil einer Persona aufzustellen, gibt es verschiedene Möglichkeiten. In manchen Fällen können Kundendatenbanken oder die Ergebnisse von Kundenumfragen herangezogen werden. Manchmal geben zudem interne Studien Aufschlüsse über die eigene Zielgruppe. Darüber hinaus macht es jedoch auch Sinn, mit Mitarbeitern aus dem Vertrieb oder dem Support zu sprechen und herauszufinden, welche Fragen hier tagtäglich gestellt und beantwortet werden.

Ergänzen Sie diese Erkenntnisse um demografische Analysedaten aus Google Analytics, den Facebook Insights oder anderen Analysetools.

Ihr Unternehmen bietet eine Vielzahl an Produkten oder Produktgruppen an, die sich nicht einer einzigen Zielgruppe zuordnen lassen? Erstellen Sie in diesen Fällen mehrere Personas-Profile und beantworten Sie insbesondere die Frage, wie die potenziellen Konsumenten mit Ihrem Unternehmen in Kontakt kommen. So lassen sich die einzelnen Werbemaßnahmen noch besser auf die jeweilige Zielgruppe abstimmen. Denn während sich eine Lisa Hoffmann beispielsweise durch regional ausgespielte Online-Banner und Storys auf Instagram ansprechen lässt, informiert sich die ebenfalls umweltbewusste Hannelore Meyer, Jahrgang 1975, lieber auf einer übersichtlichen Webseite oder einem Artikel in einem Magazin über die Vorteile eines plastikfrei verpackten Spültabs.

Sie haben Ihre Zielgruppe definiert? Wunderbar, nun gilt es im nächsten Schritt, die eigenen Ziele genauer unter die Lupe zu nehmen. Denn diese nehmen erheblichen Einfluss auf alle folgenden Schritte – von der grafischen Gestaltung der Werbebanner bis hin zum Aufbau der neuen Produkt-Landingpage. Überlegen Sie in diesem Stadium, was Sie sich eigentlich von den potenziellen Kunden wünschen. Sollen diese einen Kauf über Ihren Onlineshop tätigen? Ihre Kontaktdaten in einem Formular absenden, sodass Ihr Vertrieb mit den Interessierten in Austausch treten kann? Oder soll die Zielgruppe über einen Kalender auf der Webseite einen Termin für den persönlichen Austausch vereinbaren? Während in diesem Fall die Implementierung eines Kalender-Moduls unabdingbar ist, muss der Kunde mit konkretem Kaufwunsch im besten Fall mit möglichst wenigen Klicks zum gefüllten Warenkorb gelangen. Möchte sich ein Kunde, der noch am Beginn der Customer Journey steht, lediglich über Ihr Produkt informieren, so gilt es, dem Interessierten ebendiese Informationen auf einer strukturierten und informativen Landingpage zu präsentieren.

Ihre Zielgruppe ist definiert, Ihre Ziele sind ausformuliert – nun ist es an der Zeit, das eigene Marketing-Verhalten kritisch zu analysieren. Stimmen die Werbemaßnahmen und Touchpoints der Kunden eigentlich auch mit den eigenen Zielgruppen und Unternehmenszielen überein? Oder verlassen potenzielle Kunden die Customer Journey zu früh, weil sie nicht die Informationen erhalten, die sie sich wünschen? Hinterfragen Sie Ihre Strategie, und listen Sie alle Berührungspunkte potenzieller Konsumenten auf – analog sowie digital. Anzeigen in der Tageszeitung, Editorials in Magazinen, Pressemeldungen, Webseite, Social Media, Flyer, SEA-Kampagnen – welche Möglichkeiten geben Sie Ihrer Zielgruppe, um mit Ihnen in Kontakt zu treten? Bringen Sie diese Touchpoints anschließend in eine zeitliche Reihenfolge, und prüfen Sie diese. Schließlich macht es keinen Sinn, einen Kunden, der bereits den Entschluss gefasst hat, ein konkretes Magazin-Abonnement abzuschließen, durch ein Displaybanner erneut auf eine

Übersichtsseite mit allen in Ihrem Verlag erhältlichen Magazinen zu leiten – die konkrete Magazin-Seite mit Möglichkeit zum Abonnement-Abschluss wäre hier die richtige Wahl.

Wer sich den Weg des Kunden von der ersten Ideenfindung bis hin zum Kauf genau aufzeichnet, erkennt schnell das eigene Verbesserungspotenzial. Dass Unternehmen aller Art sich an der eigenen Kundschaft, also der eigenen Zielgruppe, orientieren sollten, zeigt auch eine Erfolgsgeschichte der Marke Hunkemöller, die das Geheimnis des Omnichannel-Marketing für sich entdeckte.

Die Zahlen zeigten deutlich, dass Konsumenten auch bei steigender Digitalisierung den persönlichen Kontakt und die fachkundige Beratung im Geschäft vor Ort weiterhin schätzen. Die Herausforderung für Hunkemöller bestand also auch darin, mehr Kunden in die Geschäfte der Fußgängerzonen zu locken. Die Idee: lokale Kampagnen in 30 Geschäften in ganz Deutschland. Alle Informationen zur Erfolgsgeschichte von Hunkemöller finden Sie unter: *www.thinkwithgoogle.com/intl/de-de/insights/markteinblicke/omnichannel-geheimnis-am-kunden-orientieren/*.

Definition und Ausarbeitung der eigenen Zielgruppe

Aus den Ergebnissen der Kampagne konnten drei wichtige Ergebnisse abgeleitet werden, die auch Ihnen bei der Definition und Ausarbeitung der eigenen Zielgruppe helfen können:

1. Der erste Schritt besteht immer darin, die eigene Zielgruppe zu bestimmen, deren Bedürfnisse zu bestimmen und darauf basierend die eigene Marke zu positionieren.
2. Tests zeigen, welche Werbekanäle und Services am besten von den Kunden aufgenommen werden – Investitionen in diese zahlen sich aus.
3. Wer immer wieder etwas Neues ausprobiert, sieht schnell, was funktioniert und was nicht – reagieren Sie auf diese Ergebnisse.

3.3.4   Was will ein potenzieller Kunde eigentlich?

Auch wenn für ein Unternehmen stets die eigenen Ziele im Vordergrund stehen – verlieren Sie bei der Planung Ihrer Marketing-Maßnahmen nie die Wünsche Ihrer potenziellen Kunden aus den Augen. Was wollen diese eigentlich sehen und hören?

Verfügen Sie über ein erklärungsbedürftiges Produkt, so möchte sich der Kunde bei Ihnen auch digital gut aufgehoben und beraten fühlen, z. B. durch Kunden-Chats, Erklärvideos oder grafische Anleitungen für den Aufbau des neuen Spielgerüstes. Handelt es sich hingegen um ein leicht verständliches Produkt, das es im Zweifel in ähnlicher Form auch beim Wettbewerb gibt, so möchte der Konsument vielleicht eher begeistert werden und auf den ersten Blick überzeugende Argumente für die Kontaktaufnahme erhalten. Lange Texte oder Videos mit hohem Sprechanteil sind hier fehl am Platz.

Wie bereits angesprochen, nutzt ein Großteil der Suchenden mobile Endgeräte – Tendenz steigend! Verständlich, dass Smartphone-Nutzer auch für Ihre Suche optimierte Ergebnisse erwarten. Auch wenn der Optimierung der eigenen mobilen Internetpräsenz ein ganzes Buch gewidmet werden könnte, sollten an dieser Stelle kurz die wichtigsten Eckpunkte angesprochen werden, die eine Studie von SKIM und Google belegen. Diese untersuchte unter anderem, wie Einzelhändler die Nutzererfahrung auf Mobilgeräten verbessern und so den Umsatz steigern können:

1. *Kunden möchten möglichst wenig scrollen.*

   Wer nur ein oder zwei Informationen auf dem Smartphone-Bildschirm dargestellt bekommt, wirft schnell das Handtuch und beendet den Suchprozess. Bieten Sie Nutzern einen schnellen Überblick über alle verfügbaren Produktinformationen, und vereinfachen Sie die Navigation auf Ihrer Webseite.

2. *Kunden wünschen sich leichte Produktvergleiche.*

   Wer aus einer großen Auswahl wählen kann, wünscht sich leichte Produktvergleiche, um zu entscheiden, ob ein Produkt die Investition wert ist oder nicht. Geben Sie den Suchenden also die Möglichkeit, Informationen schnell zu überfliegen, und heben Sie Besonderheiten wie Garantieansprüche, günstige Preise oder Ähnliches deutlich hervor. Diese können den Ausschlag für die Kaufentscheidung geben.

3. *Kunden wollen Produkte und Dienstleistungen realistisch nähergebracht bekommen.*

   Auf vielen Websites entsprechen Produkte nicht der realen Betrachtungsweise. Doch wenn Artikel online nicht optimal präsentiert werden, sind Interessierte schnelle skeptisch und machen sich nicht die Mühe, das Produkt im Geschäft vor Ort zu betrachten. Helfen Sie Kunden also durch optimierte Bilder und umfassende Produktbeschreibungen dabei, sich einen möglichst guten Überblick über Produkte und Dienstleistungen zu verschaffen.

4. *Kunden setzen auf Transparenz beim Entscheidungsprozess.*

   Verfügbarkeit im Ladenlokal vor Ort, Preise, Gebühren oder Pauschalen – geben Sie potenziellen Kunden die Informationen, die Sie zur Entscheidung für oder gegen ein Produkt bzw. die Inanspruchnahme einer Dienstleistung benötigen. Schließlich sind Interessierte enttäuscht, wenn sie beim Bezahlvorgang im Lokal plötzlich deutlich mehr zahlen müssen, als sie auf der Webseite angegeben haben. Transparenz ist der Schlüssel zum Erfolg.

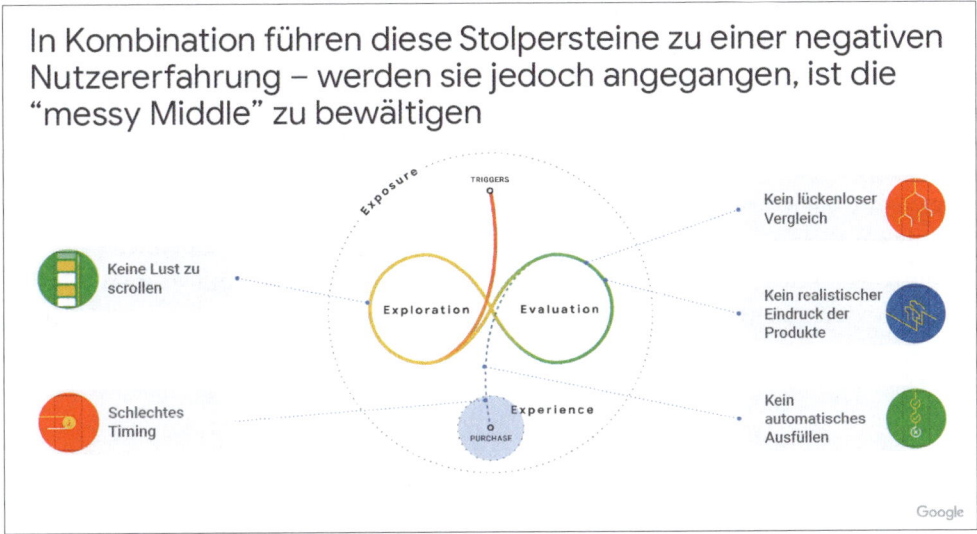

In Kombination führen diese Stolpersteine zu einer negativen Nutzererfahrung – werden sie jedoch angegangen, ist die "messy Middle" zu bewältigen

Abbildung 3.9 Negative Nutzererfahrung bei mobilem Surfen nach einer Umfrage von Google[4]

Kommen wir an dieser Stelle noch einmal auf das Beispiel von Lisa Hoffmann zurück: Lisa interessiert sich schon seit ihren 20ern für einen möglichst bewussten Umgang mit der Natur und ihren Ressourcen. Auch für ihre junge Familie möchte sie mit Bio-Lebensmitteln eine gesunde Grundlage schaffen. Dazu zählt auch der Einkauf bei regionalen Unternehmen und Ladenlokalen vor Ort. Da Lisas Zeit durch Job und Kind jedoch begrenzt ist, wünscht sie sich auch online ausreichend Informationen zu den Produkten, sodass sie ihre Einkäufe vor Ort schnell und effizient erledigen kann.

Für die Zielgruppe um Lisa gehört eine moderne und informative Webseite einfach dazu. Realistische Produktabbildungen, umfangreiche Produktbeschreibungen, eine mobiloptimierte Darstellung und die schnelle Erfassung der wichtigen Produktdaten wie Preis und Verfügbarkeit im Fachhandel vor Ort ermöglichen Lisa einen idealen Überblick über alle Vorteile des Produktes. Wenn Lisa einmal einige ruhige Minuten hat, liest sie zudem gerne informative Blogbeiträge, die sich um relevante Themen rund ums Produkt drehen und Erfahrungen im Umgang mit den Produkten beschreiben.

Damit Personen wie Lisa auf die unverpackten Spülmaschinentabs aufmerksam werden, ist ein zielgerichtetes Omnichannel-Marketing der ideale Weg. Von kreativen und modernen Werbemitteln über native Werbeformate auf passenden Websites bis hin zu klickstarken Suchanzeigen bei Google und Co., die den schnellsten Weg zum Laden

---

4 Quelle: *www.thinkwithgoogle.com/intl/de-de/marketing-strategien/apps-und-mobile/ mobiles-shoppingerlebnis-verbessern/*

anzeigen oder eine Anrufoption bieten, wird die junge Zielgruppe ideal angesprochen. Eine optimierte Produktplatzierung vor Ort im Ladengeschäft ergänzt das Gesamtpaket.

Machen Sie sich also vor jeder Planung der eigenen Marketing-Maßnahmen mit Ihrer Zielgruppe vertraut, und definieren Sie zeitgleich die Ziele, die Sie mit Ihrer Werbung erreichen wollen. Erstellen Sie Personas, fragen Sie, was Personen wie Lisa von Ihnen und Ihrem Unternehmen erwarten, und prüfen Sie vorhandene Werbemittel auf ihre Eignung. Denn der erste Schritt in Richtung Marketing beginnt mit Recherchearbeit und Reflexion im Hinblick auf die eigene Customer Journey und die eigene Zielgruppe.

Kapitel 4
Es geht nicht ohne eigene Website

*Ihre Website ist das digitale Schaufenster Ihres Unternehmens. Lassen
Sie uns prüfen, ob Ihre Unternehmensstrategie und Ihr digitaler Auftritt
stimmig sind. Für alle, die ihre Website auf den Prüfstand stellen,
bietet dieses Kapitel Informationen zum Content-Management-System
WordPress und der optischen Gestaltung.*

Wer sich die Fülle an Anbietern und Websites bei eigenen Suchen im Internet ansieht, kann schnell den Eindruck gewinnen, dass es in ganz Deutschland wohl kein Unternehmen mehr gibt, das nicht über eine eigene Webseite verfügt. Die Kommunikation über das Internet scheint zum Muss geworden zu sein, zumal die Gelben Seiten längst ausgedient haben und Kunden in der Mehrzahl zuerst im Internet nach Dienstleistungen und Produkten suchen anstatt an anderer Stelle.

Die Wahrheit ist allerdings, dass 2020 mehr als ein Drittel aller deutschen Betriebe über keine eigene Präsenz im Internet verfügte. Es darf angenommen werden, dass sich die Zahl der Unternehmen, die online nicht mit eigener Webseite vertreten sind, vor allem im Corona-Jahr 2021 verringert hat. Die besondere Situation, in der viele Firmen von Schließungen oder zumindest Beschränkungen betroffen waren, hat vielerorts klargemacht, wie essenziell der Online-Vertriebskanal für das Überleben des Unternehmens tatsächlich ist! Als ein herkömmlicher Kundenverkehr im Ladenlokal wie gewohnt nicht mehr möglich war, stellten die Kommunikation und der Verkauf über die eigene Webseite für viele Unternehmen den einzigen Rettungsanker dar, um die Umsätze nicht komplett einbrechen zu lassen und somit auf ein Geschäftsmodell über den Fernabsatz umzusteigen. Deutlich schwieriger hatten es hingegen vor allem jene Unternehmerinnen und Unternehmer, die bisher auf eine Webseite verzichtet hatten, da ihr Geschäft bislang auch ohne den Onlinekanal reibungslos florierte.

Doch schon vor den Einschränkungen durch Corona hat sich für viele Betriebe abgezeichnet, dass sie ohne eine eigene Webseite früher oder später ins Hintertreffen geraten würden. Dies liegt vor allem am sich stetig verändernden Konsumverhalten der Kunden, wobei der Onlinesektor seit Jahren an Bedeutung gewinnt. Rund die Hälfte der Deutschen nutzt eine Suchmaschine wie Google regelmäßig zur Informationssuche.

Nur rund 2 % der Menschen verwendet das Internet überhaupt nicht zur Recherche von Informationen wie etwa, um Anbieter für Dienstleistungen oder auch Produkte zu finden. Der Grund dafür liegt nahe. Denn das Smartphone oder ein Notebook sind immer zur Hand, und mit wenigen Klicks spuckt Google sofort eine Liste an potenziellen Unternehmen aus, die den jeweiligen Bedarf befriedigen. Angebote lassen sich online vergleichen, und alle relevanten Informationen stehen mit einem Blick zur Verfügung, ohne dafür irgendwohin fahren zu müssen und sich vor Ort zu erkundigen. Wer allerdings den Schritt ins Internet, im Idealfall mit eigener Webseite, noch nicht gegangen ist, dessen Angebot ist dort für Konsumenten in der Regel auch nicht auffindbar.

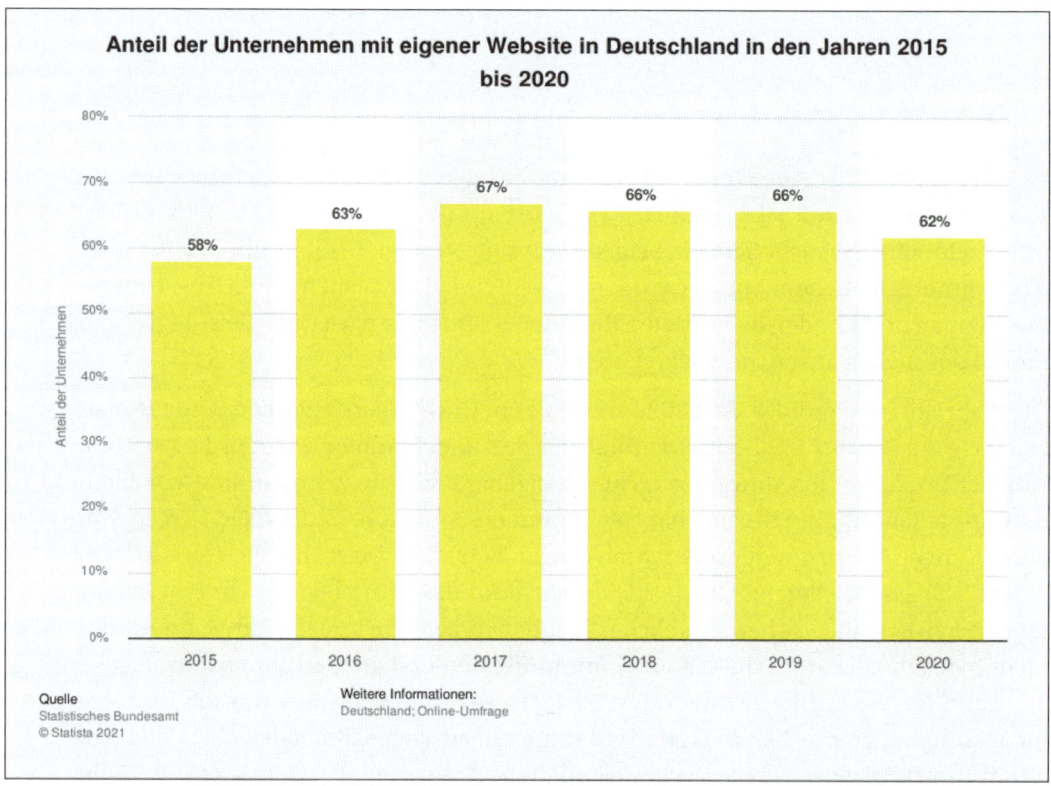

Abbildung 4.1 Mehr als ein Drittel der Unternehmen in Deutschland hat keine eigene Internetpräsenz (Quelle: Statistisches Bundesamt, Statista).

Natürlich scheinen in den Suchergebnissen auch ab und zu Betriebe ausschließlich mit Telefonnummer und Adresse auf, die über keine eigene Webseite verfügen, aber z. B. in Online-Firmenverzeichnissen eingetragen sind. Doch wenn ein solches Suchergebnis auftaucht und darüber gleich eines von einem Konkurrenzunternehmen mit eigener Webseite – für welches Unternehmen würden Sie selbst sich eher entscheiden?

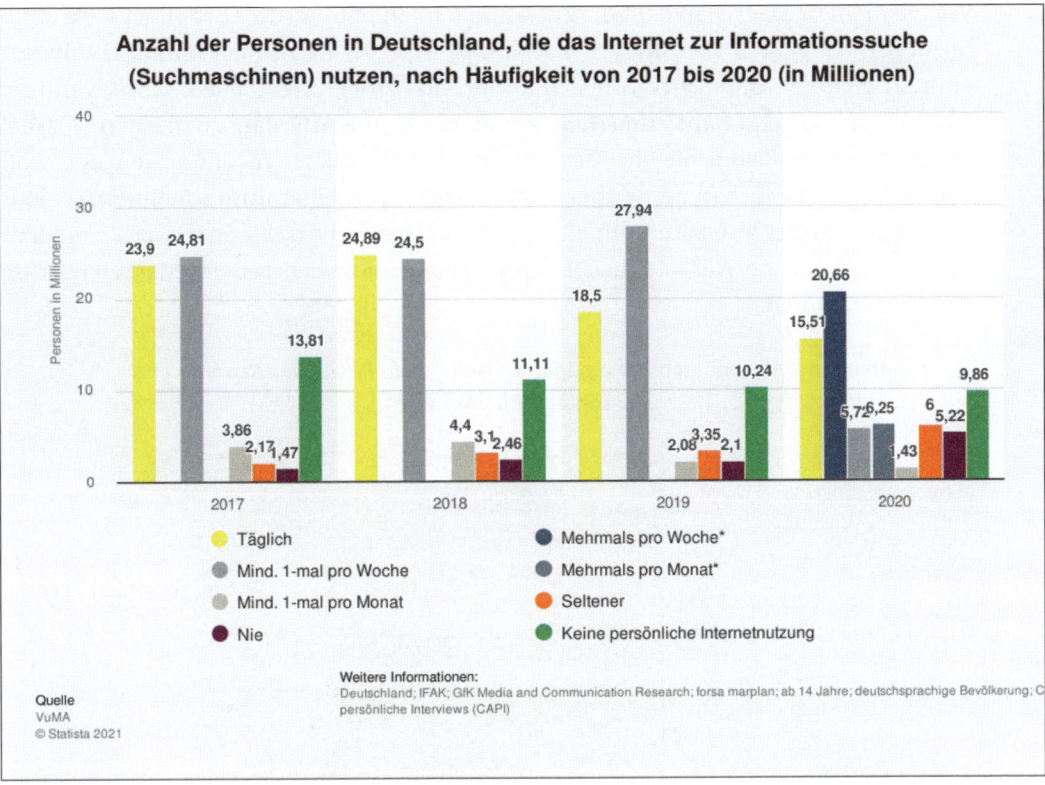

Abbildung 4.2 Informationssuche nach Häufigkeit 2017 bis 2020 (Quelle: Statista 2020)

Kunden und Kundinnen wollen einen Eindruck von dem Anbieter gewinnen, den sie in Kürze kontaktieren werden. Sie möchten wissen, wer dahintersteckt, ob das Leistungsangebot dem eigenen Bedarf entspricht und ob das Unternehmen vertrauenswürdig erscheint. Firmen ohne eigene Webseite gehen damit das Risiko ein, Aufträge an die Konkurrenz zu verlieren.

4.1   Nicht immer notwendig, aber eine gute Basis

Wie bereits dargestellt, gibt es in Deutschland viele Unternehmen, die der Meinung sind, auch ohne Webseite gut zurechtzukommen. Ob der Schritt ins Internet gegangen wird oder nicht, hängt natürlich auch stark von der individuellen Situation, der Branche und der üblichen Customer Journey ab. Das allgemeine Verhalten des Kunden und die Anbietersuche bis hin zur tatsächlichen Kaufentscheidung bestimmen, wie hoch der Mehrwert einer eigenen Internetpräsenz für Unternehmen ist.

Vor allem im B2B-Geschäft läuft die Zusammenarbeit häufig sehr solide über viele Jahre hinweg. Doch gerade Handwerksbetriebe und freie Berufe tun gut daran, zumindest eine Art digitale Visitenkarte von sich im Internet zu veröffentlichen, selbst wenn sie ausreichend Aufträge haben und sich darüber keine großen Gedanken machen müssen. Denn auch Journalisten, die über das Unternehmen schreiben möchten, Bewerber und andere Personen suchen gerne zuerst im Internet nach einem Unternehmen. Scheint dort jedoch nichts auf, kann schnell ein schaler Beigeschmack entstehen. Viele Menschen erwarten eine Webseite heute bereits als wesentlichen Teil des Markenauftritts von Unternehmen.

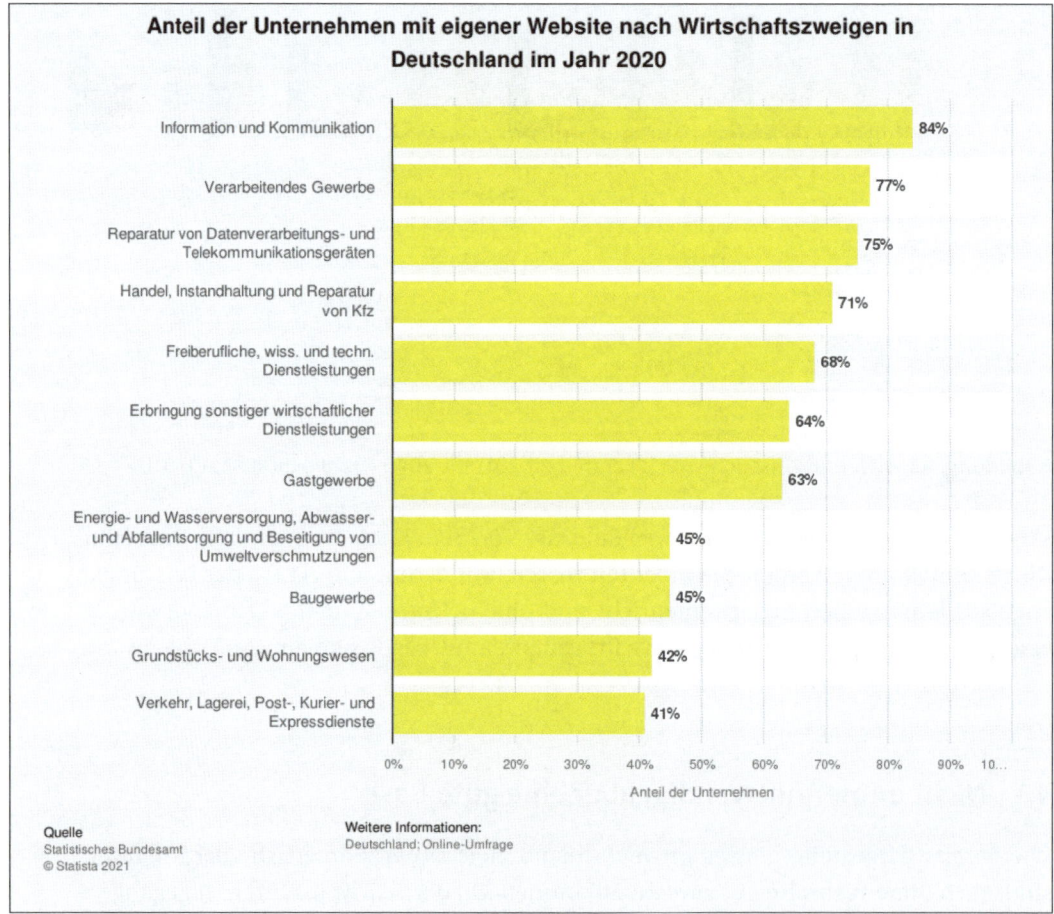

Abbildung 4.3 Unternehmen nach Wirtschaftszweigen mit eigener Website[1]

---

1 Quelle: Statistisches Bundesamt, Statista (*https://de.statista.com/statistik/daten/studie/4009/ umfrage/unternehmen-mit-eigener-website-nach-wirtschaftszweigen/*)

Eine Umfrage des statistischen Bundesamtes zeigt, wie unterschiedlich der Einsatz einer eigenen Website nach Wirtschaftszweigen ausfällt.

Die Umfrage zeigt, dass selbst im Gastgewerbe lediglich 63 % der befragten Unternehmen eine eigene Internetseite betreiben.

Selbstverständlich gibt es neben Online-Firmenverzeichnissen dank Social Media auch noch zahlreiche weitere Möglichkeiten, das eigene Unternehmen im Internet zu präsentieren. Eine eigene Facebook- oder Instagram-Seite etwa ist kostenlos und lässt sich sehr schnell einrichten. Warum also eine eigene Webseite aufbauen, wenn es auch eine Facebook-Seite tut? In jedem Fall ist dieser Schritt besser, als überhaupt nicht im Onlinebereich vertreten zu sein.

Dennoch ist es dabei wichtig zu wissen, dass zwischen einer eigenen Webseite und einer Social-Media-Unternehmensseite doch einige feine Unterschiede bestehen, die auf den ersten Blick nicht augenscheinlich sein mögen:

▶ Nur eine Webseite bietet **volle Kontrolle** über Gestaltung und Inhalte. Social-Media-Portale können von heute auf morgen neue Designs und Regeln für Inhalte vorgeben.

▶ Die **Sichtbarkeit** innerhalb des Portals ist nicht immer zu 100 % gegeben. Selbst wenn eine Million Follower Ihrer Facebook-Seite folgen, die Ihren Kanal abonniert haben, bedeutet das nicht automatisch, dass alle Ihre Beiträge auch immer allen Followern in deren Timelines eingeblendet werden. Auch Social-Media-Portale folgen gewissen Algorithmen, die selbstverständlich darauf abzielen, bezahlte Inhalte zu fördern, um die Einkunftsquelle des Portals zu sichern.

▶ Social-Media-Unternehmensseiten sind in den **Suchmaschinenergebnissen** in der Regel stark unterrepräsentiert und mitunter nicht oder nur schwer über diese auffindbar. Vor allem dann, wenn es sich um Portale handelt, die nicht zum Google-Konzern gehören, scheinen diese in der einflussreichsten Suchmaschine Deutschlands nur selten an prominenter Stelle auf. Eine mit guten Inhalten gefüllte Webseite hingegen kann direkt auf der ersten Seite bei Google auftauchen.

▶ Social-Media-Fanseiten erscheinen in der Regel in sehr standardisiertem Design. Dieses ist nicht zwangsläufig auch für alle Branchen und Unternehmen adäquat. Eine Webseite hingegen lässt sich in ihrer **Gestaltungsform** exakt auf das eigene Unternehmen abstimmen, sodass der Betrieb bestmöglich präsentiert wird.

▶ Während eine Webseite auch einen **Onlineshop** und prominent platzierte Kontaktformulare beinhalten kann, ist dies bei vielen Social-Media-Kanälen gar nicht vorgesehen.

▶ Ein Social-Media-Kanal will mit **aktuellen Inhalten** befüllt werden, um attraktiv zu wirken. Ist dafür nicht genug Zeit da, kann der Kanal veraltet wirken, und es ist fraglich, ob es das Unternehmen überhaupt noch gibt. Einen ähnlichen Eindruck können Kanäle erwecken, die nur über sehr wenige Follower verfügen.

Meine persönliche Empfehlung: Wenn schon auf Social Media gesetzt wird, dann am besten in Kombination mit einer eigenen Website. Inhalte, die auf der Webseite etwa in einem Newsbereich, dem Blog, veröffentlicht werden, lassen sich auch automatisiert auf den eigenen Social-Media-Kanälen teilen.

Aus meiner Sicht ist Ihre Website ein geradezu unerlässlicher Bestandteil einer Content-Strategie. Wie bereits in Kapitel?3 bei der Customer Journey dargestellt, ist es wichtig, den Informationsbedarf der Interessenten zu decken und damit die Entscheidungsfindung durch fundiertes Wissen zu ermöglichen. Auch wenn Sie Content über verschiedene andere Kanäle als Ihre Website ausspielen, ist es häufig die Website, zu denen die Interessenten schlussendlich geführt werden. Denn hier können Sie bereits mit perfekt auf die jeweilige Intension abgestimmten Unterseiten auf sie warten und Ihnen genau die Informationen bieten, die gerade ihren aktuellen Informationsbedarf decken. Mit den richtigen Maßnahmen kommen Sie diesem Informationsbedarf entgegen und werden mit einer stimmigen Call-to-Action Ihre Nutzer und Nutzerinnen der gewünschten Zielfindung einen Schritt näherbringen.

4.2   Wo stehen Sie – neue Website oder Relaunch?

Wenn in Ihnen über die Zeit der Gedanke gereift ist, besser im Internet vertreten sein zu wollen, dann stellt sich schließlich die Frage, in welcher Form dies geschehen soll. Wichtig dabei ist die Frage danach, was bereits vorhanden ist und wo Sie Ihre Sichtbarkeit stärken sollten.

Starten wir von vorne – was ist der Grund dafür, dass Sie stärker im Internet vertreten sein möchten? War es eine Rückmeldung von Kunden? Ist es wegen der generellen Entwicklung hin zu verstärktem Vertrieb über digitale Kanäle, oder war es eventuell sogar ein Hinweis in diesem Buch? Grundsätzlich sollten Sie sich immer in die Rolle Ihrer Kunden versetzen und aus Ihrer Sicht prüfen, wie dieser Interessent oder diese Interessentin zu Ihrem Unternehmen findet und welche Kanäle er oder sie dazu nutzt.

Besitzen Sie bereits eine Webseite, aber diese könnte einmal gründlich entstaubt werden, oder starten Sie von null weg mit einer neuen Seite und dabei ist noch alles offen? Beides gut!

4

Sowohl die Ersteinrichtung einer Webseite als auch die Neugestaltung vor einem Relaunch bringen verschiedene Vorteile mit sich. Ihre bestehende Webseite mag vielleicht nicht mehr zeitgemäß wirken und auch inhaltlich nicht an die im Laufe der Zeit veränderte Positionierung Ihrer Firma angepasst sein – jedoch genießt sie bei Google und in anderen Suchmaschinen schon gewisses Vertrauen, da sie bereits seit geraumer Zeit besteht und im Laufe der Jahre auch immer wieder angeklickt wurde; sei es von Kunden, die über Ihre Visitenkarte darauf aufmerksam wurden, oder auch von Besuchern, die zufällig bei ihrer Internetsuche darüber gestolpert sind. Auf dieser Basis lässt sich gut aufbauen, wenngleich das Erscheinungsbild in Zukunft anders daherkommen soll und möglicherweise auch die Technik dahinter professioneller sowie die Administration einfacher ausfallen soll.

Planen Sie hingegen, die allererste Webseite für Ihr Unternehmen zu gestalten, bietet dies den Vorteil, komplett vom Reißbrett weg zu starten und keine möglichen »Altlasten« mitnehmen zu müssen. Die Website kann von Beginn an so gestaltet werden, dass sie für Suchmaschinen optimal durchsuchbar ist und damit in den Ergebnissen bestmöglich auftauchen kann. Darüber hinaus können Menüführung und auch Design kundenorientiert gestaltet werden, um möglichst schnell die Informationen zu liefern, die die Besuchenden tatsächlich begehren. Auch das Corporate Design kann dann natürlich gleich an die aktuelle Ausgestaltung angepasst werden. Möglicherweise hat sich Ihr Logo in den letzten Jahren verändert oder gar Ihre Unternehmensfarben. Bilder vom Team und der Geschäftsleitung auf der Webseite schaffen ebenso Vertrauen wie mit Fotos versehene Referenzen und Feedbacks von zufriedenen Kunden.

4.3   Website und Unternehmensstrategie

Schon bei der Planung ist es selbstverständlich wichtig, die Website an die generellen Ziele und die Unternehmensstrategie anzupassen, damit diese unterstützt werden. Gleichzeitig wird Ihnen auch auffallen, dass es auch positive Rückkoppelungen gibt, sobald die Website einmal online ist und erste Klicks und Kontaktaufnahmen über diese erfolgen. Die Performance und die Rückmeldungen, die Sie auf diesem Weg von Kunden oder potenziellen Kunden erhalten, können auch maßgeblich Ihre Unternehmensstrategie prägen.

Der Kontakt per E-Mail oder Kontaktformular über eine Webseite ist sehr niederschwellig. Dank einer Webseite werden Sie möglicherweise Anfragen von Personengruppen erhalten, die Sie bisher noch gar nicht als Zielgruppe im Fokus hatten. Möglicherweise fragen diese auch Produkte und Dienstleistungen bei Ihnen an, die Sie zwar produzieren bzw. anbieten können, die Sie aber bisher gar nicht als Marktnische erkannt haben.

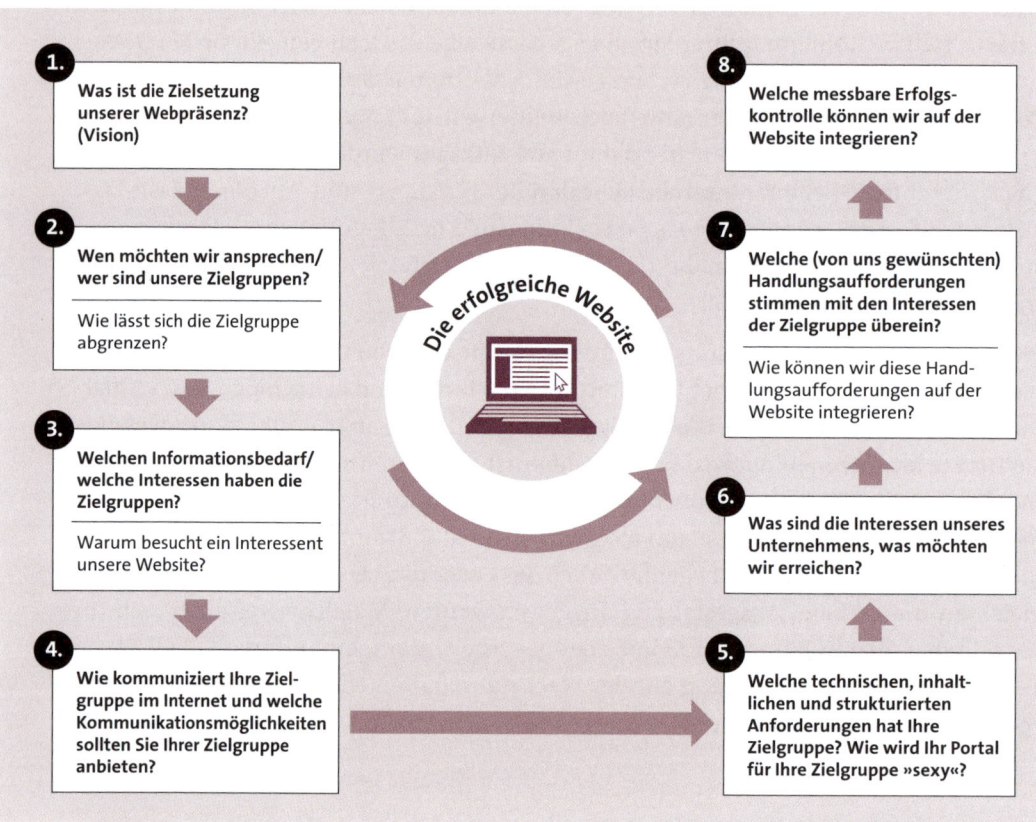

Abbildung 4.4 Die Website als Dreh- und Angelpunkt Ihrer Marketing-Aktivitäten (Quelle: www.wa-g.de)

Eine wesentliche Entscheidung hinsichtlich der Unternehmensstrategie, die schon sehr früh bei der Planung der Webseite bzw. des Relaunchs gefällt werden sollte, ist die Frage, wie viel Gewicht dem Onlinevertrieb in Zukunft gegeben werden soll. Ist es für Sie sinnvoll, gleich einen Onlineshop einzurichten? Vielleicht möchten Sie sich aber auch durch einen Blog oder Newsletter als Experte oder Expertin in Ihrem Fachgebiet hervorheben – dann sollten auch solche Funktionen in der Webseite integriert werden.

Je mehr Ihre Website nicht nur eine statische Visitenkarte im Netz sein soll, sondern sie mit Ihrer Zielgruppe darüber interagieren soll, umso wichtiger ist es auch, dass Sie auch ohne weitreichende IT-Kenntnisse in der Lage sind, diese zu bedienen. Vor allem dann, wenn Sie ab und zu Inhalte ändern, neue Beiträge erstellen möchten oder auch Produkte auf speziellen Zielseiten besonders in Szene setzen möchten, ist es wesentlich, dass diese Schritte intuitiv erlernbar sind und Sie nicht viel Zeit kosten. Ein Website-Gerüst dazu, das mittlerweile auf über 40 % aller Websites zum Einsatz kommt, ist das Content-Management-System WordPress. In Abschnitt 4.4, »Eine Website mit Word-Press einrichten«, gehe ich daher auf dieses Content-Management-System noch mal genauer ein.

Neben der Auswahl des passenden Systems ist es wichtig, dass Sie die Punkte aus Abschnitt 3.3, »Gestalten Sie die Reise Ihrer Kunden«, beherzigen und Ihre Website mit relevanten Informationen für Ihre Zielgruppen ausstatten. Bedenken Sie, Sie wollen mit Ihrer Internetseite nicht in Schönheit sterben, sondern Sie wollen Interessenten überzeugen und Kunden gewinnen. – Der Wurm muss dem Fisch schmecken, nicht dem Angler! Der Inhalt sollte daher an den Besuchenden und nicht an Ihrem Ego ausgerichtet sein. Achten Sie daher darauf, dass Sie dies beherzigen und den Besuchern Ihrer Internetpräsenz eine intuitive Bedienung und einen hohen Informationsgehalt bieten. Wir sprechen in diesem Zusammenhang auch von der Usability Ihrer Website. Achten Sie darauf, eine hohe Usability zu gewährleisten.

Die Usability Ihrer Website verbessern

Folgende Punkte helfen Ihnen dabei, die Usability Ihrer Website zu erhöhen:

▶ Sorgen Sie für eine **schnelle Ladezeit**: Nichts ist nerviger als eine Website, die sich erst nach mehreren Sekunden aufbaut. So springen die ersten Besucher ab, bevor Sie die Chance hatten, mit Ihren Inhalten zu überzeugen

▶ Halten Sie Ihre Website **übersichtlich und strukturiert**: Ein Besucher sollte in wenigen Sekunden Ihr Angebot erfassen können. Vermeiden Sie Text-Wüsten auf allgemeinen Informationsseiten.

▶ **Bilder lockern eine Seite auf**, bieten aber in den meisten Fällen keinen echten Mehrwert. Setzen Sie Bilder daher als Element zur Gestaltung, nicht zur Erklärung ein.

▶ Bieten Sie auf jeder Seite **eine klare Call-to-Action**: Leiten Sie Ihre Besucher an. Zeigen Sie den Nutzern, welche Aktionen Sie von ihnen erwarten. Wenn Sie keine Interaktionsmöglichkeiten bieten, dürfen Sie sich nicht wundern, wenn keine Interaktion stattfindet. Die Auswertung wird dann zwar überschaubar, bietet Ihnen aber keine echte Datenanalyse.

▶ Auf jeder Seite sollten Ihre **Kontaktdaten ersichtlich** sein: und damit meine ich nicht den Link zu einem Kontaktformular, sondern die Durchwahl eines Fachberaters, ein Rückrufformular oder die direkte Einbettung eines spezifischen Formulars inklusive einer entsprechenden Aufforderung »Schreiben Sie uns«. Im besten Fall bieten Sie sogar mehrere Möglichkeiten auf jeder Seite an.

▶ Denken Sie daran, warum der Besucher diese Seite aufgerufen hat. Bereiten Sie den Inhalt so auf, dass Sie den **Content am Bedarf des Nutzers ausrichten**. (Nutzen Sie dazu die Matrix in Abbildung 3.5).

4.4   Eine Website mit WordPress einrichten

WordPress ist das am weitesten verbreitete Content-Management-System (CMS) im Internet. Nach eigenen Angaben werden über 40 % der Websites im Internet mit Word-Press betrieben. WordPress selbst wirbt damit, dass die Installation lediglich fünf Minuten in Anspruch nimmt. Wenn Sie sehr wenig Erfahrung im Umgang mit Webservern haben, wird es zwar ein paar Minuten länger dauern, aber der zeitliche Aufwand hält sich tatsächlich sehr in Grenzen. Die Grundinstallation kann kostenlos aus dem Internet heruntergeladen und auf dem eigenen Webserver installiert werden. Unter folgender Adresse können Sie die Installationsdatei herunterladen: *https://de.WordPress.org/download/*.

Sollten Sie eine Website mit WordPress einrichten wollen und noch keine eigene Domain besitzen, ist der erste Schritt zum neuen Internetauftritt, sich ein Hosting-Paket und eine Domain zu besorgen. In vielen Fällen kann der Hosting-Anbieter die ersten Schritte beim Einrichten von WordPress übernehmen (also das Verbinden mit einer Datenbank und einer Domain). Für all jene, die technisch etwas versierter sind und WordPress gerne selbst downloaden und einrichten möchten, gibt er hier eine kurze Anleitung dazu.

WordPress ist ein sehr umfangreiches CMS, für das es unfassbar viele Designvorlagen, Plug-ins und Erweiterungen gibt. Wer sich umfassend damit beschäftigen möchte, dem empfehle ich das Buch *Einstieg in WordPress 5* von Peter Müller (zu finden unter *www.rheinwerk-verlag.de/einstieg-in-WordPress-5/*).

Ein Forum mit vielen Tipps und Hilfestellungen wie beispielsweise einer sehr übersichtlichen und einfachen Anleitung zur Installation von WordPress finden Sie auch unter *https://forum.wpde.org/forums/installation.21/*.

Schritt 1: Webhosting und Domain

Zu Beginn einer neuen Website steht eine passende Domain, also eine Internetadresse, unter welcher Ihre Website aufrufbar ist. Untrennbar damit verbunden ist ein passendes Webhosting-Paket mit Webspace, der je nach Projektart und -größe gewählt werden sollte. Bei Ihrem Online-Auftritt stellt dieser Webspace sozusagen das Grundstück für Ihre Website dar, Ihre Domain ist die Adresse zu diesem Grundstück.

WordPress empfiehlt folgende Anforderungen für ein optimales Webhosting einer WordPress-Webseite:

▶ Server mit der PHP-Version 7.4 oder höher

▶ MySQL-Version 5.6 *oder* MariaDB-Version 10.1 oder höher

▶ Das Core-Team von WordPress empfiehlt ferner folgende Webserver: Apache oder Nginx als die stabilsten Optionen für eine WordPress-Umgebung, aber auch andere Webserver sind möglich.

Wichtig für eine sichere Verbindung ist das sogenannte SSL-Zertifikat. Dieses zeichnet die Verschlüsselung der Kommunikation zwischen User und Webseite aus und macht einen Websitebesuch sicher. Mittlerweile ist ein solches Zertifikat Standard für Websites. Bei der Einrichtung eines solchen Zertifikates kann Ihnen üblicherweise Ihr Hosting-Anbieter weiterhelfen. Mit der Einrichtung der WordPress-Seite können Sie erst beginnen, wenn Ihre Domain auf Ihren Server zeigt, ansonsten ist Ihre Website noch nicht auffindbar.

Webhosting-Anbieter sind beispielsweise:

▶ DomainFactory (*www.df.eu*)

▶ Strato (*www.strato.de*)

▶ Ionos by 1&1 (*www.ionos.de*)

▶ united domains (*www.united-domains.de*)

▶ Hetzner (*www.hetzner.com*)

Schritt 2: Datenbank anlegen

Bei WordPress handelt es sich um ein Content-Management-System, das datenbankbasiert ist, weshalb es wichtig ist, vor der Einrichtung eine Datenbank anzulegen.

WordPress nutzt ein MySQL-Datenbanksystem. In den meisten Fällen wird Ihnen dieses Datenbanksystem standardmäßig von Ihrem Webhosting Dienstleister bereitgestellt. Oft ist es direkt im Account Ihres Hosting-Anbieters enthalten.

Schritt 3: WordPress herunterladen

WordPress kann direkt über *https://de.WordPress.org/download/* heruntergeladen werden:

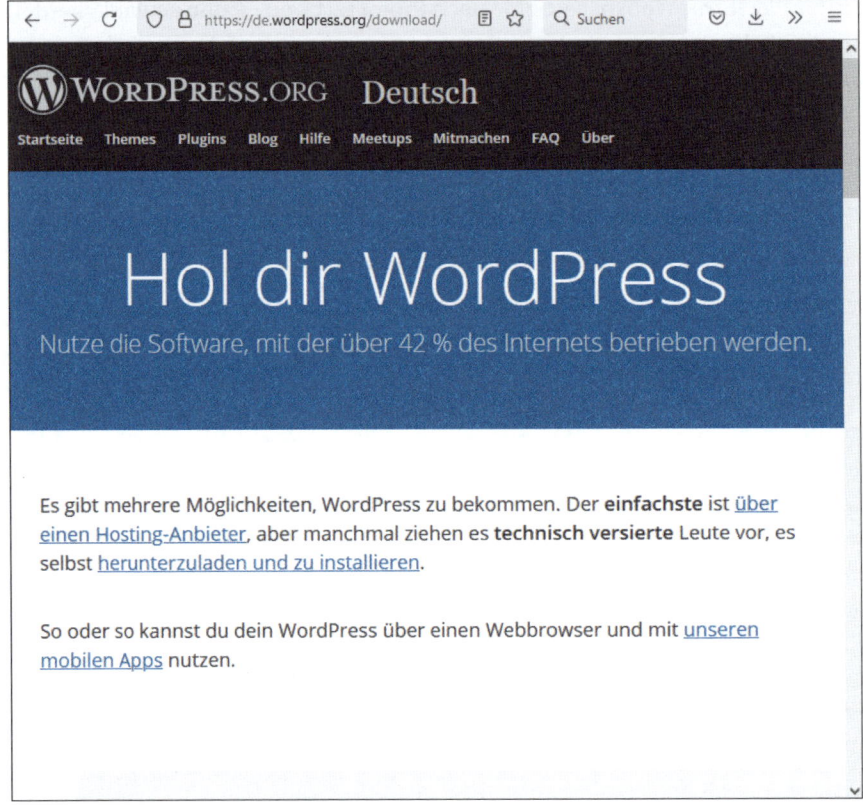

Abbildung 4.5 Die Download-Seite von WordPress finden Sie unter: https://de.WordPress.org/download/.

Auf der Webseite befindet sich auch eine gute (allerdings englische) Anleitung zur Installation. Nach dem Download müssen Sie die ZIP-Datei entpacken.

Schritt 4: Mit Datenbank verbinden

In einem nächsten Schritt wird WordPress mit Ihrer Datenbank verbunden. Suchen Sie dazu die Datei wp-config-sample.php in dem entpackten Ordner und benennen sie die Datei in wp-config.php um. Öffnen Sie die Datei in einem reinen Text-Editor. Bei Windows ist das z. B. im Editor oder mit Notepad möglich, macOS z. B. mit Brackets.

Hier müssen folgende Daten geändert werden:

```
define('DB_NAME', 'datenbankname_hier_einfuegen');
define('DB_USER', 'benutzername_hier_einfuegen');
define('DB_PASSWORD', 'passwort_hier_einfuegen');
```

Im Anschluss geben Sie den Sicherheitsschlüssel an. Rufen Sie dazu folgenden Link auf: *https://api.WordPress.org/secret-key/1.1/salt/*, und fügen Sie den ausgegebenen Code an der richtigen Stelle der Datei ein.

Schritt 5: WordPress-Dateien auf den Server hochladen

Dateien auf den FTP-Server hochladen. Die Zugangsdaten dafür finden Sie üblicherweise im Kundenkonto Ihres Hosting-Anbieters, z. B. in der Vertragsübersicht. Wichtig für das Hochladen sind der Server/Host, der Benutzer sowie ein von Ihnen festgelegtes Passwort. Mit diesen Informationen können Sie die Verbindung zu Ihrem Webhosting-Speicherplatz via FTP aufbauen.

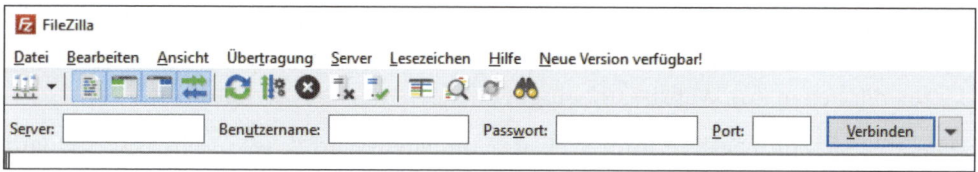

Abbildung 4.6 FileZilla – Eingabe der FTP-Daten

Haben Sie die Daten beisammen, installieren Sie beispielsweise das Programm *FileZilla Client* – es ist kostenlos und kann unter *https://filezilla-project.org/download.php?type= client* für die Betriebssysteme Windows, Mac und Linux heruntergeladen werden.

Öffnen Sie in FileZilla den Servermanager (in der oberen Menüleiste oder unter DATEI • SERVERMANAGER), und klicken Sie auf NEUEN SERVER HINZUFÜGEN.

Hier geben Sie den vorhin erwähnten Servernamen sowie den Benutzer und das Passwort ein. Als Verbindungsart wählen Sie NORMAL. Anschließend klicken Sie auf VERBINDEN.

Rechts sollte sich nun ein Fenster mit dem Hauptverzeichnis Ihres Servers öffnen – klicken Sie doppelt auf das Verzeichnis, das zu Ihrer Domain gehört. Dieses ist üblicherweise wie Ihr Domainname benannt. Löschen Sie die Datei index.html, die sich darin befindet.

Jetzt müssen die gesamten Dateien aus dem installierten WordPress-Archiv hierher kopiert werden. Dafür können die Dateien aus dem internen Dateimanager (links im Fenster) oder aus dem Windows Explorer/Finder einfach in den Ordner gezogen werden. Wichtig: nicht den Ordner *WordPress* kopieren, sondern nur die Dateien darin sowie die Ordner *wp-admin*, *wp-includes*, *wp-content*. Der Kopiervorgang kann etwas Zeit in Anspruch nehmen.

Schritt 6: WordPress im Browser einrichten

Um WordPress im Browser einzurichten, geben Sie Ihre Domain in die Adresszeile ein, also z. B. *https://hierstehtihreadresse.de*. Ab hier wird Sie WordPress durch den Einrichtungsprozess leiten. Hier sind Daten wie der Titel der Webseite, Ihr Benutzername für den WordPress-Account, ein Passwort und eine E-Mail-Adresse einzugeben.

Ab dem Zeitpunkt, an dem Sie die Meldung INSTALLATION ERFOLGREICH erhalten, können Sie sich unter Ihrer Domain und */wp-admin* (also z. B. *https://hierstehtihreadresse.de/wp-admin*) bei WordPress anmelden und mit dem Aufbau der eigenen Webseite durchstarten.

Der Standardpfad zu Ihrem Backend, also dem Editor-Bereich, in dem Sie Beiträge schreiben, das Design anpassen und auch Einstellungen Ihrer WordPress-Seite vornehmen können, lautet *https://hierstehtihreadresse.de/wp-admin*. Dieser Pfad lässt sich allerdings auch ändern, was ratsam sein kann, um Missbrauch vorzubeugen bzw. Hacker, die sich in Ihre Website unbefugt einloggen möchten, fernzuhalten.

Sobald Sie sich im Backend Ihrer Website anmelden, wird das WordPress-Dashboard dargestellt:

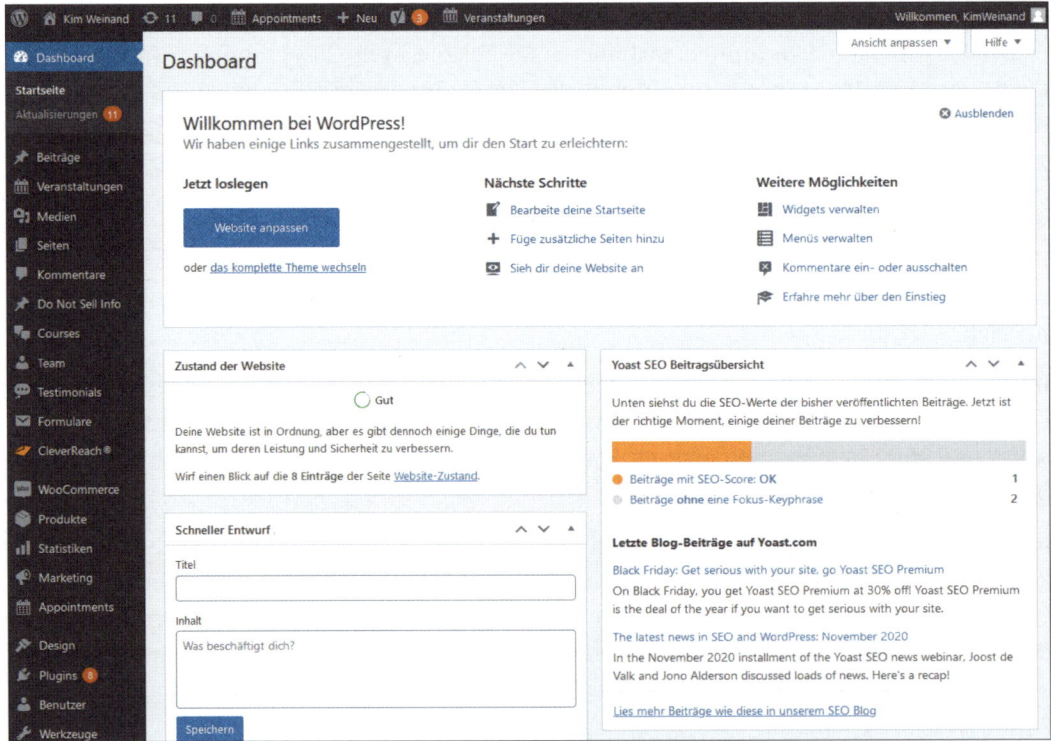

Abbildung 4.7 Dashboard-Ansicht im Administrationsbereich von WordPress

Schritt 7: Seite auf https umstellen

Diese schnelle Installationsvariante installiert leider noch oft ohne das SSL-Sicherheits-zertifikat (welches für das »s« in https sorgt), auch wenn das Zertifikat eigentlich vorhanden ist.

Um das zu ändern, gehen Sie zunächst auf EINSTELLUNGEN • ALLGEMEIN, um Ihre Domain entsprechend auf *https://...* zu ändern (siehe Abbildung 4.8).

Einstellungen › Allgemein

Titel der Website	Kim Weinand
Untertitel	digital marketing | marketing automation
	Erkläre in ein paar Worten, worum es auf deiner Website geht.
WordPress-Adresse (URL)	https://www.kim-weinand.de
Website-Adresse (URL)	https://www.kim-weinand.de
	Gib hier die Adresse ein, wenn die Startseite deiner Website von dein
Administrator-E-Mail-Adresse	welcome@kim-weinand.de
	Diese Adresse wird für administrative Zwecke verwendet. Wenn du di

Abbildung 4.8 Wichtig ist, die WordPress-Adresse auf https abzuändern.

In einem nächsten Schritt gehen Sie auf EINSTELLUNGEN • PERMALINKS und klicken auf ÄNDERUNGEN SPEICHERN. Hier können übrigens auch die Links auf BEITRAGSNAME geändert werden, das macht sie freundlicher für Nutzer und Suchmaschinen.

Schritt 8: Auf Updates prüfen

Ist im Dashboard auf WordPress ein Hinweis vorhanden, dass es eine neue Version von WordPress gibt (Hinweiszeile mit gelber Markierung links in Abbildung 4.9), sollte diese installiert werden.

WordPress 5.7.2 ist verfügbar! Bitte aktualisiere jetzt.

Einstellungen › Allgemein

Abbildung 4.9 Hinweis auf Updates im Backend-Bereich von WordPress

Für Fragen und Anliegen rund um WordPress gibt es direkt unter *WordPress.org* oder in anderen Internetforen hilfreiche Antworten und Lösungsvorschläge.

4.5 Website-Design anpassen – WordPress-Themes

Wenn Sie WordPress installiert haben, eingeloggt sind und alle oben genannten Schritte ausgeführt haben, können Sie sich an das Design Ihrer neuen Webseite machen. Designs auf WordPress basieren auf sogenannten Themes, also Designvorlagen.

4.5.1 Vorüberlegungen für die Gestaltung der Website

Bevor Sie ein solches Theme installieren, sollten Sie sich überlegen – am besten mit einem Blatt Papier und einem Stift –, was alles auf die Website kommen soll und welche Menüpunkte dafür notwendig sind. Wichtig für die Inhalte und die Optik ist es auch, sich zu überlegen, welche Zielgruppe von der Website angesprochen werden soll.

Erst dann sollte es an die Auswahl der Designvorlage gehen. Diese Themes machen es möglich, dass auch Menschen ohne Programmier- und Webdesign-Kenntnisse problemlos optisch sehr schöne und professionell wirkende Websites gestalten können.

4.5.2 Ein WordPress-Theme suchen

Klicken Sie im Dashboard in der linken Leiste auf Design • Themes. Unter Hinzufügen können Sie sich verschiedenste Designvorlagen ansehen und das für Sie und Ihr Projekt/Unternehmen passende auswählen. Hier kann auch nach bestimmten Funktionen gefiltert werden. So stellen Sie sicher, dass die Website auch alles kann, was sie können sollte. Je nach gewünschtem Funktionsumfang, Wunsch nach Kundenservice und responsivem Webdesign (dieses passt sich an die Größe aller Bildschirme an) kann auch die Wahl eines kostenpflichtigen Premium-Themes Sinn machen.

Es gibt viele Anbieter im Internet, die Ihnen bereits vorgefertigte Design-Templates kostenpflichtig anbieten. Beispiele für solche Anbieter sind:

▶ Templatemonster (*www.templatemonster.com/de*)

▶ Envato market / Themeforest (*https://themeforest.net/*)

Diese Templates können Sie mit wenigen Schritten für Ihre WordPress-Installation nutzen und somit schnell und einfach eine großartige Optik für Ihre Website erreichen. Häufig sind die Templates bereits so aufgebaut, dass zusätzliche Plug-ins, beispielsweise zur Terminvereinbarung, oder zur Darstellung von Kalendern/Veranstaltungen, oder sogar eine Anbindung an einen Onlineshop etc. in der Installationsroutine ebenfalls funktionsfähig eingebaut werden.

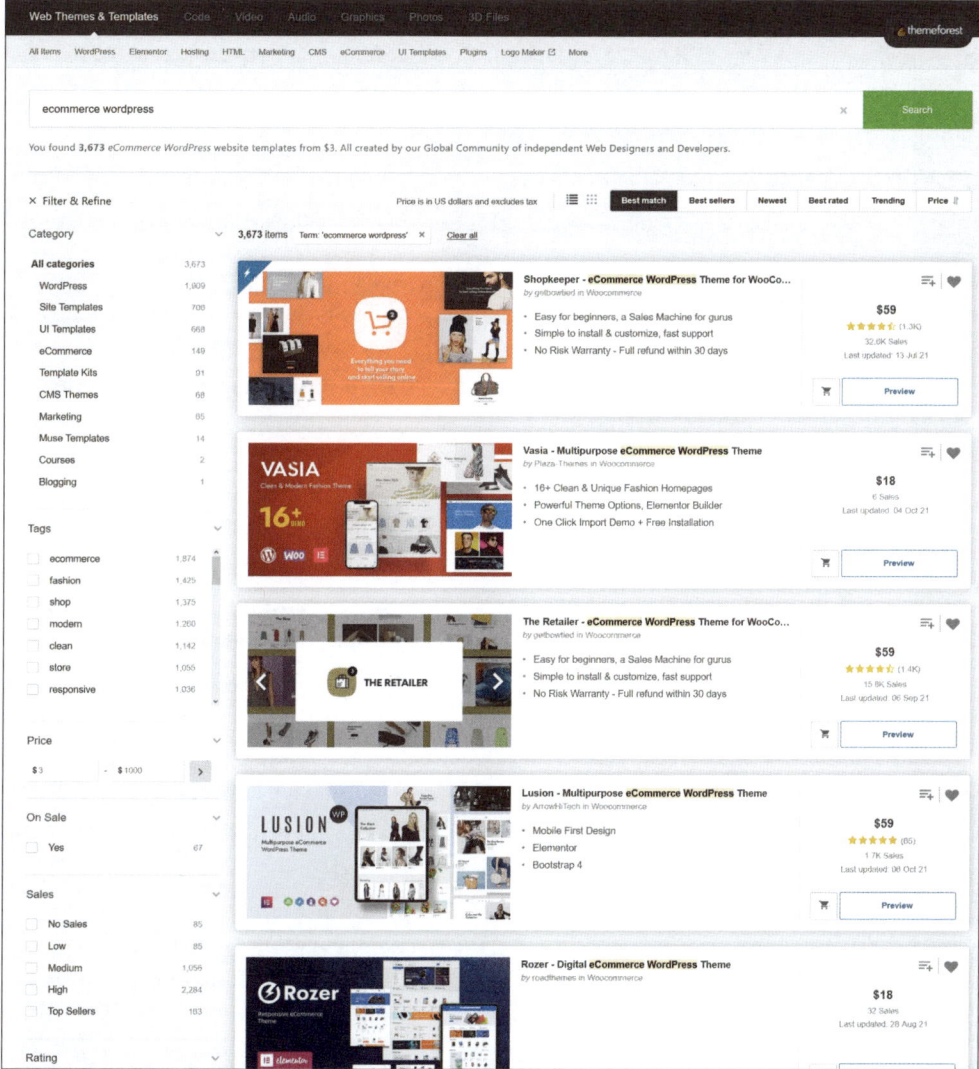

Abbildung 4.10 Ausgewählte WordPress-Themes auf »envato market«

4.5.3   Plug-ins installieren

Wenn das Grundgerüst Ihrer Website einmal steht und vielleicht auch schon mit erstem Content befüllt ist, dann können Sie sich dem Punkt »Plug-ins« widmen. Hier finden Sie schier unendliche Möglichkeiten, Ihre Website um verschiedene Funktionalitäten zu erweitern. Plug-ins sind kleine Programme, die Sie zu Ihrer WordPress-Website dazuinstallieren können und mit denen Sie neue Funktionen schaffen können.

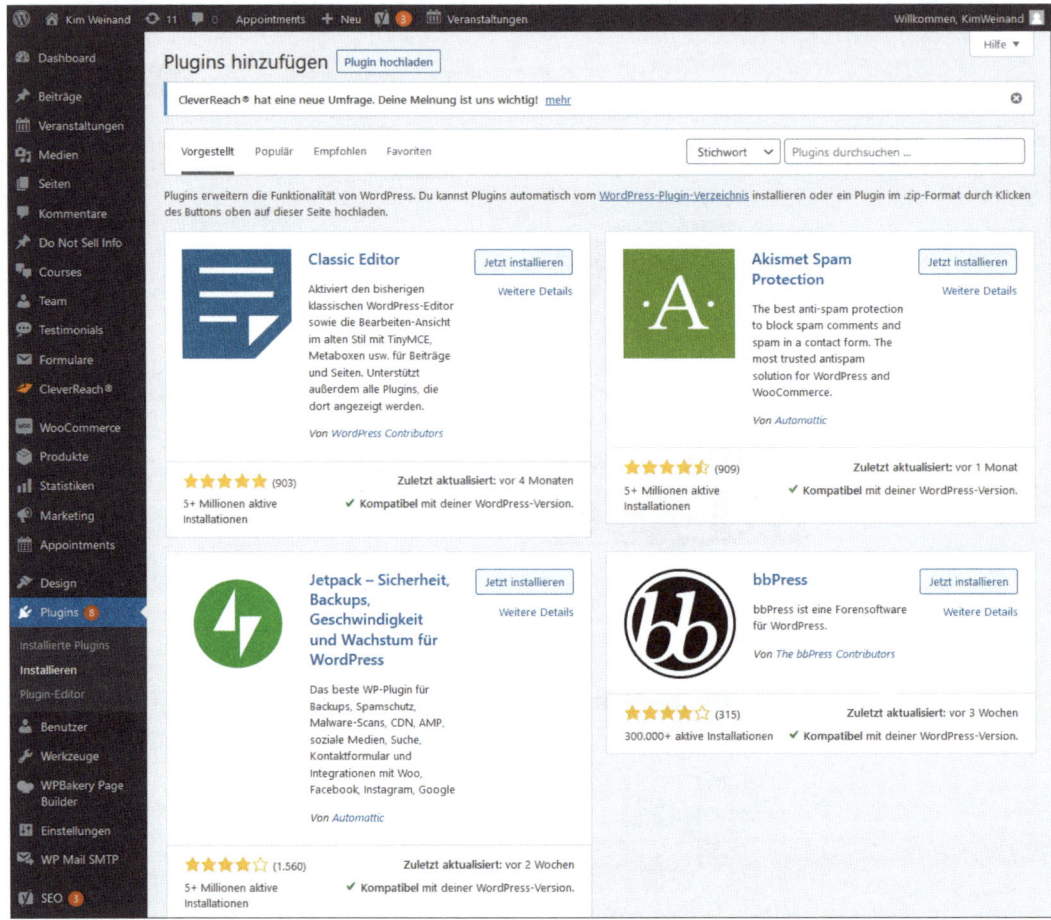

Abbildung 4.11 Plug-in-Verwaltung in WordPress – nutzen Sie die Suchfunktion, um relevante Plug-ins zu finden.

Es ist sinnvoll, WordPress mit nützlichen Zusatzfunktionen in Form von Plug-ins zu erweitern. Es gibt bereits zahlreiche Plug-ins, die sowohl branchenbezogen als auch allgemein einen Nutzwert für Ihre Website und Ihre Zielgruppe erbringen können. Im Dashboard unter »Plug-ins« können Sie unter Zigtausenden Möglichkeiten wählen. Gerade zu Anfang mag es sehr verlockend erscheinen, sich einfach eine Vielzahl interessant klingender Plug-ins zu installieren und dadurch die Website noch vielfältiger und interessanter zu gestalten. Allerdings sollten Sie dabei sehr vorsichtig vorgehen. Denn zum einen finanzieren sich viele kostenlose Plug-ins durch irgendeine Form von Werbung, was in einigen Fällen kein besonders professionelles Licht auf Ihre Website wirft, zum anderen benötigt jedes dieser Plug-ins auch Rechenkapazität und kann das Laden Ihrer Website dadurch erheblich verlangsamen. Übertreiben Sie es also besser nicht mit dem Installieren von Plug-ins, sondern wählen Sie nur jene aus, die Sie unbedingt benötigen.

4

Nützliche WordPress-Plug-ins:

▶ **Yoast SEO:**
Das Tool hilft bei der Optimierung der Inhalte für Suchmaschinen, etwa bei der Erstellung von Metadaten und XML-Sitemaps, um über Suchmaschinen wie Google besser gefunden zu werden.

▶ **WP Rocket:**
Ein Caching-Plug-in, um die Geschwindigkeit der Webseite und damit die Nutzerzufriedenheit und das Ranking zu erhöhen. Eine Alternative zu WP Rocket ist *WP Super Cache*.

▶ **WordFence:**
Sicherheit geht vor – auch bei Ihrer Webseite. WordFence sichert Ihre Seite ab und schützt sie vor Angriffen von außen.

▶ **UpdraftPlus:**
Das Plug-in macht regelmäßig Backups Ihrer Webseite, um sie im Ernstfall wieder herstellen zu können.

▶ **Google Analytics Germanized:**
Ein Plug-in zur Integration einer Webtracking-Software unter Beachtung der DSGVO-Konformität.

▶ **WooCommerce:**
WooCommerce ist die weltweit beliebteste Open-Source-E-Commerce-Lösung.

4.5.4   Beiträge und Seiten

In WordPress können Sie Ihre Inhalte nach Informationsgehalt und Beständigkeit differenzieren. Wenn Sie das Leistungsspektrum Ihres Unternehmens und Wissenswertes zu Ihrem Team, zur Unternehmenshistorie und Informationen darstellen möchten, die Kerninformationen zu den Produkten und Leistungen beschreiben, dann werden Sie dies eher über den Menüpunkt Seiten auf der Website als Inhalt bereitstellen.

Wenn Sie Informationen veröffentlichen möchten, die man allgemein als News oder Fachartikel bezeichnen würde, dann wählen Sie den Menüpunkt Beiträge, und schreiben Sie Ihren Text als Beitrag. Auf Seiten stellt man dauerhaften Content zur Verfügung, während man unter Beiträge eher temporär aktuelle Informationen aufbereitet.

Beide Menüpunkte finden Sie in der linken Spalte. Wenn Sie einen neuen Eintrag erstellen möchten, dann wählen Sie den entsprechenden Punkt im Menü auf der linken Seite aus und klicken dann auf ERSTELLEN. Sie gelangen zu einer Eingabemaske, in der Sie sofort einen Text eingeben können (siehe Abbildung 4.12).

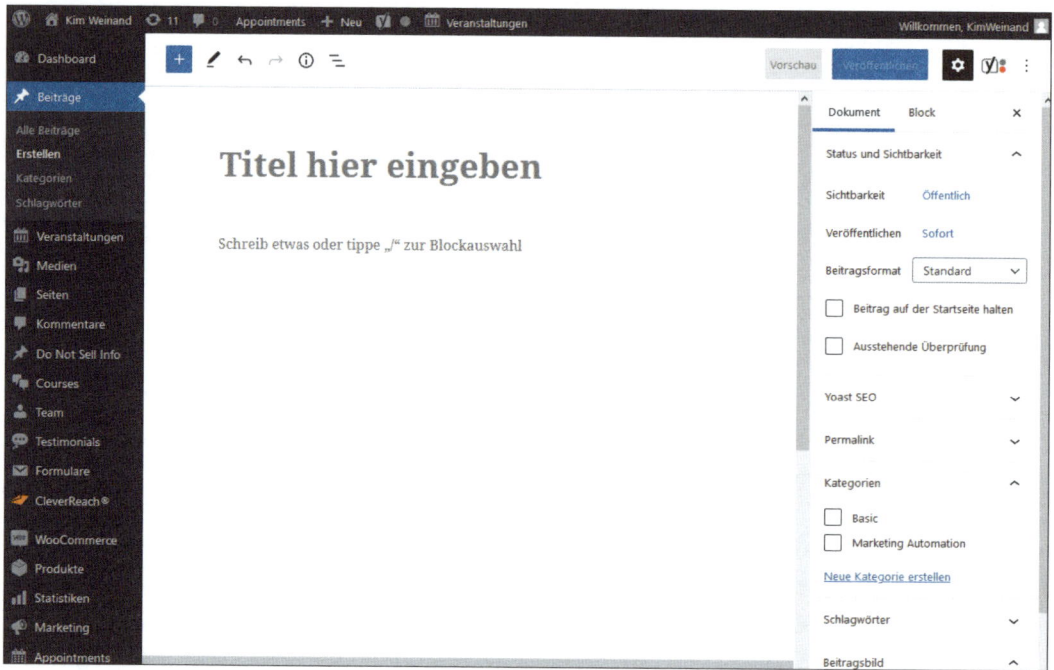

Abbildung 4.12 Content-Editor für Beiträge in WordPress

4.5.5   Basis-Einstellungen – Sichtbarkeit für Suchmaschinen

Ein wichtiger Zeitpunkt bei der Bereitstellung der WordPress-Webseite ist der Wechsel vom Testsystem in den Livebetrieb. Damit Ihre Website im Testbetrieb nicht mit den noch unfertigen Seiten und Inhalten bereits von Google indexiert wird und eine unvollständige Präsenz den Internetnutzern verfügbar gemacht wird, verbietet WordPress nach der Installation den Suchmaschinen die Indexierung Ihrer Website. Nach »going live« ist dies natürlich absolut gewünscht und ein Muss, um von potenziellen Kunden via Google & Co. gefunden zu werden. Gehen Sie im Menü über den Punkt EINSTELLUNGEN auf den Unterpunkt LESEN. Hier finden Sie die Einstellung SICHTBARKEIT FÜR SUCHMASCHINEN. *Wichtig*, Sie müssen die Checkbox abwählen – Es darf *kein* Häkchen gesetzt sein, sonst ist Ihre Website für Google nicht existent.

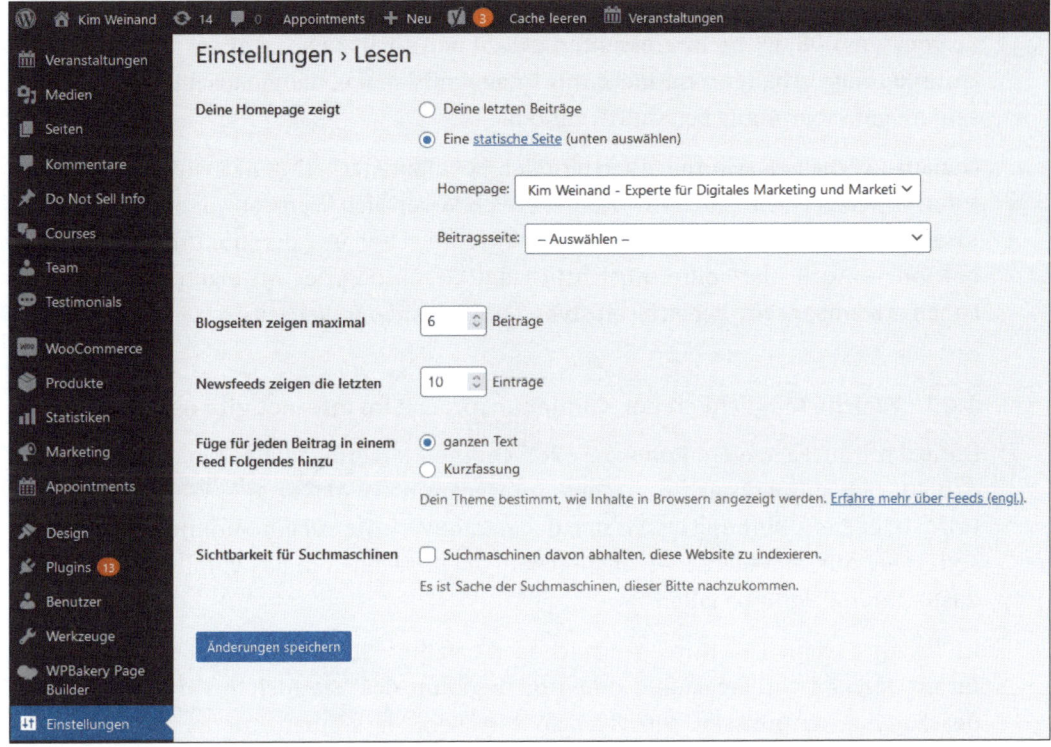

Abbildung 4.13 Sichtbarkeit für Suchmaschinen – entfernen Sie das Häkchen, wenn Ihre Website auffindbar sein soll.

4.6   Kundenansprache und messbare Erfolgskriterien

Als langjährig erfahrener Unternehmer oder erfahrene Unternehmerin kennen Sie Ihr Fach in- und auswendig. Im Gespräch mit Kunden fällt es Ihnen leicht, die Vorzüge Ihrer Leistungen und Ihres Unternehmens hervorzuheben, und Sie wissen genau, wie Sie sich perfekt in Szene setzen. Genau das allerdings auch schriftlich in Sätzen zu formulieren, um es auf der Webseite zu kommunizieren, fällt vielen Unternehmern, die bisher mit solchen Marketing-Formulierungen nicht viel zu tun hatten, meist unerwartet schwer.

Wichtig ist, in Stil und Sprache (auch Bildsprache!) nicht zu weit von dem abzuweichen, was Ihre Kundschaft im täglichen Umgang mit Ihnen wahrnimmt. Sprechen Sie die Besucher auf der Webseite beispielsweise durchgehend per Du an und das Erstgespräch mit einem neuen Kunden gestaltet sich allerdings sehr förmlich, kann dies mitunter zu einer verzerrten Wahrnehmung bei der Zielgruppe führen. Die Website sollte selbstverständlich auch die Unternehmensfarben aufweisen. Wenn Sie Bilder auf der Webseite verwenden, wollen Ihre Interessenten darauf natürlich auch vor allem Einblicke in Ihr Unternehmen erhalten und nicht nur Imagefotos sehen, die vielleicht für sich schön sein mögen, aber wenig persönlich wirken.

Genauso verhält es sich selbstverständlich bei allen Marketing-Aktivitäten, die Sie im Internet setzen. Denn auch im Onlinebereich lassen sich Werbeanzeigen schalten, um Kunden auf das eigene Angebot aufmerksam zu machen und deren Aufmerksamkeit zu gewinnen. Auch hier sollte hinsichtlich der Gestaltung der Anzeigen eine Art roter Faden erkennbar sein, der sich selbstverständlich auf der Webseite fortsetzt.

4.6.1   Welche Möglichkeit der Kundenansprache im Internet gibt es?

Dank der weitreichenden Potenziale von Online-Marketing war es nie einfacher, Kunden auf sich aufmerksam zu machen. Im Gegensatz zu klassischen Werbeformen wie Print- oder Radiowerbung lassen sich dabei Streuverluste auf ein Minimum reduzieren, sodass Sie nur jene Menschen ansprechen, die tatsächlich in das von Ihnen definierte Raster Ihrer Zielgruppe fallen.

Im Internet können Sie Kunden erreichen, die in Ihrer Stadt wohnen, aber bisher nie an Ihrem Geschäft vorbeigelaufen sind; und das, ohne dass Sie auch nur einen Schritt aus der Tür machen müssen, um Flyer zu verteilen. Sie können Kunden erreichen, die gerade jetzt einen akuten Bedarf nach Ihren Angeboten haben und diesen sofort befriedigen wollen. Ebenso können Sie Kunden erreichen, die aktuell noch keinen konkreten Bedarf an Ihrem Angebot haben, jedoch in absehbarer Zeit. Sie können Kunden auf Ihre Marke aufmerksam machen, bei denen der Bedarf zwar noch nicht aufgekommen ist, die aber empfänglich für Ihre Werbebotschaften sind, um Wünsche entstehen zu lassen, und die sich daher Ihr Unternehmen gerne einmal ansehen werden, um zumindest Ihr Angebot zu sichten. Hier eine kleine Auswahl an Online-Marketing-Kanälen, mit denen Sie schon heute starten können, potenzielle Kunden auf Sie aufmerksam zu machen:

▶ Ihre eigene Webseite, die über Google gefunden wird

▶ Anzeigen bei Google Ads, die in den Google-Suchergebnissen, aber auch bei Werbepartnern wie z. B. YouTube erscheinen

▶ bezahlte Werbeanzeigen auf Social-Media-Plattformen wie Facebook

▶ selbst erstellte Beiträge auf Social-Media-Plattformen

▶ Videos über Ihr Unternehmen auf YouTube und anderen Videoplattformen

▶ bezahlte Werbeanzeigen über Werbenetzwerke

- bezahlte Anzeigen gezielt auf einzelnen Websites und Blogs, auf denen auch Ihre Zielgruppe vertreten ist

- Durch Remarketing-Kampagnen können Sie Menschen, die sich bereits einmal für Ihre Angebote interessiert haben, nochmals mit Werbung bespielen.

4.6.2   Erfolge messen

Es ist leicht, Werbekampagnen im Internet zu starten. Schon ein kleines Budget und ein bisschen Zeit zur Gestaltung der Kampagne genügen dafür. Schlussendlich wollen Sie aber wissen, ob Ihre Kampagne auch erfolgreich war. Aus diesem Grund ist es wichtig, messbare Erfolgskriterien zu definieren und diese auch zu messen. Ein eindrucksvoller Gradmesser dabei ist selbstverständlich Ihre Auftragslage. Doch was, wenn Sie zwar Onlinewerbung betreiben, aber der Verkauf und der Kontakt zu Ihren Kunden ausschließlich lokal in Ihrem Laden stattfindet, den alle, die vorbeigehen, betreten können? Wie wollen Sie dann unterscheiden, welche Kundschaft tatsächlich aufgrund einer Onlinekampagne zu Ihnen gekommen ist und wer vielleicht auch so gekommen wäre?

Daher gilt es, die Daten Ihrer Kampagne und der Aktivitäten auf Ihrer Website genau zu messen und von Zeit zu Zeit zu analysieren. Glücklicherweise bieten die meisten Werbeprogramme umfangreiche Dashboards, auf denen sich alle wichtigen Erfolgskriterien einsehen lassen. Zudem sollten Sie auch ein Website-Analysetool wie Google Analytics verwenden, um auch feststellen zu können, wie viele Besucher sich auf Ihrer Website befinden, wie diese Nutzer auf Ihre Website gekommen sind und was sie dort tun.

In Abschnitt 5.3, »Websitebesuche messen – Google Analytics«, und in Abschnitt 5.4, »Website-Ziele einrichten – Google Analytics Conversion«, werden wir uns damit genauer befassen.

Zu den wichtigsten Erfolgskriterien im Online-Marketing, die messbar sind, zählen die folgenden:

- **Klicks auf Ihre Website**

  Wie viele Klicks auf Ihre Website stattfinden, kann dafürsprechen, wie erfolgreich Ihre Werbeaktivitäten sind. Schließlich wollen Sie erreichen, dass möglichst viele Menschen auf Ihre Anzeigen klicken und dann auf Ihre Website gelangen, wo sie auf die Angebote aufmerksam werden. Generell sollten Sie unterscheiden, wie viele Klicks durch bezahlte Werbekampagnen zustande gekommen sind und wie viele Klicks kostenlos über die organischen Ergebnisse Ihrer Website in den Suchmaschinen generiert wurden. Darüber hinaus kann gefiltert werden, wie viele Klicks auf Unterseiten Ihrer Website getätigt wurden und auf welche.

Abbildung 4.14 Startseite von Google Analytics – die Website-Analysesoftware finden Sie unter https://analytics.google.com/.

▶ **Views**

Mit dieser Messgröße erfahren Sie, wie viele Menschen die Anzeigen Ihrer Werbekampagne gesehen haben. Ist diese Zahl sehr hoch, wobei die tatsächlich erfolgten Klicks auf die Anzeigen gering sind, dann sollten Sie hinterfragen, ob Ihre Anzeigen tatsächlich attraktiv genug gestaltet sind.

▶ **Unique Visits**

Diese Kennzahl gibt an, wie viele tatsächlich einzigartige Besucher auf Ihrer Website gelandet sind, die anhand ihrer IP-Adresse identifiziert werden konnten. Denn ansonsten könnte die Wahrnehmung deutlich verzerrt werden, wenn Sie beispielsweise selbst 20-mal täglich auf Ihre eigene Webseite klicken und diese Klicks für tatsächliche Besuche von Interessenten halten.

▶ **Verweildauer**

Die Verweildauer gibt an, wie viel Zeit Besucher auf Ihrer Website verbracht haben. Dabei lässt sich noch untergliedern, wie viel Zeit die Besucher auf einzelnen Unterseiten verbracht haben. Je länger die Dauer, umso interessanter scheinen Ihre Inhalte zu sein und umso ernsthafter haben die Besucher Ihr Angebot in Augenschein genommen.

▶ **Absprungrate**

Im Gegensatz zu einer langen Verweildauer steht eine hohe Absprungrate. Darunter sind z. B. Besuche zu verstehen, die über Ihre Werbekampagne erzielt wurden, wobei sich die Besucher aber schnell dazu entschlossen haben, Ihre Seite wieder zu verlassen. Möglicherweise haben sie schnell erkannt, dass sie dort nicht finden, was sie erwartet haben, oder es liegt sogar ein Fehler auf der Zielseite vor.

▶ **Wiederkehrende Besucher**

Diese Kenngröße ist eine sehr wichtige. Sie gibt an, wie viele Personen schon einmal auf Ihrer Website waren, sie dann wieder verlassen haben, aber zu einem späteren Zeitpunkt wiedergekehrt sind.

▶ **Lokale Zuordnung der Besucher**

Google Analytics beispielsweise gibt Ihnen auch Aufschluss darüber, woher Ihre Besucher stammen. Wenn Sie nur einen einzelnen Laden in München betreiben, Sie aber viele Websitebesucher aus Hamburg erhalten, dann stimmt wahrscheinlich etwas mit Ihrer Kampagne nicht, und sie sollte regional eingegrenzt werden. Denn in den meisten Branchen wird es sich schwierig gestalten, einen Hamburger tatsächlich dazu zu bewegen, nach München zu fahren, um dort einzukaufen.

▶ **Besucherquellen**

In Programmen zur Website-Analyse können Sie auch feststellen, wie die Besucher Ihrer Website zu Ihnen gelangt sind. So lässt sich schnell sehen, welche Kanäle gut funktionieren und welche nicht.

▶ **CPC**

Der Cost per Click gibt an, wie viel Sie für jeden Klick, der über eine Werbekampagne generiert wird, bezahlen. Bei gut optimierten Kampagnen lassen sich Klicks je nach Wettbewerb schon unter 1 € erzielen. Sehen Sie, dass jeder Klick Sie 7 € kostet, Ihr Gewinn pro verkauftem Produkt aber nur bei 6 € liegt, sollte die Kampagne überarbeitet werden. Glücklicherweise lässt sich bei den meisten Werbeprogrammen ein maximaler CPC einstellen, den Sie bereit sind zu bezahlen.

▶ **Conversion Rate**

Diese Kennzahl ist wahrscheinlich die wichtigste. Denn sie gibt an, wie viele der Besucher auf Ihrer Webseite, die durch Ihre Kampagne zu Ihnen gekommen sind, auch tatsächlich eine gewünschte Handlung gesetzt haben. Sei es eine Kontaktaufnahme über das Kontaktformular, die Registrierung als Kunde in Ihrem Shop, das Ansehen eines Videos auf Ihrer Website oder aber auch ein getätigter Kauf.

Langsam wird augenscheinlich, wie viele Informationen Sie im Rahmen von Online-Marketing über Ihre Zielgruppe und die Besucher Ihrer Website gewinnen können. Wichtig ist, dass diese Masse an Daten auch regelmäßig richtig analysiert und gedeutet wird. Denn nur so gelingt es, Ihre Werbeaktivitäten nach und nach zu optimieren und zu verbessern.

Kapitel 5
So werden Sie bei Google von Ihren Kunden gefunden

Wir wollen mit unserer Internetseite nicht in Schönheit sterben, sondern mit der eigenen Webpräsenz sichtbar sein und Kundenmehrwerte bieten. Das ist die Voraussetzung für jeden digitalen Erfolg. Nur wer bei Google von potenziellen Kunden gefunden wird, hat die Chance seinen Geschäftserfolg kontinuierlich auszubauen.

Die schönste Internetseite nützt Ihnen nichts, wenn diese bei Google und anderen Suchmaschinen auf den hintersten Plätzen verkümmert und sich kaum ein Besucher dorthin verirrt. Der Schlüssel, um die eigene Internetseite sichtbarer zu machen, ist die sogenannte Suchmaschinenoptimierung, bei der durch gezielte technische und inhaltliche Änderungen der Grundstein für Top-Rankings gelegt werden kann.

Abbildung 5.1 Top-Rankings bei Google – ein wichtiger Faktor für Ihre Auffindbarkeit

Grundsätzlich unterscheidet man hier zwischen sogenannten Onpage-Optimierungen, also allem, was auf der eigenen Webpräsenz passiert, und Offpage-Optimierungen. Diese Möglichkeiten befinden sich jedoch außerhalb der eigenen Internetseite, können jedoch ebenso durch Verlinkungen oder extern ausgespielte Textpassagen Ihre eigene Sichtbarkeit erhöhen. Doch bevor Sie auch nur eine der Möglichkeiten näher in Betracht ziehen, müssen Sie zunächst eine wichtige Frage klären: Wonach suchen Ihre potenziellen Kunden und Kundinnen? Denn nur, wer weiß, was die Suchenden in die Google-Suchleiste eintippen, kann die eigene Internetseite auf diese Bedürfnisse ausrichten und Antworten auf oft gestellte Fragen bereitstellen.

5.1 Wie suchen Kunden nach Ihrem Produkt oder Ihrer Dienstleistung?

Wissen Sie eigentlich, wonach Ihre Kunden suchen, bevor sie auf Ihr Unternehmen stoßen? Welche Fragen sie haben und welche Begrifflichkeiten sie anschließend in die Suchleiste von Google und Co. eingeben? Lautet die Antwort Ja, haben Sie bereits einen Großteil der Arbeit erledigt. Wer sich bei dieser Fragestellung jedoch verlegen am Kopf kratzt, sollte den Bleistift spitzen und Papier bereitlegen – denn zu wissen, wonach potenzielle Interessenten suchen, ist die Grundlage für jedes Digitalmarketing.

Dies gilt im Übrigen auch für Unternehmen, die ihre Ware lediglich regional verkaufen oder Dienstleistungen beim Kunden vor Ort anbieten. Denn bevor diese ein Angebot bei Ihnen anfragen oder das Ladengeschäft besuchen können, müssen sie Sie erst einmal finden. Grundlage dafür sind sogenannte Keywords, also die realen Suchbegriffe, nach denen Interessenten im Internet nach einer Lösung für ihr Problem suchen. Nehmen wir als Beispiel den Frisörsalon Schönes Haar. Natürlich schneidet Inhaberin Beate ihren Kunden nicht online die Haare, sondern in ihrem Salon in einer Seitenstraße der Kölner Innenstadt. Lea ist neu nach Köln gezogen und auf der Suche nach einem guten Friseur, bei dem sie ihre Strähnen auffrischen lassen kann. Um einen Salon zu finden, zu dem sie nicht lange fahren muss, googelt Lea nach »Friseur in meiner Nähe« und erhält, basierend auf ihrem derzeitigen Standort, passende Vorschläge. Auch Beates Salon ist dabei – da dieser nur wenige Gehminuten von Leas neuer Wohnung liegt, entscheidet sich die Neu-Kölnerin schnell für den Salon Schönes Haar. Wäre Beates Webseite nicht zur Suchanfrage erschienen, hätte sich Lea vermutlich für einen Mitbewerber entschieden.

Die Suchanfrage »Friseur in meiner Nähe« wird durchschnittlich 140-mal pro Monat in Köln gestellt. Deutschlandweit sind es im Durchschnitt 5.400 Suchanfragen jeden Monat. Sie sehen also: Auch für offline agierende Unternehmen ist eine gute Auffindbarkeit in den Suchergebnissen von Google und Co. unerlässlich. Das Beispiel zeigt, dass es auch für einen Friseursalon in Köln wichtig ist, im Internet präsent zu sein. Eine weitere Suchanfrage, zu der Beates Salon auffindbar sein sollte, ist übrigens »Friseur Köln«. 9.900-mal wird diese Suche durchschnittlich pro Monat bei Google in Köln recherchiert.

Werfen wir an dieser Stelle einmal einen Blick auf die verschiedenen Arten von Suchanfragen, die sich je nach Nutzerintention deutlich voneinander unterscheiden. So gibt es auf der einen Seite sogenannte informationsorientierte Suchanfragen, die – wie der Name bereits verrät – auf die Informationssuche einzahlen. Suchbegriffe wie »Urlaub Spanien« dienen also in erster Linie dazu, dem Suchenden Spannendes über das Land und attraktive Urlaubsziele zu präsentieren. Er möchte erfahren, welche sehenswerten Orte er auf keinen Fall verpassen darf, und interessiert sich vielleicht auch dafür, was andere Spanien-Urlauber auf ihrer Reise nicht so toll finden. Geht den Suchenden der

Gedanke an einen Urlaub unter spanischer Sommersonne nicht aus dem Kopf, springen sie in den meisten Fällen zur zweiten Kategorie der Suchanfragen: den transaktionsorientierten Anfragen. Hier möchte man nun konkrete Angebote erhalten und sucht ganz gezielt nach Begriffen wie »Spanien Urlaub buchen« oder »Reisebüro Spanien Urlaub«. Weiß der Suchende sogar schon, welche Region oder welche Stadt er besuchen möchte, können die Suchanfragen mit »Urlaub Barcelona buchen« oder »Hotelzimmer Madrid Innenstadt« sogar noch konkreter sein. Ziel dieser Anfragen ist es, einen Urlaub, ein Hotelzimmer, einen Flug oder einen Mietwagen zu buchen und sich nicht nur über Möglichkeiten zu informieren.

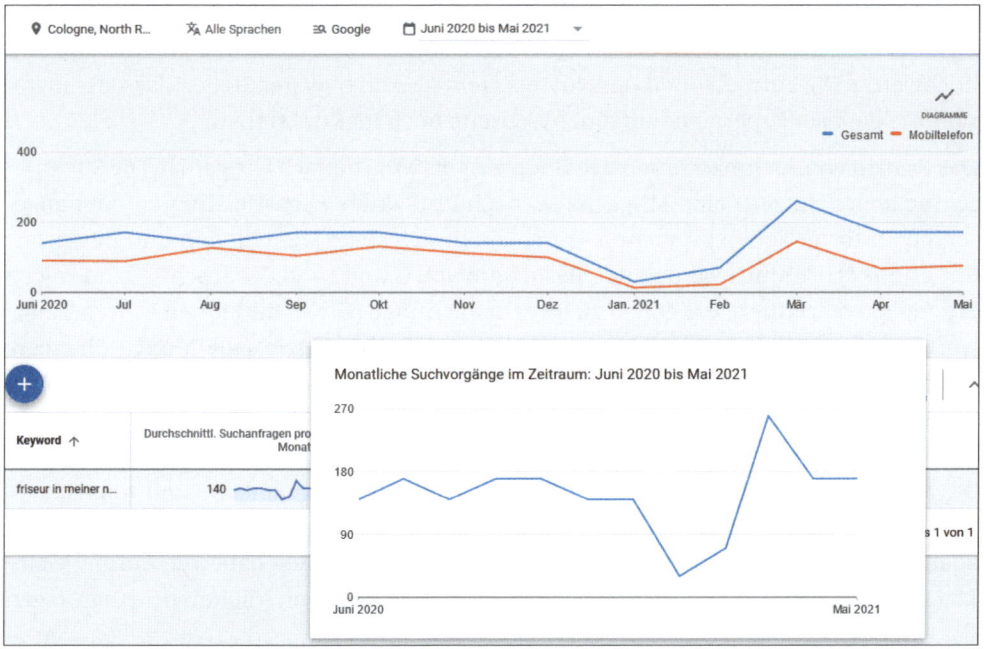

Abbildung 5.2 Suchvolumen zur Suchanfrage »Friseur in meiner Nähe« in Köln

5.2   Was ist Suchmaschinenoptimierung?

Suchmaschinenoptimierung, SEO, Search Engine Optimization – drei Begriffe, ein Ziel: die Sichtbarkeit der eigenen Webseite in den organischen Suchergebnissen bei Google und Co. erhöhen. Denn anders als bei einer bezahlten Suchmaschinenmarketing-Kampagne, bei der Sie monatlich ein bestimmtes Mediabudget in die Hand nehmen müssen, können Sie durch die Suchmaschinenoptimierung vollkommen kostenfreie Klicks erzielen. Doch Achtung: Wer denkt, dass sich die eigene Webseite mit wenig Aufwand auf den vorderen Plätzen etablieren lässt, irrt gewaltig – denn wer das Thema SEO richtig angehen möchte, muss viel Arbeit und Schweiß investieren, wird jedoch im besten Fall auch mit steigenden Websitebesuchern und einer Top-Auffindbarkeit belohnt.

Seit die Google-Suchmaschine im Jahr 1998 live ging, ist viel passiert. So passt das Unternehmen in regelmäßigen Abständen die mehr als 200 verschiedenen Kriterien, die über Erfolg oder Misserfolg entscheiden, immer wieder neu an. Einige dieser Kriterien des Google-Algorithmus sind uns bekannt, über andere können wir nur mutmaßen. Damit möchte der Suchmaschinengigant sicherstellen, dass qualitativ minderwertige Suchergebnisse durch Manipulation weit oben auf den sogenannten Google Search Engine Result Pages, kurz SERPs, angezeigt werden. Fest steht jedoch: Die Suchmaschinen möchten den Suchenden lediglich solche Suchergebnisse präsentieren, die zur eigenen Suchanfrage passen – themenrelevant sollen die Ergebnisse sein, nützlich und hochwertig. Die Zufriedenheit des Nutzers steht also an oberster Stelle. Klar, dass Kriterien wie die User Experience auf einer Webseite hoch im Kurs stehen.

Das Prinzip von Suchmaschinen wie Google ist dabei so einfach wie genial: Die Suchmaschine bietet Nutzern eine Möglichkeit, nach Produkten, Dienstleistungen oder allgemeinen Informationen zu suchen. Durch einen sich stetig wandelnden und nutzerorientierten Algorithmus werden den Besuchern von Google und Co. anschließend solche Ergebnisse präsentiert, die genau zu ihrer Suchanfrage passen und ihnen echten Mehrwert bieten. Und auch für Unternehmen bietet dieses Prinzip jede Menge Chancen. Denn was gibt es Besseres, als einem potenziellen Kunden die eigenen Dienstleistungen genau dann vorzustellen, wenn er aktiv nach diesen sucht? Doch warum ist es so wichtig, die eigene Webseite möglichst weit oben zu platzieren? Eyetracking-Studien nehmen das Verhalten von Suchenden in den Suchergebnissen unter die Lupe und zeigen, dass das Interesse der angezeigten Beiträge von oben nach unten immer weiter abnimmt.[1] Vor allem die ersten drei Suchergebnisse der Google SERPS fesselten dabei die Aufmerksamkeit der Besucher. In einer weiteren Studie[2] wurde bei über fünf Millionen Suchanfragen das Klickverhalten der Probanden analysiert.

Wichtige Erkenntnisse zum Klickverhalten in Suchergebnissen

▶ Das erste Suchergebnis erhielt durchschnittlich eine Klickrate von 31,7 %.

▶ Unternehmen, die ihr Ranking im Suchergebnis von Platz 3 auf Platz 2 verbessern konnten, erhielten im Schnitt 30,8 % mehr Klicks.

▶ Lediglich bei 0,78 % der über fünf Millionen analysierten Recherchen wurde ein Klick auf der zweiten oder einer weiteren Suchergebnis-Seite getätigt. Bei über 99 % der Suchanfragen wurde ein Ergebnis auf der ersten Seite angeklickt.

---

1 Quelle: *www.phaydon.de/publikationen/studien/bvdw-studie-google-nutzer-verhalten/*
2 Zu finden unter: *https://backlinko.com/google-ctr-stats*

Alle weiteren Ergebnisse, die ab Rang vier folgten, wurden mit deutlich weniger Interesse oder teilweise auch gar nicht beachtet. Es sind also einige wenige Sekunden, die darüber entscheiden, ob ein Suchender über die Suchmaschine zu Ihrer Website gelangt oder sich für die Konkurrenz entscheidet. Sekunden, die auch über Erfolg und Misserfolg eines Unternehmens entscheiden können. Sie können zu 10.000 Begriffen bei Google auf Seite zwei sein, und Sie werden kaum Besucher darüber generieren. Die erste Seite beziehungsweise die ersten vier bis fünf Einträge bringen Ihnen Traffic. Alles, was darüber hinausgeht, dient nur der Statistik. Ein treffendes Zitat von Arne Kirchem, Media Director D-A-CH Unilever Deutschland: »Es gibt heute keinen besseren Platz, um eine Leiche zu verstecken, als auf Seite 3 der Suchergebnisse.«

Und warum muss es ausgerechnet Google sein? Warum prüfen wir nur diese Suchergebnisse? Auch diese Frage lässt sich leicht beantworten. Google ist in Deutschland schon lange der unangefochtene Marktführer unter den Suchmaschinen. 2020 konnte sich das Weltunternehmen auf dem deutschen Markt über einen Marktanteil von 84 % bei der Desktop-Suche und 97 % bei der mobilen Suche freuen.

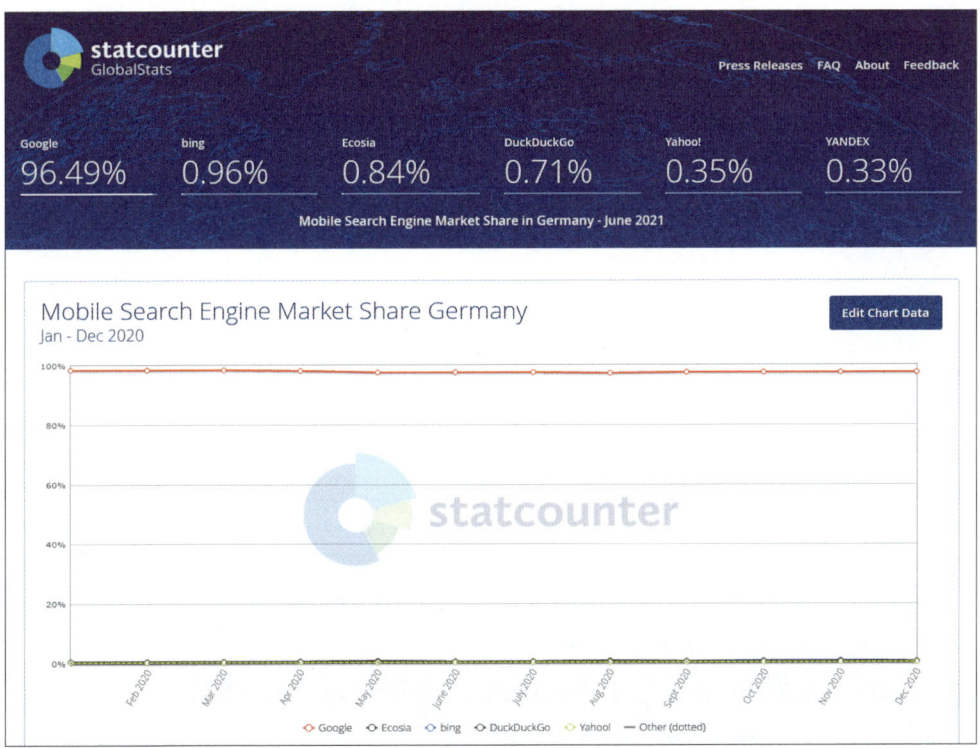

Abbildung 5.3 Google hat 96,5 % Marktanteil bei der mobilen Suche in Deutschland.

Andere Suchmaschinen wie etwa Bing, Yahoo und Ecosia können einfach nicht mit dem Giganten mithalten. So kommt Bing 2020 lediglich auf einen Marktanteil von 9,72 % bei der Desktop-Suche und 0,62 % bei der mobilen Suche. Da sich die Algorithmen der verschiedenen Anbieter jedoch im Grundsatz ähneln und alle eine themen- und nutzerrelevante Suche anstreben, machen sich SEO-Optimierungen nach Google-Maßstäben auch in den Suchergebnissen anderer Suchmaschinen bemerkbar.

5.2.1 Wie lesen Google & Co. – Onpage-Optimierung

Auch wenn es sich zunächst ungewöhnlich anhört: Suchmaschinen wie Google oder Bing lesen Websites, um sie anschließend entsprechend ihrem Inhalt einzuordnen. Das geschieht natürlich nicht wie bei uns Menschen, sondern anhand technischer Parameter wie einem Title oder einer als H1 definierten Überschrift – Parameter, die als HTML im Quellcode einer jeden Präsenz wiedergegeben werden. Daher ist es enorm wichtig, die eigene Webseite für Google und Co. möglichst barrierefrei aufzubereiten, damit der sogenannte Crawler die Seite einfach durchsuchen kann. Am besten orientieren Sie sich hier am W3C (World Wide Web Consortium) Standard, denn wer die hier vorgegebenen Kriterien fehlerfrei umsetzt, kann der Suchmaschine die Arbeit um ein Vielfaches erleichtern. Wer prüfen möchte, welche Fehler sich noch auf der eigenen Webseite verstecken, kann über *https://validator.w3.org* eine kostenfreie Prüfung starten.

Title und Description – das kleine 1×1 der Suchmaschinenoptimierung

Haben Sie schon einmal von den sogenannten Meta-Daten gehört? Hierbei handelt es sich um einen weiteren Parameter, mit dem Sie den Crawlern der Suchmaschinen essenzielle Informationen zu Ihrem Unternehmen mit auf den Weg geben können. Besonderer Bedeutung kommen hier dem Title und der Description zu. Der Title dient dabei der Darstellung einer Landingpage in den Suchergebnisseiten, ist also quasi die Überschrift eines Rankings. Er ist das Erste, was ein potenzieller Kunde von Ihnen bei der Suche sieht, und sollte daher mit Bedacht gewählt werden. Er entscheidet in vielen Fällen darüber, ob der Suchende auf Ihren Eintrag klickt oder sich doch für den Besuch einer anderen Webseite entscheidet. Nutzen Sie daher die zur Verfügung stehenden Zeichen optimal aus, und nennen Sie bestenfalls direkt zu Beginn des Titels das Haupt-Keyword einer Seite. Ein guter Title könnte also z. B. wie folgt lauten:

»Küchenbau | Schreinerei Mustermann.«

Sind noch Zeichen frei, kann zudem ein Ortsbezug hergestellt werden:

»Küchenbau | Schreinerei Mustermann | Köln.«

Eine ähnliche Funktion übernimmt auch die Description. Sie findet sich in den Suchergebnissen unterhalb des Titles und soll den Nutzer mit passenden Informationen dazu anregen, sich für den Besuch der eigenen Webseite zu entscheiden. Gleichzeitig liefert die Description aber auch wertvolle Informationen an die Crawler und teilt ihnen mit, welche Inhalte den Suchenden bei Klick auf Ihren Eintrag erwarten werden. Die Einbindung von Keywords ist also auch hier Pflicht. Eine aussagekräftige Description könnte für unser oben genanntes Beispiel dann wie folgt lauten:

»Individuell nach Maß gefertigt ✓ Aus Meisterhand ✓ Erfahren Sie mehr über unsere Leistungen rund um das Thema Küchenbau und lassen Sie sich beraten.«

Sind Title und Description zu lang verfasst, stellt Google die Texte ab Überlänge nur noch mit drei Punkten dar. Um dies zu vermeiden, können Sie beim Texten auf kostenfreie Tools zurückgreifen, die Ihnen sogar anzeigen, wie die Meta-Tags auf verschiedenen Endgeräten angezeigt werden. Zu empfehlen ist hier der *Google Snippet Optimizer* von *Ryte*.

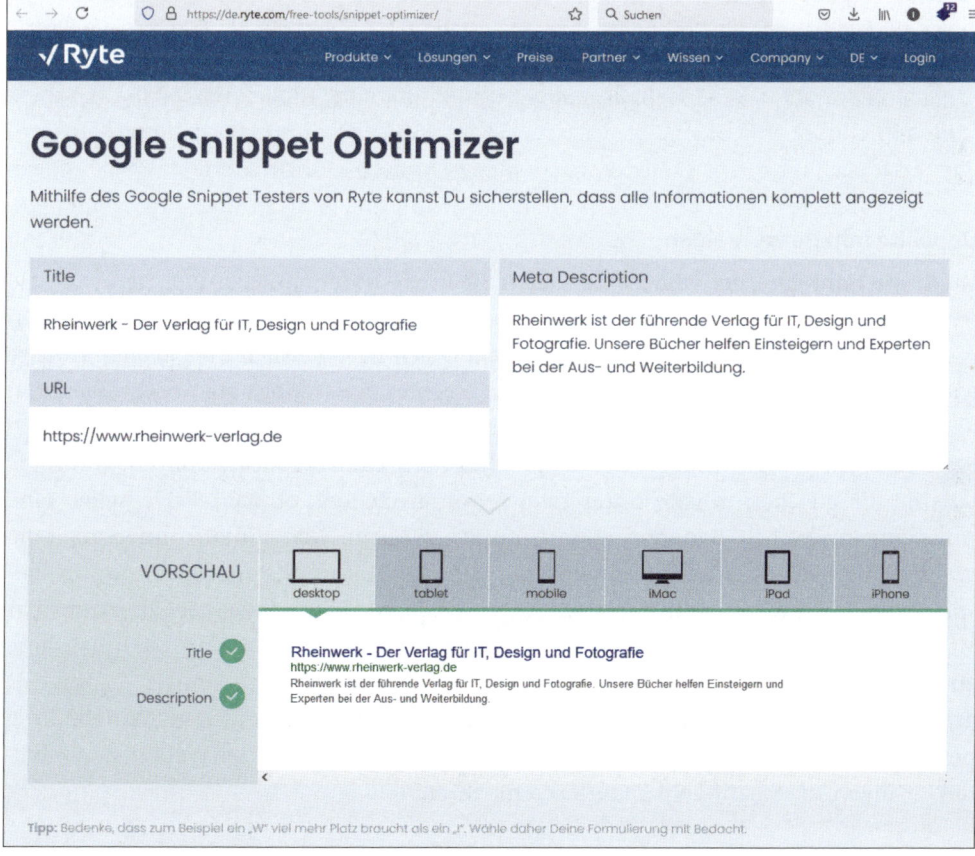

Abbildung 5.4 Der Google Snippet Optimizer von Ryte
(Quelle: https://de.ryte.com/free-tools/snippet-optimizer/)

Technisch werden die Meta-Tags im Quellcode einer Webseite mit spitzen Klammern dargestellt – durch den Schrägstrich am Ende von Title und Description geben Sie zudem die Info, dass das Title- oder Description-Element an dieser Stelle endet. In HTML-Sprache sähe unser Beispiel also wie folgt aus:

```
<title>Küchenbau | Schreinerei Mustermann | Köln</title>
<description>Individuell nach Maß gefertigt | Aus Meisterhand | Erfahren Sie
mehr über unsere Leistungen rund um das Thema Küchenbau und lassen Sie sich
beraten.</description>
```

Tipp: Formulieren Sie den TITLE als Frage

Die Formulierung des TITLE-Tags hat einen entscheidenden Einfluss auf das Klickverhalten in den Suchergebnissen. In einer Studie wurden fünf Millionen Suchanfragen auf das Klickverhalten der Probanden hin analysiert. TITLE-Tags, die als Frage formuliert waren, erzielten im Schnitt eine 14 % höhere Klickrate. Ein weiteres, wichtiges Ergebnis der Studie: TITLE-Tags mit einer Länge zwischen 15 bis 40 Zeichen erhalten die höchste Klickrate.[3]

Doppelte Inhalte vermeiden

Duplicate Content – der Feind einer jeden Suchmaschinenoptimierung. Denn Google möchte den Suchenden auf jeder einzelnen Seite relevante und neue Informationen bieten und straft Internetpräsenzen, auf denen sich nachweislich die gleichen Inhalte wie auf einer anderen Seite befinden, mit schlechteren Rankings ab. Abschreiben von anderen Seiten? Ein absolutes No-Go! Doch auch wenn Sie die Struktur der eigenen Seite verändern, z. B. im Zuge eines Relaunches, kann es zu Duplicate Content kommen. So sind die gleichen Inhalte unter zwei Seiten erreichbar, obwohl Sie lediglich eine Änderung an der URL-Benennung vorgenommen haben. Manchmal können auch die Webhosting-Eigenschaften zu einer Form des Duplicate Contens führen, wenn beispielsweise eine Webseite unter *http://www.seo.de* und *https://www.Seo.de* erreichbar ist. Um in diesen Fällen eine Abstrafung durch Google oder eine andere Suchmaschine zu vermeiden, können Sie im Quellcode Ihrer Website mit sogenannten Canonicals arbeiten. Diese teilen dem Crawler mit, welche Form der URL bei der Rankingbildung bevorzugt werden soll. So können Sie sicher sein, dass die Suchenden stets zu den Inhalten gelangen, die Sie Ihnen präsentieren möchten.

---

3 Quelle: *https://backlinko.com/google-ctr-stats*

Auch Bilder liefern wichtige Infos

Ansprechende Fotos oder spannende Infografiken finden sich wohl auf jeder gut aufgebauten Webseite. Sie dienen in erster Linie der Auflockerung oder Informationsvermittlung, können aber auch zur Optimierung der eigenen Rankingpositionen genutzt werden. Denn selbst hier können Sie Google und Co. wertvolle Informationen mit auf den Weg geben, etwa in Form eines Alt-Attributs oder eines Title-Tags, das durchaus auch mehrere Wörter umfassen kann. Viele Content-Management-Systeme verfügen hierzu direkt beim Einfügen der Bilder über entsprechende Felder, die einfach ausgefüllt werden können und anschließend in korrekter Form in HTML-Sprache umgewandelt werden – schließlich kann Google das dargestellte Bild nicht selbst betrachten, sondern benötigt alle Informationen in schriftlicher Form. Dabei gilt: Alt-Attribute sind Pflicht, Title-Tags optional. Überlegen Sie sich bei der Zusammenstellung von Alt-Attribut und Title-Tag ganz einfach, wonach potenzielle Kunden suchen würden und wie sich der Inhalt des Bildes bestmöglich beschreiben lässt. Selbst im Dateinamen der Bilder, die Sie auf Ihre Website hochladen, lassen sich wichtige Informationen an Google weiterreichen. Eine echte Fleißarbeit, die sich jedoch langfristig bezahlt macht! Wer hier nicht schlampt und jedes Bild mit einem Alt-Attribut versieht sowie vor dem Upload informativ benennt, kann zudem von einem angenehmen Nebeneffekt profitieren und leichter in der Google-Bildsuche angezeigt werden. Zwei Fliegen mit einer Klappe geschlagen!

Die URL richtig definieren

Sie sind gerade erst dabei, Ihre Website zu erstellen? Oder haben bereits eine URL bei einem Domain-Anbieter gekauft? Egal, in welcher Phase Sie sich befinden, die sinnvolle Strukturierung der eigenen URL gehört zu den Grundaufgaben einer jeden Suchmaschinenoptimierung. Denn so kann sich nicht nur die potenzielle Kundschaft besser auf Ihrer Webpräsenz zurechtfinden, auch Google wirft hierauf einen Blick. Daher ist es wichtig, jede einzelne Unterseite mit einer »sprechenden« URL auszustatten, also einer URL, bei der auf den ersten Blick klar wird, wo sich der User gerade befindet. Statt die oftmals automatisch generierten Buchstaben- und Zahlen-Kombinationen einfach so stehenzulassen, sollten Sie unbedingt jede URL sinnvoll strukturieren. Auch das ist eine einfache Fleißarbeit, die jedoch ebenfalls in die Suchmaschinenoptimierung einzahlt. Eine für Google und den User ansprechende Struktur könnte dann z. B. so aussehen:

www.seo.de

www.seo.de/was-ist-seo

www.seo.de/onpage-optimierung

www.seo.de/offpage-optimierung

www.seo.de/onpage-optimierung/technische-grundlagen

Link-Building – vernetzen Sie Ihre Seiten miteinander

Interne Links, also Verlinkungen innerhalb der eigenen Website, gelten ebenfalls als Grundlage der SEO. Doch damit sind nicht nur die Links innerhalb der Website-Navigation gemeint, auch in Fließtexten oder in Form von verlinkten Buttons lassen sich interne Links platzieren, die es dem User ermöglichen, leicht von einem relevanten Thema zum nächsten zu gelangen. So leiten Suchmaschinen wie Google die Relevanz einer Webpräsenz ab und helfen ihnen dabei zu bewerten, wie nutzerfreundlich die Seite aufgebaut ist. Denn die Zufriedenheit der Suchenden steht bei Google und Co. immer im Fokus! Doch Achtung: Verlinken Sie nicht einfach wie wild einzelne Passagen oder gar Füllwörter wie »hier« oder »mehr dazu«. Verwenden Sie als Link relevante Textpassagen, die Suchmaschine und Nutzer gleichermaßen mitteilen, wo sie nach Klick auf den Link landen werden. Das ist nicht nur gut für die User Experience, sondern gibt den Crawlern ganz nebenbei auch wieder wichtige Informationen zu Leistungen, Service oder Ihren Produkten mit auf den Weg.

Strukturierte Daten – Schema.org

Zugegeben: Strukturierte Daten sind zwar vielen Webseiten-Verantwortlichen nicht mehr fremd und viele Website-Systeme bieten bereits Automatismen für die Integration, doch ein bisschen Zeit muss man in dieses Thema schon investieren, um das volle Potenzial ausschöpfen zu können. Grundsätzlich handelt es sich dabei um zusätzliche Informationen, die dem Nutzer in den Google-Suchergebnissen sofort ins Auge springen und ihm Mehrwerte bieten, beispielsweise durch die Darstellung von Rezensionen, Veranstaltungsdaten oder die Anzeige von Q&A-Antworten. Zukünftig werden strukturierte Daten oder auch Rich Snippets aber immer wichtiger für die Indexierung Ihrer Inhalte bei den Suchmaschinen werden. Wer sich mehr zu diesem Thema informieren möchte, findet auf *schema.org* eine gute Übersicht über die Möglichkeiten und Richtlinien bei Verwendung strukturierter Daten. Mittlerweile gibt es unzählige kostenfreie Tools, mit denen sich strukturierte Daten generieren lassen, auch ganz ohne tiefgreifende Kenntnisse oder jahrelange Erfahrung. So können die Daten auch jenen zugänglich gemacht werden, die ihre Website lediglich mit HTML-Grundkenntnissen selbst betreuen.

Drei kostenfreie Tools zur Erstellung von strukturierten Daten

▶ *http://rich-snippet-generator.de/index.php*

▶ *https://technicalseo.com/tools/schema-markup-generator/*

▶ *https://webcode.tools/generators/json-ld*

Wichtige Auszeichnungen, mit denen Sie Ihre Website für die lokale Auffindbarkeit verbessern können, sind die Einträge für lokale Unternehmen.

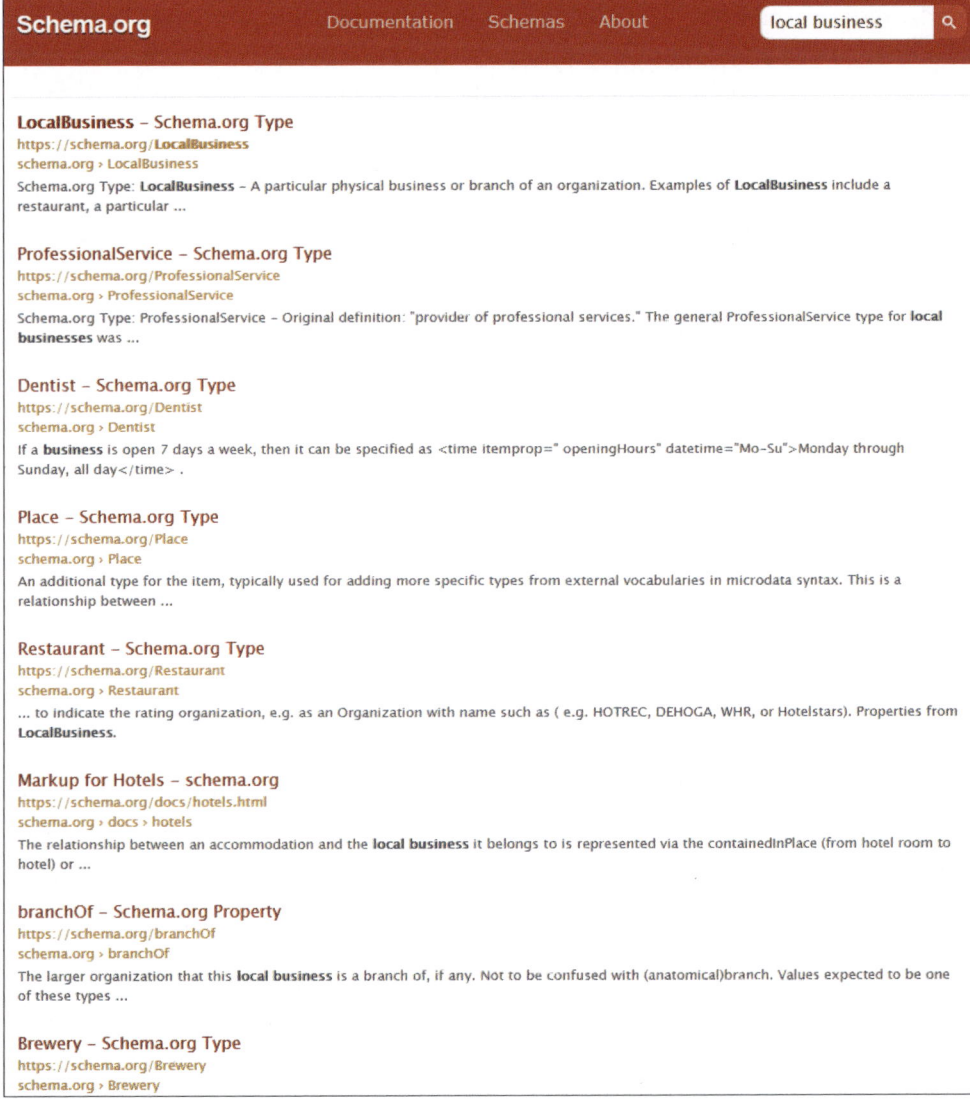

Abbildung 5.5 Schema.org – Datenformate für lokale Unternehmen[4]

Neben den Unternehmenskategorien und Auszeichnungen für lokale Unternehmen (beispielsweise Öffnungszeiten) gibt es viele Datentypen, die Sie für Ihre Website einsetzen sollten, um Nutzer schneller in den Suchergebnissen auf Ihr Unternehmen aufmerksam zu machen. So können Sie Bewertungen, Veranstaltungen, Dienstleistungen, Vermietungsangebote, Speisekarten und vieles mehr als strukturierte Daten für Maschinen lesbar gestalten. Diese Technologie und Ihr Einsatz wird umso wichtiger, als es in der Zukunft eine viel stärkere »Mensch zu Maschine/Machine zu Mensch«-Interaktion geben wird.

Abbildung 5.6 Durch strukturierte Daten lassen sich Veranstaltungen in den Suchergebnissen mit Direktlink darstellen.

Content is King!

Genug von technischen Grundlagen – jetzt geht es um die Inhalte. Denn während Link-Building, URL-Strukturen und Co. die Grundlage für alle Optimierungsversuche bilden, so ist es schlussendlich doch der Inhalt, der über Erfolg und Misserfolg entscheidet. Dabei geht es aber nicht nur darum, möglichst lange Texte zu schreiben. Der Content soll informativ sein, echten Mehrwert bieten und bestenfalls bereits so strukturiert werden, dass auch beim Überfliegen von Überschriften wichtige Informationen gesammelt werden können.

Natürlich soll der Text auch die wichtigsten Suchbegriffe Ihrer potenziellen Kunden und Kundinnen beinhalten, doch die Zeiten, in denen das Keyword in jedem zweiten Satz verbaut wurde (Stichwort: Keyword-Stuffing), sind längst vorbei. Eine Keyword-Dichte von rund 2 % und ein Text mit plus/minus 400 Wörtern – abhängig von der Komplexität des Themas – gilt längst als Standard. Gibt das Thema, über das Sie schreiben, nicht mehr als 300 Wörter her? Dann hören Sie auf! Möchten Sie dem Nutzer in einem ausführlichen Blogbeitrag die genauen Funktionen und Vorteile eines Produktes vorstellen? Dann schreiben Sie so lange, bis Sie alle Informationen sinnvoll und gut strukturiert vermittelt haben. Denn keiner möchte seitenlange Webtexte lesen, in denen sich die Inhalte ständig wiederholen und nichts Neues mehr kommuniziert wird.

Und auch die Darstellung von Inhalten auf Mobilgeräten rückt mehr und mehr in den Fokus – keiner möchte am kleinen Smartphone-Bildschirm Texte mit mehr als 1.000 Wörtern lesen, bevor er die Info findet, nach der er eigentlich sucht. Setzen Sie bei der Texterstellung stets auf Qualität statt Quantität! Das ist schließlich nicht nur für den User besser, auch die Algorithmen von Suchmaschinen sind längst so clever, dass sie Texte nach ihrer Qualität und Nützlichkeit beurteilen können. Entsprechend gilt: Websites mit hoher Textqualität werden im Ranking besser eingestuft als Websites mit redundanten oder viel zu kurzen Texten. Auch wenn ich mich wiederhole – die Relevanz für den Suchenden steht auch bei der Content-Erstellung im Fokus und ist für Google und Co. das wichtigste Kriterium.

Überschriften? Ja, bitte – aber mit Struktur!

Knackig und kurz sollen sie sein, aber zugleich informativ. Kreativ gestaltet und dennoch relevante Suchbegriffe beinhaltend. Zugegeben: Es ist nicht immer ganz leicht, Überschriften zu gestalten, doch auch diese sind Bestandteil des SEO-1×1 und sollten nicht stiefmütterlich behandelt werden. Und das aus zwei Gründen: Zum einen sollen Sie diejenigen, die Ihre Website besuchen, dazu animieren, sich die Seite weiter anzuschauen und Ihre Texte zu lesen. Sie gliedern große Textmengen in attraktive Häppchen und sollten im besten Fall klar vermitteln, was die Lesenden im jeweiligen Abschnitt erwartet. Interessiert sie diese Info nicht, haben sie die Möglichkeit, den Bereich einfach zu überspringen und an einem anderen Abschnitt wieder anzusetzen.

Zum anderen liefern aber auch die Überschriften den Suchmaschinen-Crawlern jede Menge nützliche Informationen – wenn sie denn richtig formatiert sind. Denn während Leser die Wichtigkeit und strukturelle Gliederung von Überschriften durch optische Merkmale wie die Schriftgröße oder Schriftfarbe erkennen, geschieht dies in der Suchmaschine über den Quellcode. Hier wird die Wichtigkeit der jeweiligen Überschriften auf einer Skala von 1 bis 6 festgelegt – die sogenannte H1, also die Hauptüberschrift der Seite, sollte dabei nur einmal verwendet werden und Nutzer sowie Suchmaschine das Haupt-Thema der Seite mitteilen. Hierarchisch gegliedert, arbeitet man anschließend nur noch mit H2, H3, H4 und – sofern überhaupt notwendig – H5 und H6.

Im Quellcode könnte das dann z. B. so aussehen:

```
<h1>Tipps zur Suchmaschinenoptimierung</h1>
<h2>Onpage-Optimierung - diese Faktoren beeinflussen das Ranking</h2>
<h3>Überschriften und Texte richtig aufbauen</h3>
<h3>Technische Grundlagen der Suchmaschinenoptimierung</h3>
<h2>Offpage-Optimierung - was außerhalb der eigenen Webseite passiert</h2>
```

Bleiben Sie am Ball – mit Blogs oder News

Sind die grundlegenden Texte der Webseite, etwa die Leistungsseiten oder die Unternehmensvorstellung, optimiert, hört die Arbeit noch lange nicht auf. Denn wer auf den ersten Ranking-Positionen mitspielen will, muss beständig neuen Content liefern, um für die Suchmaschinen auch langfristig interessant zu bleiben. Am einfachsten gelingt dies z. B. mit einem Blog, auf dem in regelmäßigen Abständen neue Texte veröffentlicht werden. Das können im Falle des Salons Schönes Haar beispielsweise Texte zu den neusten Frisuren-Trends und modernen Färbetechniken sein, bei einem Schreiner bieten sich hingegen Themen wie Tipps und Tricks rund um die Pflege eines Parkettbodens an. Auch News aus dem Unternehmen, etwa erfolgreich absolvierte Schulungen des Teams, können neuen Input liefern und sich positiv auf das eigene Ranking auswirken – vorausgesetzt, alle Regeln der SEO-Texterstellung werden beachtet.

5.2.2   Mit der Google Search Console die richtigen Suchbegriffe finden

Während wir zuvor schon die Frage geklärt haben, wie potenzielle Kunden nach Dienstleistungen oder Produkten suchen, müssen Sie die nächsten Schritte klären: Wonach suchen Interessenten eigentlich? Welche Suchbegriffe oder Suchbegriff-Kombinationen tippen sie in die Suchleiste von Google ein, bevor sie die eigene Webpräsenz besuchen? Antwort auf diese Frage liefert ein Google-eigenes Tool, mit dem sich die Performance in den Google SERPs genau analysieren lässt: die Google Search Console (*https://search.google.com/search-console/*).

Denn ist die eigene Webseite hier einmal hinterlegt, erhalten Sie Einblick in viele spannende Themen, können z. B. sehen, an welchen Tagen potenzielle Kunden die Website besuchten, von welchen Geräten dies geschah und aus welchen Ländern die Zugriffe erfolgten.

Und auch gefragte Suchbegriffe können Sie dank des kostenfreien Tools schnell und einfach herausfinden. Neben den Keywords als solches erhalten Sie hier ebenso wichtige Analysedaten wie die erfolgten Klicks auf den eigenen organischen Sucheintrag innerhalb eines manuell definierbaren Zeitraums sowie die Info, wie oft die eigene Webpräsenz in dieser Zeit in der Google-Suche angezeigt wurde. Selbst die Position, auf der Ihre Seite in den Google SERPs zu einem bestimmten Suchbegriff zu finden war, kann über die Google Search Console ermittelt werden. Ein weiterer wichtiger Indikator, der im Zuge dieses Bestandschecks nicht außer Acht gelassen werden sollte, stellt die sogenannte CTR-Rate dar. Diese Klickrate (CTR = Click-Through-Rate) spiegelt dabei das Verhältnis von erfolgten Klicks zu den Suchergebnis-Impressionen dar. So lässt die Klickrate Rückschlüsse auf die Attraktivität der eigenen Google-Suchergebnisse zu. Ist diese besonders niedrig, kann dies z. B. an fehlenden oder nicht klickstark verfassten Meta-Title und Meta-Description liegen.

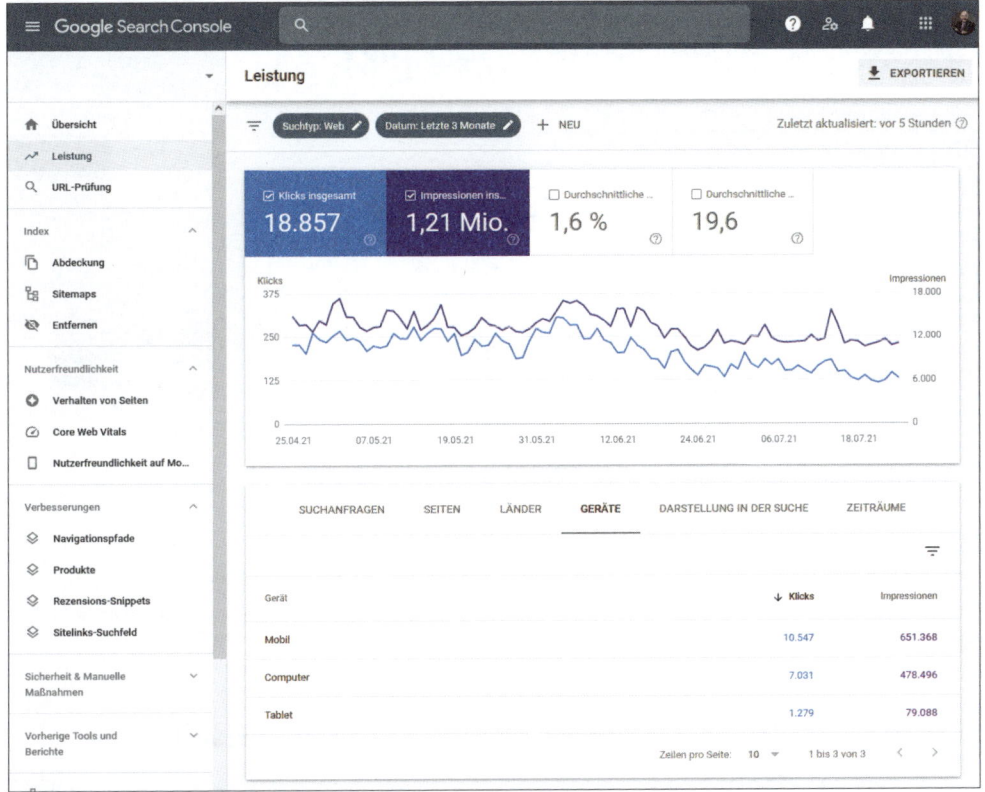

Abbildung 5.7 Google Search Console – Geräteaufteilung der Suchanfragen für ein lokales Unternehmen mit angeschlossenem Onlineshop

Machen Sie sich also am besten die Mühe, die organischen Webseiten-Zugriffe des letzten Jahres einmal genau unter die Lupe zu nehmen, und clustern Sie die Begriffe nach häufig nachgefragten Keywords und solchen Begriffen, zu denen es nur wenig Suchanfragen gab. Setzen Sie die Daten anschließend in Relation zur durchschnittlichen Position der Rankings – so können Sie gezielt herausfinden, welche für Ihr Unternehmen relevanten und auch bei den Nutzern häufig nachgefragten Keywords vielleicht bereits gut performten und auf Seite 1 der Suchergebnisse zu finden sind und bei welchen Keywords sich ein Optimierungspotenzial anbietet. Ebendiese Chancen-Keywords können wiederum für die Maßnahmen im Zuge der Onpage- und Offpage-Optimierung herangezogen werden und sollten in regelmäßigen Abständen kontrolliert und ausgewertet werden.

Search-Console-Training

Google hat einige Trainingsvideos erstellt, mit denen Sie Ihre Kenntnisse über die Search Console schnell erweitern können. Die Videos finden Sie unter: *www.youtube.com/ playlist?list=PLKoqnv2vTMUOnQn-INDfT38X9gA_CHxTo.*

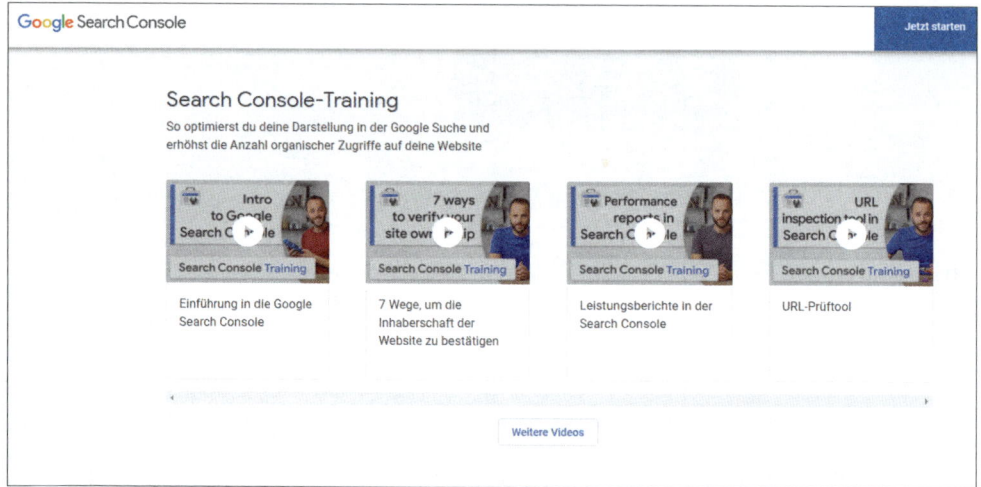

Abbildung 5.8 Googles Video-Trainings zur Search Console

5.2.3 Welche externen Faktoren beeinflussen Suchmaschinenrankings? – Offpage-Optimierung

Während es bei der Onpage-Optimierung eher um das Schaffen von Grundlagen und den beständigen Nachschub von Content für die gesamte URL Ihrer Website geht, liegt der Fokus bei der Offpage-Optimierung auf einzelnen Landingpages, die gezielt nach vorne gebracht werden sollen. Denn um sich gegen die harte Konkurrenz im Internet durchsetzen zu können, ist es wichtig, über den Tellerrand oder in diesem Fall die eigene Webseite hinauszublicken und zu versuchen, auch auf anderen Webpräsenzen für Ihren Auftritt zu werben.

Beschäftigen Sie sich mit den Optionen der Offpage-Optimierung, so kommen Sie um einen Begriff nicht herum: die sogenannten Backlinks, also Links auf anderen vertrauenswürdigen Websites, die auf Ihre Internetpräsenz verweisen. Das können z. B. Branchenbücher sein, aber auch Partnerunternehmen und Zulieferer, mit denen Sie zusammenarbeiten. Doch Vorsicht: Google ist schlau und erkennt, wenn Sie wie wild Linkbuilding betreiben. Ein langsames, durchdachtes Wachstum ist der Schlüssel zum

Erfolg. Setzen Sie gezielt auf Seiten, die Sie empfehlen können oder die Positives über Ihr Unternehmen zu berichten haben – durch diese »Empfehlungen«, wie wir sie auch in der Offline-Welt aussprechen, können Sie sich langfristig gegen die Konkurrenz bei Google und Co. durchsetzen.

Externe Links aufbauen

Der Aufbau externer Links gilt als absolute Oberliga – doch leider hängt ein jeder Linkaufbau von der Branche und den Leistungen des einzelnen Unternehmens ab. Eine allgemeingültige Formel gibt es nicht. Schließlich schneidet ein Friseur mit Sitz in Köln nicht in ganz Deutschland seinen Kunden die Haare, sondern eben nur regional vor Ort. Entsprechend regional muss auch das Linkbuilding erfolgen. Die Offpage-Optimierung für einen Onlinehändler, der seine Waren im gesamten DACH-Raum versendet, würde hingegen ganz anderen Parametern folgen.

Wer den Einstieg in den Linkaufbau wagt, sollte sich im ersten Schritt einen Überblick über die aktuelle Ist-Situation verschaffen. Geben Sie dazu einfach folgende Kombination ins Google-Suchfeld ein: *link:ihre-website.de*. So können Sie herausfinden, wie viele Links Google aktuell Ihrer Webpräsenz zuordnet. Auch eine kleine Wettbewerber-Analyse, indem Sie die externen Links Ihrer Konkurrenz abfragen, kann Aufschluss über die nächsten Schritte geben. Werfen Sie in diesem Zuge auch einen Blick in die Google Seach Console. Unter dem Reiter LINKS finden Sie ebenfalls Informationen über die Anzahl der externen Links und die verweisenden Websites.

Im nächsten Schritt geht es nun darum, passende Themenportale für Ihre Links zu finden. Auch hier bietet Google mit einer passenden Suchanfrage wertvolle Hilfe. Geben Sie dazu einfach das Keyword, das Sie optimieren möchten, in Kombination mit dem Parameter »inurl« und Links in die Suchleiste ein. Das könnte dann z. B. so aussehen:

»Haare färben inurl:links«

So filtern Sie alle Portale heraus, bei denen sich Links zu Ihrem Keyword finden. Gleiches können Sie auch mit Empfehlungsseiten (inurl:empfehlungen) oder Blogs (inurl:blog) machen und so Ihre Liste möglicher Verlinkungspartner langsam erweitern.

Praxistipp

Das oben genannte Prinzip mit *inurl:* lässt sich auch mit dem Parameter *intext:* ausführen – so erhalten Sie Ergebnisse, die mit einem von Ihnen definierten Inhalt oder Ort übereinstimmen. Um bei unserem Friseur-Beispiel zu bleiben, könnten es z. B. Portale für Haare färben in Köln sein.

Ob Blogs, Branchenportale, Gastbeiträge oder Spendenlinks – der einfachste Weg, externe Links zu produzieren, ist es, selbst aktiv zu werden oder den entsprechenden Seitenbetreiber zu fragen, ob er Ihre Website verlinken kann.

Prüfen Sie also mit Internetrecherchen über die Parameter, welche Seiten zu Ihren Begriffen Inhalte bieten. Oftmals ist dies eine reine Fleißarbeit und mit einigen anstrengenden Stunden vor dem Bildschirm verbunden – doch wer nach und nach die Links zur eigenen Webpräsenz dadurch aufbaut, wird nach einiger Zeit Erfolge verbuchen.

Warum externe Links so wichtig sind

Gehen wir noch einmal einen Schritt zurück und beschäftigen uns kurz mit der Frage, warum externe Links für Suchmaschinen wie Google überhaupt so eine große Rolle spielen. Die Antwort auf diese Frage findet sich im Algorithmus der Suchmaschinen. Denn diese werten einen Link, der von außerhalb der eigenen Webpräsenz kommt, als Empfehlung. Da die Relevanz für die Suchenden für Google stets an erster Stelle steht, sind diese Empfehlungen in den Augen der Crawler Gold wert. Sie stärken das Vertrauen in Ihre Website und kennzeichnen Ihre Inhalte als besonders relevant. Klar, dass diese wertvollen Seiten bevorzugt behandelt werden und höhere Rankings erhalten.

Externe Links sind also quasi die Mund-zu-Mund-Propaganda der digitalen Welt. So wichtig, wie es für Ihr Unternehmen ist, dass zufriedene Kunden über Ihre Leistungen sprechen und Sie weiterempfehlen, so wichtig sind die externen Links für den Google-Algorithmus. Ihr Linkprofil dient Google dazu, die Relevanz Ihres Unternehmens für Ihr Umfeld zu bewerten. Um es kurz und bündig auf den Punkt zu bringen, passt ein Zitat von Rand Fishkin: »Don't Build Links. Build Relationships.«

Wie man Linktexte richtig schreibt

Die Geschichte wiederholt sich: Wie bei der Onpage-Optimierung ist es auch bei allen Offpage-Bemühungen enorm wichtig, nicht einfach irgendwo einen Link zu setzen, sondern sich über den verlinkten Text Gedanken zu machen. Verlinkte Phrasen wie »Hier mehr erfahren« bieten weder den Nutzern noch der Suchmaschine nachhaltigen Mehrwert und sind tunlichst zu vermeiden. Achten Sie darauf, dass der Linktext wertvolle Keywords und, je nach Branche und Dienstleistung, eine regionale Ortsangabe enthält, durch die Google und Co. einen relevanten Bezug für den Suchenden herstellen können.

Und noch ein wichtiger Grundsatz wiederholt sich bei der Offpage-Optimierung: Vermeiden Sie doppelte Inhalte. Statt bei jedem externen Link den gleichen Text zu verwenden, ist Kreativität gefragt. Texten Sie den Linktext jedes Mal um, verwenden Sie klickstarke Synonyme des Hauptkeywords, und nutzen Sie verschiedene Satztypen. Achten Sie zudem darauf, dass sich der Linktext möglichst natürlich in die verlinkende Seite einfügt und nicht durch seine Länge oder Struktur als einziger heraussticht. Ist dies der Fall, könnte die Suchmaschine auf ein unnatürliches Linkbuilding schließen und, statt mit einem guten Ranking zu belohnen, eher die Sichtbarkeit Ihrer Website beeinträchtigen.

Externe Landingpages

Eine weitere Möglichkeit, die Sichtbarkeit der eigenen Seite zu erhöhen, stellen sogenannte externe Landingpages dar. Anders als eine interne Landingpage, die innerhalb Ihrer Website-URL verankert ist und den Suchenden relevanten Content bietet, handelt es sich bei einer externen Landingpage um eine Seite, die sich außerhalb Ihrer Webpräsenz befindet. Statt nur einem Link, der zu Ihrer Website führt, erhalten die Besucher hier ebenso relevante Informationen über Sie, Ihr Unternehmen oder eine besondere Leistung, die Sie in Ihrem Geschäft anbieten. Häufig bietet sich bei Partnern oder Zulieferern die Gelegenheit, eine solche externe Landingpage anzufragen. Thematisch passend, findet der Suchende so beispielsweise bei einem Bodenhersteller gleich auch den passenden Bodenverleger in seiner Nähe und kann Preise und Verfügbarkeiten anfragen. Oder sprechen Sie dieses Thema bei befreundeten Handwerksbetrieben an, mit denen Sie gemeinsam Komplettrenovierungen aus einer Hand anbieten. So können auch die Dienste eines Bodenverlegers auf einer Elektriker-Webseite zu finden sein und andersherum.

Zwar gibt es auch Affiliate-Programme, bei denen man eine externe Landingpage im thematisch passenden Umfeld buchen kann, doch wer Kosten sparen möchte, sollte sich die Mühe machen, einfach mal verschiedene Stellen anzufragen, welche Möglichkeiten hier bestehen.

PR-Meldungen als SEO-Faktor

Sie haben Neuigkeiten? Dann teilen Sie der Welt diese mit – mit Online-PR. Denn auch Pressemeldungen, die auf Portalen wie *lifepr.de* oder *openpr.de* veröffentlicht werden können, werden von Google als eine Art Empfehlung gewertet und können dabei helfen, die eigenen Rankings zu pushen. Veröffentlichen Sie jedoch nur Pressemitteilungen, wenn Sie dem Leser relevante Informationen bieten können. Sind diese von den Inhalten begeistert, werden Sie vielleicht dazu angeregt, über Ihr Unternehmen zu sprechen oder den Artikel mit Freunden und Familie zu teilen.

Kostenlose Presseportale

Neben einigen kostenpflichtigen Tools finden sich auch viele kostenlose Möglichkeiten, Ihre Presseartikel an den Mann oder die Frau zu bringen:

▶ www.openpr.de

▶ www.firmenpresse.de

▶ www.perspektive-mittelstand.de

▶ www.presseanzeiger.de

▶ www.pressebox.de

▶ www.lifepr.de

5.3 Websitebesuche messen – Google Analytics

Mit einem Markenwert von 323,6 Mrd. US-Dollar[5] gehört Google zu den weltweit wertvollsten Unternehmen und steht damit gleich hinter Giganten wie Amazon, Apple und Microsoft an vierter Stelle. Dabei begeistert der Weltkonzern nicht nur durch die allseits bekannte Google-Suche, sondern hält mit Google Analytics ein praktisches Analysetool bereit, mit dem sich viele Informationen über die Nutzung der eigenen Webseite sammeln lassen – selbstverständlich anonym, sodass das Tool allen datenschutztechnischen Vorgaben entspricht. So lässt sich etwa herausfinden, über welchen Weg potenzielle Kunden Ihre Unternehmenswebseite finden und wie sie sich hier verhalten. Verlassen viele Interessenten die Seite schon nach kurzer Zeit wieder, weil sie vielleicht nicht die gesuchten Informationen finden? Lohnt sich die teure Werbung bei Facebook und Instagram, oder erreichen Sie über diese Kanäle vielleicht gar nicht die richtigen Menschen? Google Analytics gibt die Antwort.

Der Vorteil von Google Analytics? Das Tool lässt sich sehr einfach auf der eigenen Webseite anwenden. Denn hierzu müssen Sie lediglich einen sogenannten Tracking-Code im Quellcode Ihrer Seite implementieren, und schon werden alle relevanten Daten erfasst. Viele Content-Management-Systeme bieten für diese Aufgabe Schnittstellen an, sodass die Implementierung des Codes auch für Laien zum Kinderspiel wird. Sollen neben den eigentlichen Web-Daten auch E-Commerce-Daten aus einem angeschlossenen Shop erfasst werden, muss zusätzlich das E-Commerce-Tracking aktiviert werden.

---

5 Quelle: *https://de.statista.com/statistik/daten/studie/162524/umfrage/markenwert-der-wertvollsten-unternehmen-weltweit/*

Grundsätzlich gliedern sich die Analytics-Daten in drei große Teilbereiche: Zielgruppe, Akquisition und Verhalten.

5.3.1   Zielgruppe

Wer mehr über die Besucher und Besucherinnen seiner Website erfahren möchte, erhält unter dem Reiter ZIELGRUPPE die passenden Informationen. Neben demografischen Merkmalen wie Alter und Geschlecht der Besucher erhalten Sie hier zudem spannende Einblicke in die Interessen der potenziellen Kunden. Haben diese aufgrund ihres bisherigen Suchverhaltens ein großes Interesse an Beauty und Wellness, oder interessieren sie sich eher für den Green Living Lifestyle? Handelt es sich um Business-Kunden oder um echte Foodies, die gerne für ihre Liebsten leckere Gerichte auf den Tisch zaubern? Auch Informationen über die Kaufbereitschaft der Besucher erhalten Sie über Google Analytics, unterteilt in Zielgruppen wie Home & Garden, Real Estate oder Autos & Vehicles. Diese Informationen lassen sich im Übrigen auch optimal nutzen, um Personas für das eigene Unternehmen zu erstellen und so die eigenen Werbemaßnahmen noch besser auf die jeweilige Zielgruppe anpassen zu können.

Doch nicht nur Demografie und Interessen lassen sich über Google Analytics auswerten, auch der Standort der Kunden kann durch die erfassten Daten bis auf den Ort heruntergebrochen werden. Selbst das verwendete Gerät wird über den Tracking-Code herausgefiltert. Besuchen die Interessenten Ihre Website vorzugsweise über ein Mobiltelefon? Oder erfolgen die meisten Anfragen noch über den Desktop-PC? Finden Sie es heraus! Und auch das Verhalten der potenziellen Kunden lässt sich ganz genau analysieren: Handelt es sich bei den Interessenten um neue Besucher oder um alte Bekannte? Wie häufig besuchen sie die Seite und wie lange bleiben sie durchschnittlich auf Ihrer Webpräsenz? Fragen über Fragen, durch die Sie sich Schritt für Schritt besser mit Ihrer Zielgruppe vertraut machen können.

5.3.2   Akquisition

Wie sind die Besucher eigentlich auf Ihre Website gelangt? Eine Frage, die sich im Reiter »Akquisition« einfach klären lässt. Denn das Tracking der Webaktivitäten beginnt streng genommen bereits, bevor Sie potenzielle Interessenten auf Ihrer Seite begrüßen dürfen. Hier finden Sie heraus, über welche Quelle Ihre Webpräsenz aufgerufen wurde.

Grundsätzlich unterscheidet Google Analytics in sechs große Channels, über die Besucher zu Ihrer Website gelangen können:

▶ **Paid Search**, also bezahlte Suchanzeigen über Google Ads

▶ **Organic Search**, also Zugriffe über die Suchmaschine Google

▶ **Direct**, also direkte Zugriffe durch das Eingeben Ihrer URL in die Adressleiste

▶ **Social**, also alle Zugriffe über soziale Netzwerke

▶ **E-Mail**, also Zugriffe via E-Mail-Marketing

▶ **Referral**, also Verweise von anderen Websites auf Ihre Internetpräsenz

Manchmal finden sich in dieser Übersicht auch Zugriffe über den Channel »Other«. Hier fasst Google Analytics in der Regel alle Daten zusammen, die sich nicht konkret einer der oben genannten Quellen zuordnen lassen, beispielsweise Zugriffe über andere Suchmaschinen wie Bing und Yahoo.

Pro Channel erhalten Sie in dieser Ebene tiefe Einblicke, wie viele Nutzer Ihre Website über die ausgewählte Quelle besuchten, wie viele neue Nutzer darunter waren und wie viele Seiten sich die Nutzer pro Sitzung durchschnittlich anschauten. Auch Daten wie die Absprungrate oder die durchschnittliche Sitzungsdauer machen Ihnen deutlich, wie intensiv sich die potenziellen Kunden mit den Inhalten beschäftigten.

Während Daten zur bezahlten Suche für die Optimierung Ihrer Google-Ads-Kampagnen genutzt werden können, sind für die Suchmaschinenoptimierung vor allem Daten zur organischen Suche und den Verweisen anderer Websites entscheidend. Denn mit diesen lassen sich ebenso Rückschlüsse über den Erfolg der Maßnahmen ziehen. Haben Sie die richtigen Partner für Ihre externen Links oder externen Landingpages ausgewählt, oder findet über diese kaum jemand den Weg auf Ihre Website? Steigen die Zugriffe über die organische Suche nach einigen Monaten langsam, oder scheint Ihre Webpräsenz immer noch im Nirwana der hintersten Google-Suchergebnisseiten verschollen zu sein? Ein regelmäßiger Blick auf die Akquisitions-Daten zahlt sich aus!

Hinweis zum Penguin-Update

Achtung: Seit dem Penguin-Update im Oktober 2013[6] gibt Google bei den organischen Website-Zugriffen nicht mehr alle Suchanfragen aus, die von den Usern gestellt wurden, sondern gruppiert diese in der Zeile »Not provided«. Dies betrifft alle Suchanfragen, die mit ihrem Google-Account angemeldete Interessenten durchführten – hier werden die Daten verschlüsselt und stehen somit nicht zur Analyse zur Verfügung. Verknüpfen Sie daher am besten Ihr Google-Analytics-Konto mit Ihrer Google Search Console, denn so haben Sie die Möglichkeit, zumindest über die Search Console an die realen Suchanfragen Ihrer Websitebesucher zu gelangen.

---

6 Mehr dazu unter: *www.searchmetrics.com/de/glossar/google-updates/*

Keyword	Akquisition			Verhalten				Conversions	E-Commerce ▾	
	Sitzungen	Neue Sitzungen in %	Neue Nutzer	Absprungrate	Seiten/Sitzung	Durchschnittl. Sitzungsdauer	E-Commerce-Conversion-Rate	Transaktionen	Umsatz	
	133.952 % des Gesamtwerts: 60,21 % (222.492)	55,22 % Durchn. für Datenansicht: 55,48 % (-0,47 %)	73.965 % des Gesamtwerts: 59,92 % (123.440)	58,39 % Durchn. für Datenansicht: 56,33 % (3,66 %)	2,67 Durchn. für Datenansicht: 2,44 (9,22 %)	00:02:29 Durchn. für Datenansicht: 00:02:16 (9,86 %)	1,68 % Durchn. für Datenansicht: 2,51 % (-33,29 %)	2.247 % des Gesamtwerts: 40,16 % (5.595)	432.693,44 € % des Gesamtwerts: 43,22 % (1.001.121,70 €)	
1. (not provided)	132.724 (99,08 %)	55,24 %	73.313 (99,12 %)	58,35 %	2,67	00:02:29	1,68 %	2.234 (99,42 %)	430.303,21 € (99,45 %)	

Abbildung 5.9 Über 99 % der Zugriffe über die organischen Suchergebnisse werden nicht mit dem Keyword in Google Analytics dargestellt.

5.3.3   Verhalten

Nachdem wir nun bereits mehr über die demografischen Verhältnisse Ihrer Websitebesucher wissen und erfahren haben, wie diese auf Ihre Website gelangten, wenden wir uns kurz einem ebenso interessanten Reiter im Google-Analytics-Konto zu: dem Verhalten Ihrer potenziellen Kunden. Denn das Analysetool trackt selbstverständlich auch den Umgang mit Ihrer Webpräsenz, sodass Sie etwa nachvollziehen können, welche Unterseiten die Nutzer besuchten und an welchen Punkten sie Ihre Website wieder verließen. Findet sich hier besonders oft ein bestimmter Bereich Ihrer Seite, gibt es vielleicht Optimierungsbedarf, etwa weil die User nicht die Informationen fanden, die sie sich bei Aufruf der Seite versprachen. Oder weil diese Seite besonders lange lud, statt alle Inhalte sofort zur Verfügung zu stellen. Auch diese Daten erhalten Sie unter dem Reiter »Verhalten«, sodass Sie die Ladezeit pro Unterseite genau überwachen und bei Bedarf optimieren können.

5.4   Website-Ziele einrichten – Google Analytics Conversion

Wer sich mit dem praktischen Analysetool beschäftigt, wird schnell feststellen, dass wir einen Bereich aus dem Analytics-Konto bisher nicht thematisiert haben: den Reiter Coversions. Nicht, weil wir diesen unter den Tisch fallen lassen wollten, sondern vielmehr, weil dieser so wichtige Bereich einen eigenen Abschnitt verdient. Denn letzten Endes geht es beim gesamten Thema Digitalmarketing doch um eins: neue Kundschaft gewinnen, die für Umsatz in Ihrem Lokal sorgt oder aus einem Angebot einen Auftrag werden lässt.

Ein Ziel, das sich im Reiter Conversions überprüfen lässt und Rückschlüsse über die Rentabilität Ihrer Maßnahmen zulässt.

5.4.1 E-Commerce-Tracking

Wer zusätzlich zu seinem Offline-Geschäft auch einen kleinen Onlineshop betreibt, kann seine Verkäufe ganz einfach mithilfe des sogenannten E-Commerce-Trackings ermitteln. Denn ist dieses einmal in den Kontoeinstellungen des Analytics-Accounts aktiviert, sammelt Google nicht nur Daten wie Anzahl der Nutzer und durchschnittliche Sitzungsdauer, sondern auch Höhe des online generierten Umsatzes und Anzahl der Online-Verkäufe. Selbstverständlich lassen sich diese Daten wiederum in Relation zu den verschiedenen Quellen setzen, sodass Sie genau wissen, wie die Käufe zustande kamen, also ob beispielsweise viele Käufer Ihre Website über Facebook oder Ihre organischen Rankings erreichten.

Default Channel Grouping	Akquisition			Verhalten			Conversions E-Commerce		
	Nutzer ↓	Neue Nutzer	Sitzungen	Absprungrate	Seiten/Sitzung	Durchschnittl. Sitzungsdauer	E-Commerce-Conversion-Rate	Transaktionen	Umsatz
	135.489 % des Gesamtwerts: 100,00 % (135.489)	136.525 % des Gesamtwerts: 100,04 % (136.464)	179.390 % des Gesamtwerts: 100,00 % (179.390)	61,00 % Durchn. für Datenansicht: 61,00 % (0,00 %)	3,47 Durchn. für Datenansicht: 3,47 (0,00 %)	00:01:48 Durchn. für Datenansicht: 00:01:48 (0,00 %)	1,46 % Durchn. für Datenansicht: 1,46 % (0,00 %)	2.613 % des Gesamtwerts: 100,00 % (2.613)	290.266,49 € % des Gesamtwerts: 100,00 % (290.266,49 €)
1. Paid Search	79.600 (55,92 %)	77.907 (57,06 %)	103.653 (57,78 %)	63,98 %	3,20	00:01:35	1,30 %	1.345 (51,47 %)	134.342,97 € (46,28 %)
2. Organic Search	49.510 (34,78 %)	46.044 (33,73 %)	58.907 (32,84 %)	55,70 %	3,95	00:02:07	1,19 %	701 (26,83 %)	88.467,73 € (30,48 %)
3. Direct	10.841 (7,62 %)	10.841 (7,94 %)	13.965 (7,78 %)	65,34 %	3,28	00:02:02	2,34 %	327 (12,51 %)	43.784,72 € (15,08 %)
4. Referral	2.132 (1,50 %)	1.498 (1,10 %)	2.591 (1,44 %)	37,48 %	4,61	00:02:27	9,03 %	234 (8,96 %)	23.221,37 € (8,00 %)
5. Display	134 (0,09 %)	126 (0,09 %)	142 (0,08 %)	88,73 %	1,42	00:00:17	0,00 %	0 (0,00 %)	0,00 € (0,00 %)
6. Social	110 (0,08 %)	106 (0,08 %)	124 (0,07 %)	59,68 %	3,31	00:01:43	3,23 %	4 (0,15 %)	296,00 € (0,10 %)
7. Email	4 (0,00 %)	1 (0,00 %)	5 (0,00 %)	0,00 %	10,00	00:03:43	40,00 %	2 (0,08 %)	153,70 € (0,05 %)

Abbildung 5.10 E-Commerce Tracking zeigt Ihnen, welche Traffic-Quelle den meisten Umsatz bringt.

5.4.2 Conversions in Form von ausgefüllten Kontaktformularen, Online-Terminbuchung, Downloads oder Ähnlichem

Der Erfolg von Digitalmarketing lässt sich nicht nur in Form von Online-Käufen messen. Auch andere Ereignisse, die für Ihr Unternehmen wichtig sind, lassen sich problemlos via Analytics tracken. Das kann z. B. das Ausfüllen eines Kontaktformulars sein, mit dem ein potenzieller Kunde das Interesse an Ihren Dienstleistungen bekundet. Oder auch der Download eines Produkt-PDFs. Oder wenn ein Interessent sich Ihr Unternehmensvideo, das Sie auf der Webseite eingebunden haben, bis zum Ende anschaut. Auch diese für Sie wichtigen digitalen Erfolge können in den Einstellungen des Analytics-Accounts festgelegt und als sogenannte Conversion ausgewiesen werden. Meist ist dies mit wenigen Schritten durch »Zielvorhaben« möglich, die wiederum mit den Quellen der Websitebesucher in Verbindung gebracht werden können.

Eine aussagekräftige Webanalyse kann für Unternehmen ein entscheidender Wettbewerbsvorteil sein. Wie Sie in Abbildung 5.11 sehen, können Sie einen Produktumsatz den Traffic-Kanälen zuordnen. Das funktioniert auch mit Conversions, die Sie als Unternehmer für Ihr lokales Unternehmen einrichten (bspw. das Ausfüllen und Absenden eines Kontaktformulars oder eine Reservierungsanfrage/Terminbuchung).

So können Sie feststellen, wie viele Personen, die über bezahlte Werbeanzeigen auf Ihr Restaurant aufmerksam geworden sind, auch online bei Ihnen einen Tisch reserviert haben. Die Technik ist heute so weit, dass Sie sogar einzelne Anrufe über sogenannte Marketing-Telefonnummern den entsprechenden Werbetätigkeiten zuordnen und so einen *Return on Invest* ermitteln können.

Quelle/Medium ?	Anzahl an Sitzungen ?	Ereignisaktion ?	Ereignisse gesamt ?
1. (direct) / (none)	984	appointment-completed	**44** (27,67 %)
2. google / organic	867	appointment-completed	**48** (30,19 %)
3. google / cpc	701	appointment-completed	**36** (22,64 %)
4. m.facebook.com / referral	196	appointment-completed	**22** (13,84 %)
5. bing / cpc	103	appointment-completed	**9** (5,66 %)

Zeilen anzeigen: 10 ⌄   Gehe zu: 1   1 - 5 von 5   ‹ ›

Abbildung 5.11 Onlinebuchungen lassen sich dem jeweiligen Traffic-Kanal zuordnen. So können Sie einen ROI ermitteln.

Sie sehen also: Mit Google Analytics machen Sie die User Ihrer Website gläsern und können ganz genau nachverfolgen, welche Maßnahmen sich für Ihre Unternehmensziele auszahlen und welche vielleicht noch Optimierungsbedarf haben.

5.5   Die eigene Sichtbarkeit in Suchergebnissen prüfen – Google Search Console

Im Gegensatz zu Google Analytics, wo Sie alles analysieren können, was auf der eigenen Webseite passiert und über welches Medium Sie von potenziellen Kunden gefunden wurden, setzt die Google Search Console noch einen Schritt zuvor an. Denn hier erhalten Sie spannende Einblicke in alles, was VOR dem eigentlichen Klick auf den organischen Sucheintrag passiert – selbst, wenn die Suchenden NICHT auf Ihren Eintrag klickten. Das ist nicht nur interessant, sondern bietet Ihnen auch viele Möglichkeiten, Potenziale für die eigene Suchmaschinenoptimierung abzuleiten.

Für welche Themen interessieren sich meine Kunden eigentlich? Welche Begriffe tippen Sie ins Google-Suchfeld ein? Und wie oft werden Sie auf den Google-Suchergebnisseiten angezeigt, ohne dass ein potenzieller Kunde auf Ihren Eintrag klickt? Aus diesen Analysedaten ergeben sich so viele Möglichkeiten, den eigenen Content insbesondere für Themen, zu denen Sie noch nicht auf den ersten Google-Suchergebnisseiten sichtbar sind, zu optimieren oder durch Blogbeiträge und Co. häufig gefragte Themen ausführlich zu behandeln.

Um dem Ganzen mehr Struktur zu verleihen und genau herauszufinden, welche Themenfelder für Ihr Unternehmen relevant sein könnten, lassen sich beispielsweise die Suchanfragen der letzten Monate in einer Excel-Tabelle exportieren und durch Filter in verschiedene Bereiche gliedern. Filtern Sie nach typischen Fragewörtern wie »Warum«, »Wie«, »Weshalb« oder »Wieso«, finden Sie heraus, was die Suchenden beschäftigt, und geben Sie Antwort auf oft gestellte Fragen.

Die Google Search Console dient jedoch nicht nur der Ideenfindung, auch die eigene Sichtbarkeit lässt sich hier genauestens analysieren. Behalten Sie also Ihre Rankings stets im Blick, und werten Sie regelmäßig aus, zu welchen Suchbegriffen Sie besser gefunden werden. Denn nur, wenn sich über einen längeren Zeitraum auch Erfolge einstellen, macht die Suchmaschinenoptimierung Spaß und motiviert Sie, am Ball zu bleiben, um Keyword für Keyword nachhaltig nach vorne zu bringen.

5.6   Es geht nicht ohne – Datenschutz-Hinweise

Es ist ein leidiges Thema – der Datenschutz. Insbesondere Anfang 2018 sorgte die neue EU-Datenschutzgrundverordnung, auch als EU-DSGVO bekannt, für Schlagzeilen und stellte die Werbebranche kurz auf den Kopf. Alle Webseitenbetreiber mussten sich unausweichlich der Frage stellen: Ist meine Seite eigentlich DSGVO-konform? Denn die neue Verordnung, die am 25. Mai 2018 in Kraft trat, war nicht mit allen Punkten des alten Datenschutzes aus dem BSDG konform – hohe Bußgelder von bis zu 20 Millionen Euro schürten die Angst weiter.

Ziel der neuen Datenschutzgrundverordnung ist es, das Datenschutzrecht innerhalb der EU zu vereinheitlichen und so gleiche Voraussetzungen für Unternehmen innerhalb der Europäischen Union zu schaffen. Die Verordnung gilt im Übrigen auch für Unternehmen mit Sitz außerhalb der EU, sofern diese mit personenbezogenen Daten aus dem Wertabkommen arbeiten. Ein weiteres Ziel der DSGVO war es, den Internetnutzern wieder die Hoheit über ihre eigenen Daten zurückzugeben. Auch die sozialen Netzwerke und Cloud-Dienste, die ihren Ursprung oftmals in den USA haben, müssen sich an diese Regeln halten. Zu diesen personenbezogenen Daten gehören allerdings nicht nur Name, Adresse oder Telefonnummer, auch Geburtstag, IP-Adresse, Cookies, Standort oder Kfz-Kennzeichen fallen in die Kategorie.

Zwar hat die DSGVO einiges am Datenschutzrecht verändert – doch auch vor Inkrafttreten der EU-weiten Verordnung galt in Deutschland durch das BSDG ein hohes Maß an Datenschutz. Unternehmen und Webseitenbetreiber aus Deutschland mussten also bei Weitem nicht so viele Änderungen in Kauf nehmen wie Händler aus anderen EU-Mitgliedsstaaten.

Die wichtigsten Grundsätze der DSGVO

▶ **Verbot mit Erlaubnisvorbehalt**
Die Erhebung, Verarbeitung und Nutzung personenbezogener Daten ist verboten, es sei denn, Sie haben die Erlaubnis.

▶ **Datensparsamkeit**
Es dürfen nur die Daten erhoben und verarbeitet werden, die auch tatsächlich benötigt werden.

▶ **Zweckbindung**
Es dürfen Daten nur zu dem Zweck verarbeitet werden, für die sie ursprünglich erhoben wurden.

▶ **Datenrichtigkeit**
Die erhobenen Daten müssen inhaltlich richtig und aktuell gehalten werden.

▶ **Datensicherheit**
Daten müssen angemessen geschützt werden. Das Niveau des Schutzes orientiert sich an der Schutzbedürftigkeit der Daten – was dabei als angemessen gilt, orientiert sich wiederum am Stand der Technik.

▶ **Recht auf Löschung**
Nutzer haben ein Anrecht darauf, dass ihre personenbezogenen Daten gelöscht oder gesperrt werden, wenn für die Nutzung dieser keine Berechtigung mehr vorliegt.

▶ **Recht auf Datenübertragbarkeit**
Nutzer haben das Recht, vom Datensammler zu verlangen, ihre personenbezogenen Daten bei Bedarf an einen neuen Verantwortlichen weiterzugeben, z. B. bei Wechsel einer Bank.

▶ **Rechenschaftspflicht**
Bei Aufforderung müssen die Datenverantwortlichen die Einhaltung der Datenschutzregularien nachweisen können.

Alle Seitenbetreiber, Dienstleister, Unternehmer oder Betreiber von Onlineshops müssen sich also zwangsläufig mit den geltenden Datenschutzbestimmungen auseinandersetzen. Lassen Sie sich bei der Neufassung oder Umarbeitung Ihrer Datenschutzerklärung also am besten von einem spezialisierten Anwalt oder einem Datenschutzbeauftragten beraten.

Sie sehen also: Kein Webseitenbetreiber kommt darum herum, seine Besucher über das Erfassen von Daten bei Besuch der Webseite zu informieren. Verweigert dieser wiederum das Datensammeln, so werden keinerlei Informationen gesammelt. Entsprechend werden diese Sitzungen auch nicht in Analysetools wie Google Analytics wiedergegeben. Es kann also sein, dass der Besucher, der das Erfassen von Daten verweigert, eine Kontaktanfrage absendet oder ein PDF von Ihrer Website herunterlädt – doch diese Daten werden in Ihren Auswertungen nicht erfasst. So spannend die Analyse aller Webergebnisse auch sein kann – durch die Möglichkeiten der User, die Datensammlung abzulehnen, entsprechen sie leider nie zu 100 % der Realität.

5.7   Wo finde ich professionelle Unterstützung?

Eine wichtige Frage, die wir zum Abschluss des Kapitels unbedingt noch klären sollten, ist die Frage nach *professioneller* Unterstützung. Wie können Sie den Agenturdschungel durchblicken und herausfinden, ob eine Agentur auch wirklich qualitativ hochwertigen Service anbietet? Es gibt einige Anhaltspunkte, die Sie auf jeden Fall prüfen sollten.

So wie wir gerade die verschiedenen Punkte zu Ihrer eigenen Auffindbarkeit besprochen haben, so sollten Sie sich auch anschauen, ob der potenzielle Partner selbst auffindbar ist und ob es eventuell bereits öffentliche Bewertungen zu dem Unternehmen gibt. Sowohl für das Thema Suchmaschinenoptimierung als auch für das Fachgebiet der Google-Ads-Aussteuerung gibt es mittlerweile eine Vielzahl an Ausbildungen und Zertifizierungen für Mensch und Agentur. Fragen Sie nach Zertifizierungen, und lassen Sie sich die Qualifikation der Mitarbeiter nachweisen.

Für Agenturen gibt es die folgenden Merkmale, mit denen sie eine Qualifikation prüfen können:

▶ **Google-Partnerstatus**

Wenn es um Google Ads geht, sollte man nachfragen, ob die Agentur Google-Partner ist. Ich sage ganz klar: Dies ist kein »must have« bei kleinen Agenturen und Start-ups, da Google ein betreutes Budget von 10.000 $ im Zeitraum der letzten 90 Tage als Pflicht für den Partnerstatus vorsieht. Gerade kleine Agenturen mit engagierten Mitarbeitern fällt es häufig schwer, dieses Budget in den ersten Jahren zu erreichen und kontinuierlich auszubauen. Informationen zum Partnerprogramm und den Anforderungen finden Sie unter: *www.google.com/intl/de/partners/resourceshub/*.

▶ **BVDW SEA-Qualitätszertifikat**

Der Bundesverband Digitale Wirtschaft e. V. bescheinigt Agenturen Know-how und Professionalität im Geschäftsbereich Search Engine Advertising. Agenturen, die sich bewerben, stellen sich einer Prüfung, bei der sie von einer neutralen Instanz in den Kriterien Arbeitsweise, Kundenzufriedenheit, Erfahrung und Engagement bewertet werden. Hat die Agentur sich unabhängig zertifizieren lassen?

▶ **BVDW Code of Conduct Suchmaschinenadvertising**

Der Code of Conduct beinhaltet eine Selbstverpflichtung, die Qualität von SEA-Dienstleistungen dauerhaft zu sichern und Transparenz hinsichtlich der Arbeitsweisen und Methoden der Agenturen zu gewährleisten. Agenturen verpflichten sich mit ihrer Unterschrift, diese Kriterien und Bedingungen einzuhalten, und unterwerfen sich im Falle einer Beschwerde der Entscheidung des Beschwerdeausschusses. Die Unterzeichnung des Code of Conduct ist Voraussetzung für die Bewerbung um das SEA-Qualitätszertifikat

▶ **BVDW SEO-Qualitätszertifikat** und **Code of Conduct Suchmaschinenoptimierung**

Auch für den Bereich der Suchmaschinenoptimierung bietet der Bundesverband Digitale Wirtschaft die vergleichbaren Produkte wie im Bereich SEA.

▶ **Teilnahme und Auszeichnung in Wettbewerben**

Es gibt diverse Wettbewerbe, an denen sich Agenturen beteiligen können, um ihre Kompetenz und ihre Arbeit unter Beweis zu stellen. Die Plattform iBusiness (*www.ibusiness.de*) hält einige Rankings bereit, in denen sich Agenturen je nach Ausrichtung qualifizieren können. Beispiele sind das Internetagentur-Ranking (*www.ibusiness.de/internetagentur-ranking/*), das Top Ranking für Performance Marketing (*www.ibusiness.de/performance-ranking/*) und das TOP 100 SEO-Ranking (*www.ibusiness.de/seo-liste/*).

Beispiele für weitere Wettwerbe und Awards sind der Deutsche Preis für Online-Kommunikation (*www.onlinekommunikationspreis.de*), der Digital Communications Award (*www.digital-awards.eu*) oder die German Web Awards (*www.germanweb-awards.com*). Der Deutsche Suchmarketing Preis SEMY (*semyawards.com*) bewertet Erfolge in den Kategorien SEO/Content-Marketing und SEA-Kampagnen.

▶ **Personenzertifizierung**

Neben der Zertifizierung und Auszeichnung einer Agentur gibt es mittlerweile viele unterschiedliche Lehrgänge und Onlinekurse, mit denen Personen Ihre fachliche Kompetenz unabhängig von einem Agenturstatus zertifizieren und nachweisen können. Google bietet unter *https://skillshop.exceedlms.com/student/catalog* eine Plattform, auf der man viele Kurse buchen und u. a. Zertifizierungsprüfungen zu allen

Werbenetzwerken von Google ausführen kann. Es gibt die folgenden Google-Ads-Zertifizierungen für Einzelpersonen, die teilweise auch Pflicht für die erfolgreiche Zertifizierung als Google-Partner-Agentur sind:

- Google-Ads-Zertifizierung für Displaywerbung
- Google-Ads-Zertifizierung für die Leistungsanalyse
- Zertifizierung für Shopping-Anzeigen
- Zertifizierung »Google-Ads-Videowerbung«
- Zertifizierung »Google-Ads-Suchmaschinenwerbung«
- Zertifizierung für App-Marketing mit Google Ads

Wenn Sie Ihre Werbetätigkeit von einer Agentur oder einem Dritten ausführen lassen möchten, dann sollte die Person Ihnen zumindest den fachlichen Nachweis dieser Zertifizierung erbringen können.

Kapitel 6
Sichtbar sein mit Google Ads

Werbung in den Suchergebnissen ist eine der effektivsten Maßnahmen zur Steigerung Ihrer lokalen Auffindbarkeit. Sie sind präsent – genau dann, wenn ein Interessent nach Ihnen und Ihren Leistungen oder Produkten recherchiert. Geht es zielgenauer?

Ein jeder hat sie wohl schon einmal gesehen: die kleinen Textanzeigen auf den Suchergebnisseiten von Google, die zumeist ganz oben und unten zu finden sind. Gekennzeichnet sind sie mit einem kleinen Ad-Icon, das sie unauffällig, aber doch sichtbar als Anzeige kennzeichnet: die Google Ads.

Abbildung 6.1 Google-Werbeanzeige im Suchergebnis zur Suchanfrage »Google Ads«

Diese native Einbindung in die Google-Suchergebnisseiten macht Google Ads so wertvoll für kleine, mittelständische und große Unternehmen – eben für alle, die sich mit ihrer Unternehmenswebsite immer dann präsentieren möchten, wenn Kunden aktiv nach den angebotenen Produkten oder Dienstleistungen suchen.

Doch was genau ist eigentlich Google Ads? Und wie kann das Google-eigene Werbetool Ihnen dabei helfen, neue Kunden zu finden sowie bestehende Kundinnen noch einmal anzusprechen? Begeben Sie sich mit mir auf einen kurzen Ausflug ins Google-Ads-Universum, das mit seinen unzähligen Möglichkeiten für Freelancer*innen und Betriebe jeglicher Größenordnung ein sehr wichtiges Instrument für Ihr lokales Marketing ist.

6.1   Was sind Google Ads?

Sprechen wir von Google Ads, so meinen wir ein interessantes Werbetool, das Google für Unternehmen breitstellt und es Ihnen so ermöglicht, in der Google-Suche sowie auf Google Maps und weiteren Portalen potenzielle Kunden anzusprechen. Sie können das Tool über die Plattform *https://ads.google.com/* aufrufen.

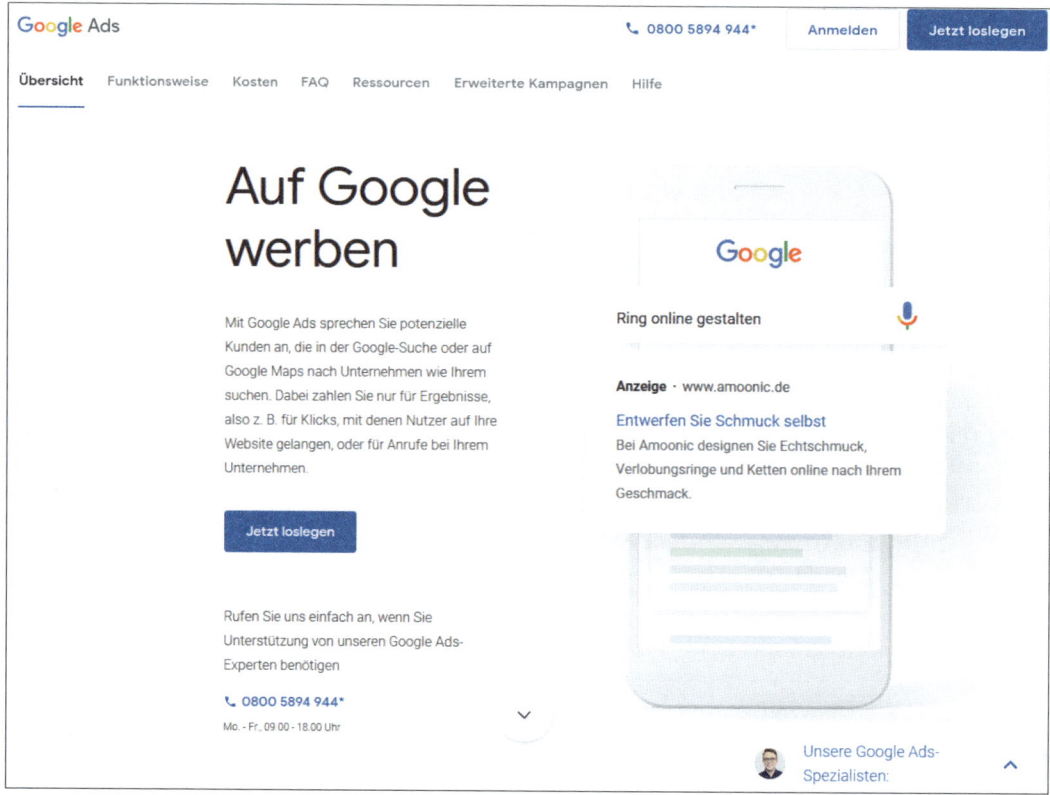

Abbildung 6.2 Das Werbeprogramm von Google erreichen Sie unter https://ads.google.com/.

Wenn Interessenten nach Produkten oder Dienstleistungen suchen, die Sie anbieten – genau dann können Ihre Werbeeinblendungen in den Suchergebnissen erscheinen. Und eine weitere Besonderheit: Sie zahlen nur, wenn sich ein Interessent entscheidet, auf Ihre Anzeige zu klicken und Ihrer Internetpräsenz einen Besuch abzustatten oder einen Anruf bei Ihrem Unternehmen zu tätigen – die reine Einblendung der Anzeigen sowie die Nutzung des Tools sind per se erst einmal kostenlos. Das Vergütungsmodell bezeichnet man auch als Cost-per-Click-Verfahren (CpC).

Das Prinzip hat seinen Ursprung dabei im klassischen Push-and-Pull-Marketing. Während Kanäle wie Großflächenplakate oder Annoncen in Zeitungen und Zeitschriften vor allem dem Push-Marketing (push = drücken) dienen, Ihr Produkt also einer breiten Gruppe an Menschen mit den unterschiedlichsten Interessen zugänglich machen, konzentriert sich das Pull-Marketing (pull = ziehen) auf eine spitze Zielgruppe – Ihre Zielgruppe. Denn mit Google Ads bieten Sie potenziellen Kunden Ihre Leistungen und Produkte genau in dem Moment an, in dem sie danach suchen – Sie bieten also die schnelle und einfache Lösung für ein Problem. Die Wahrscheinlichkeit, dass aus einem Interessenten so ein Kunde wird, ist also um ein Vielfaches höher als bei einer Plakatwerbung an der Bushaltestelle. Klar, schließlich wissen Sie bei den Fahrgästen nicht, ob sie überhaupt Interesse an dem haben, was Sie anbieten.

Beim Push-Marketing muss durch die Werbung zunächst ein Bedürfnis für das Produkt geschaffen werden. Das gilt vor allem auch für Neuprodukte und bisher nicht bekannte Dienstleistungen. Transportiert man diese Idee ins Online-Marketing, so bieten sich vor allem solche Werbeformen an, die die Bekanntheit des Unternehmens steigern und große Reichweiten erzielen.

Beim Pull-Marketing geht es hingegen vor allem darum, die Bedürfnisse der Interessenten zu befriedigen und Produkte, Hilfestellungen oder Lösungen für ein Problem bereitzustellen. Die mit Google Ads ausgespielten Textanzeigen sind also Problemlösungen für die Suchenden und können durch die hinterlegte Technik besonders zielgerichtet ausgespielt werden. So lassen sich Streuverluste, wie sie beim Push-Marketing gang und gäbe sind, vermeiden und hohe Extrakosten einsparen.

Google Ads bietet Ihnen übrigens die Möglichkeit, sowohl Push- als auch Pull-Marketing zu betreiben, indem den Werbetreibenden verschiedene Werbeformen zur Auswahl gestellt werden – dazu später mehr.

6.1.1 Die Keywordrecherche entscheidet über Erfolg oder Misserfolg

Wir haben in Abschnitt 3.1, »Was ist eine Customer Journey?«, die unterschiedlichen Suchinteressen beleuchtet. Die einen möchten sich nur informieren (informationsorientierte Recherche), andere möchten Produkte miteinander vergleichen, und wieder andere sind zum Kauf bereit (transaktionsorientierte Recherche) und suchen nur noch nach einem Ladenlokal, in dem sie fündig werden. Jeder Intention gehen dabei unterschiedliche Suchanfragen und Keyword-Kombinationen voraus. Diese herauszufinden ist oftmals gar nicht so leicht. Mit dem *Google Keywordplaner* nimmt Google Ihnen einen Großteil dieser Arbeit ab und bietet Ihnen die Möglichkeit, leicht und mit wenigen Klicks die Suchbegriffe zu finden, die zu Ihren Werbezielen passen. Und das nicht nur deutschlandweit, sondern bei Bedarf auch auf einzelne Regionen heruntergebrochen. Starten Sie die Recherche dabei am besten mit einigen Begriffen, die Ihnen sofort in den Sinn kommen, und lassen Sie sich von den Vorschlägen, die Google Ihnen zur Verfügung stellt, weiter inspirieren. So kann sich Ihre Keyword-Liste nach und nach um relevante Suchbegriffe füllen.

Stellen Sie sich beispielsweise vor, Sie sind Rechtsanwalt in München. Ihr Fachgebiet ist Familienrecht. Mit dem Keywordplaner können Sie nun die aus Ihrer Sicht wichtigsten Begriffe eintippen, und Google zeigt Ihnen weitere Vorschläge für Suchanfragen und stellt Ihnen auch gleich das monatliche Suchvolumen zu diesen Begriffen in den letzten zwölf Monaten dar (siehe Abbildung 6.3).

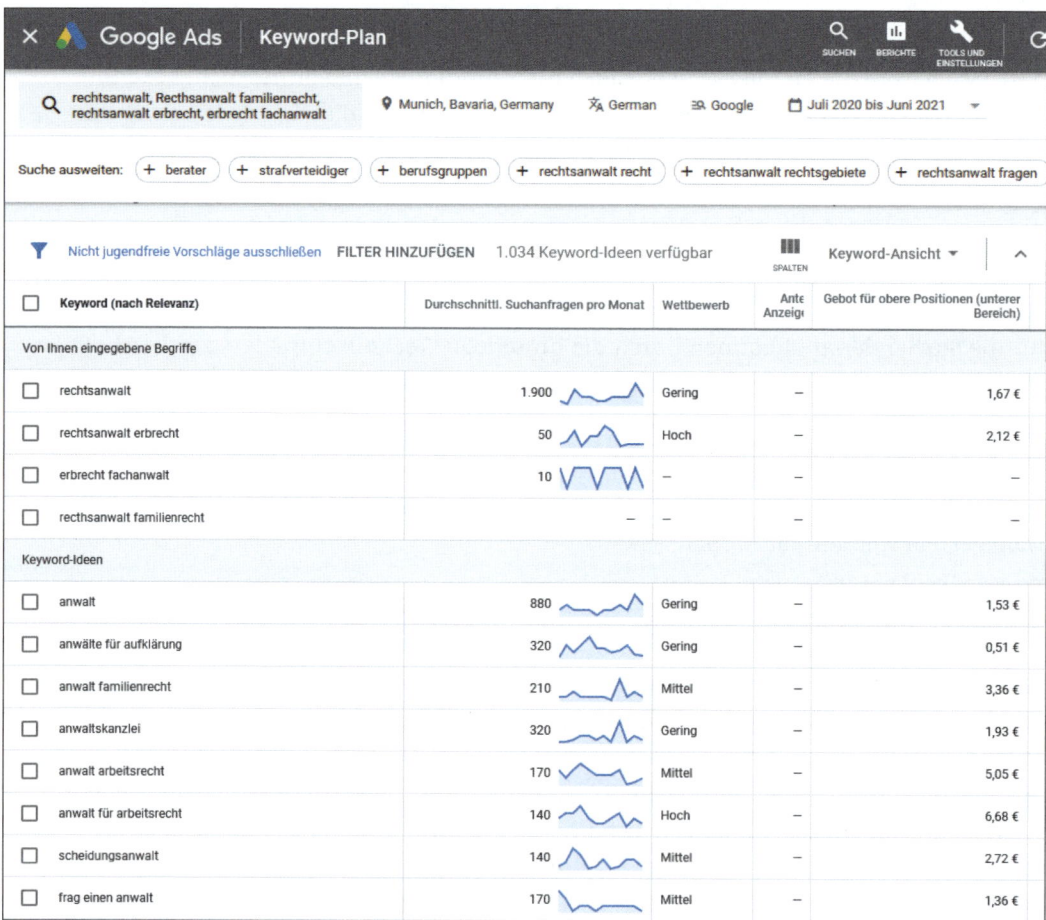

Abbildung 6.3 Google Ads Keywordplaner zu Fachanwaltsbegriffen in München

Für die Planung Ihrer Google-Werbemaßnahmen ist es wichtig, dass Sie die von Ihnen angedachten Begriffe auf das entsprechende Suchvolumen prüfen und Ihre eigene Webseite textuell am Sprachgebrauch Ihrer Kundschaft ausrichten. So ist es für einen Schreiner z. B. sehr wichtig, wo er sich in Deutschland befindet und welche Begriffe er für seine Google-Ads-Kampagne sowie bei den Texten auf seiner Homepage verwendet.

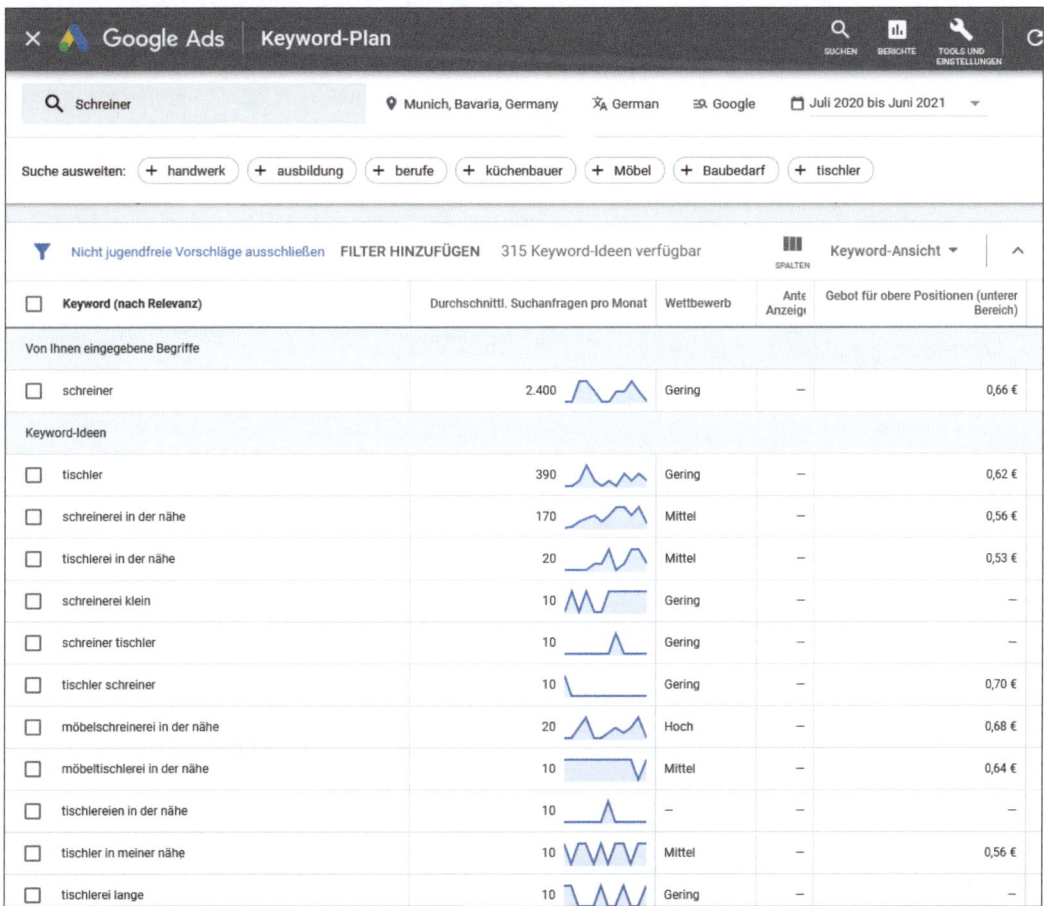

Abbildung 6.4 Google Ads Keywordplaner zu »Schreiner« in München

Wie Sie sehen, gibt es in München auch ein Suchvolumen zum Begriff »Tischler«. Grundsätzlich gibt es keinen gravierenden Unterschied zwischen einem Schreiner und einem Tischler, jedoch verwendet man im Süden eher den Begriff Schreiner, während man im Norden viel eher nach einem Tischler sucht (siehe Abbildung 6.5).

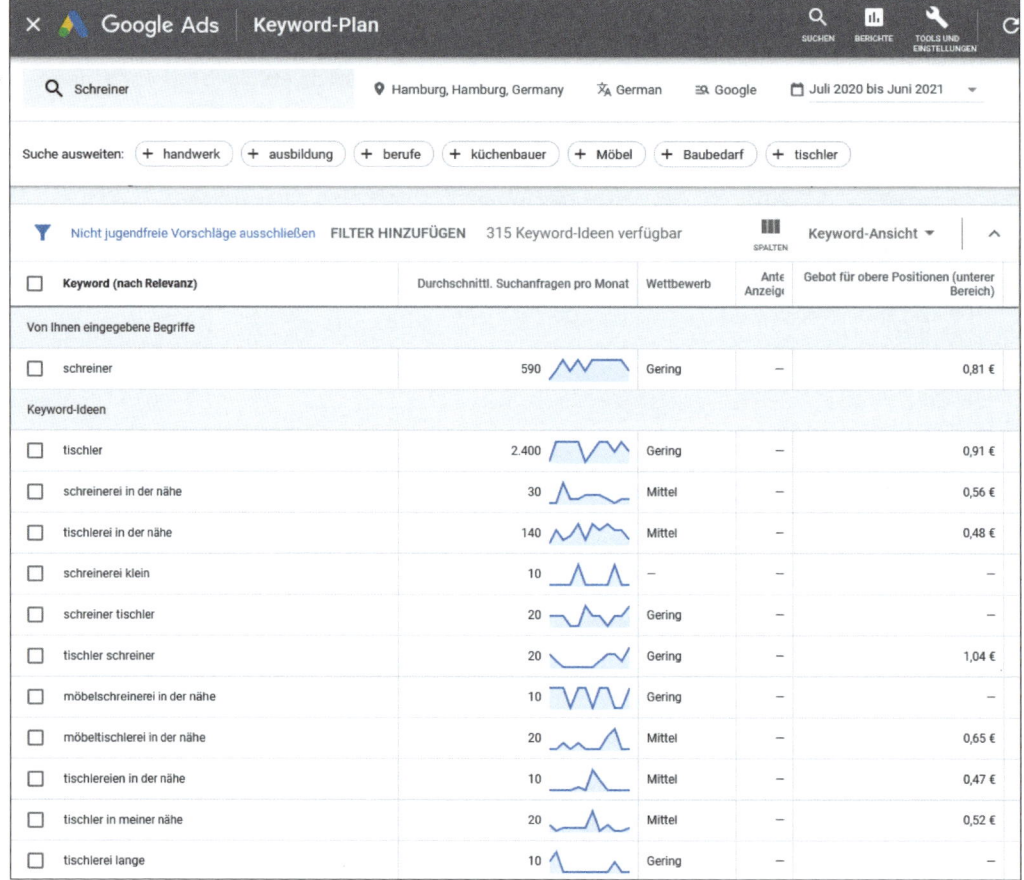

Abbildung 6.5 Google Ads Keywordplaner zu »Schreiner« in Hamburg

Dieses kleine Wortspiel zeigt Ihnen bereits, wie wichtig es ist, die richtigen Keywords für Ihre Kampagnen und Ihre Website auszusuchen, und welchen Stellenwert eine Keyword-Analyse für Sie haben kann. Prüfen Sie daher mit dem Keywordplaner das Suchvolumen zu Begriffen für Ihre Region, und nutzen Sie die Keyword-Ideen, die Google Ihnen vorschlägt, um weitere wichtige Suchbegriffe zu finden.

6.1.2   Das Google-Ads-Auktionssystem

Wer sich vielleicht schon einmal mit den Möglichkeiten der digitalen Werbung beschäftigt hat, stellt fest, dass viele Anbieter ihre Werbeplätze entweder zu Festpreisen oder aber auf Basis von Tausender-Kontakt-Preisen (TKP) verkaufen. Hier zahlen die Werbetreibenden einen Festpreis für 1.000 Anzeigeneinblendungen, also 1.000 Kontakt mit potenziellen Interessenten. Nicht so bei Google Ads! Denn wer sich für die Schaltung von Werbeanzeigen in Suchergebnissen entscheidet, profitiert von einer Abrechnung auf Klick-Basis – Sie zahlen nur, wenn ein potenzieller Kunde auf Ihre Anzeige klickt und so auf Ihre Website gelangt. Ob und wo Ihre Anzeige dabei in den Google-Suchergebnisseiten angezeigt wird, regelt das sogenannte Google-Ads-Auktionssystem.

Das Prinzip der Textanzeigen folgt einem einfachen System: Stellt ein Nutzer eine Suchanfrage bei Google, so findet im Google-Ads-System im Bruchteil einer Sekunde eine Auktion statt, um die Anzeigen, die für die Suche geschaltet werden sollen, zu bestimmen. Schließlich gäbe es für beliebte Suchbegriffe wie »Friseur Berlin« oder »Schreiner« sonst viel zu viele Anzeigen, die niemals alle einen Platz auf der Suchergebnisseite finden würden. Zudem wird festgelegt, auf welchem Anzeigenrang, also an welcher Position, die Anzeigen ausgespielt werden.

Jedes Mal, wenn Ihre Anzeige also in den Google-Suchergebnissen zu finden ist, durchläuft sie vorher eine Anzeigenauktion, die darüber entscheidet, ob und an welcher Position diese angezeigt wird.

Der Aufbau des Google-Suchergebnisses läuft stets nach dem folgenden Muster ab:

▶ Startet ein Nutzer eine Suchanfrage, werden zunächst im Hintergrund von Google alle Anzeigen ermittelt, bei denen die Keywords zur Suchanfrage passen und die für eine Ausspielung infrage kommen.

▶ Im zweiten Schritt wird diese Auswahl verkleinert, indem alle Anzeigen ausgeschlossen werden, die nicht geschaltet werden können, beispielsweise weil sie nicht den Google-Ads-Richtlinien entsprechen oder auf ein anderes Land oder eine andere Region ausgerichtet sind.

▶ Innerhalb dieser verbleibenden Anzeigen trennt sich nun nochmals die Spreu vom Weizen: Denn es werden nur solche Anzeigen geschaltet, die über einen ausreichend hohen Anzeigenrang verfügen. Dieser setzt sich aus dem Gebot, also dem Maximalbetrag, der für dieses Keyword ausgegeben werden soll, der Qualität der Anzeige, dem Kontext der Suchanfrage, den Grenzwerten für den Anzeigenrang sowie den erwarteten Auswirkungen von Erweiterungen und anderen Anzeigenauswertungen zusammen. Je höher der Anzeigenrang, desto höher auch die Platzierung der Anzeige in den Google-Suchergebnissen.

Was zunächst kompliziert klingt, ist dabei eigentlich ganz einfach. Denn Google bezieht in seine Berechnungen nicht nur das maximale Anzeigengebot ein, sondern auch die Qualität der Anzeigen. Es ist also die Kombination aus Gebot und Qualität, die über die Positionierung in den Suchergebnissen entscheidet. Eigentlich logisch, wenn wir noch einmal daran denken, dass für Google stets die optimale Nutzererfahrung im Vordergrund steht. Statt also eine schlechte Anzeige mit besonders hohem Gebot auf den ersten Plätzen zu präsentieren, können auch Sie mit relevanten Keywords und gut ausgearbeiteten Anzeigen eine höhere Anzeigenposition zum niedrigeren Preis erzielen. Qualität statt Quantität.

Was kostet Google Ads?

Immer wieder werde ich von Kunden gefragt: Was kostet Google Ads? Welches Budget muss ich für die Anzeigen in die Hand nehmen? Eine Frage, die sich nur schwer pauschal beantworten lässt. Eine erste Tendenz lässt auch hier der Google Ads Keywordplaner zu, der neben relevanten Keywords auch eine Info über den zu erwartenden Wettbewerb und die zu erwartenden durchschnittlichen Klickkosten ausgibt. So können Sie sich schon einmal einen ersten Überblick verschaffen, ob Sie für die Hauptkeywords in Ihrer Region lediglich 0,25 € oder doch eher 2,50 € einplanen müssen. Doch auch hier muss ganz klar gesagt werden: Der reale Klickpreis für ein Keyword hängt immer auch von der Wettbewerbssituation, der eigenen Anzeigenqualität und auch von saisonalen Schwankungen ab. So ist das Interesse an Skibekleidung im Herbst sowie im Winter natürlich höher als im tiefsten Hochsommer, wenn nur die wenigsten daran denken, sich bei Temperaturen jenseits der 30°-Marke in einen Skianzug zu schmeißen. Auch hier bietet Google mit Google Trends im Übrigen ein nützliches und kostenfreies Tool an, mit dem sich saisonale Schwankungen in den Suchanfragen darstellen lassen: *https://trends.google.de/trends/?geo=DE*.

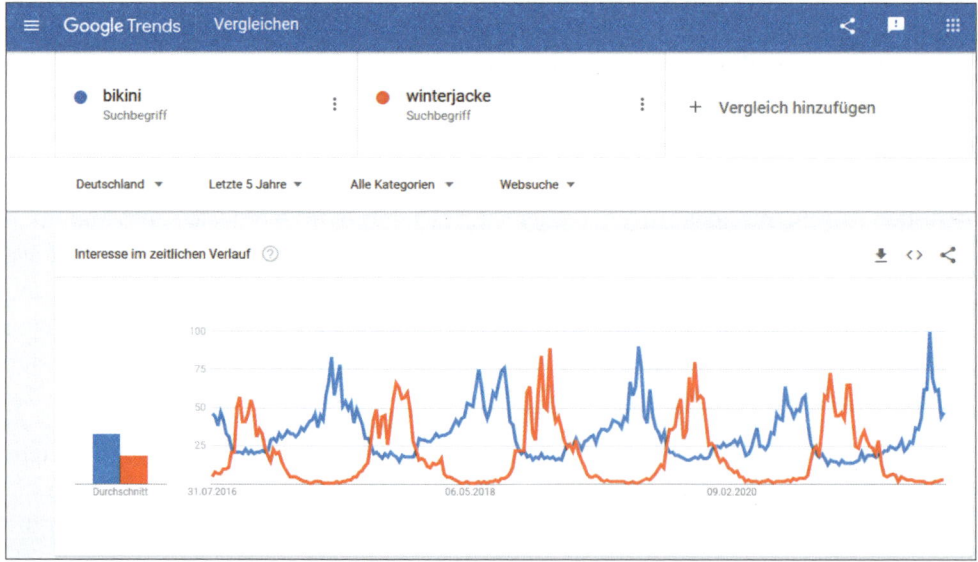

Abbildung 6.6 Saisonale Unterschiede im Suchvolumen (Quelle: https://trends.google.de/trends/explore?date=today%205-y&geo=DE&q=bikini,winterjacke)

Da es schon schwierig genug ist, Aussagen über ein bestimmtes Keyword-Gebot zu treffen, so ist es noch schwieriger, pauschal zu sagen, welches Gebot für eine Google-Ads-Kampagne eingesetzt werden sollte. Dieses gilt es für jede Kampagne einzeln zu ermitteln. Am besten wählen Sie mithilfe des Google Ads Keywordplaners zunächst eine Liste der für Ihr Unternehmen relevanten Keywords aus und sammeln diese in einem Keywordplan. Am Ende dieser Liste bietet Google Ihnen einen Überblick, welches Budget für die ausgewählten Begriffe angesetzt werden müsste. Grundsätzlich gilt hierbei jedoch: Übernehmen Sie nicht einfach die Google-Empfehlung, die lediglich auf überregionalen und pauschalen Fakten basiert! Überlegen Sie sich genau, welches Budget Ihnen monatlich zur Verfügung steht und was Sie für einen ersten Test mit dem Auktionstool in die Hand nehmen möchten. Dieses Monatsbudget teilen Sie anschließend durch die Anzahl an Tagen pro Monat (30,4) und erhalten so das Budget, das Sie pro Tag bei Google investieren können. Natürlich sollte dieses hoch genug sein, dass überhaupt einige Klicks pro Tag erfolgen können, doch der Start in die Google-Ads-Welt muss nicht gleich mit einem Tagesbudget von 100 Euro oder mehr erfolgen. Tasten Sie sich langsam ran – da sich das Tagesbudget im Google-Ads-System zu jedem Zeitpunkt beliebig anpassen lässt, kann eigentlich nicht viel passieren. Eine Rechnung könnte also wie folgt aussehen:

Verfügbares Monatsbudget: 250 €

250 € ÷ 30,4 = 8,22 € *Tagesbudget*

Achtung: Ist das Interesse an Ihren Suchbegriffen an bestimmten Tagen besonders hoch, so erlaubt sich Google, das festgelegte Tagesbudget um maximal 20 % zu überschreiten. Die dadurch entstehenden Mehrkosten werden jedoch an anderen, weniger frequentierten Tagen wieder eingespart, sodass das Tagesbudget multipliziert mit 30,4 pro Monat niemals überschritten wird. Es kann also sein, dass Sie an einzelnen Tagen mehr ausgeben als im Tagesbudget vereinbart, in Summe überschreiten Sie jedoch nie Ihr festgelegtes Monatsbudget.

Regional werben – das bringt Ihnen Google Ads

Wir haben eben bereits angesprochen, dass einige Anzeigen aus dem Auktions-Pool ausgeschlossen werden, weil sie vielleicht nicht den hinterlegten geografischen Eckdaten entsprechen, die Kampagne also auf einen anderen Standort ausgerichtet ist. Hier findet sich ein weiterer großer Vorteil des Google-Ads-Systems, denn dieses erlaubt Ihnen, Ihre Werbung auch geografisch ganz genau auf Ihr Unternehmen auszurichten. Denn in der Theorie bietet Ihnen das System die Möglichkeit, Werbeanzeigen auf der ganzen Welt zu schalten. Das klingt zwar verlockend, eignet sich aber eher für große Weltkonzerne als für ein lokal ansässiges Geschäft. Da es nicht immer gleich die Weltvorherrschaft sein muss, können Sie Ihre Werbung nicht nur auf Länderebene, sondern bis auf einzelne Städte und Stadtteile heruntergebrochen definieren oder aber in einem festgelegten Umkreis werben. Sie wissen aus Erfahrung, dass die Kunden Ihres Salons keine weitere Anreise als 30 Kilometer auf sich nehmen? Dann schalten Sie Ihre Anzeigen auch nur in diesem Radius, und vermeiden Sie teure Streuverluste. Oder anders gedacht: Ihr Handwerksbetrieb bietet seine Leistungen lediglich im Umkreis von 80 Kilometern an, da weitere Anfahrten unrentabel wären? Kein Problem, legen Sie den Umkreis Ihrer Anzeigen auf maximal 80 Kilometer fest, sodass nur potenzielle Interessenten in diesem Bereich Ihre Anzeigen präsentiert bekommen.

Was in die eine Richtung funktioniert, lässt sich auch beliebig in die andere ausweiten – denn auch der Ausschluss einzelner Regionen oder Städte ist möglich. So können beispielsweise in Grenzregionen zu Nachbarländern Sprachbarrieren durch den Ausschluss des Landes umgangen werden, auch wenn sich ein Zipfel des Auslandes in Ihrem 80-Kilometer-Radius befinden würde. Oder führt Ihr Unternehmen Produkte von Herstellern, die Ihnen die Bewerbung in einigen Städten nicht erlauben, da hier andere Vertreter des Produktes ihren Hauptsitz haben? Ebenfalls kein Problem, denn diese Regionen lassen sich bei Bedarf ganz einfach aus der Bewerbung ausschließen. So bietet Ihnen das Google-Ads-System maximale Flexibilität, was die geografische Ausrichtung Ihrer Anzeigen angeht.

6.2   So gewinnen Sie mit Google Ads potenzielle Kunden

Wie bei jeder Disziplin des Digitalmarketing gilt auch für eine Google-Ads-Kampagne: Bevor Sie sich an die Erstellung im System begeben, sollten Sie zunächst einmal Zeit in die Planung der Kampagne investieren. Denn die Erstellung einer Google-Ads-Kampagne ist mit einigen Vorbereitungen und somit auch mit einem gewissen Maß an Arbeitseinsatz verbunden. Überlegen Sie sich genau, welche Ziele Sie mit den Anzeigen erreichen wollen, wen Sie mit der Kampagne ansprechen möchten und für welche Themenfelder sich das Format am besten eignet. Recherchieren Sie vorab die wichtigsten Suchbegriffe für Unternehmen, machen Sie sich Gedanken über sinnvolle Formulierungen, und überlegen Sie genau, mit welchen Services, Produkten oder Preisen Sie dem Wettbewerb voraus sind, um diese in den Anzeigen zu präsentieren und so den Nutzer auf Ihr Angebot aufmerksam zu machen. Setzen Sie bewusst nicht auf Themen, bei denen Sie nicht mit Ihrer Konkurrenz mithalten können, um das vorhandene Budget lieber sinnvoll in die Produkte zu stecken, bei denen die Chance auf den Verkauf oder Vertragsabschluss hoch ist. Wenn Sie wissen, mit welchen Fakten Sie bei Ihren potenziellen Kunden punkten können, legen Sie bereits eine super Grundlage für die weitere

Arbeit. Bevor Sie also in die Tasten hauen und eine Kampagne anlegen, nehmen Sie sich einige Stunden Zeit, um das Wettbewerbsumfeld zu analysieren, die eigenen Stärken herauszuarbeiten und genau zu definieren, welche Zielgruppe Sie mit den Anzeigen erreichen möchten.

6.2.1   Das Google-Ads-Konto einrichten – die Reise beginnt

Beginnen wir nun also ganz am Anfang einer Google-Ads-Kampagne. Denn für die Nutzung des Tools wird zunächst ein Google-Login benötigt. Nutzen Sie bereits andere Dienste des Suchmaschinengiganten, etwa Google My Business oder Google Analytics, können Sie diesen Login verwenden, um zentral auf alle Google-Dienste zugreifen und diese miteinander verknüpfen zu können. Am besten nutzen Sie hierzu eine eigene Firmen-Mailadresse, um Privates und Geschäftliches nicht miteinander zu vermischen und den firmeneigenen Login auch Kollegen, die ggf. darauf zugreifen müssen, zur Verfügung stellen zu können. Klicken Sie nun auf der Google-Ads-Startseite auf den Button ANMELDEN, und melden Sie sich mit Ihren Zugangsdaten an. Nach dem Klick auf die Schaltfläche KONTO ERSTELLEN führt Google Sie automatisch durch die Erstkonfiguration des Kontos. Hier werden beispielsweise wichtige Daten wie Name und Anschrift des Unternehmens, der primäre Kontakt, der bei Problemen informiert werden soll, sowie die Abrechnungsdaten für die Begleichung der Werbekosten erfragt. Für letzteren Punkt können Sie wahlweise Ihre geschäftliche Kreditkarte hinterlegen oder die Zahlungen per Lastschrift von einem Firmenkonto auswählen.

6.2.2   Aufbau des Google-Ads-Kontos

Auch wenn Sie nun bereits mit der Erstellung der ersten eigenen Google-Ads-Kampagne beginnen können, so möchte ich an dieser Stelle zunächst einen Blick auf die grundlegende Struktur des Google-Ads-Kontos werfen. Denn wer die Basics versteht, kann sich schneller mit dem Finetuning der Anzeigen beschäftigen. Die oberste Ebene bildet hier stets das Google-Ads-Konto, das Sie bei der ersten Nutzung automatisch mit allen wichtigen Informationen erstellen. Innerhalb des Kontos haben Sie die Möglichkeit, verschiedene Kampagnen zu erstellen, die beispielsweise verschiedene Themen behandeln oder auf unterschiedliche Orte ausgerichtet sein können. Ob Sie eine, zwei, drei oder mehr Kampagnen im Konto erstellen, hat jedoch keinen Einfluss auf die Performance Ihrer Anzeigen. Wichtig ist es jedoch zu wissen, dass Sie pro Kampagne lediglich eine Webseiten-URL bewerben können. Wenn Sie also zwei Websites betreuen und mit Google Ads neue Nutzer auf beide Seiten bringen möchten, sind zwangsläufig zwei Kampagnen notwendig.

Jede Kampagne gliedert sich wiederum in sogenannte Anzeigengruppen, also Unterthe-men, durch die die Verwaltung der Kampagne erleichtert wird. Hier haben Sie die Mög-lichkeit, jeder Anzeigengruppe verschiedene Textanzeigen und Keywords zuzuteilen. So könnte die Kontostruktur eines Möbelhauses beispielsweise wie folgt aussehen:

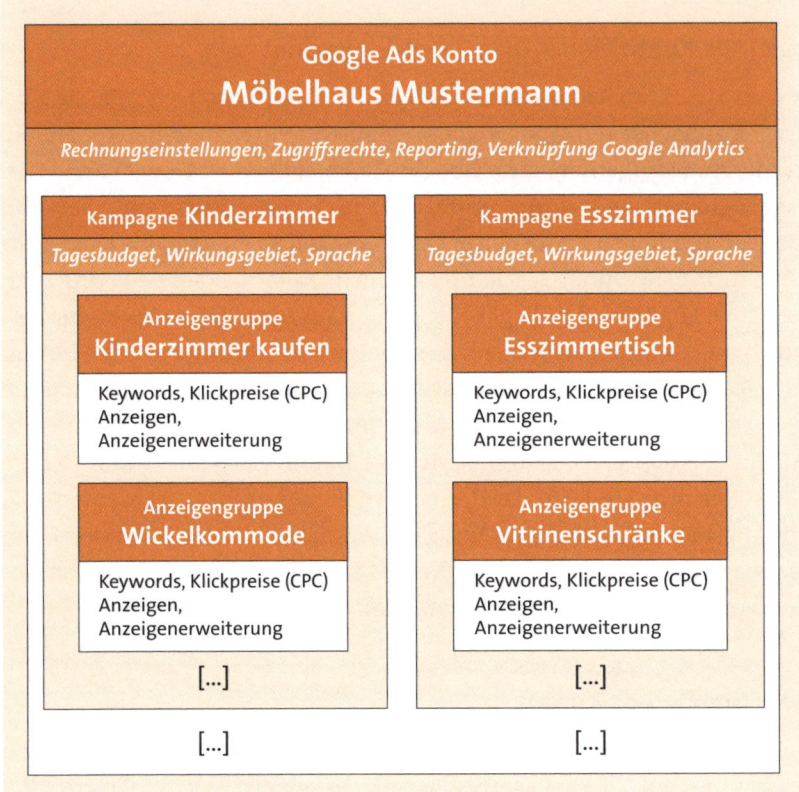

Abbildung 6.7 Hierarchie des Google-Ads-Kontos

In den Anzeigengruppen können also Gruppen von thematisch zusammengehörigen Suchbegriffen zusammengefasst werden und mit ebenfalls thematisch passenden Anzei-gentexten kombiniert werden. So erhält ein Nutzer, der nach einem »Esszimmertisch« sucht, auch einen Anzeigentext, in dem es um Esszimmertische geht, während einem Su-chenden, der sich für einen »Vitrinenschrank« interessiert, eine Anzeige mit Bezug zu Vi-trinenschränken angezeigt wird. Das ist nicht nur gut für den Nutzer, sondern bestimmt auch maßgeblich den Erfolg der ganzen Kampagne. Denn Google Ads legt großen Wert auf die Nutzung von Anzeigengruppen und belohnt die Werbetreibenden, die sich die

Mühe machen, ihre Suchbegriffe sinnvoll zu gliedern. Auch hier steht die Relevanz für den Suchenden wieder ganz im Fokus. Je besser Suchbegriffe und Anzeigen zueinander passen, desto besser die Bewertung der Anzeigenqualität im Google-Auktionssystem. Zudem haben Sie so die Möglichkeit, unterschiedlichen Themen auch verschiedene maximale Klickpreise zuzuteilen, um das eigene Budget noch gewinnbringender einzusetzen.

6.2.3   Kampagne einrichten – so geht's

Haben Sie Ihr Google-Ads-Werbekonto eingerichtet, so können Sie im nächsten Schritt mit der Erstellung der ersten Kampagne beginnen. Dazu klicken Sie einfach auf das blaue Plus in der linken Bildschirmhälfte und auf die Schaltfläche NEUE KAMPAGNE. Haben Sie bereits Kampagnen erstellt, so können Sie die grundsätzlichen Angaben, beispielsweise geografische Ausrichtung, Sprache etc., auch einfach übernehmen. Wählen Sie anschließend das Ziel aus, das Sie mit Ihren Kampagnen erreichen möchten. Das kann die Steigerung von Umsätzen sein, die Generierung von Leads oder die Steigerung der eigenen Markenbekanntheit. Wer keinen Onlineshop betreibt und gezielt potenzielle Kunden in der Google-Suche erreichen möchte, wählt am besten die Funktion ZUGRIFFE AUF DIE WEBSITE aus und klickt im nachfolgenden Fenster auf SUCHEN. Geben Sie anschließend die Unternehmenswebseite an, auf die Sie verweisen möchten. Nun geht's ans Eingemachte: Geben Sie dem Kind (bzw. der Kampagne) einen Namen, legen Sie die geografische Ausrichtung der Anzeigen fest, und definieren Sie, in welcher/n Sprache/n der Browser der Suchenden eingestellt sein muss, damit sie die Anzeigen angezeigt bekommen.

> **Praxistipp: Umkreise definieren**
>
> Eine wichtige Einstellung Ihrer Google-Ads-Kampagnen sind die Standorte und Umkreise. Nutzen Sie die Möglichkeit, Umkreise zu definieren, damit Sie später Ihre Gebote entsprechend der Entfernung zu Ihrem Unternehmensstandort anpassen können. Ein weiterer Vorteil der Untergliederung zeigt sich in der Auswertung. Wenn Sie mehrere Ringe definieren, können Sie nachher analysieren, in welcher Entfernung die meisten Werbeausspielungen und Klicks stattfinden. Befindet sich Ihr Unternehmen beispielsweise in Dortmund, dann definieren Sie nicht nur einen Umkreisring entsprechend Ihres Wirkungsgebietes, sondern unterteilen Sie. Wenn Ihr Einzugsgebiet beispielsweise 30 km umfasst, dann setzen Sie einen Radius von 10 km im Umkreis von Dortmund und weitere Ringe für 20 km und 30 km.

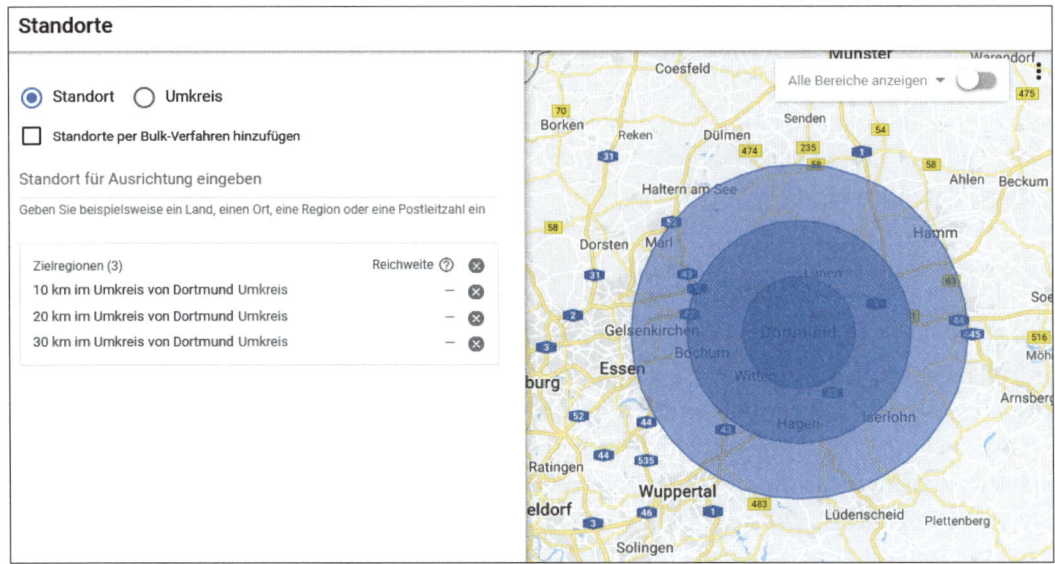

Abbildung 6.8 Google Ads – unterteilen Sie Ihr Wirkungsgebiet in mehrere Umkreisringe.

Definieren Sie anschließend Ihr verfügbares Tagesbudget, und entscheiden Sie sich für eine Gebotsstrategie. Auch dieses Thema hätte eigentlich ein ganzes Kapitel verdient, daher nur in aller Kürze: Google unterscheidet im Werbesystem zwischen manuellen Gebotsstrategien, bei denen Sie den maximalen Preis pro Klick selbst festlegen können, und automatischen Gebotsstrategien, bei denen Google im Rahmen des festgelegten Tagesbudgets bei jeder Auktion selbstständig den benötigten Klickpreis festlegt. Diese automatischen Gebotsstrategien wie »Klicks maximieren« geben Google zwar viel Freiheit bei der Gestaltung der Klickpreise, eignen sich aber vor allem für die Werbetreibenden, die im Stress des Arbeitsalltags keine Zeit haben, jeden Tag ins Konto zu schauen und Anpassungen vorzunehmen. So können Sie sich mit wenig Arbeitsaufwand sicher sein, dass Ihre Anzeigen immer dann ausgeliefert werden, wenn ein potenzieller Kunde seine Suche tätigt, und wissen, dass keine Anzeigenauslieferung verhindert wird, nur weil das eingegebene manuelle Gebot zu gering ist.

Im nächsten Schritt haben Sie die Möglichkeit, sogenannte Anzeigenerweiterungen zu erstellen, den Kunden und Kundinnen also zusätzliche Informationen wie Telefonnummer, wichtige Informationen, Angebote oder weitere Unterseiten Ihrer Website zu präsentieren. Dieser Schritt kann jedoch auch bei der Kampagnenerstellung übersprungen und zu einem späteren Zeitpunkt getätigt werden.

Nun geht's ans Eingemachte: Denn an dieser Stelle bittet Google Sie, Ihre vorab definierten Anzeigengruppen anzulegen und diesen die jeweils passenden Keywords und

Anzeigen zuzuweisen. Um die Keywords nochmals besser auf die eigenen Produkte und Dienstleistungen ausrichten zu können, haben Sie die Möglichkeit, den Keywords unterschiedliche Keyword-Optionen zuzuweisen:

Weitgehend passend	Passende Wortgruppe	Genau passend
Anzeigen können bei Suchanfragen ausgeliefert werden, die mit Ihrem Keyword in Zusammenhang stehen.	Anzeigen können bei Suchanfragen ausgeliefert werden, die die Bedeutung Ihres Keywords enthalten.	Anzeigen können bei Suchanfragen ausgeliefert werden, deren Bedeutung exakt Ihrem Keyword entspricht.
Keyword-Eingabeformat: Rasenmähen	Keyword-Eingabeformat: »Rasenmähen«	Keyword-Eingabeformat: [Rasenmähen Dienstleister]
Beispiel: Rasen vertikutieren Preise	Beispiel: Unternehmen Rasenmähen in meiner Nähe	Beispiel: Rasenmähen Dienstleister

Tabelle 6.1 Unterschiedliche Keyword-Optionen[1]

Verfügt Ihr Keyword-Setup ebenso über Begriffe, die doppeldeutig sind (z. B. Golfzubehör: Golfhandschuhe, Golfschläger, Golfkleidung vs. Ersatzteile für Golf-Autos) können Sie ebenso mit auszuschließenden Keywords arbeiten, um Fehlauslieferungen bestmöglich zu vermeiden.

Sind die Keywords definiert und bei Bedarf mit Keyword-Optionen ausgestattet, müssen die dazu passenden Anzeigen erstellt werden. Auch hier stehen Ihnen verschiedene Formate zur Auswahl:

▶ **Erweiterte Textanzeigen**

   Bei den erweiterten Textanzeigen haben Sie die Möglichkeit, neben der URL zur ausgewählten Landingpage drei Anzeigentitel und zwei Beschreibungstexte zu erstellen. Zudem stehen bis zu zwei Pfade bereit, mit denen Sie dem Nutzer genau beschreiben können, wo er nach Klick auf die Anzeige landet. Eine fertige Textanzeige könnte dann beispielsweise so wie in Abbildung 6.9 aussehen.

---

1 Quelle: *https://support.google.com/google-ads/answer/7478529?hl=de*

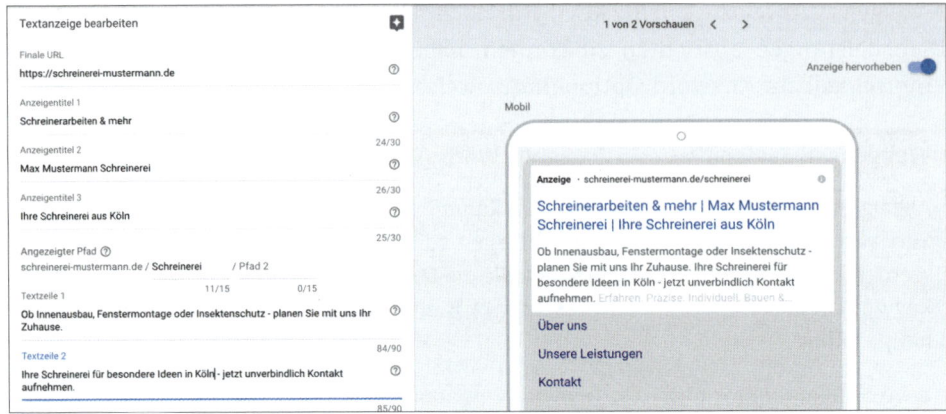

Abbildung 6.9 Google Ads – Erstellung einer erweiterten Textanzeige

▶ **Responsive Textanzeigen**

Bei diesem Format bietet Google Ihnen die Möglichkeit, eine Vielzahl an Anzeigentiteln und Beschreibungstexten anzugeben, aus denen dann automatisch die individuell passende Kombination für den Suchenden zusammengestellt wird (siehe Abbildung 6.10).

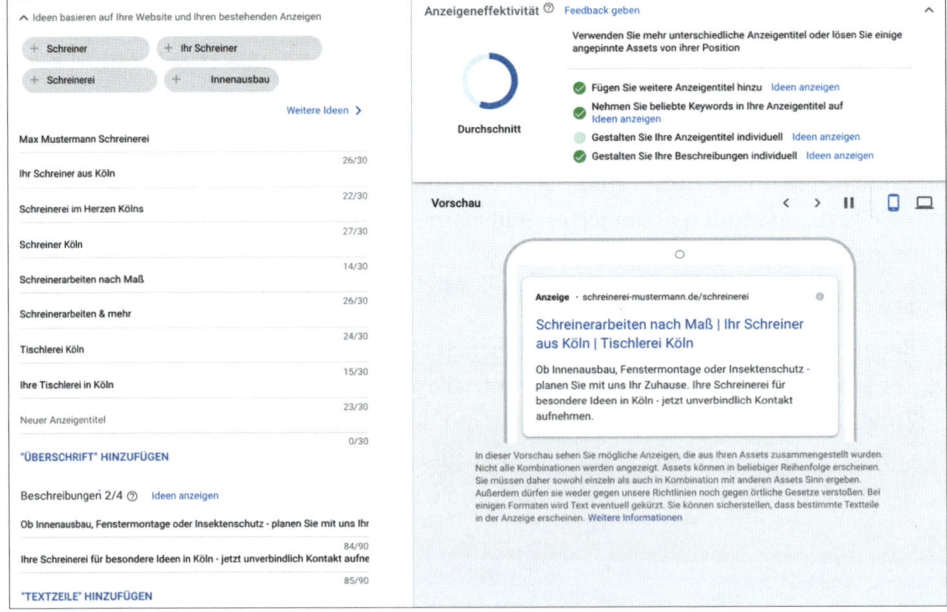

Abbildung 6.10 Google Ads – Erstellung einer responsiven Textanzeige

► **Dynamische Suchanzeigen**

Bei diesem Anzeigenformat sind nahezu keine Erstellungsarbeiten notwendig. Denn durch das Angeben der ausgewählten Landingpage erstellt Google Anzeigentitel und Beschreibungstext automatisch aus den Inhalten Ihrer Webseite. Allerdings haben Sie bei diesem Anzeigenformat keinerlei Möglichkeit, Einfluss auf die Texte zu nehmen.

Sind die Anzeigen erstellt, können Sie die Eckdaten der Kampagne im nächsten Schritt noch einmal überprüfen und anschließend alles final speichern. Herzlichen Glückwunsch: Ihre Kampagne ist erstellt!

► **Andere Werbeforme von Google Ads**: Remarketing, Display und Shopping

Wie oben schon einmal erwähnt, kann Google Ads nicht nur zur Ausspielung von Textanzeigen in den Google-Suchergebnisseiten genutzt werden. Denn mithilfe des Tools lassen sich beispielsweise auch digitale Banner auf einer Vielzahl an Websites ausspielen, Produkte mitsamt Bild und Preis präsentieren oder Videoanzeigen schalten. Der größte Werbebereich neben der Suche ist als Google Displaynetzwerk bekannt (GDN), in dem sich grafische Werbemittel – sogenannte Banner – in verschiedenen Größen auf Websites zu den unterschiedlichsten Themenbereichen schalten lassen. Dieses Format eignet sich vor allem dann, wenn Sie die Reichweite Ihrer Marke oder eines neuen Produktes erhöhen möchten. Es ist also eher fürs Branding geeignet, da die Botschaften der Banner teils auch unterbewusst aufgenommen werden, selbst wenn die Nutzer nicht auf die Anzeige klicken.

Entscheiden Sie sich für diese Werbeform, so ist zusätzlich zum bereits bekannten CPC-Modell eine Abrechnung auf TKP-Basis möglich. Die Vergütung erfolgt dann pro 1.000 erfolgter Anzeigeneinblendungen. Neben der Schaltung von Bannern ist es im GDN auch möglich, Textanzeigen auf den Websites einblenden zu lassen. Doch auch im GDN lassen sich die Streuverluste etwas eindämmen, in denen die Anzeigen durch verschiedene Ausrichtungsoptionen entweder auf thematisch passenden Websites oder aber nur an Zielgruppen mit übereinstimmenden Interessen ausgeliefert werden. So kann einer passionierten Marathonläuferin beispielsweise entweder eine Anzeige für neue Laufschuhe ausgeliefert werden, wenn sie sich auf einer Webseite über verschiedene Lauftechniken informiert oder wenn sie gerade nach dem nächsten Urlaubsziel sucht und aufgrund ihrer Such-Historie von Google als potenzielle interessante Käuferin eingeschätzt wird. Wir werden das Google Displaynetzwerk in Abschnitt 8.3, »Wo kann ich Ads schalten?«, ausführlicher besprechen.

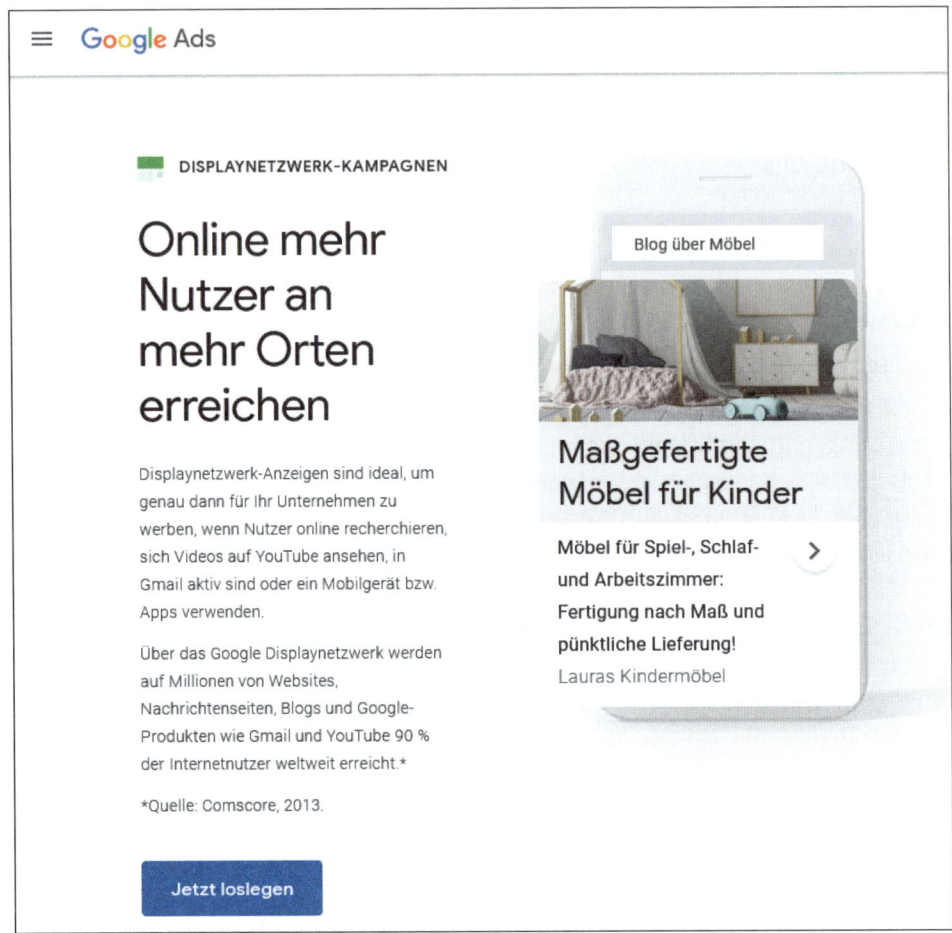

Abbildung 6.11 Mit dem Google Display Network Reichweite steigern
(Quelle: https://ads.google.com/intl/de_de/home/campaigns/display-ads/)

Ein weiterer interessanter Markt präsentiert sich mit Werbung auf YouTube, denn auch diese können Sie über das Google-Ads-System ausspielen. Hier bieten sich vor allem Videoanzeigen an, die wahlweise vor oder nach Videos abgespielt werden oder in der Reihe der Video-Suchergebnisse platziert werden und ebenfalls als Werbung gekennzeichnet sind. Und auch Banneranzeigen auf der YouTube-Plattform sind möglich und können den Interessen der Nutzer entsprechend ausgespielt werden.

Wer über einen Onlineshop verfügt, sollte sich zudem näher mit dem Thema Google Shopping auseinandersetzen. Denn die Shopping-Anzeigen werden wahlweise auf der Google-Suchergebnisseite oder im Tab »Shopping« präsentiert und bieten Werbetreibenden die Möglichkeit, kaufentscheidende Informationen wie Preis, Produktbild oder Lagerverfügbarkeit zu präsentieren. Diese Daten werden von Google Ads dabei aus dem Google Merchant Center gezogen, einem Tool, in dem Sie alle Produkte Ihres Shops für die Auslieferung auf Google verwalten können. Am einfachsten ist es, den Produktstamm (Feed) automatisch jeden Tag aufs Neue ins Google Merchant Center laden zu lassen, sodass Google stets die aktuellen Daten zur Verfügung stehen und alle bei Google angezeigten Preise auch mit den tatsächlichen Preisen der Webseite übereinstimmen. Zwar benötigt eine Shopping-Anzeige etwas Vorarbeit und Einarbeitung in die Materie, verzeichnet jedoch in der Regel sehr gute Conversion-Raten, sodass sich die Mühe in jedem Fall lohnt.

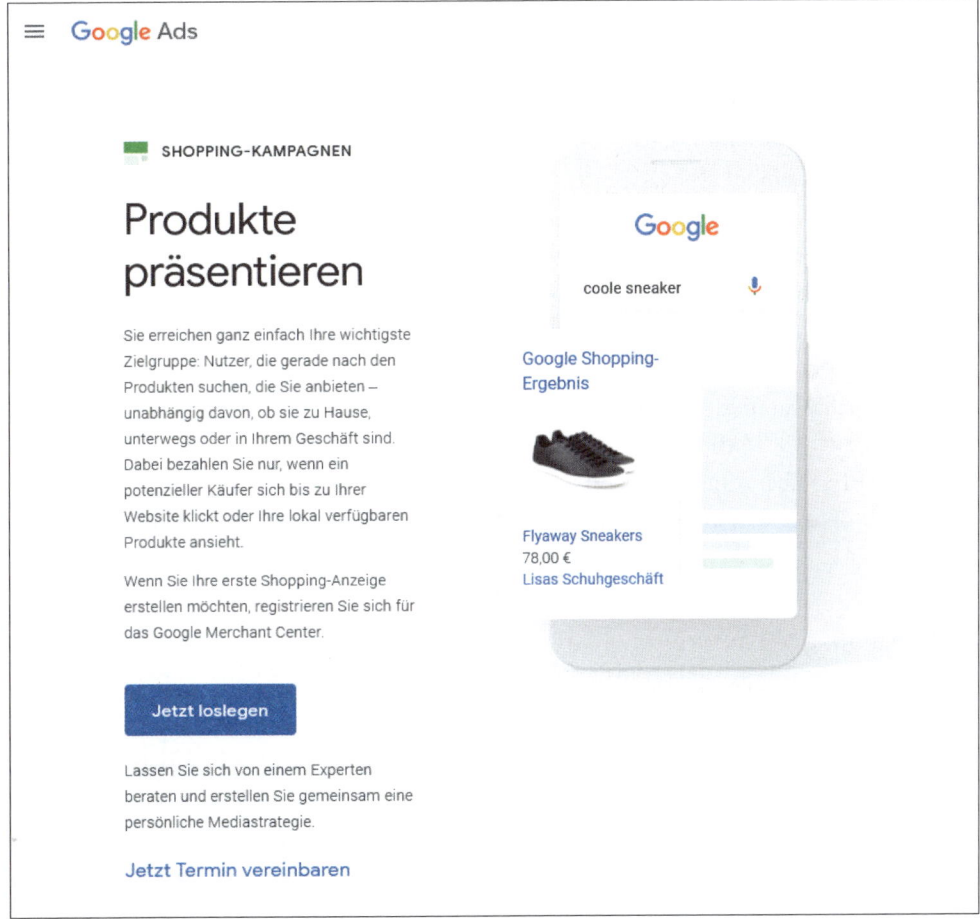

Abbildung 6.12 Google Ads mit Google-Shopping-Kampagnen (Quelle: https://ads.google.com/intl/de_de/home/campaigns/shopping-ads/)

6.2.4   Wann ist welches Format sinnvoll?

Wie eben bereits angesprochen, sind die Textanzeigen in den Google-Suchergebnissen zwar die bekanntesten, aber bei weitem nicht einzigen Werbeformen, die sich über das Google-Ads-System schalten lassen. Doch statt einfach wild Kampagnen aufzusetzen, sollten Sie sich vor jedem Schritt fragen: Welches Ziel verfolge ich mit der Kampagne? Denn je nach Zielsetzung eignen sich verschiedene Werbeformen.

Welche Werbeanzeigen eignen sich für meine Kampagne?

Je nach Werbeziel eignen sich unterschiedliche Google-Werbekanäle, und nicht immer ist der Einsatz von Google Ads in Suchergebnissen das perfekte Mittel für Ihre Werbung:

- ▶ Ich habe ein bekanntes Produkt/eine bekannte Dienstleistung und möchte diese verstärkt anbieten: **Textanzeigen (Suchnetzwerk)**

- ▶ Ich habe ein bisher unbekanntes Produkt/eine unbekannte Dienstleistung und möchte diese bekannt machen: **Banneranzeigen (Displaynetzwerk)**

- ▶ Ich betreibe ein lokales Geschäft: **Textanzeigen (Suchnetzwerk mit regionaler Ausrichtung)**

- ▶ Meine Webseite verfügt über einen angeschlossenen Onlineshop: **Textanzeigen (Suchnetzwerk) und Shopping-Anzeigen (Suchnetzwerk)**

- ▶ Ich möchte die Bekanntheit meines Unternehmens regional oder überregional stärken: **Banneranzeigen (Displaynetzwerk) und Textanzeigen (Displaynetzwerk)**

- ▶ Ich möchte gefunden werden, wenn Nutzer nach meinem Namen oder meiner Marke suchen: **Textanzeigen (Suchnetzwerk)**

- ▶ Ich verfüge über attraktive Werbevideos und möchte diese einer größeren Zielgruppe präsentieren: **Videoanzeigen (Displaynetzwerk) und Videoanzeigen (YouTube)**

6.2.5   Kampagnen auswerten – auf diese KPIs sollten Sie achten

Die erste Kampagne ist erstellt, die Anzeigen werden ausgeliefert – so weit, so gut. Doch ganz ohne Aufsicht sollten Sie Ihre Kampagne nicht laufen lassen. So empfiehlt es sich, besonders zu Beginn einer neuen Kampagne jeden zweiten Tag ins Konto zu schauen und die Ergebnisse im Auge zu behalten. Haben sich die Kampagnen eingespielt und wurden die ersten Optimierungen gemacht, kann dieser Abstand auch erhöht werden, etwa auf einen wöchentlichen Kampagnencheck. Die wichtigsten Kennzahlen, auf die Sie dabei achten sollten, sind Folgende:

▶ **Klicks**

In der Spalte Klicks erhalten Sie die Info, wie viele Personen im individuell definierbaren Zeitraum auf Ihre Anzeigen klickten und so zur Webseite gelangten.

▶ **Impressionen**

In der Spalte Impressionen erhalten Sie die Info, wie oft die Anzeigen im individuell definierbaren Zeitraum potenziell interessierten Kunden ausgespielt wurden.

▶ **Klickrate (CTR)**

Die Klickrate errechnet sich aus der Anzahl der Klicks und Impressionen und gibt das Verhältnis beider Kennzahlen an. Sie ist eine der wichtigsten Zahlen der Kampagnenbeurteilung, da sie Aufschluss darüber gibt, wie viel Prozent der Anzeigeneinblendungen auch zu einem Klick führten. Oder anders ausgedrückt, wie interessant die Suchenden Ihre Anzeige fanden. Denn ist die Klickrate sehr niedrig, finden potenzielle Kunden Ihre Anzeigen in der Regel entweder nicht interessant oder nicht passend zur Suche, sodass der Klick ausbleibt. Ist die CTR hoch, haben Sie die Gewissheit, dass Ihr Kampagnensetup Erfolg bringt.

▶ **Kosten**

In der Spalte Kosten können Sie das Werbebudget im Blick behalten und sich die Kosten je Zeitraum ausgeben lassen.

▶ **Durchschn. Klickpreis**

In dieser Spalte erhalten Sie Auskunft darüber, welchen Klickpreis Sie durchschnittlich zahlen müssen, wie teuer Sie der Klick auf die Anzeige also zu stehen kommt. Der durchschnittliche Klickpreis errechnet sich dabei aus der Summe aller Auktionen – es kann also sein, dass einzelne Klicks deutlich über dieser Grenze lagen, andere Klicks jedoch deutlich günstiger erworben werden konnten.

▶ **Conversions**

Haben Sie das Conversion-Tracking im AdWords-Konto aktiviert, sollten Sie auch diese Kennzahl unbedingt im Auge halten. So können Sie beispielsweise ganz genau dokumentieren, wie viele Personen direkt über die Anzeigen bei Ihrem Unternehmen anriefen, ein Kontaktformular ausfüllten, sich zu einem Newsletter anmeldeten oder ein Produkt über Ihren Onlineshop kauften. Oder anders ausgedrückt – wie viele Kunden Ihre Zielvorgaben an die Kampagne erfüllten. Erfassen Sie Ihre Conversions, sollten Sie auch die Conversion-Rate nicht aus den Augen verlieren. Genau wie die CTR gibt diese auch ein Verhältnis an, nur eben von Klicks und Conversions. Ist die Conversion-Rate niedrig, erhalten Ihre Kampagnen zwar viele Klicks, doch Käufe, Anrufe oder Kontaktformulare bleiben aus. Scheinbar finden die Suchenden auf Ihrer Website nicht die Informationen, nach denen sie suchen – eine Optimierung der Inhalte könnte die Lösung sein.

Übrigens: Conversions lassen sich auf zwei unterschiedlichen Wegen erfassen. Entweder indem Sie einen sogenannten Conversion-Tracking-Tag in den Quellcode Ihrer Website einfügen oder indem Sie das Tracking im verknüpften Analytics-Konto einrichten.

6.2.6   Mit der Optimierung fängt der Spaß erst richtig an

Die ersten Euros sind investiert, und Ihre Arbeit wurde mit Klicks und vielleicht der ein oder anderen Conversion belohnt. Doch eine angelaufene Kampagne ist noch lange kein Grund, die Hände in den Schoß zu legen und das Google-Ads-System seine Arbeit machen zu lassen. Optimieren lautet das Stichwort der Stunde. Denn trotz optimaler Vorbereitung ergeben sich während der Kampagnenlaufzeit immer wieder Stellschrauben, mit denen sich die Performance der Anzeigen optimieren lässt. Zurücklehnen und laufen lassen – keine gute Idee! Nutzen Sie jede Chance, Ihre Kampagnen noch besser auszusteuern und Ihre Budgets bestmöglich einzusetzen.

Statt sofort nach Kampagnenstart alles wieder über den Haufen zu werfen und zu optimieren, was das Zeug hält, sollten Sie den Anzeigen lieber einige Tage Zeit lassen, bis valide Daten vorhanden sind. Prüfen Sie einige Tage nach Kampagnenstart beispielsweise, ob alle Anzeigen freigegeben wurden oder die ein oder andere Anzeige aus welchem Grund auch immer nicht geschaltet werden kann. Haben Sie sich für eine manuelle Gebotsstrategie entschieden, sollten Sie insbesondere in der ersten Phase auch diese stets im Auge behalten und entsprechend der Vorschläge des Tools anpassen, um keine potenziell interessanten Anzeigenauslieferungen zu verpassen. Ebenfalls interessant: die tatsächlichen Suchanfragen, also die Suchbegriffe, die die Nutzer in die Google-Suchleiste eingaben und zu denen Ihre Anzeigen ausgeliefert wurden. Werfen Sie auch auf diese Daten immer mal wieder einen Blick, und schließen Sie einzelne Suchanfragen bei Bedarf aus, um Streuverluste zu vermeiden.

Diese vier Punkte sollten Sie von Zeit zu Zeit kontrollieren, um das Beste aus Ihrer Kampagne herauszuholen:

1. **Optimierung von Keywords**

   Keywords sind die Basis einer jeden AdWords-Kampagne und sollten daher während der gesamten Kampagnenlaufzeit ganz besonders im Auge behalten werden. So gilt es, immer wieder die Klicks und Impressionen je Keyword zu prüfen, Gebote anzupassen und Keywords zu entfernen, zu denen keine Anzeigenauslieferung stattfindet. So wird die Betreuung der Kampagne einfacher, und Ihr Konto bleibt übersichtlich. Ebenso sollten Sie, wie bereits erwähnt, immer auch die realen Suchanfragen im Blick haben, um gegebenenfalls Keywords auszuschließen oder neu hinzuzufügen, sofern diese Potenzial bieten. Klicken Sie auf den Tab EMPFEHLUNGEN im AdWords-Konto, so hält Google selbst auch zumeist eine ganze Reihe an Keyword-Optimierungsvorschlägen für Sie bereit, auf die ein Blick definitiv lohnt! Analysieren Sie ebenso, ob die von Ihnen gewählten Keyword-Optionen gut funktionieren oder Sie hier vielleicht noch einmal Änderungen vornehmen müssen, um Fehlauslieferungen zu vermeiden. Probieren Sie nach Möglichkeit auch mal Longtail-Keywords aus, also Keywords, die aus mehr als nur einem Wort bestehen, und testen Sie deren Performance. Oftmals verzeichnen diese sehr genauen Suchanfragen deutlich höhere Klick- und Conversion-Raten als generische Suchanfragen – hier steckt jede Menge Potenzial drin!

2. **Optimierung der grundsätzlichen Einstellungen**

Sind die ersten Wochen ins Land gezogen, merken Sie auch schnell, ob es grundlegender Änderungen in der Kampagnenstruktur bedarf. Macht es vielleicht Sinn, den geografischen Radius der Anzeigen anzupassen? Oder würde die Kampagne vielleicht noch besser funktionieren und wäre leichter zu kontrollieren, wenn Sie aus einer Anzeigengruppe zwei machen und so noch genauer die Budgets aussteuern können? Vielleicht zeigt sich ja auch, dass ein Thema Ihres Unternehmens so gut funktioniert, dass eine eigene Kampagne sinnvoll wäre, damit nicht das gesamte Budget nur auf ein Thema, sondern gleichmäßig auf alle Dienstleistungen verteilt wird. Eine weitere Möglichkeit, das Budget noch besser zu verteilen, ist die zeitliche Eingrenzung der Kampagne. Wird sichtbar, dass es zu einzelnen Wochentagen oder Tageszeiten kaum Anfragen gibt, können Sie diese Zeiten auch aus der Kampagne ausschließen und das Budget so nur auf Tage verteilen, die viele Klicks mit sich bringen. Testen Sie aus, was für Ihr Unternehmen und Ihre Produkte funktioniert – da bei einer Google-Ads-Kampagne nichts in Stein gemeißelt ist, haben Sie jederzeit die Freiheit, alles genau so anzupassen, wie es für Sie am besten funktioniert.

3. **Optimierung von Anzeigen**

Wie schon einmal erwähnt, sollten Sie nie auf nur eine Anzeige vertrauen – lassen Sie stets mehrere Varianten gegeneinander laufen, und überlassen Sie Google die Entscheidung, welche Anzeige am besten zur jeweiligen Suchanfrage passt. Und selbst, wenn Ihre Ergebnisse auf ganzer Linie überzeugen, kann es ab und an sinnvoll sein, mal wieder eine neue Anzeigenvariante auszutesten und zu schauen, wie gut diese performt. Kommunizieren Sie gerne auch einmal ein Angebot in den Anzeigentexten, und schaffen Sie so noch mehr Anreize für die potenziellen Kunden, sich für Ihre Website zu entscheiden. Funktionieren Anzeigen mit der Zugabe »Schneller Versand« vielleicht besser als Texte, in denen Sie 20 % auf eine bestimmte Marke gewähren? Wie sieht es mit Abkürzungen aus, und wie reagieren Kunden auf eine direkte Preiskommunikation? Testen Sie es aus!

4. **Optimierung von Landingpages**

Nicht nur im Google-Ads-System selbst, auch auf Ihrer Website finden sich immer wieder Optimierungspotenziale, die es auszuschöpfen gilt. Am besten überprüfen Sie die für die Anzeigen verwendeten Zielseiten auch hinsichtlich ihrer Absprungrate in Google Analytics und sehen so, wie viel Prozent der Interessenten Ihre Website wieder verlassen, ohne sich weiter mit den Inhalten beschäftigt zu haben. Liegt die Absprungrate für die Google-Ads-Anzeigen über dem Durchschnitt Ihrer Webseite, ist Handeln angesagt! Vielleicht ist die für die Anzeigen verwendete Zielseite ja zu allgemein? Hat der User bereits eine konkrete Suchanfrage gestellt, möchte er auch konkrete Inhalte finden. Lautete die Suchanfrage also z. B. »fugenloses Bad«, will ein potenzieller Kunde nichts zum Thema Fliesen im Bad lesen. Aber auch das Gegenteil kann der Fall sein, denn in manchen Fällen ist die Zielseite auch zu spezifisch und der User erwartet mehr Auswahl, als Sie ihm auf der gewählten Webseite bieten.

6.3   Google Ads mit anderen Google-Diensten verknüpfen

Wie bereits in einigen anderen Kapiteln angeklungen, ist es sinnvoll, das Google-Ads-System nicht losgelöst von anderen Google-Diensten zu nutzen, sondern alles miteinander zu verknüpfen. Denn so lassen sich einige Daten auch in andere Systeme übertragen, um alle wichtigen Infos auf einen Blick zu haben. Zu den wichtigsten Diensten, die Sie mit Ihrem Google-Ads-Konto verknüpfen können, gehören:

▶ **Google Analytics**

Ein absolutes Muss: Verknüpfen Sie Ihr Google-Ads-Konto mit Ihrem Google-Analytics-Account! Denn durch einige wenige Klicks können Sie viele Daten wie Klicks, Impressionen, CTR und Kosten auch gleich in Google Analytics mit den dortigen Daten in Relation setzen. So können Sie beispielsweise direkt sehen, wie hoch die Absprungrate Ihrer Ziel-URLs ist oder welche Umsätze sich durch eine bestimmte Kampagne erzielen ließen. Dank dieser Kombination der Daten können Sie noch besser entscheiden, welche Optimierungen in Ihren Kampagnen notwendig sind.

▶ **Google Merchant Center**

Sie möchten die Produkte Ihres Onlineshops mit einer Google-Shopping-Kampagne bewerben? Gute Idee, schließlich stellen Sie den potenziellen Kunden so nicht nur textliche Infos, sondern gleich auch Produktbilder, Preis und Versandkosten zur Verfügung. Voraussetzung dafür ist die Verbindung mit Ihrem Google Merchant Center, quasi der Intelligenz jeder Shopping-Kampagne. Denn in diesem Google-eigenen Tool lassen sich alle Produkte des Shops verwalten und so aufbereiten, dass sie ans Google-Ads-Tool weitergereicht werden können.

▶ **YouTube**

Sie verfügen über eigens erstellte Videos wie Imagefilme, Tutorials oder Rundgänge durch den Laden? Nutzen Sie diese, und schaffen Sie dank Video-Kampagnen Awareness für Ihr Unternehmen. Am besten verknüpfen Sie dazu Ihr YouTube-Konto, auf dem sich die Videos befinden, mit Ihrem Google-Ads-Konto und können so ganz einfach alle Video-Werbefunktionen nutzen.

▶ **Google Search Console**

Ebenfalls schon einmal angesprochen: die Verbindung mit der Google Search Console. Dies bietet den Vorteil, dass Sie die Daten aus der organischen und bezahlten Suche gleich auf einen Blick einsehen und bei Bedarf vergleichen können. Zudem lassen sich so die Keywords der Google-Ads-Kampagne optimieren und die Anzeigentexte bestmöglich an die Suchanfragen der Nutzer anpassen.

> **Praxistipp: Es ist noch kein Meister vom Himmel gefallen**
>
> Gerade in der Anfangszeit kann das Thema Google Ads schnell überfordern. Es ist sehr umfangreich, aber mit der Zeit werden Sie eine persönliche Routine entwickeln. Investieren Sie anfänglich erst einmal kleine Summen, und lernen Sie die Aussteuerung und die Abhängigkeiten kennen. Prüfen Sie am Anfang die Suchbegriffe, zu denen Ihre Kampagnen ausgeliefert werden. Die Suchbegriffe können von Ihren eingebuchten Keywords abweichen.
>
> Unter *https://skillshop.exceedlms.com/student/catalog* finden Sie eine Vielzahl an Lerninhalten zu den diversen Google-Netzwerken und den Aussteuerungsmöglichkeiten. Wenn Sie sich im Thema auskennen, können Sie auf der Plattform auch Ihr Wissen in den Zertifizierungsprüfungen unter Beweis stellen und die Zertifikate erwerben.
>
> Sollten Sie mit der Zeit merken, dass Sie doch fachmännische Hilfe benötigen oder gerade zur Anfangszeit eine Agentur zur Unterstützung heranziehen möchten, dann schauen Sie sich die Empfehlungen in Abschnitt 5.7, »Wo finde ich professionelle Unterstützung?«, noch mal an.

Kapitel 7

Die erste Anlaufstelle – Google My Business

Google My Business ist der wichtigste Branchenbuch-Eintrag Ihres Unternehmens. In diesem Kapitel erhalten Sie – kurz und bündig – einen Einblick in die wichtigsten Komponenten und einen Schnelleinstieg in die Erstellung Ihres My-Business-Profils.

7

Sie haben doch bestimmt schon einmal bei einer Google-Suche Informationen über ein Unternehmen, etwa die Adresse der Büros oder die Öffnungszeiten, gefunden. Ob Telefonnummer, Webseite oder einfach Bewertungen, die die Entscheidung für oder gegen einen Besuch des Ladenlokals beeinflussen können – so wie Sie nutzen Tausende Menschen am Tag die sogenannten Google-My-Business-Einträge, die nicht nur echten Mehrwert bieten, sondern dabei auch noch vollkommen kostenlos sind.

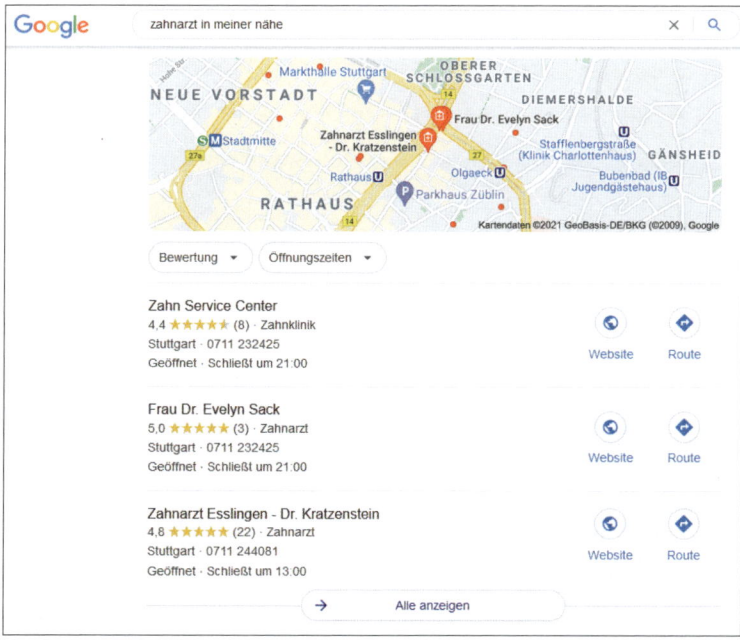

Abbildung 7.1 Google-My-Business-Einträge im Suchergebnis

Und auch die Verwaltung des Kontos ist denkbar einfach. So können Sie Ihre Onlinepräsenz, einschließlich der Google-Suche und Google Maps, schnell und einfach verwalten, Ihren Kunden aktuelle Informationen bereitstellen oder Interessenten dazu überzeugen, sich für Ihr Unternehmen zu entscheiden. Nehmen Sie selbst Einfluss darauf, was Nutzer sehen, wenn Sie nach Ihnen googeln oder nach Dienstleistungen und Produkten suchen, die Sie anbieten, und stellen Sie neben Kontaktmöglichkeiten auch einen direkten Link zu Ihrer Website bereit. Interagieren Sie mit Kunden, indem Sie ihre Rezensionen lesen und beantworten. Kurzum: Schöpfen Sie das gesamte Potenzial aus, das Ihnen Google My Business bietet. Es wird sich lohnen – versprochen!

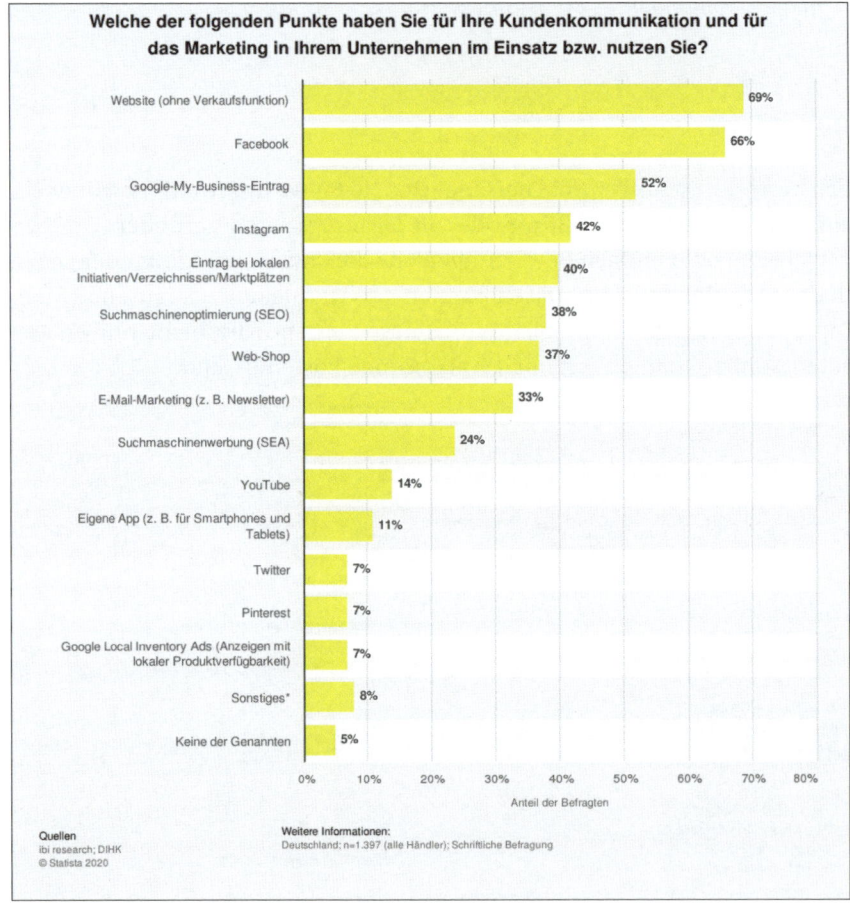

Abbildung 7.2 Google My Business wird bereits von jedem zweiten Unternehmen für die Kundenkommunikation eingesetzt.[1]

---

1   Quelle: *https://de.statista.com/statistik/daten/studie/763192/umfrage/genutzte-kanaele-fuer-die-kundenkommunikation-in-deutschland/*

Übrigens: Laut einer Umfrage zu den von Einzelhändlern genutzten Kanälen für die Kundenkommunikation und das Marketing in Deutschland im Jahr 2020 gaben bereits 52 % der Befragten an, Google My Business für sich zu nutzen. Damit liegt die Plattform auf Platz drei der meistgenutzten Tools und wird lediglich von der klassischen Webseite (69 %, ohne Verkaufsfunktion) und der Social-Media-Plattform-Facebook (66 %) übertroffen. Kanäle wie Pinterest (7 %), Twitter (7 %), eigens entwickelte Apps (1 %) sowie YouTube (14 %) werden hingegen eher weniger genutzt, obgleich auch diese Kanäle – bei richtiger Nutzung – ein hohes Kunden-Akquise-Potenzial bieten.

7.1 Voraussetzung: Ihr Google-Konto anlegen

Das Anlegen eines Google-My-Business-Kontos ist denkbar einfach. Eigentlich müssen Sie nur eine einzige Voraussetzung erfüllen, um starten zu können: Sie müssen über ein Google-Konto verfügen. Haben Sie dieses noch nicht für einen Google-Ads- oder einen Google-Analytics-Account angelegt, ist dies für Sie der erste Schritt. Ist das Konto erstellt, können Sie sich mit wenigen Klicks bei Google My Business registrieren und Ihr Unternehmen bestätigen. Rufen Sie die Seite *www.google.com/business/* auf, und starten Sie mit der Erstellung Ihres Eintrags.

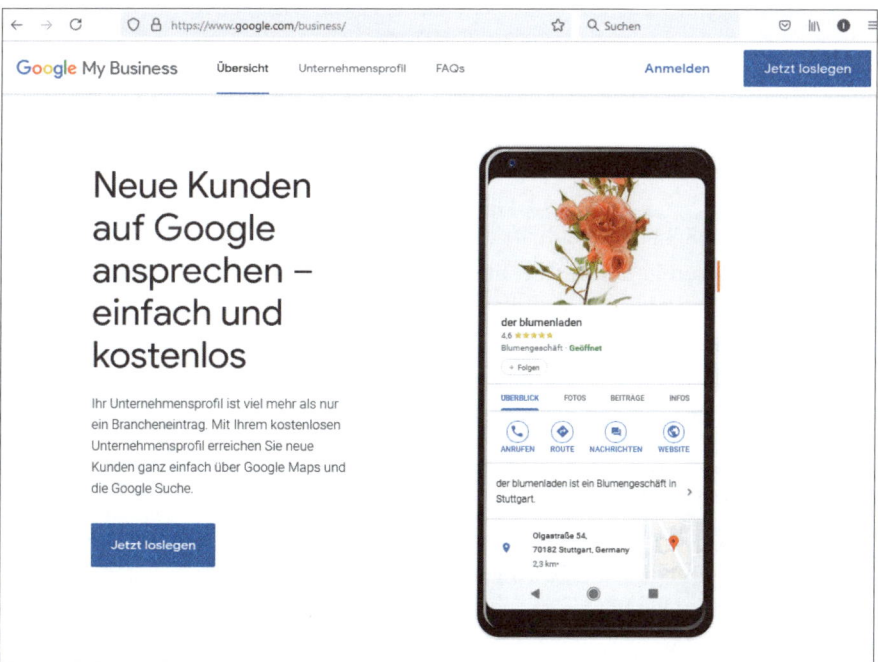

Abbildung 7.3 Die Startseite von Google My Business unter www.google.com/business/

Im ersten Schritt müssen Sie den Namen Ihres Unternehmens eingeben. Google prüft, ob bereits Einträge zu diesem Unternehmen vorhanden sind, und schlägt Ihnen eventuell bereits vorhandene Einträge vor.

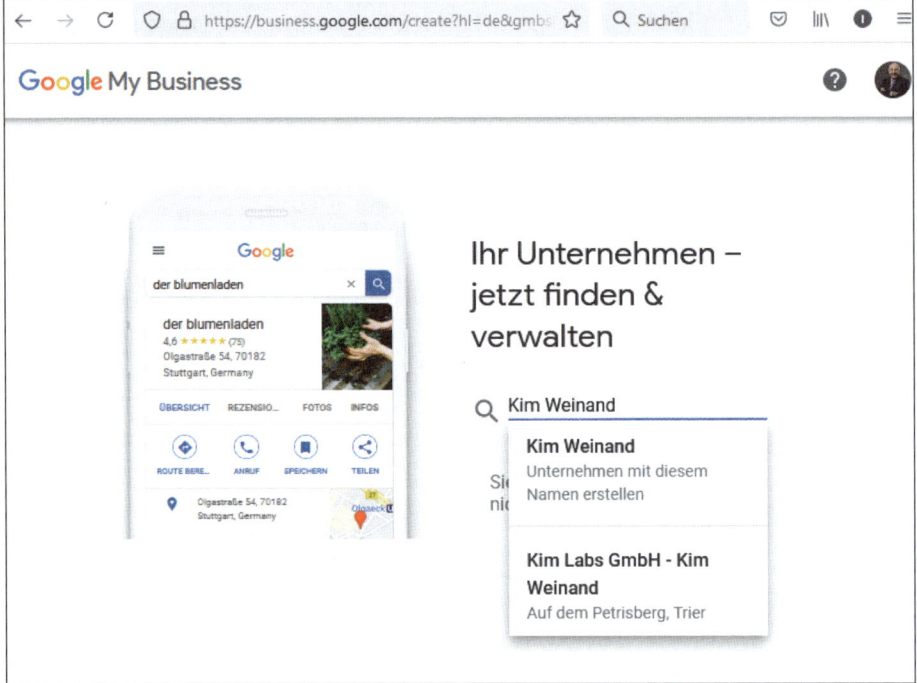

Abbildung 7.4 Der erste Schritt zur Erstellung eines My-Business-Eintrags

Danach führt Google Sie Schritt für Schritt durch einige Fragen, mit denen sich die Erstkonfiguration binnen weniger Minuten abschließen lässt. Telefonnummer, Adresse, Webseite, Öffnungszeiten, Branche – all diese Informationen können Sie bereits bei der Kontoerstellung angeben und bei Bedarf zu einem späteren Zeitpunkt verändern oder ergänzen. Nach meist nicht einmal 15 Minuten ist Ihr Google-My-Business-Konto erstellt und bereit, von Ihnen gepflegt zu werden.

> **Google Small Business Advisors – Hilfe von Google**
>
> Sollten Sie während des Erstellungsprozesses oder später Fragen zu den Einstellungen haben, bietet Google Ihnen die Möglichkeit, einen Termin mit einem sogenannten Small Business Advisor zu buchen.
>
> Die Experten stehen Ihnen per Videocall gerne zur Seite und helfen Ihnen bei Problemen aller Art weiter: *https://business.google.com/advisors/*

Sofern Sie ein komplett neues Unternehmen an einer neuen Geschäftsadresse erstellen, möchte Google diesen Eintrag bestmöglich validieren. In diesem Fall wird Google Ihnen eine Postkarte an die von Ihnen angegebene Adresse senden, auf der ein Code abgebildet ist. Um Ihr neues Google-My-Business-Konto final bestätigen zu können, müssen Sie diesen Code dann im Administrationsbereich Ihres My-Business-Kontos eintragen.

7.2   So pflegen Sie Ihr Google-My-Business-Profil

Ein Google-My-Business-Profil ist nur so gut wie die dort bereitgestellten Informationen. Daher ist es wichtig, das Ganze nach der Kontoerstellung nicht einfach sich selbst zu überlassen, sondern immer wieder zu aktualisieren, zu analysieren und zu verbessern, Learnings zu ziehen und den potenziellen Kunden genau das zu bieten, nach dem sie suchen. Steter Tropfen höhlt den Stein – das gilt auch fürs Digitalmarketing! Schließlich hat das Google-My-Business-Konto auch Auswirkungen auf das lokale Google-Ranking – sind Ihre potenziellen Kunden mit den gefundenen Suchergebnissen zufrieden, kann sich dies also auch positiv auf die Sichtbarkeit Ihrer Website auswirken. Leichter lässt sich das Ranking nun wirklich nicht beeinflussen! Daher gilt: Schöpfen Sie das volle My-Business-Potenzial aus, indem Sie nicht nur Daten wie die Telefonnummer oder Ihre Adresse hinterlegen, sondern aktiv das Konto verwalten. Laden Sie immer wieder hochwertige Bilder hoch, interagieren Sie mit Interessenten, schreiben Sie regelmäßige Beiträge zu Sonderaktionen, Events oder neu eingetroffenen Produkten, und reagieren Sie auf Bewertungen. Die kontinuierliche Pflege des Accounts zahlt sich langfristig aus – garantiert!

Übrigens: Wer auch von unterwegs aus seine Inhalte im Konto stets aktuell halten möchte, kann sich einfach die My-Business-App herunterladen. Diese steht sowohl für Android-Geräte als auch als iOS-Version zur Verfügung und lässt Sie noch flexibler und tagesaktueller agieren. So können Sie binnen weniger Minuten auf Kundenrezensionen reagieren und sind stets up to date.

7.3   Wichtige Faktoren für das lokale Google-Ranking

Google My Business bietet Ihnen nicht nur die Möglichkeit, möglichst viele interessante Informationen für potenzielle Kundschaft bereitzustellen, die bestmögliche Ausrichtung des Accounts kann sich auch positiv auf Ihr Ranking auswirken. Denn insbesondere in Zeiten steigender mobiler Suchanfragen ist die Optimierung der lokalen Suche zu einem wichtigen Rankingfaktor geworden – Stichwort: Local SEO. Das ist nicht verwunderlich, wenn wir noch einmal daran denken, dass Google seinen Nutzern eine bestmögliche Sucherfahrung ermöglichen möchte. Laut einer Statistik von Sistirx erfolgen mittlerweile 2/3 aller Suchanfragen über mobile Devices.

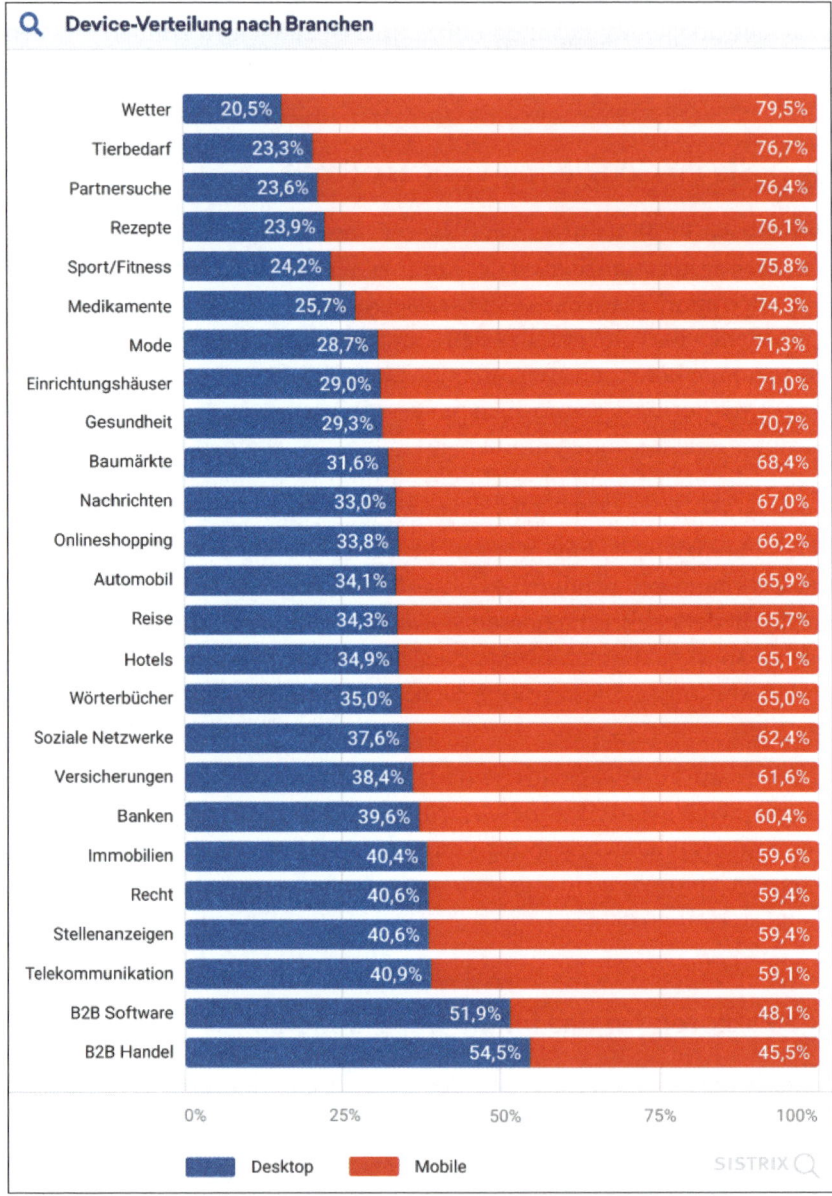

Abbildung 7.5 Die meisten Internetrecherchen erfolgen mobil.[2]

---

2 Quelle: *www.sistrix.de/news/der-anteil-mobiler-suchen-ist-hoeher-als-du-denkst-was-du-jetzt-wissen-musst/#Fast-zwei-Drittel-aller-Suchen-kommen-schon-ueber-das-Handy*

Rund ein Drittel der Suchanfragen finden mit Bezug zum lokalen Standort statt.[3] Mögliche Suchanfragen könnten also »Friseur in meiner Nähe« oder »Möbelgeschäft Belgisches Viertel« sein. Findet der Suchende nun also nicht nur passende Websites, sondern auch gleich wichtige Informationen zur Terminvereinbarung wie die Telefonnummer, die Öffnungszeiten und positive Bewertungen von früheren Kunden, erhält er echten Mehrwert und findet sogar ohne Klick auf ein organisches Suchergebnis genau die Informationen, die er für sein Vorhaben benötigt. Besser kann eine Nutzererfahrung in der Google-Suche doch gar nicht sein. Diesen Faktor berücksichtigt Google wiederum auch in seinem Algorithmus, der über Erfolg oder Misserfolg in der organischen Suche entscheidet. SEO kann so einfach sein. Der Anteil der mobilen Suche ist dabei bei allen Themen stärker ausgeprägt als die Desktop-Recherche. Lediglich im B2B-Bereich werden Branchenrecherchen derzeit noch häufiger über den Desktop-PC ausgeführt.

7.4   Alle Features optimal nutzen

Wer einmal einen Blick ins Google-My-Business-Konto geworfen hat, der weiß: Hier stehen Ihnen jede Menge Funktionen zur Verfügung. Doch erst, wer alle Möglichkeiten voll ausschöpft, wird langfristigen Erfolg haben. Worauf warten Sie noch? Schalten Sie Ihren Laptop an, loggen Sie sich in Ihr Google-My-Business-Konto ein, und gestalten Sie Ihr Profil nach und nach interessant.

7.4.1   Kontaktdaten und Öffnungszeiten

Sie möchten, dass potenzielle Kunden Ihren Salon, Ihr Ladenlokal oder Ihre Büroräume finden? Zu den wohl wichtigsten Angaben im Google-My-Business-Profil zählen ohne Frage Ihre Kontaktdaten. Ob genaue Angabe der Adresse, die neben dem Standort unter Umständen auch die Büronummer, Etage oder Gebäudenummer zählt – machen Sie es Ihren Kunden so leicht wie möglich, Kontakt zu Ihnen aufzunehmen. Dazu bietet Ihnen Google My Business auch die Möglichkeit, den Interessierten Ihre Telefonnummer, Ihre Website und Ihre E-Mail-Adresse bereitzustellen. Suchen die potenziellen Kunden via Smartphone nach Ihrem Unternehmen, haben sie sogar die Möglichkeit, mit Klick auf die Telefonnummer einen Anruf zu beginnen oder mit Klick auf die Mailadresse sofort in Ihr Mailpostfach weitergeleitet zu werden. Übrigens: Auch Ihre Öffnungszeiten lassen sich im Google-My-Business-Profil darstellen und ständig aktualisieren, sodass potenzielle Kunden auf den ersten Blick wissen, wann sie Ihr Ladenlokal besuchen können oder wann sie jemanden im Büro erreichen. Sind regionale Feiertage oder Betriebsferien in Sicht, so können Sie Ihren Kunden auch diese veränderten Öffnungszeiten mitteilen.

---

3 Quelle: *www.thinkwithgoogle.com/consumer-insights/consumer-trends/location-based-search-statistics/*

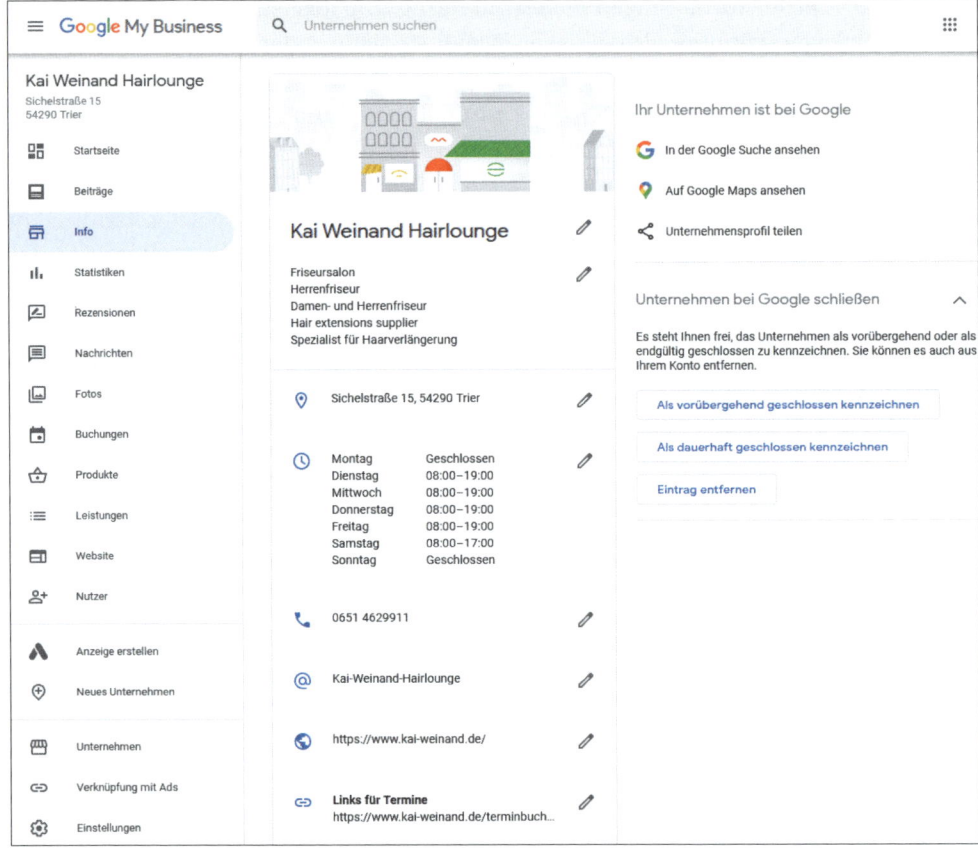

Abbildung 7.6 My-Business-Account-Informationen

Unternehmenskategorie richtig eintragen

Ein wichtiger Punkt für die lokale Auffindbarkeit Ihres Unternehmens ist die korrekte Auswahl der Unternehmenskategorien. Hier sollten Sie unbedingt beachten, dass Sie alle Kategorien eintragen, denen Ihr Unternehmen zugeordnet werden kann und zu denen Sie gelistet werden möchten.

Häufig hat ein Autohaus eine angeschlossene Kfz-Werkstatt. Wenn sie Ihr Unternehmen aber nur in der Kategorie Autohaus eintragen, wird Ihr Unternehmen nicht gelistet, wenn ein Nutzer nach einer Kfz-Werkstatt sucht. Tragen Sie nicht nur die primäre Unternehmenskategorie ein, tragen Sie **alle Kategorien** ein, zu denen Sie gefunden werden möchten.

7.4.2   Fotos

Ein Bild sagt mehr als tausend Worte. Wie gut, dass Sie in Ihrem Google-My-Business-Konto die Möglichkeit haben, gleich mehrere Fotos hochzuladen und Ihren potenziellen Kunden so einen Ausschnitt Ihres Sortiments oder Ihrer bisherigen Arbeiten zu präsentieren. Fügen Sie dabei am besten kategoriespezifische Fotos hinzu, um die Besonderheiten Ihres Unternehmens hervorzuheben, die für die Kaufentscheidung eines Kunden relevant sein könnten. So können Sie nicht nur Ihre Produkte ideal präsentieren, sondern sich auch von anderen Unternehmen abheben.

Hierbei unterscheidet Google zwischen acht verschiedenen Fotoarten, die lokal tätige Unternehmen in Ihrem Google-My-Business-Profil hinzufügen können:[4]

▶ **Außenaufnahmen**

Durch das Hochladen von mindestens drei hochwertigen Aufnahmen Ihres Außenbereichs helfen Sie Ihren Kunden dabei, Ihre Geschäftsräume schon von Weitem zu erkennen – und das aus jeder Richtung und zu jeder Tageszeit.

▶ **Innenaufnahmen**

Fügen Sie Ihrem Google-My-Business-Profil mindestens drei hochwertige Aufnahmen aus dem Innenbereich Ihrer Geschäftsräume hinzu, um potenziellen Kunden einen Eindruck von Ihrer Ausstattung und Ihrem Ambiente zu verschaffen.

▶ **Produktfotos**

Neben der Darstellung der Innen- und Außenräumlichkeiten sollten Sie ebenso mindestens drei Fotos Ihrer Produkte oder Dienstleistungen anbieten. So erhalten Ihre Kunden einen besseren Eindruck von Ihrem Angebot. Fotografieren Sie dabei am besten die beliebtesten Produkte Ihres Unternehmens, und sorgen Sie für eine hohe Fotoqualität, etwa durch eine gleichmäßige Ausleuchtung.

▶ **Arbeitsfotos**

Potenzielle Kunden und Kundinnen wünschen sich Authentizität und Personalität. Laden Sie daher am besten auch einige Fotos hoch, die Ihre Mitarbeitenden bei der Arbeit zeigen. So erkennen Interessenten sofort die Ausrichtung Ihres Unternehmens, und Sie präsentieren sich noch nahbarer.

▶ **Speisen- und Getränkefotos (Gastronomie)**

Insbesondere in der Gastro-Branche ist es wichtig, potenziellen Gästen einen Eindruck von Ihrem Angebot zu geben. Ob angesagte Drinks, süße Nachtische oder würzige Hauptgerichte – laden Sie mindestens drei verschiedene Aufnahmen von Ihrem Speisen- und Getränkeangebot hoch, und sorgen Sie so dafür, dass Ihren Gästen schon vor der Reservierung das Wasser im Mund zusammenläuft.

---

4 Quelle: *https://support.google.com/business/answer/6123536?hl=de*

▶ **Fotos von Gemeinschaftsbereichen (Hotellerie)**

Verfügen Sie über eine Hotel- oder Ferienhaus-Anlage, sollten Sie Ihre Kunden durch die Bereitstellung von Fotos aus den Gemeinschaftsbereichen die Entscheidung für Ihre Geschäfts- oder Urlaubsreise in Ihrem Hotel erleichtern. Ob Frühstückssaal, hoteleigenes Restaurant, Wellness-Bereich oder Fitnessraum – fangen Sie mit den Fotos das Ambiente Ihrer Gemeinschaftsbereiche ein.

▶ **Zimmer (Hotellerie)**

Wer eine Geschäfts- oder Urlaubsreise plant, möchte nicht nur die Gemeinschaftsbereiche sehen, auch ein Eindruck Ihrer Gästezimmer kann für die Buchung ausschlaggebend sein. Bieten Sie Ihren Kunden also einen Überblick über die verschiedenen Zimmerkategorien, und zeigen Sie deutlich, wie wohl sich Interessierte in Ihrem Haus fühlen können.

▶ **Mitarbeiterfotos**

Auch durch das Hinzufügen von Mitarbeiterfotos verleihen Sie Ihrem Unternehmen eine persönliche Note und stellen Ihren potenziellen Kunden Ihre Verkäufer und Verkäuferinnen bereits vor dem Termin vor. Fügen Sie dabei neben einem Foto der Geschäftsführung auch einige Fotos Ihrer Mitarbeiter hinzu, und zeigen Sie Ihren Kunden, wer Sie sind.

Zusätzlich zu den Foto-Arten sollten Sie die Möglichkeit nutzen, 360°-Bilder einzusetzen. Damit ermöglichen Sie den Ladenbesuchern einen noch besseren Einblick in Ihre Räumlichkeiten und geben Ihnen vorab einen Blick in Ihr Geschäft. Eine virtuelle Tour durch Ihr Unternehmen erhöht die Wahrscheinlichkeit, dass der Interessent auch Ihr »echtes« Ladenlokal besuchen wird.

Abbildung 7.7 Virtuelle Tour durch das Klavierhaus Hübner (Quelle: https://goo.gl/maps/M6XYpxhp3Tuwq2jZA)

7.4.3   Unternehmensbewertungen erhalten

Sie leisten hervorragende Arbeit – das wissen auch Ihre Kunden. Und auch heute noch funktioniert im digitalen Bereich das Prinzip der »Mund-zu-Mund-Propaganda«. Damit auch Sie von den positiven Erfahrungen Ihrer Kunden profitieren, bietet Ihnen Google My Business die Möglichkeit, Bewertungen und Erfahrungsberichte Ihrer Kunden mit anderen Nutzern zu teilen. So können Kunden, sofern sie über einen Google-Account verfügen, beispielsweise Rezensionen verfassen, die anderen Interessenten helfen, mehr über Ihre Arbeitsweise, Ihren Kundenservice oder Ihre Produkte zu erfahren. Ergänzend dazu haben die Kunden ebenso die Möglichkeit, eine Bewertung für Ihren Betrieb abzugeben, die von null bis fünf Sternen reichen kann.

Doch wie schaffen Sie es, dass Ihre Kunden sich die Mühe machen, eine Rezension zu schreiben? Ganz einfach: Bitten Sie sie darum. Denn sind die Kunden mit Ihrer Arbeit rundum zufrieden, so haben sie sicherlich kein Problem damit, ein paar nette Zeilen zu verfassen und so Ihrem Unternehmen langfristig zu mehr Aufträgen zu verhelfen.

Abbildung 7.8 Über den Button »Formular teilen« mehr Rezensionen bei Google My Business erhalten.

Passend dazu haben auch Sie die Möglichkeit, Ihren Kunden auf ihre Bewertungen zu antworten, sich zu bedanken oder vielleicht auch noch eine offene Frage zu klären.

Beachten Sie dabei, dass die Beiträge stets öffentlich sind und auch Ihre Antworten von allen Suchenden eingesehen werden können. Anonyme Rezensionen oder persönliche Nachrichten sind auf diesem Wege nicht möglich.

Natürlich sind hier auch negative Rezensionen möglich, die von Ihnen nicht so einfach gelöscht werden können. Schließlich sollen Unternehmen, die keine gute Arbeit leisten, nicht einfach alle schlechten Rezensionen löschen und ihr Image so verschleiern. Sollte also einmal ein Kunde mit Ihrer Arbeit nicht zufrieden sein und eine schlechte Bewertung abgeben, so antworten Sie ihm ruhig und angemessen, und fragen Sie ihn, warum er nicht zufrieden war. Fragen Sie ihn, was Sie an Ihrem Service verbessern können und ob Sie gemeinsam eine Lösung für das Problem finden können. Und sollte eine Bewertung ganz und gar nicht angemessen sein, etwa weil sie eine Beleidigung oder Drohung enthält, so können Sie den Google-My-Business-Support kontaktieren und um eine Löschung der Bewertung bitten. Dies ist möglich, wenn die Bewertung gegen die Google-Richtlinien verstößt.

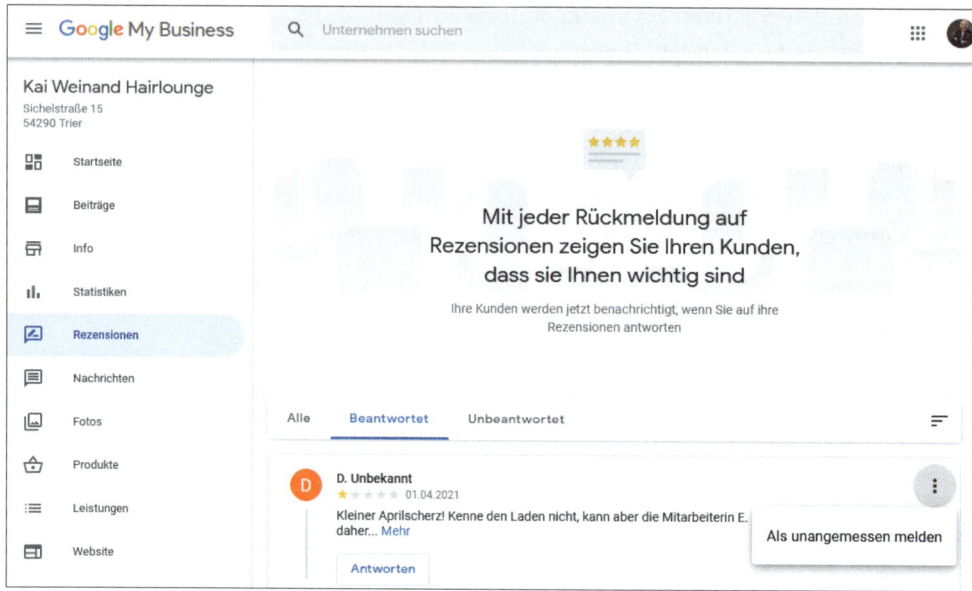

Abbildung 7.9 Unangemessene Rezensionen bei Google My Business können Sie melden.

7.4.4   Beiträge für Sonderangebote und mehr

»Edle Blumensträuße, bestehend aus zehn langstieligen Rosen in verschiedenen Farben, im Angebot für 10 €. Genau das Richtige, um den Valentinstag zu etwas ganz Besonderem zu machen.« So oder so ähnlich könnte ein Beitrag aussehen, den Sie mit wenigen Klicks über Ihr Google-My-Business-Profil erstellen können. Denn das Tool bietet Ihnen die Möglichkeit, Produkte beliebig zu präsentieren und so Kunden auf aktuelle Tagesangebote oder neu eingetroffene Ware aufmerksam zu machen. Am besten fügen Sie Ihren Beiträgen dazu nicht nur ein hochauflösendes Bild bei, das die Produkte abbildet, sondern beschreiben dieses ausführlich und geben an, wie viel es kosten soll. Ist dies nicht genau definierbar, weil Sie z. B. neben Rosen auch Sträuße mit Sonnenblumen und Tulpen bewerben möchten, können Sie ebenso eine Preisspanne mit Mindest- und Höchstpreisen angeben.

Doch damit nicht genug: Im Tab BEITRÄGE versteckt sich noch viel mehr Potenzial, das es auszuschöpfen gilt. So können Sie beispielsweise neben Produkten auch spezielle Angebote posten, etwa einen zeitlich begrenzten Rabattgutschein oder einen Gutscheincode für Ihren Onlineshop, der nur unter bestimmten Nutzungsbedingungen eingelöst werden kann. Oder hat sich etwas Wichtiges in Ihrem Ladenlokal verändert? Nutzen Sie die Möglichkeit, diese Neuigkeit über die Google-My-Business-Beiträge zu teilen, und verlinken Sie den Beitrag bei Bedarf mit Ihrem Shop, Ihrer Website oder Ihrer Telefonnummer, um Kunden das Kaufen so leicht wie möglich zu gestalten.

Planen Sie ein Event wie einen Tag der offenen Tür, ein öffentliches Familienfest oder einen verkaufsoffenen Sonntag? Dann teilen Sie diese Info mitsamt aller Details über einen Event-Beitrag mit, und machen Sie auf Ihre Festlichkeit aufmerksam.

Insbesondere in Zeiten der Covid-19-Pandemie erweisen sich die Google My Business Beiträge als hilfreiches Instrument, um Suchenden einen schnellen Überblick über die aktuelle Situation zu verschaffen. Ist das Ladelokal geöffnet? Können Produkte telefonisch reserviert und kontaktlos abgeholt werden? Sind weiterhin Reparaturen möglich, oder ist die Werkstatt geschlossen? Haben sich die Öffnungszeiten geändert, oder muss ein Termin zum Shoppen vereinbart werden? Nahezu wöchentlich konnten Unternehmen ihre Kunden so über die aktuell geltenden Maßnahmen informieren und sie aufklären, welche Hygienevorkehrungen für ein sicheres Einkaufserlebnis getroffen wurden.

Doch wie mit allen guten Vorsätzen geraten auch die Google-My-Business-Beiträge trotz ihres schier unendlichen Potenzials nur allzu schnell in Vergessenheit. Blocken Sie sich also am besten wöchentlich nur ein paar Minuten Zeit, um einen Beitrag zu erstellen und so den ein oder anderen Kunden mehr ins Geschäft zu locken. Sie könnten z. B. jeden Freitagmorgen einen Beitrag veröffentlichen, in dem sich die Angebote fürs Wochenende befinden. Ich verspreche Ihnen: Investieren Sie nur einige wenige Minuten Zeit in regelmäßige Google-My-Business-Beiträge – es wird sich lohnen!

7.4.5   Bleiben Sie mit Interessenten in Kontakt

Neben den Rezensionen, in denen Kunden Ihre Leistungen und Produkte bewerten können, gibt es im Google-My-Business-Tool noch eine weitere Möglichkeit, mit Ihren Kunden in Kontakt zu bleiben – die Nachrichten. Haben Sie diese Funktion einmal in der Benutzeroberfläche aktiviert, geben Sie Suchenden die Möglichkeit, Ihnen direkt über das Unternehmensprofil in der Google-Suche kostenlos eine Nachricht zu senden. Das hat vor allem den Vorteil, dass Kunden auf dem Weg bis zum Kontaktformular oder der Kontaktseite nicht verloren gehen und direkt mit nur einem Klick eine Angebotsfrage oder Frage zur Produktverfügbarkeit stellen können. Einfacher geht es wirklich nicht! Sie wiederum haben die Möglichkeit, diese Nachrichten im Google-My-Business-Profil, bequem auch unterwegs in der Google-My-Business-App, zu beantworten.

Und so einfach geht's: Ist die Nachrichtenfunktion in Ihrem Unternehmensprofil aktiviert, erschient hier automatisch eine entsprechende Schaltfläche, durch die die Kunden oder Interessenten einen Chatverlauf eröffnen können. Trifft eine Nachricht ein, erhalten Sie wiederum eine Benachrichtigung, um schnell auf die Frage antworten zu können. Zudem haben Sie die Möglichkeit, die automatische Willkommensnachricht, die der Nutzer auf seine erste Nachricht erhält, anzupassen. Neben Textnachrichten ist über die Funktion auch das Teilen von Bildern möglich, etwa um Produktvarianten aufzuzeigen. Wird Ihr Profil von mehreren Mitarbeitenden verwaltet, können Sie sich die Arbeit einfach aufteilen, sodass keiner zu sehr von seinen eigentlichen Tätigkeiten abgelenkt wird. Schließlich sollte jede Nachricht bestenfalls innerhalb von 24 Stunden beantwortet werden – das schafft Vertrauen und fördert die Interaktion mit Ihnen als Unternehmen.

Ist die Nachrichtenfunktion aktiv, können Sie in der App sogar auswerten, wie schnell Kunden in der Regel eine Antwort auf Ihre Frage erhalten haben. Denn in dieser Statistik finden Sie die durchschnittliche Antwortzeit auf die Nachrichten der letzten 28 Tage. Auch ein längerer Analysezeitraum kann ausgewählt werden, um die eigene Antwortzeit beispielsweise mit denen anderer Unternehmen zu vergleichen. Suchen Nutzer in der Google-Suche oder in Google Maps nach Ihrem Betrieb, können sie sich zudem aktuelle Informationen zur Antwortzeit abrufen, etwa »Antwortet normalerweise innerhalb weniger Minuten«, »Antwortet normalerweise innerhalb weniger Stunden«, »Antwortet normalerweise innerhalb eines Tages« oder »Antwortet meist innerhalb weniger Tage«.

Entgleist eine Unterhaltung in eine falsche Richtung, etwa weil Ihr Gegenüber zu Beleidigungen greift oder falsche Anschuldigungen erhebt, haben Sie die Möglichkeit, die Nachrichten zu blockieren. Tippen Sie dazu zunächst auf das Nachrichtensymbol und anschließend auf die Unterhaltung, die Sie blockieren möchten. Im Drei-Punkte-Menü des Beitrags versteckt sich nun die Funktion »Blockieren/Spam melden«, mit der sich die Unterhaltung ein für alle Mal beenden lässt. Sie erhalten somit keine weiteren Nachrichten von diesem Kunden.

Achtung: Möchten Sie eine Unterhaltung lediglich löschen, so können Sie dies nur auf Ihrem Gerät tun. Ihr Kunde wird jedoch stets die Unterhaltung mit Ihnen einsehen können, sofern er diese nicht selbst löscht.

7.4.6   Präsentieren Sie Ihre Produkte

Mit dem Produkteditor bietet Google My Business Unternehmen die Möglichkeit, Ihre Produkte sowohl auf Desktop-Computern als auch auf Smartphones und Tablets so zu präsentieren, dass Nutzer direkt mit dem Angebot interagieren können. Klicken die Nutzer im Unternehmensprofil auf den Tab PRODUKTE, so erscheint eine Auswahl der Produkte, die Sie als Händler anbieten. Dank der einfachen Handhabung und Flexibilität eignet sich das Tool nicht nur für große Unternehmen. Kleine und mittelständische

Betriebe können diese Vorteile für die lokale Vermarktung nutzen und damit ihre Auffindbarkeit bei Google verbessern. Sie sind Besitzer eines hippen Frühstück-Lokals oder betreiben eine familiengeführte Pizzeria? Dann stellen Sie Suchenden doch bereits über die Produkte einen Teil Ihrer Speisekarte vor, und machen Sie potenziellen Kunden Appetit auf Ihr Angebot.

Die Handhabung des Produkteditors ist dabei vollkommen unkompliziert: Melden Sie sich bei Ihrem Unternehmensprofil an, und tippen Sie auf den Tab PRODUKTE. Mit Klick auf das PLUS-Symbol öffnet sich der Editor.

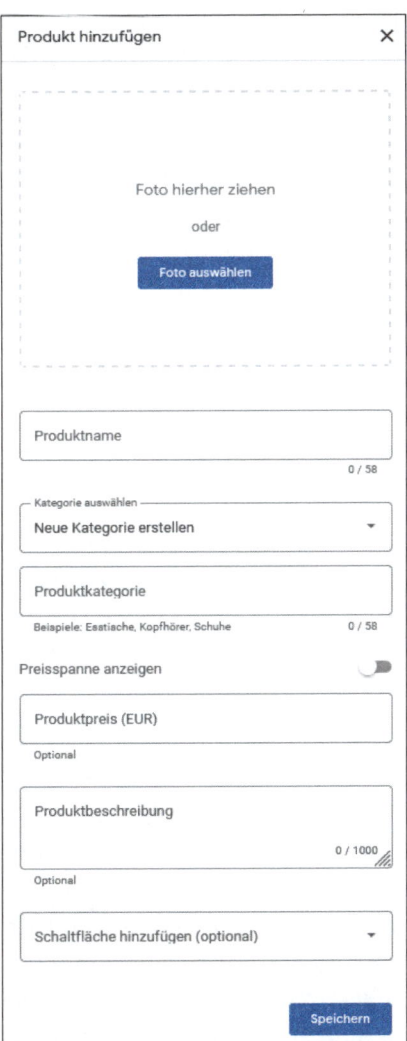

Abbildung 7.10 Google My Business Produkteditor

Hier haben Sie nun die Möglichkeit, ein Foto hochzuladen und das Produkt zu benennen. Ebenso kann eine Produktkategorie ausgewählt werden wie »Speisen und Getränke«. Optional können Sie anschließend noch einen Preis oder eine Preisspanne sowie eine Beschreibung zufügen, um weitere Informationen zum Produkt zu übermitteln. Ebenso können Sie auf Wunsch eine Schaltfläche ergänzen, auf die der User bei Klick zum Produkt oder zu weiteren Informationen auf Ihrer Website gelangt.

Die Darstellung der Produkte unterscheidet sich dabei leicht, je nachdem, wie Nutzer auf Ihr Unternehmensprofil zugreifen. Suchen Sie nach Ihrem Unternehmen über die Google-Maps-App, erscheint ein Produktkarussell, das eine Auswahl Ihrer Einträge enthält. Besucht der Interessent Ihr Profil über die Google-Suche, so erscheint neben diesem Karussell auch der Tab PRODUKTE, in dem sich die Gesamtheit der Beiträge findet.

Inhalte mit Bezug auf Güter und Dienstleistungen, die gesetzlichen Beschränkungen unterliegen, werden nicht im Unternehmensprofil dargestellt. Dazu gehören z. B. neben Glücksspiel-Angeboten und Finanzdienstleistungen auch Arzneimittel, Alkohol, Tabakwaren sowie medizinische Geräte und Produkte. Verstoßen Sie mit den eingereichten Produkten gegen diese Richtlinien, löscht Google im schlimmsten Fall den gesamten Produktkatalog.

> **Ein Tipp zu den My-Business-Produkten**
>
> Zuletzt bearbeitete oder hinzugefügte Produkte werden im Produktkatalog immer zuerst vorgestellt. Möchten Sie also ein Produkt hervorheben, nehmen Sie eine kleine Änderung am Text vor, sodass dieses prominent an erster Stelle erscheint. Übrigens haben Sie auch die Möglichkeit, eigne Produktkategorien zu erstellen. Klicken Sie dazu im Tab KATEGORIE einfach auf NEUE KATEGORIE ERSTELLEN, und passen Sie die Kategorien den Produkten Ihres Unternehmens an.

7.5   Es geht noch besser – analysieren, monitoren, optimieren

Was wäre ein Google-Produkt ohne ausführliche Analyse? Daher gilt auch für Ihr Google-My-Business-Konto: Wer analysiert, vergleicht und verbessert, ist der Konkurrenz eine Nasenlänge voraus. Damit die Arbeit leicht von der Hand geht und nicht monatelang vor sich hergeschoben wird, findet sich im Konto der Tab STATISTIK, hinter dem sich eine Vielzahl an interessanten Fakten versteckt. So können Sie z. B. ganz einfach herausfinden, wie Nutzer im letzten Monat oder einem anderen definierten Zeitraum nach Ihrem Unternehmen suchten (siehe Abbildung 7.11). Fanden die Nutzer Ihren Eintrag, weil sie direkt nach dem Namen oder der Adresse Ihres Betriebes suchten? Oder stießen sie durch eine Kategorie, ein Produkt oder eine benötigte Dienstleistung auf Sie? Oder handelte es sich um Nutzer, die Ihren Eintrag bei der Suche nach einer Marke oder einer Firma mit Bezug zu Ihrem Unternehmen fanden?

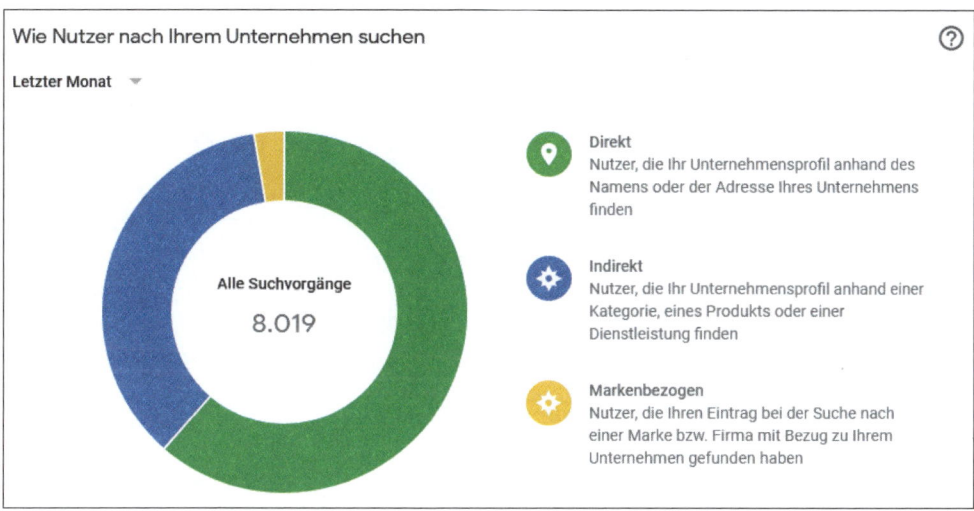

Abbildung 7.11 Google-My-Business-Statistik – wie Nutzer nach Ihrem Unternehmen suchen

Analysieren Sie zudem, über welchen Kanal die Nutzer Sie fanden (siehe Abbildung 7.12) – kamen sie über die Google-Suche, oder stießen sie auf Ihren Eintrag in Google Maps? Erfahren Sie nach und nach mehr über Ihre potenziellen Kunden.

Abbildung 7.12 Google-My-Business-Statistik – wo Nutzer Ihr Unternehmen suchen (... und finden)

Wer im STATISTIK-Bereich noch etwas weiter nach unten scrollt, stößt auf eine weitere Grafik, die für eine Auswertung sehr wichtig ist. Jetzt wird es richtig interessant: Finden Sie heraus, mit welchen Inhalten des Google-My-Business-Eintrags Ihre potenziellen Kunden interagierten. Wie viele der Nutzer besuchten anschließend Ihre Website, um sich tiefergehend mit Ihrem Unternehmen, Ihren Produkten oder Ihren Dienstleistungen auseinanderzusetzen? Wie viele der Besucher rufen eine Wegbeschreibung zu Ihrem Ladenlokal auf, um sich zu Ihrem Standort navigieren zu lassen? Und wie viele Nutzer greifen zum Hörer – oder eher zum Smartphone – und tätigen einen Anruf bei Ihrem Unternehmen?

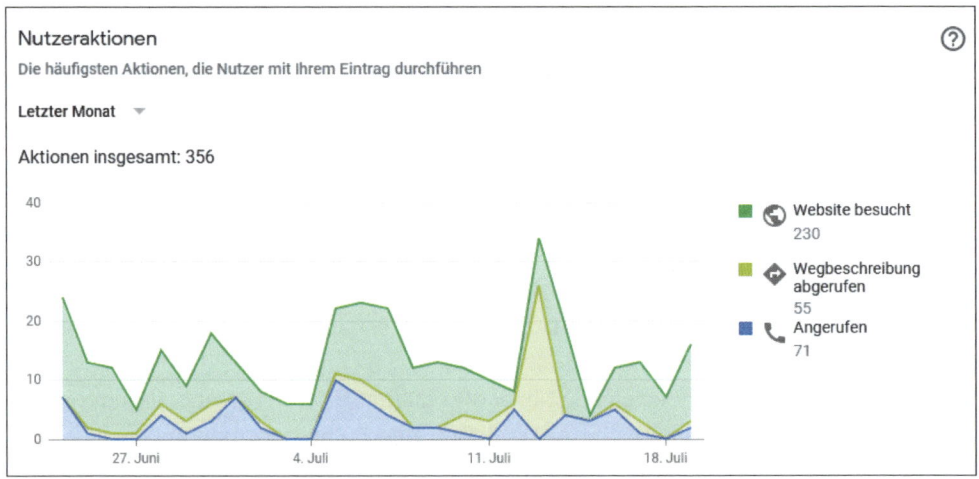

Abbildung 7.13 Google-My-Business-Statistik – Nutzeraktionen. Wie viele Nutzer interagieren mit Ihrem Google-My-Business-Eintrag?

So können Sie feststellen, welche Relevanz Ihr Eintrag hat und wie viele Personen Ihren Unternehmenseintrag bei Google abrufen und daraufhin weitere Aktionen ausführen. Die Statistik kann Ihnen auch dabei helfen, den Aufwand für die Pflege des Accounts zu rechtfertigen. So macht die Erfolgsmessung dann Spaß!

Und auch was die Fotos angeht, die Sie posten, haben Sie die volle Kontrolle. Denn auch diesbezüglich stellt Google My Business Infos bereit, die sich entlang eines Diagramms auch zeitlich einordnen lassen. Dabei unterscheidet Google selbstverständlich zwischen eigenen, also von Ihnen eingestellten Fotos, und den Fotos, die Kunden in Ihr Google-My-Business-Profil posten. Sie sehen, wie aktiv Ihre Kunden sind. Haben Sie einen Auftrag zur vollsten Zufriedenheit beendet, können Sie Ihre Kundschaft auch bitten, ein Foto der Arbeit hochzuladen – so können sich andere Interessenten inspirieren lassen und werden dazu animiert, sich telefonisch, per Mail oder anderweitig bei Ihnen zu melden, um ein ähnliches Produkt zu erhalten.

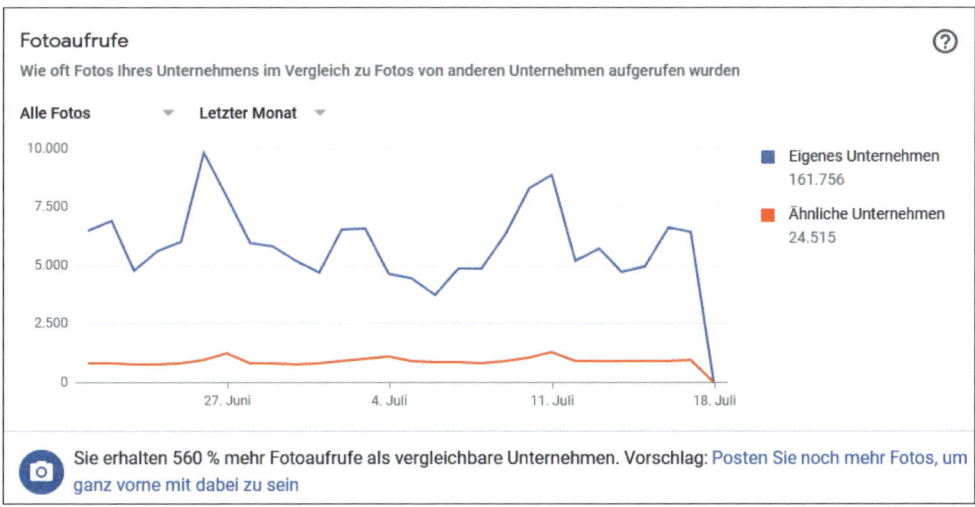

Abbildung 7.14 Google-My-Business-Statistik – Fotoaufrufe. Google gibt Ihnen Hinweise zu den Aufrufen im Verhältnis zu den Aufrufen vergleichbarer Unternehmen.

Je nach Unternehmen können Sie in den Statistiken weitere Informationen einsehen. Google kann anhand der GPS-Daten von Smartphones in Verbindung mit den Adressdaten Ihres Unternehmens feststellen, ob Nutzer bei Ihnen vor Ort sind, wie lange sie sich dort aufhalten und wann es spezielle Stoßzeiten gibt (siehe Abbildung 7.15).

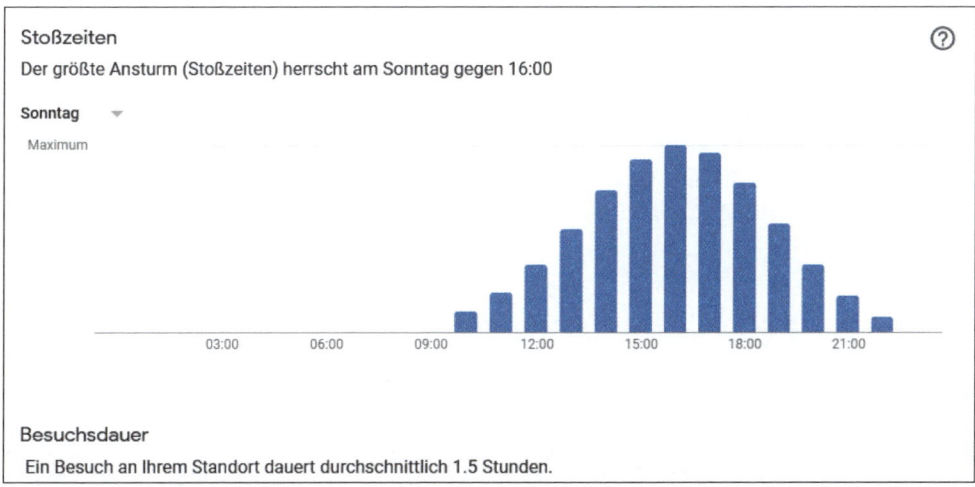

Abbildung 7.15 Google-My-Business-Statistik – Stoßzeiten in einem Biergarten – sonntags gegen 16 Uhr herrscht der größte Ansturm.

Noch detaillierter wird Ihre Analyse, wenn die Nutzer Ihr Unternehmen bewerten. Sie erfahren, ob Gäste Ihr Restaurant oder Ihr Hotel besonders gemütlich oder romantisch finden oder ob sie es wegen der wunderschönen Aussicht oder der Weinkarte schätzen.

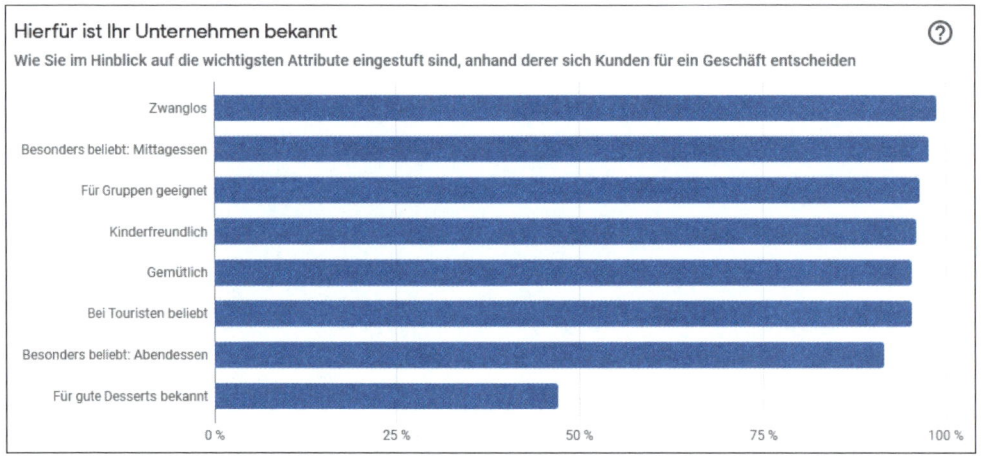

Abbildung 7.16 Google-My-Business-Statistik – wie bewerten Nutzer Ihr Unternehmen? Hier sehen Sie die Attribute, die Nutzer Ihrem Unternehmen zuordnen.

Kurz zusammengefasst

Sie erhalten in Ihrem Google-My-Business-Profil einen Überblick über die Profilinteraktionen und wichtige Insights, wie Nutzer Ihr Unternehmen wahrnehmen:

▶ **Suchanfragen**
Sind die Anfragen, mit denen Nutzer nach Ihrem Unternehmen gesucht haben.

▶ **Aufrufe Unternehmensprofil**
Ist die Anzahl einzelner Besucher Ihres Google-My-Business-Profils. Pro Gerät und Plattform wird dabei ein Nutzer nur einfach gezählt; mehrfache Besuche am Tag werden nicht gezählt.

▶ **Anrufe**
Ist die Anzahl der Klicks auf die Anrufschaltfläche im Unternehmensprofil.

▶ **Nachrichten**
Ist die Anzahl der begonnenen Nachrichten.

▶ **Buchungen**
Sofern der Buchungs-Button aktiviert ist – Anzahl der von Kunden abgeschlossenen Buchungen.

▶ **Wegbeschreibungen**
Ist die Anzahl der aufgerufenen Wegbeschreibungen.

▶ **Webseiten-Klicks**
Ist die Anzahl der Klicks auf den Webseiten-Button.

▶ **Stoßzeiten**
Sofern ausreichend Daten vorhanden: Wann herrscht bei Ihnen der größte Ansturm?

▶ **Bewertungen**
Wie nehmen Ihre Kunden Sie wahr, welche Attribute ordnen Sie Ihrem Unternehmen zu?

Doch nach der Analyse ist vor der Optimierung! Dokumentieren Sie die Ergebnisse nicht einfach nur – lernen Sie aus Ihnen! Weist Ihr Unternehmensprofil nur sehr wenige Interaktionen auf, so könnte es sein, dass den potenziellen Kunden wichtige Informationen wie die Öffnungszeiten oder eine Telefonnummer fehlen. Oder haben Sie bereits festgestellt, dass verschiedene Arten von Bildern den Nutzern besonders gut gefallen, etwa realisierte Projekte beim Kunden oder verschiedene Gerichte der Speisen- und Getränkekarte? Dann lichten Sie doch beim nächsten Mal die gerade errichtete in Betrieb genommene Pergola im Garten des Kunden ab, und stellen Sie das Ergebnis online. Oder präsentieren Sie Ihren Gästen neben den Standardgerichten auch Bilder der wechselnden Wochenkarten, und locken Sie so hungrige Gourmets in Ihr Restaurant.

Und wie bei jedem Kanal gilt: Bleiben Sie am Ball! Integrieren Sie die Arbeit am Google-My-Business-Konto in Ihren Arbeitsalltag, und halten Sie alle Daten stets aktuell. Posten Sie Angebote und Bilder, oder informieren Sie die Kunden darüber, ob Ihr Unternehmen auch am verkaufsoffenen Sonntag teilnimmt. Denn zufriedene Interessenten, die auf einen Blick alle Infos finden, nach denen sie suchen, werden sicherlich eher zu Kunden als gefrustete Suchende, die trotz Recherche nicht die Infos erhalten, die sie benötigen.

Ein Tipp für Ihre My-Business-Auswertung

Viele Statistiken können Sie in einer Tabelle herunterladen und speichern – so geht die Analyse mehrerer Monate schnell und ohne hohen Aufwand von der Hand. Sie haben mehrere Google-My-Business-Einträge, weil Ihr Unternehmen über verschiedene Standorte verfügt? Ebenfalls kein Problem – klicken Sie einfach die Standorte an, die Sie analysieren möchten, und erhalten Sie alle wichtigen Daten auf einen Blick.

Kapitel 8

Noch mehr Werbung – weitere Möglichkeiten

Erhalten Sie einen ersten Einblick in den digitalen Werbedschungel Displaymarketing und lernen Sie, was die wichtigen Entscheidungskriterien für Ihre Werbestrategie sind.

8

»Werbung ist teuer, keine Werbung ist noch teurer« – eines der berühmtesten Zitate von Unternehmer Paolo Bulgari, dem Erbe des berühmten Schmuckhauses Bulgari. Und mit seiner Aussage hat der bekannte Geschäftsführer recht! Natürlich könnte man sich einfach darauf verlassen, dass viele neue Kunden den Weg in Ihr Ladenlokal oder zu Ihren Beratungsräumen finden ... aber was, wenn nicht? Den Zustand, dass die Umsätze stagnieren, einfach akzeptieren? Sicherlich nicht! Werbung ist für jedes Unternehmen – ob bereits seit Jahren erfolgreich oder erst seit wenigen Monaten auf dem Markt – unerlässlich.

Noch besser als reine Werbung ist dabei zielgerichtete Werbung, die in Ihrer Region Ihre potenzielle Zielgruppe erreicht und diese zum Kauf animiert. Wie das funktioniert? In diesem Kapitel erkläre ich es Ihnen.

8.1   Was sind Ads, und warum sind sie sinnvoll?

Das Wort »Ad« oder »Ads« im Plural ist die Kurzform des englischen Begriffs »Advertisement«, zu Deutsch »Werbung« oder »Anzeige«. Als international gebräuchlicher Marketing-Begriff bezeichnet eine Ad ganz grundsätzlich alle Arten von Werbeanzeigen, egal, ob sie auf den Ergebnisseiten einer Suchmaschine, in den sozialen Netzwerken oder in Ihrem E-Mail-Postfach zu finden sind. Da der Begriff des Advertisings mittlerweile auch über die Marketing-Branche hinaus bekannt ist, hat es das Wort sogar bis in den deutschen Duden geschafft und sich seinen eigenen Eintrag im berühmten gelben Band gesichert (zu finden unter: *www.duden.de/rechtschreibung/Advertising*). Wie bereits erwähnt, können unter den Begriff Ads so ziemlich alle Werbeformen fallen, die online sowie offline zu finden sind. Wir haben in Kapitel 6 bereits über die Bedeutung von Google Ads gesprochen, also in der Google-Suche zu findende Textanzeigen, mit denen sich gezielt potenzielle Interessenten ansprechen lassen. Andere Werbeformen wie Displaywerbung, Videos oder bezahlte Werbeanzeigen im eigenen Facebook-Feed zielen dabei eher darauf ab, das eigene Produkt oder die eigene Dienstleitung einem breiten Publikum zugänglich zu machen. Und wieder andere Ads, beispielsweise Werbemails, die regelmäßig an eine Newsletter-Gemeinde versendet werden, sollen Kunden eines Unternehmens dazu auffordern, sich wieder an Sie zu erinnern und einen erneuten Kauf zu tätigen, vielleicht sogar angelockt durch einen attraktiven Werbegutschein.

Mit dem Fortschreiten der Digitalisierung wurden auch massive Veränderungen in der Werbebranche sichtbar. Konnten sich früher nur große Konzerne reichweitenstarke Kampagnen mit landesweiten Plakaten, großformatigen Anzeigen in Tageszeitungen oder gar Fernsehspots zur Prime-Time leisten, so haben die Möglichkeiten des World Wide Webs die Karten noch einmal neu gemischt. Heutzutage können auch kleine und mittelständische Unternehmen, unabhängig von ihrer Größenordnung, mit oder auch ohne Hilfe von spezialisierten Agenturen coole Kampagnen entwerfen und einem großen Publikum zugänglich machen. Und das zu vergleichsweise geringen Preisen und mit einem hohen Maß an Eigenleistung. Einer der vielen Vorteile digitaler Ads. Ein weiterer Vorzug: Ads lassen sich heutzutage genau an die Besonderheiten der eigenen Zielgruppe und die eigenen Business-Ziele anpassen. Sie möchten Ihr Neuprodukt einer großen Menschenmenge vorstellen und Ihre Ideen auch über regionale Grenzen hinweg bekannt machen? Mit Display-Ads kein Problem. Sie möchten über Ihre sozialen Netzwerke Ihre Sales ankurbeln? Mit Facebook-Instagram-Ads kein Problem. Sie möchten Ihr kreatives Produktvideo mehr als nur den Besuchern Ihrer Website zur Verfügung stellen? Mit YouTube-Ads kein Problem. Sie sehen also: Für jede Idee, jede Zielgruppe, jedes Produkt und jede Dienstleistung findet sich die passende Ad, die sich leicht auf diversen Plattformen verbreiten lässt.

8.2   Wie kommt meine Werbung auf andere Webseiten?

Sie haben doch sicherlich schon einmal eine Webseite besucht und überlegt, wie die ganzen Werbebanner, die neben, ober- und unterhalb des Contents zu finden sind, dorthin kommen. Manche bilden dabei einfach nur eine Grafik ab, bei anderen verändern sich die Inhalte, und neben der Produktauswahl erscheinen plötzlich auch Preise und mehr. Und auch wenn die Inhalte Tausende von Formen annehmen können, so ist eines doch immer gleich: Klickt man auf eine der Anzeigen, so führt der Weg unweigerlich auf die dort hinterlegte Webseite, auf der man sich näher zu Produkten und Dienstleistungen informieren kann.

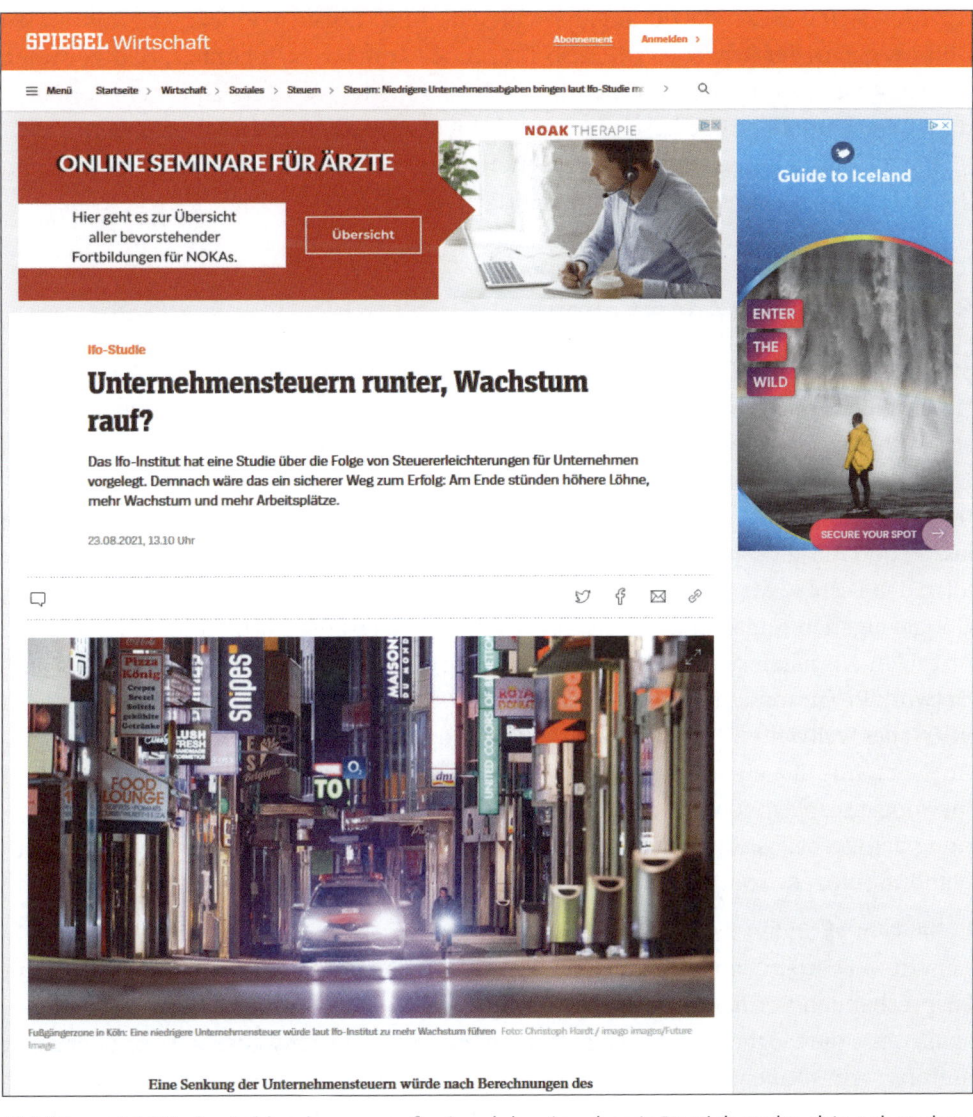

Abbildung 8.1 Werbeeinblendungen auf spiegel.de – im oberen Bereich und rechts neben dem Content werden Werbebanner eingeblendet.

Die Frage, wie diese Banner eigentlich auf die unterschiedlichsten Seiten gelangen und dort ausgespielt werden, kann gleich mehrfach beantwortet werden: Zum einen gibt es die Möglichkeit, die begehrten Werbeplätze über die jeweiligen Seitenbetreiber bzw. deren Verlage zu buchen. So können Sie beispielsweise Ihre Produkte auf der Internetpräsenz des Spiegels, des Focus oder aber in diversen Online-Fachmagazinen platzieren.

Allerdings sind diese Platzierungen nicht selten mit hohen Werbekosten verbunden und werden in der Regel per TKP, also Tausender-Kontakt-Preis bezahlt. Hier kommen schnell Kosten zusammen, die weit im vier- bis fünfstelligen Bereich liegen, vor allem dann, wenn auffällige und besonders großformatige Werbeflächen gebucht werden. Für kleinere Unternehmen sind diese Kosten oftmals nicht zu stemmen und erreichen im Zweifel auch gar nicht unbedingt die richtige Zielgruppe ...

8.3   Wo kann ich Ads schalten?

Statt viel Geld in die direkte Bannerwerbung auf Nachrichtenportalen und Co. zu investieren, gibt es noch eine weitere Möglichkeit, statische oder animierte Banner auf diversen Websites zu platzieren. Die Lösung bietet – wie könnte es auch anders sein – mal wieder Suchmaschinengigant Google (aber es gibt natürlich auch viele weitere Anbieter). Der Marktführer hat sich auch diese Chance der Werbeeinkünfte nicht entgehen lassen und mischt seit vielen Jahren nicht nur die Google-Suchergebnisseiten, sondern auch den Display-Markt auf. Heutzutage umfasst das sogenannte Displaynetzwerk laut Google-eigenen Angaben mehr als zwei Millionen Websites sowie Apps, in denen Ihre Anzeigen ausgeliefert werden können, die also Teil des sogenannten Google-Display-Network-Programms sind. Damit lassen sich durch die Nutzung des Google-Tools rund 90 % aller weltweiten Internetnutzer erreichen.[1] Auch hier erfolgt die Ausspielung der Anzeigen mithilfe eines Auktionssystems, das im Hintergrund abläuft. Allerdings wird im Google Displaynetzwerk eher selten per Klick bezahlt, in der Regel erfolgt die Berechnung der Werbekosten als Cost-per-Mille-Modell. Sie zahlen also nicht nur für jede Einblendung einzeln, sondern gebündelt pro 1.000 Anzeigenimpressionen.

Dabei geht es anders als bei den klassischen Textanzeigen weniger darum, Informationen zu vermitteln, sondern potenzielle Kunden mit Bildern zu begeistern und mit ansprechenden Formaten zum Interagieren zu bewegen. So bietet Google Ihnen beispielsweise die Möglichkeit, Bildanzeigen hochzuladen, die entweder statisch oder sogar animiert sein können. Ebenso können Sie im Google Displaynetzwerk Interaktionsanzeigen nutzen, beispielsweise Videos, die sich automatisch abspielen, oder Anzeigen, die sich beim Ansteuern mit der Maus vergrößern und weitere Inhalte präsentieren. Und auch die Adaption bereits vorhandener Textanzeigen ist im Google Displaynetzwerk, kurz GDN, möglich.

---

1 Quelle: *https://support.google.com/google-ads/answer/1752336?hl=de*

8.4   Wie kontrolliere und steuere ich die Ausspielung?

Natürlich wäre es nicht gewinnbringend, die eigenen Anzeigen einfach ohne weitere Eingrenzung auf nahezu 90 % aller weltweiten Websites auszuspielen und somit einer gigantischen Menge an Internetnutzern zur Verfügung zu stellen. Was würde einen passionierten Fußballfan auch eine Werbeanzeige für Ihre Tierpflegeprodukte interessieren? Daher hat Suchmaschinenriese Google natürlich auch bei dieser Werbeform Möglichkeiten geschaffen, um die eigenen Anzeigen bestmöglich einzugrenzen und so genau die Nutzer zu erreichen, die für Ihr Unternehmen oder Ihr Ladenlokal von Interesse sein könnten.

Im Gegensatz zu den Textanzeigen im Suchnetzwerk, bei dem die Ausspielung der Anzeigen durch die hinterlegten Keywords beeinflusst wird, erfolgt die Ansprache potenzieller Nutzer im Google Displaynetzwerk eher thematisch. Auch hier bietet Google Ihnen die Möglichkeit, Ihre potenziellen Kunden durch hinterlegte Keywords anzusprechen – allerdings gibt der Nutzer den Suchbegriff nicht bei Google ein, die Keywords, die Sie im GDN hinterlegen, müssen lediglich thematisch mit den Inhalten der im Displaynetzwerk hinterlegten Websites übereinstimmen. Thematisiert eine Webseite im Teil des AdSense-Programms also Themen wie Naturkosmetik und natürliche Reinigung, so können Sie diese Keywords bei der Ausrichtung Ihrer Displayanzeigen verwenden, um Personengruppen anzusprechen, die sich eventuell für Ihre natürlich hergestellte Seife interessieren, die keine nicht notwendigen Zusatzstoffe beinhaltet. Gleiches gilt für begeisterte Marathonläufer, Reiter, Technik-Affine oder Beauty-Queens.

Neben dieser Keyword-Ausrichtung können Sie die Werbeanzeigen beispielsweise auch auf Geschlechter oder Altersgruppen ausrichten, wenn sich Ihr Angebot beispielsweise nur an Frauen zwischen 35 und 50 richtet. Allerdings sollten Sie hier bedenken, dass Google demografische Daten nur sammeln darf, wenn diese freiwillig, beispielsweise bei der Einrichtung eines Gmail-Kontos, angegeben wurden. Da bei Weitem nicht alle Internetnutzer über ein Gmail-Konto verfügen oder beim Surfen in diesem angemeldet sind, birgt diese Ausrichtungsmethode die Gefahr, nicht die Gesamtheit der Zielgruppe ansprechen zu können, da die Datengrundlage unzureichend ist.

Darüber hinaus umfassen die Einstellungsmöglichkeiten im Google Displaynetzwerk ebenso eine Vielzahl an thematischen Zielgruppen und kaufbereiten Zielgruppen, also Menschen, bei denen durch ihr vorheriges Surfverhalten ein Kauf unmittelbar bevorsteht. So können Sie für Ihren lokalen Sportshop beispielsweise Menschen ansprechen, die ein erhöhtes Interesse am Thema Sport und Ernährung haben. Oder aber eine begeisterte Hobby-Köchin auf Ihr Angebot aufmerksam machen, interessiert sie sich doch schon länger für den Kauf eines hochpreisigen Bräters für ihre Schmorgerichte. Und auch das manuelle Auswählen einzelner Websites ist im GDN problemlos möglich.

Doch Google wäre nicht Google, wenn nicht auch in puncto Regionalität und Nutzer-freundlichkeit einiges einzustellen wäre. So lassen sich die Kampagnen im GDN selbst-verständlich auch regional ausrichten, etwa auf ein Land, ein Bundesland, eine Region oder eine Stadt. Ebenso können Sie die Banner auch auf verschiedene Geräte ausrichten, genauer gesagt auf Computer, Tablets und Mobilgeräte. Das ist beispielsweise dann sinnvoll, wenn Sie eine speziell für iOS-Mobiltelefone programmierte App an den Mann bringen möchten.

Eine weitere Möglichkeit, seine Kampagne bestmöglich der eigenen Zielgruppe anzu-passen: das Frequency Capping. Diese Einstellung ermöglicht es Ihnen, genau fest-zulegen, wie oft eine Anzeige einem Nutzer angezeigt werden darf und ab wann die Auslieferung stoppen soll. So können Sie verhindern, immer wieder den gleichen Men-schen Ihre Angebote zu präsentieren, wobei diese doch bisher die Banner gekonnt igno-rierten. Das spart nicht nur bares Geld, sondern sorgt auch dafür, dass das nun freie Budget dazu genutzt werden kann, neue User innerhalb der Kampagneneinstellungen anzusprechen.

Fassen wir die verschiedenen Ausrichtungseinstellungen noch einmal zusammen. Die folgenden Targeting-Methoden sind alle im Google Displaynetzwerk verfügbar. Darü-ber hinaus können Sie aber auch in anderen Netzwerken großer Werbevermarkter (bei-spielsweise im Facebook Audience Network, bei Stroer digital oder bei Media Impact) zum Einsatz kommen:

▶ **Keyword-Targeting**

Spricht man vom Keyword-Targeting, so ist damit ein kontextuelles Targeting ge-meint, bei dem die Anzeigen nach thematischen Keywords ausgesteuert werden. Die hinterlegten Suchbegriffe dienen dabei lediglich als Bezugspunkte, die Google und weitere Plattformen mit den Inhalten von Websites vergleicht und so eine Aussteue-rung anstrebt oder eben verhindert. Das bekannteste Einsatzgebiet des Keyword-Targeting sind Suchmaschinen.

▶ **Themen-Targeting**

Wählt man diese Form des Targetings, so können Ihre Anzeigen auf Websites ausge-liefert werden, die in ein bestimmtes thematisches Cluster passen, etwa »Umwelt und Natur«, »Wirtschaft und Finanzen«, »Immobilien« oder »Sport und Fitness«. Das Themen-Targeting wird häufig auch als kontextbezogenes Targeting bezeichnet. Die-ses Targeting wird häufig von Fachmagazinen und Internetportalen mit klarem Schwerpunktgebiet genutzt. Beispiele sind der Wirtschaftsteil einer Tageszeitung oder eben der Sportteil. Je nach Themengebiet eines Portals kann unterschiedliche Werbung ausgespielt werden. So erhöht das Portal die Relevanz der Werbung.

▶ **Interessens-Targeting**

Bei dieser Ausstellungseinrichtung werden Anzeigen nach der Affinität der Nutzer ausgesteuert. Die hierzu erforderlichen Daten beziehen die jeweiligen Plattformen durch die Beobachtung des Nutzerverhaltens. Google analysiert beispielsweise das Surfverhalten der User und entscheidet so, ob ein Banner an eine bestimmte Person ausgespielt werden sollte, da sie sich augenscheinlich für das Thema interessiert, oder eben nicht. Hier kann es dann auch passieren, dass die Banner auf einer Webseite erscheinen, die thematisch nichts mit Ihren Produkten oder Dienstleistungen zu tun hat, etwa eine E-Mail-Seite. Zwar ist hier auf den ersten Blick keine Verbindung zu Ihrem Unternehmen vorhanden, doch im Hintergrund hat Google analysiert, dass der Surfende ein Interesse an Ihren Leistungen hat, auch wenn er gerade seine Mails checkt oder sich über die neusten Sportergebnisse informiert.

▶ **Kaufbereite-Zielgruppen-Targeting**

Bei dieser Art der Kampagnenausrichtung werden solche User angesprochen, die nach der Analyse der Werbeplattform eine hohe Kaufintention haben und kurz vor dem Erwerb eines bestimmten Produktes stehen. So können Sie sicherstellen, dass Ihre Anzeige nur den Nutzern angezeigt wird, die sich bereits ausreichend über ein Produkt informiert haben und nun eher am Ende der Customer Journey angelangt sind. Auch hier kann es sein, dass die Anzeigen auf thematisch nicht passenden Websites erscheinen, doch durch den Google-Algorithmus ist klar, dass die Nutzer dennoch Interesse an Ihnen und Ihren Dienstleistungen haben.

▶ **Placement-Targeting**

Beim Placement-Targeting handelt es sich wohl um eine sehr zielgenaue Ausrichtungsmöglichkeit. Sie haben die Möglichkeit, für die Anzeigenauslieferung manuell bestimmte Websites, sogenannte Placements, auszuwählen, um die gewünschte Zielgruppe zu erreichen. Dafür ist es allerdings notwendig zu wissen, auf welchen Seiten sich Ihre potenziellen Käufer aufhalten und informieren. Beispiele sind *immoscout24.de*, *mobile.de*, *finanzen.net* und *schoener-wohnen.de*. Bei diesen Portalen ist der Themenfokus eindeutig ersichtlich, und Sie könnten diese Portale für eine konkrete Werbeansprache verwenden.

▶ **Demografisches Targeting**

Mann oder Frau, jung oder alt – durch die demografische Targeting-Einstellung ist es möglich, die Banner genau an die demografischen Eckpunkte Ihrer Zielgruppe anzupassen. So erreichen Sie durch ein cleveres Targeting beispielsweise weibliche Läuferinnen zwischen 30 und 50, die ein hohes Kaufinteresse an Ihrem neuen Laufschuh-Modell aufweisen.

8.5 Wie gestalte ich ein ansprechendes Werbemittel?

Grundsätzlich präsentiert sich das Google Displaynetzwerk, was die möglichen Anzeigen angeht, als besonders vielseitig. So können Sie neben klassischen Textanzeigen, wie Sie auch in der Google-Suche präsentiert werden, ebenso statische Banner (JPG, PNG, GIF), animierte HTML5-Anzeigen oder Videos für Ihre Werbezwecke zum Einsatz bringen. Da sich die Anzeigen sowohl über und unter sowie rechts und links neben dem eigentlichen Content einer Seite befinden können, ist es ratsam, pro Anzeigengruppe mehrere Werbeanzeigen hochzuladen, um größtmögliche Reichweite zu erzielen. Zu den gängigsten Bannerformaten gehören:[2]

- ▶ **Quadratische/rechteckige Anzeigen**
  - – Small Square: 200 × 200
  - – Vertical Rectangle: 240 × 400
  - – Square: 250 × 250
  - – Triple Widescreen: 250 × 360
  - – Inline Rectangle: 300 × 250
  - – Large Rectangle: 336 × 280
  - – Netboard: 580 × 400
- ▶ **Leaderboards**
  - – Banner: 468 × 60
  - – Leaderboard: 728 × 90
  - – Top Banner: 930 × 180
  - – Large Leaderboard: 970 × 90
  - – Billboard: 970 × 250
  - – Panorama: 980 × 120
- ▶ **Skyscraper**
  - – Skyscraper: 120 × 600
  - – Wide Skyscraper: 160 × 600
  - – Halbseitige Anzeige: 300 × 600
  - – Hochformat: 300 × 1.050
- ▶ **Mobile Anzeigen**
  - – Mobiles Banner: 300 × 50

---

2 Quelle: *https://support.google.com/google-ads/answer/1722096#zippy=%2Canimierte-und-nicht-animierte-bildanzeigen*

- Mobiles Banner: 320 × 50
- Großes mobiles Banner: 320 × 100

Zudem gilt es, bei der Erstellung der Werbemittel einige Vorgaben und Richtlinien zu beachten – für Google bedeutet dies:

▶ Die Banner dürfen maximal 150 KB groß sein.

▶ Die Frame-Rate animierter GIFs muss unter 5 fps liegen.

▶ Die Animation darf maximal 30 Sekunden dauern.

▶ Animationen dürfen zwar in Schleife erstellt werden, müssen jedoch nach 30 Sekunden anhalten.

Doch neben der Größe und den technischen Spezifikationen kommt es vor allem auch auf das Design an, das über Erfolg oder Misserfolg eine Werbekampagne entscheidet. Daher sollten Ihre Werbebanner stets einige grundlegende Komponenten einhalten, um das Markenbewusstsein zu erhöhen und potenzielle Kunden auf deine Webseite zu bringen:

▶ **Logo**

Kein Banner ohne Logo! Ihre Banner sollten stets Ihr Logo enthalten, um Bewusstsein für Ihre Marke zu schaffen. Platzieren Sie dieses so, dass es auffällt, jedoch keinesfalls die anderen Komponenten Ihres Banners überdeckt.

▶ **Alleinstellungsmerkmal**

Das Alleinstellungsmerkmal präsentiert die Dienstleistung oder das Produkt, das Sie bewerben möchten. Aspekte wie »50 % auf alles« oder »Limitiertes Angebot« ziehen die Aufmerksamkeit zusätzlich auf das Banner und sollten dem Betrachter somit sofort ins Auge fallen.

▶ **Call-to-Action**

Jedes Banner sollte stets über einen Call-to-Action verfügen, also über einen Text, der den Nutzer dazu einlädt, auf die Grafik zu klicken. Typische Call-to-Actions sind beispielsweise »Jetzt informieren«, »Angebot sichern« oder »Mehr erfahren«. Eingebettet in einen farblich abgegrenzten Button, erhöhen diese CTAs oftmals die Klickrate Ihrer Banner und führen mehr Besucher auf Ihre Website.

▶ **Schriftart**

Auch wenn Sie noch so viel Mühe in Ihre Werbebanner stecken: Die Meisten werden diese dennoch nur für einen Bruchteil einer Sekunde betrachten. Nutzen Sie daher stets gut lesbare Schriftarten, und gestalten Sie den Text nicht zu lang – maximal vier Textzeilen, mehr sollte ein wirkungsvolles Banner nicht beinhalten. Auch kursive oder enorm dünne Schriftarten sind zu vermeiden, ebenso wie die Gestaltung des gesamten Textes in Versalien.

▶ **Animationen**

Animierte Banner erhaschen in der Regel eher die Aufmerksamkeit der User als statische Grafiken. Achten Sie jedoch darauf, dass Sie Ihre Werbebotschaft verstärken und nicht von ihr ablenken. Auch hier gilt: In der letzten Animation sollte der Call-to-Action nicht fehlen.

▶ **Einheitlichkeit**

Ihre Banner führen interessierte Nutzer auf eine Webseite oder eine Landingpage. Achten Sie bei der Gestaltung Ihrer Werbebanner darauf, einen einheitlichen Look zu verwenden, sodass der gesamte Onlineauftritt harmonisch wirkt und potenzielle Kunden nicht verwirrt sind.

▶ **Bildmaterial**

Klar ist, ohne wirksame Grafiken und Bilder kommt eine gute Werbeanzeige nicht aus. Wer sich kein eigenes Shooting mit Models und Fotograf*in leisten kann, kann Bilder zu nahezu allen Themen auch einfach kaufen. Diese Stock-Bilder sind beispielsweise auf Portalen wie Adobe Stock erhältlich und kosten in der Regel lediglich einige Euros. Eine echte Alternative zu selbstgeschossenem Bildmaterial.

▶ **Farben**

Farben sind stets mit Assoziationen verbunden. So kann die Farbe Rot für Leidenschaft und Wut stehen, während man bei Grün eher an Gesundheit und Umwelt denkt. Lila steht stellvertretend für Luxus, Gelb für Freundlichkeit, Weiß für Reinheit und Schwarz für Exklusivität. Wählen Sie Ihre Farben also mit Bedacht, denn diese vermitteln eine Botschaft, die mit Ihrer Werbebotschaft in Einklang stehen sollte.

8.5.1 Kann ich das selber machen?

Grundsätzlich spricht nichts dagegen, ein Banner für die Displaywerbung auch selbst zu gestalten. Zu beachten sind dabei vor allem die korrekte Größe der Grafiken sowie die Gesamtgröße der Datei, da nicht zum Standard passende Dateien schlicht und ergreifend nicht im Google-Ads-Tool hochgeladen werden können. Allerdings müssen Sie sich darüber im Klaren sein, dass Sie selbst wahrscheinlich lediglich ansprechende JPGs oder PNGs ausarbeiten können – für die Gestaltung animierter HTML5-Anzeigen sind schließlich weitreichende Grafik-Kenntnisse nötig, über die nur wenige ohne entsprechende Ausbildung oder Studium verfügen.

Allerdings muss es auch nicht zwangsläufig eine aufwendig designte Anzeige sein – seit 2016 lassen sich im Google Displaynetzwerk ebenso sogenannte responsive Display-

Anzeigen nutzen, durch die es Werbetreibenden erlaubt wird, schnell und kostengünstig eine ganze Reihe an Anzeigen-Elementen zu erstellen und zu testen, um zu schauen, welche der Variationen am besten bei der eigenen Zielgruppe ankommt. Die responsiven Onlinebanner bilden somit eine echte Alternative zu manuell erstellten Anzeigen und sind für jede verfügbare Werbeplatz-Größe nutzbar. So werden aus den vom Werbetreibenden angelieferten Inhalten automatisch verschiedene Kombinationen erstellt, die je nach Erfolg häufiger oder seltener ausgeliefert werden.

Grundsätzlich können Sie bei der Erstellung responsiver Displaybanner folgende Inhalte hinzufügen:

▶ bis zu 15 verschiedene Bilder

▶ bis zu 5 Überschriften

▶ bis zu 5 Beschreibungen

▶ bis zu 5 Logos

Neben ihrer leichten Erstellung, für die keinerlei Vorkenntnisse erforderlich sind, bieten die anpassungsfähigen Onlinebanner noch einen weiteren Vorteil: Denn durch ihr automatisches Anpassen an jeden verfügbaren Anzeigenplatz im Google Displaynetzwerk profitieren Sie von einer deutlich größeren Reichweite als bei manuell erstellten Grafiken, die in der Regel nur in drei bis vier Größen ausgearbeitet werden. Und auch die Zeitersparnis ist nicht zu vernachlässigen, ebenso wie die automatisierte Optimierung der Anzeigen. Schließlich nutzt Google auch hier maschinelles Lernen, um die perfekte Kombination der verschiedenen Elemente zu finden – eine Analysearbeit, die Sie selbst nur mit viel Aufwand und Zeit leisten könnten.

Daher sind responsive Displayanzeigen alles andere als eine Notlösung für alle, die die Kosten für eine Grafikagentur sparen möchten – sie sind vielmehr eine sinnvolle Ergänzung für jede Kampagne im GDN, die durch künstliche Intelligenz stets das Optimum aus allen verfügbaren Anzeigen-Inhalten rausholt.

8.5.2   Wo finde ich professionelle Hilfe?

Zugegeben, die Feinheiten einer Kampagne im Google Displaynetzwerk (GDN) oder auch bei anderen Display-Anbietern können Laien schnell an den Rand des Wahnsinns treiben. Nicht nur gilt es, Werbebanner zu organisieren und auszutesten, auch die Aussteuerung und Auswertung der Kampagne hält den ein oder anderen Stolperstein bereit. Zudem hat nicht jeder Selbstständige neben dem alltäglichen Geschäft die Zeit und Muße, sich in die Komplexität des Google Displaynetzwerkes einzudenken und die eigene Kampagne kontinuierlich zu überwachen. Hilfe erhalten Sie daher nicht nur beim offiziellen Google-Ads-Support unter *https://support.google.com/google-ads/*, sondern auch bei diversen Agenturen, die sich auf das GDN spezialisiert haben. Wenn Sie selbst in der näheren Umgebung keine Agentur kennen oder diese nicht infrage kommt, können Sie beispielsweise auch einen Blick ins Ranking des BVDW (*www.bvdw.org*) werfen. Der Bundesverband Digitaler Wirtschaft erhebt jährlich gemeinsam mit den Branchenpartnern HighText iBusiness, Horizont und werben & verkaufen ein Ranking der deutschen Internet-Agenturlandschaft, um eine neutrale Orientierung für potenzielle Kunden zu bieten. Und auch in der Mitgliedsliste des BVDW, die neben Global Playern ebenso Mittelständler und Start-ups umfasst, findet sich sicherlich eine Agentur in Ihrer Nähe: *www.bvdw.org/mitgliedschaft/mitgliedsunternehmen/*.

Neben den großen Netzwerken von Facebook und Google, in denen Sie selbst die Aussteuerung vollumfänglich übernehmen müssen, haben sich erfahrene Technologieunternehmen etabliert, die Werbetreibenden, Agenturen und KMUs (teilweise über Reseller) lokale Werbeplattformen bieten. Auf diesen Plattformen können Sie Media-Kanäle wie »Display«, »Mobile« und »Video« buchen. Teilweise bieten Ihnen diese Plattformen sogar weitere Kategorien wie »Digital Out of Home« und »Addressable TV«.

Beispiele für alternative Plattformbetreiber
- Taboola (*www.taboola.com*)
- Factor Eleven (*www.factor-eleven.de/platform/*)

Ein Vorteil eines Plattformanbieters im Vergleich zu Facebook oder Google liegt im Aufwand, der größtenteils entfällt oder vom Plattformanbieter übernommen wird. Factor Eleven übernimmt die Aussteuerung auf reichweitenstarken Internetportalen mit redaktionellen/journalistischen Inhalten (Brand Safety). Das Abrechnungsmodell ist an den CPC angelehnt, wobei man einen Festpreis pro interagierendem Nutzer zahlt, unabhängig davon, wie häufig der Nutzer mit dem Werbemittel interagiert. So kann man bei Buchung gleich die Anzahl an Kontakten feststellen, die man mit der Werbemaßnahme potenziell gewinnen kann. Die Preise liegen deutlich über den CPCs von Google und sind eher im Bereich der CPCs von LinkedIn oder Xing anzusiedeln (2,50 € pro interagierendem Nutzer). Dafür entfallen die Kosten für eine Agentur. Ein weiterer Vorteil: Das Unternehmen bietet seinen Kunden die komplette Kreation des Werbemittels ohne Aufpreis oder zusätzliche Kosten, wobei individuelle Wünsche abgestimmt werden. Das Werbemittel kann dynamisch mit vielen Informationen und Interaktionsmöglichkeiten angereichert werden.

Abbildung 8.2 Aufmerksamkeitsstarkes Werbemittel mit diversen Direktlinks und interaktiven Animationen (Quelle: Factor Eleven)

Im Vergleich zu Taboola bietet Factor Eleven lediglich ein geschlossenes System für Neukunden. Man muss mit einem Ansprechpartner beim Unternehmen das erste Projekt abstimmen und einbuchen. In den ersten sechs Monaten werden die Projekte dann im Managed Service begleitet. Bei Taboola gibt es einen offenen Buchungsprozess (Self Service) ohne persönlichen Kontakt. Ein Unterschied zu Facebook und Google: Die meisten Anbieter haben ein gewisses Mindestbudget, welches man als Werbetreibender bei ihnen buchen muss. Da die Kosten für die Kreativleistung entfällt und die Plattformanbieter die Aussteuerung übernehmen, ist das allerdings verständlich.

8.6   Verschiedene Werbeformen kombinieren – Multichannel-Kampagnen

Haben Sie schon einmal vom Begriff des Multichannel-Marketing gehört? Dieser beschreibt einen strategischen Ansatz der Branche, potenzielle Konsumenten nicht nur auf einem, sondern gleich auf mehreren verschiedenen Kommunikationskanälen zu erreichen. Der Ansatz ist dabei alles andere als neu: So sind bereits der Katalog- und Versandhandel oder das Teleshopping als Multichannel-Marketing zu betrachten, werden die Produkte doch über Kanal A angeschaut und über Kanal B bestellt. Heutzutage muss zudem beachtet werden, dass Konsumenten nicht nur über ihren Desktop im Internet surfen, sondern auch per Smartphone und Tablet die Weiten des World Wide Web erkunden. Auch unter dem Begriff »Crossmedia« bekannt, meint das moderne Multichannel-Marketing also die Kommunikation über mehrere inhaltlich und gestalterisch zusammenhängende Kanäle, die den User gemeinsam an verschiedenen Punkten ansprechen und ihn so zielgereichtet auf eine Webseite, einen Shop oder in ein Ladenlokal führen sollen. Ob es sich bei diesen Kanälen um eine Kombination aus klassischer Print-Anzeige und Social-Media-Werbung handelt oder das Zusammenspiel aus TV, Print, Google Ads und Retargeting gemeint ist, ist jedem Werbetreibenden selbst überlassen.

Dass Multichannel-Marketing dabei keineswegs eine mediale Eintagsfliege ist, sondern die Zukunft der Branche maßgeblich beeinflussen wird, beweist auch eine Studie des internationalen Marketing- und Marktforschungsunternehmens Kantar Millward Brown, das in seinem Paper »Ad Reaction« 2018 die Reaktionen der Verbraucher auf Multichannel-Kampagnen untersuchte. Dazu wurden über 200 internationale Kampagnen unter den Gesichtspunkten »Kreativität« sowie »Wirksamkeit« untersucht und 14.000 Konsumenten aus 45 Ländern befragt. Mit gleichermaßen guten wie schlechten Nachrichten für die Branche: Zwar ist das Potenzial von Multichannel-Kampagnen groß (die Effektivitäts-Steigerung einer integrierten Kampagne liegt immer bei 57 %), doch kaum ein Unternehmen schaffet es bislang, die potenziellen Kunden wirklich von seinen Ideen zu überzeugen. 69 % der Befragten empfanden die Werbung sogar als immer aufdringlicher. Doch selbst ohne maßgeschneiderte Inhalte seien Multichannel-Kampagnen um 31 % effektiver als Kampagnen, die lediglich einen Kanal bedienten.[3]

Neben einem Status quo gibt die Studie jedoch auch konkrete Tipps, worauf es bei erfolgreichen Multichannel-Kampagnen zu achten gilt:

▶ konsistente Kampagnensignale (gleicher Slogan, einheitliches Logo oder identische Werbefigur)

▶ Kanal-Synergien

▶ starke Kampagnenidee (sollte sich in allen Maßnahmen widerspiegeln)

▶ jeder Baustein zählt (Ausarbeitung ALLER Maßnahmen)

▶ Zielgruppe ansprechen

▶ maßgeschneiderte Inhalte (Inhalte speziell für die jeweiligen Kanäle entwickeln)

Was sich zunächst kompliziert anhört und aktuell eher noch bei den Global Playern verankert ist, bietet ebenso für regionale Werbetreibende viele Chancen. Denn seien Sie ehrlich: Wenn Ihnen der Turnschuh, den Sie schon lange einmal im Sportgeschäft nebenan anprobieren wollten, immer mal wieder auf Facebook, auf Instagram, beim Surfen im Netz und vielleicht auch an der Bushaltestelle gegenüber Ihrer Wohnung begegnet, ist die Wahrscheinlichkeit hoch, dass Sie diesen in den kommenden Wochen auch persönlich anschauen werden.

Achten Sie dabei jedoch stets auf eine konstante Marketing-Botschaft, verwenden Sie einen Slogan, und richten Sie die jeweiligen Werbebanner auf die Anforderungen des jeweiligen Mediums aus. So kann eine Werbung bei Instagram ruhig auch einmal mit einem Augenzwinkern betrachtet werden, während eine Online-Anzeige in der lokalen Tageszeitung eher einen seriösen Auftritt verfolgen sollte.

8.7   Was kostet das?

Egal, ob großflächige Onlinebanner in der lokalen Tageszeitung oder selbsterstellte Banner im Google Displaynetzwerk – eine der wohl am häufigsten gestellten Fragen lautet: Was kostet das eigentlich? Und kann ich mir das auch als kleines Unternehmen leisten? Meine Antwort dazu lautet eigentlich immer gleich: Es kostet so viel, wie es Ihnen wert ist. Denn die goldene Erfolgsformel mit genauen Beträgen gibt es schlicht und ergreifend nicht! Zudem sind die Kosten für jeden Werbetreibenden individuell und hängen

---

3 Quelle: W&V (*www.wuv.de/marketing/kreativitaet_und_abgestimmte_kanaele_machen_werbung_ zum_erfolg*)

von vielen Faktoren ab. In urbanen Gebieten ist die Wettbewerbsdichte meistens deutlich höher, und wo mehr Marktbegleiter an einer Gebotsauktion teilnehmen, da könnten die CPCs allein aufgrund der Wettbewerbssituation höher liegen.

Während es bei Werbung über selbst vermarktete Portale einen Fixpreis für die Werbeauslieferung auf TKP-Basis gibt, lässt sich das auszugebende Budget bei Google oder auch Facebook selbst bestimmen. Hier zahlen Sie effektiv für Klicks, während Sie bei anderen Vermarktern vielleicht bereits für die reine Werbeausspielung zahlen. Sie können bei einer CPC-Aussteuerung bei Google selbstständig entscheiden, wie viel Geld Sie monatlich in die Werbung investieren möchten und wie viel Ihnen das Erscheinen von Onlinebannern in einem fest definierten geografischen Radius wert ist. Zudem hängt Ihr Invest auch stark von Ihren Marketing-Zielen und der Strategie ab, die Sie verfolgen.

Starten Sie einfach Ihre Werbeaktivitäten mit einem Budget, das sich gut mit Ihren monatlichen Umsätzen verträgt, und verteilen Sie dieses auf die verschiedenen Werbekanäle, die Sie bedienen möchten. Lassen Sie die Anzeigen einige Wochen laufen, und werten Sie anschließend die Ergebnisse aus – schnell werden Sie erkennen, welche Portale das monatliche Budget voll ausschöpfen und wo vielleicht sogar einige Euros übrig bleiben, die besser in einen anderen Kanal investiert werden sollten. Stellen Sie die Ergebnisse vom GDN, Facebook und Co. Gegeneinander, und entscheiden Sie immer wieder neu, welche der beworbenen Kanäle den größten Effekt für Ihr Unternehmen haben.

Übrigens: Nutzen Sie gerne auch einmal die Budget-Simulation von Google. Diese finden Sie neben der Darstellung Ihres Tagesbudgets in der Kampagnenübersicht. Hier können Sie simulieren, wie sich Ihre Kampagnen bei veränderten Budgets verhalten würde, wie viele Klicks Sie mit zusätzlichen 5 € beispielsweise mehr erlangen könnten. Gleiches gilt ebenso für den Google-eigenen Leistungsplaner, den Sie im Menü unter dem Punkt »Tools und Einstellungen« finden. Auch hier haben Sie die Möglichkeit, die Auswirkungen von Veränderungen an Ihren Kampagnen zunächst simulieren zu lassen, um zu überlegen, ob dieser Effekt Ihren Kampagnen zuträglich ist. Einfach einmal ausprobieren und aufzeigen lassen, welchen Effekt eine Erhöhung des Tagesbudgets um 10 € auf Ihre Displaykampagne hätte. Handeln Sie jedoch mit Bedacht, und prüfen Sie, ob ein höheres Budget wirklich zielführend in Bezug zu Ihrer Marketing-Strategie ist. Grundsätzlich ist das Werbenetzwerk von Google unerschöpflich groß, und Sie können sowohl 10 € als auch 500 € einsetzen. Bevor Sie also zur Gießkanne greifen und großzügig die Werbereichweite erhöhen, prüfen Sie bitte zuerst, ob nicht auch der kleine Werbeinsatz ausreichend ist und Sie die Werbeauslieferung und das Targeting noch einmal nachjustieren.

8.8 Praxisanleitungen

So viel zur Theorie – jetzt geht's an die Umsetzung! Denn jetzt, wo die Grundlagen klar sind, hält Sie nichts mehr davon ab, mit Ihrer Werbung das Google Displaynetzwerk, Facebook oder auch YouTube zu erkunden. Nachfolgend finden Sie daher einige Tipps und Tricks, worauf es bei der Kampagnenerstellung zu achten gilt und welche Zielgruppen für die genaue Ausrichtung der eigenen Kampagnen zur Verfügung stehen. Ob Retargeting, Videowerbung oder ein cooler Auftritt in den sozialen Medien – nutzen Sie auch für Ihr Unternehmen das Potenzial der Internetwerbung, und erreichen Sie für kleines Geld große Massen in Ihrer Region.

8.8.1 Facebook und Instagram Ads

Facebook und Instagram – zwei der beliebtesten mobilen Plattformen, die auf kaum einem Smartphone fehlen. Und auch auf Ihrem Mobiltelefon findet sich sicherlich mindestens eines der bekannten Icons. Vielleicht nutzen Sie die Plattformen ja auch schon bereits für Ihr Unternehmen, um neue Produkte bekannt zu machen, Ihre Dienstleistungen vorzustellen oder neue Mitarbeiter im Team willkommen zu heißen. Wussten Sie auch schon, dass Sie auf beiden Plattformen regional werben können und so mit wenig Aufwand Ihre Zielgruppe erreichen? Beschränkten sich die Werbemaßnahmen in den ersten Anfängen darauf, veröffentlichte Beiträge gegen Gebühr einem größeren Publikum zur Verfügung zu stellen, so sind die Werbemöglichkeiten beider Plattformen heutzutage groß wie nie. Egal, ob Videos, Fotos, Texte oder eine Kombination aller Elemente – für jeden Bedarf findet sich das passende Anzeigenformat, das wahlweise auf Facebook, Instagram, im Facebook Messenger oder im Audience Network (Partnernetzwerk, ähnlich dem Google Displaynetzwerk) veröffentlicht werden kann. Zu diesen Werbeformaten gehören unter anderem:

▶ **Foto Ads**

Zu den Klassikern bei Facebook und Instagram gehört ohne Frage die Foto Ad. Einfach, schnörkellos, ansprechend – eine Kombination aus Bild und Text, die Ihre Produkte oder Dienstleistungen gekonnt in Szene setzt und kaum Zeit in Anspruch nimmt. Ein Foto zu finden und einen kleinen Text zu verfassen stellt für die wenigsten ein Problem dar. Ein weiterer Vorteil: Auf Wunsch können die Ads entweder zu Ihrer offiziellen Unternehmens-Facebook-Seite führen oder aber direkt auf Ihre Website linken.

Abbildung 8.3 Eine Facebook Foto Ad

▶ **Video Ads**

Bild, Ton, Bewegung – erzählen Sie mit Video Ads Ihre Geschichten! Video Ads sind in den unterschiedlichsten Längen verfügbar, die von coolen kurzen Anzeigen bis hin zu längeren, erklärenden Videos reichen können, die sich der Konsument in einer ruhigen Minute vollständig anschauen kann. Auch hier können Sie das Link-Ziel der Anzeige frei wählen und Ihre User dahin führen, wo Sie weiterführende Informationen zur Verfügung stellen.

► **Story Ads**

Spricht man von einer Story, so sind bei Facebook kurze und knackige Video-Sequenzen gemeint, die lediglich für 24 Stunden sichtbar sind und nach Ablauf dieser Zeit vom Surfenden nicht mehr aufgerufen werden können. Natürlich bietet die Plattform auch die Möglichkeit, zwischen die Wechsel von Stories Ihrer Freunde eigene Werbeinhalte zu platzieren, die in nur wenigen Sekunden die Emotionen der Betrachter wecken sollen. Überlegen Sie sich also gut, wie Sie in kürzester Zeit die Vorzüge eines Produktes oder Ihres Unternehmens präsentieren möchten – per Swipe-up gelangen die Betrachter zudem mühelos auf Ihre Homepage, um mehr über Sie zu erfahren.

► **Messenger Ads**

Laut eigenen Angaben des Social-Media-Giganten nutzen rund 1,3 Milliarden Menschen jeden Monat den Facebook Messenger (*https://de-de.facebook.com/business/ads/messenger-ads*) – klar, dass auch hier für Werbetreibende ein lange ungenutztes Potenzial schlummert, das durch die noch recht neuen Messenger Ads nun auch ausgenutzt werden kann. Denn durch die Ads können Sie Menschen mit Ihren Werbeanzeigen nicht im eh schon überfüllten Facebook-Feed, sondern im Messenger-Postfach erreichen, wo sie in der Regel ein hohes Maß an Aufmerksamkeit erhalten. Das Prinzip ist dabei analog wie bei einer klassischen Facebook Ad: Das System liefert die Anzeigen automatisch auf der Platzierung aus, die wahrscheinlich die besten Ergebnisse erzielt und dabei möglichst wenig Kosten verursacht. Zudem können die gleichen Anzeigen wie für andere Facebook und Instagram Ads verwendet werden – geringer Aufwand, große Wirkung.

Abbildung 8.4 Facebook Messenger Ad

► **Carousel Ads**

Großes Potenzial bieten auch die sogenannten Carousel Ads, in der Sie bis zu zehn unterschiedliche Bilder oder Videos in einer einzigen Anzeige präsentieren können. Jedes dieser zehn Elemente kann zudem mit einem eigenen Link ausgestattet werden, um die User beispielsweise direkt zum dargestellten Produkt im Onlineshop zu führen oder zu weiteren Informationen zur beworbenen Dienstleistung. Nutzen Sie die Möglichkeit, entweder eine ganze Bandbreite von Inhalten zu präsentieren oder aber eine fortlaufende Geschichte zu erzählen, die mit jeder Karte der Ad eine neue Facette entfaltet.

Abbildung 8.5 Facebook Carousel Ad

▶ **Slideshow Ads**

Sie haben nicht die Zeit oder das benötigte Know-how, um ein aufwendiges Werbevideo zu produzieren, möchten aber dennoch mit einer animierten Werbeanzeige bei Facebook werben? Mit der sogenannten Slideshow Ad kein Problem! Denn hierbei handelt es sich um videoähnliche Anzeigen, bei denen aus verschiedenen Bildern, Texten und Sounds ein abwechslungsreicher Clip zusammengestellt wird. Das Besondere an den Ads ist ihr geringes Datenvolumen. Durch dieses lässt sich die Anzeige auf sämtlichen Geräten und selbst bei einer langsamen Internetgeschwindigkeit ausspielen.

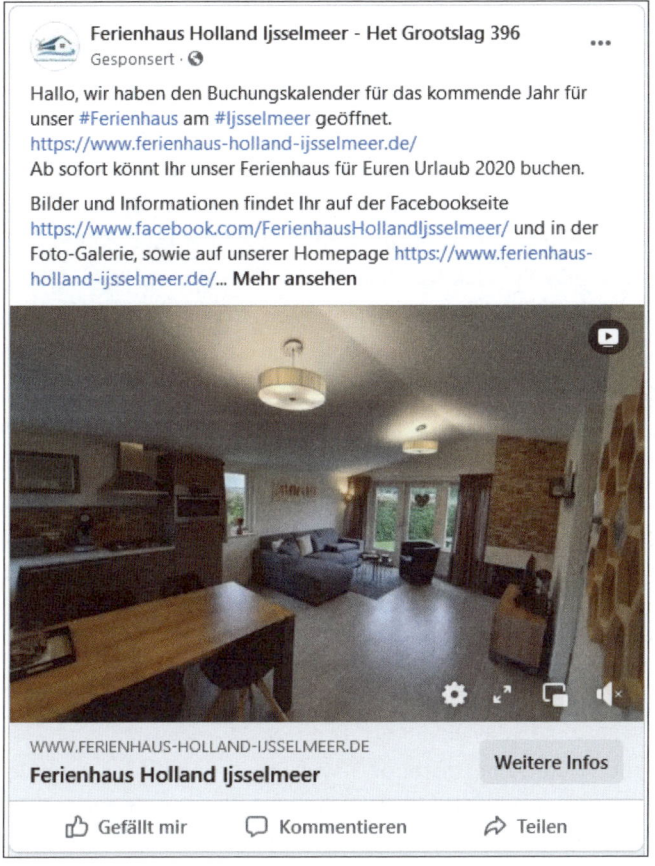

Abbildung 8.6 Facebook Slideshow Ad

▶ **Collection Ads**

Relativ neu im Facebook-Kosmos sind auch die Collection Ads, die bei ihrer Neueinführung auch unter dem Namen »Sammlung« die Social-Media-Welt in Aufruhr versetzten. Insbesondere für Betreiber von Onlineshops bieten die Ads ein tolles Potenzial, ermöglichen sie es doch den Nutzern, in einer Art Mini-Shop das eigene Produktangebot zu durchstöbern und mit nur einem Klick zum gewünschten Artikel im Shop zu gelangen. Neben einer besonders schnellen Ladezeit zeichnet sich dieses Anzeigenformat vor allem durch hohe Conversion-Raten aus, ist der Weg bis zum Kauf für den User doch denkbar einfach: in der Anzeige passende Produkte finden, mit nur einem Tipp auf das Produkt mehr erfahren und den Kauf abschließen.

▶ **Playable Ads**

Mit den sogenannten Playable Ads bietet Facebook Betreibern von Apps die Möglichkeit, ihre Download-Zahlen zu steigern. Hierbei wird den Usern nämlich zunächst eine interaktive Vorschau einer Application angezeigt, bevor der Link zum App Store oder Google Play Store führt. So haben die Nutzer die Möglichkeit, die App zunächst einmal zu testen, bevor der Download oder App-Kauf getätigt wird.

▶ **Instant Experience**

Früher unter dem Namen »Canvas« bekannt, ermöglichen es die sogenannten Facebook Instant Experiences Werbetreibenden, besonders viel Aufmerksamkeit von potenziellen Kunden zu erlangen. Speziell für Mobilgeräte konzipiert, handelt es sich hierbei um attraktive Vollbild-Anzeigen, die sich vor allem durch ihre Interaktivität auszeichnen. So können die User beispielsweise wie bei einer Carousel Ad durch Videos und Fotos swipen oder aber Produkte durchstöbern – und das alles in einer einzigen Werbeanzeige. Zugegeben: Der Aufwand, eine Instant Experience zu erstellen, ist höher als bei einer klassischen Text-Bild-Facebook-Anzeige, doch der Mehrwert für den User spricht für sich! Um Werbetreibenden die Arbeit zu erleichtern, stellt die Social-Media-Plattform zudem benutzerfreundliche Vorlagen zur Verfügung, die genutzt werden können, wenn die Zeit und das Know-how zur Erstellung eigener Designs fehlen. Ein weiterer Vorteil der Instant Experiences: Sie eignen sich für so gut wie jedes Werbeziel, da die Inhalte an die eigenen Marketing-Parameter angepasst werden können – egal, ob Neukundengewinnung, mobiles Shopping oder Branding.

So weit zu den Anzeigemöglichkeiten bei Facebook – weiter geht's mit der vergleichsweise jungen Plattform Instagram. War diese früher noch vollkommen werbefrei, so können heutzutage auch hier verschiedenste Werbeformen genutzt werden, um die eigene Markengeschichte einem großen Publikum zugänglich zu machen. Konkret können zum einen klassische Bild oder Video Ads gestaltet, Story Ads konzipiert oder Carousel Ads ausgespielt werden. So lassen sich auch bei Instagram mit gezielter Werbung die unterschiedlichsten Kampagnenziele verfolgen, die vom klassischen Branding bis hin zum mobilen Shopping mit Link zum Onlineshop reichen können.

Übrigens: Wie Sie sicherlich mitbekommen haben, wurde auch der Messenger-Dienst WhatsApp vom Social-Media-Giganten Facebook aufgekauft – daher lassen sich über die Facebook-for-Business-Plattformen auch Anzeigen auf dieser Plattform erreichen. Immerhin nutzen rund 500 Millionen Menschen pro Tag den WhatsApp-Status und ganze zwei Milliarden Menschen weltweit monatlich die Messenger-Funktion.[4] Erstel-

---

4 Quelle: *https://de-de.facebook.com/business/marketing/whatsapp*

len Sie beispielsweise ein eigenes Business-Profil, mit dem Sie Ihrer Kundschaft etwa eine individuelle Kundenbetreuung anbieten können, oder informieren Sie Ihre Kunden über Neuigkeiten in Ihrem Unternehmen. Da die WhatsApp-Business-App speziell für kleine und mittelständische Unternehmen konzipiert wurde, ist sie kostenlos und einfach zu bedienen – testen Sie es doch einfach mal aus!

Zurück zu Facebook und Instagram: Auch in puncto Targeting können Sie bei den beiden Plattformen auf Vielseitigkeit zählen. So lassen sich sämtliche Anzeigenformate zum einen regional ausrichten, um genau dort zu werben, wo Sie Ihre Produkte und Dienstleistungen anbieten. Zum anderen können Sie die Anzeigen auch an verschiedene Zielgruppen ausspielen lassen sowie demografisch eingrenzen. Sollen die Anzeigen nur Frauen angezeigt werden, um Ihre Boutique für Damenbekleidung bekannter zu machen? Oder nur Jugendlichen zwischen 16 und 29, weil sich Ihr Angebot vor allem an diese Altersgruppe richtet? Nur Menschen, die durch ihre Likes und ihr Suchverhalten bei Facebook oder Instagram ein erhöhtes Interesse am Thema Golf haben oder sich etwa für das Thema Hausbau interessieren? Stöbern Sie durch die verschiedenen Zielgruppeneinstellungen, und passen Sie die Ausrichtung Ihrer Werbeanzeigen ideal an Ihre Zielgruppe an.

Sie möchten mehr über das Thema Werbung auf Facebook, Instagram, im Messenger oder auf WhatsApp lernen? Dann investieren Sie doch etwas Zeit, und absolvieren Sie einen der kostenlosen Onlinekurse, die die Plattform anbietet, um die eigenen Werbekompetenzen auszubauen: *https://de-de.facebook.com/business/learn*.

8.8.2   Websitebesucher erneut ansprechen – Retargeting

Vielleicht haben Sie sich schon einmal gefragt, warum Sie oft mit der gleichen Werbung angesprochen haben. Die Schuhe, die Sie sich letzte Woche im Shop angeschaut, aber nicht bestellt haben, erscheinen beim Surfen immer und immer wieder. So lange, bis Ihnen die Werbung entweder auf die Nerven geht oder Sie die Schuhe endlich kaufen. Und genau hier liegt die Intention der erneuten Werbeansprache, die im Fachjargon als Retargeting bezeichnet wird. Auch als Remarketing bekannt, erlaubt Ihnen diese Art des Werbens, Besucher Ihrer Website an anderer Stelle zu einem späteren Zeitpunkt erneut anzusprechen und Sie nochmals mit Ihrem Produkt zu konfrontieren.

Technisch basiert das System dabei auf Cookies, die beim Aufrufen einer Webseite oder bei der Interaktion mit einem Werbemittel gesammelt und gemeinsam mit relevanten Daten zum Surfverhalten gespeichert werden. Doch Achtung: Als Seitenbetreiber sind Sie dazu verpflichtet, den Besucher Ihrer Internetpräsenz auf das Sammeln dieser Daten hinzuweisen und das Erfassen der Daten erst dann zu starten, wenn dieser durch das Opt-In-Verfahren sein Okay gegeben hat.

Ein typischer Retargeting-Kauf könnte also wie folgt aussehen:

1. Ein Nutzer besucht Ihre Website.

2. Ihre Website setzt ein Cookie und markiert so den Besucher.

3. Der Besucher surft auf anderen Websites, und es wird Ihre Werbeanzeige angezeigt, durch die er zu Ihrer Seite zurückfindet.

4. Der Besucher vollzieht die gewünscht Aktion, beispielsweise einen Kauf oder eine Angebotsanfrage.

Doch wie können Sie sicherstellen, genau die Nutzer noch einmal anzusprechen, die sich schon einmal über Ihr Produkt oder Ihre Dienstleistung informiert haben? Die Grundlage hierfür bilden sogenannte Remarketing-Listen, die Sie für die einzelnen Werbenetzwerke bereitstellen können. Auch hier ist Google erneut einer der elementaren Anbieter am Markt. Sowohl über das Google-Ads-Tool als auch über Google Analytics können Sie Remarketing-Lsiten erstellen, die Sie mit dem Google-Werbenetzwerk wieder ansprechen können. Durch ein spezielles Remarketing-Tag, das Sie über Google Ads herunterladen und im Quellcode Ihrer Website verbauen können, beziehungsweise über das bereits integrierte Google Analytics Tag werden hierbei sogenannte Remarketing-Zielgruppen erstellt, deren Daten zwischen 30 und 90 Tage lang gespeichert werden können, um die erneute Ansprache zu ermöglichen. Dabei können Sie frei definieren, ab welchem Punkt der Customer Journey Sie Ihre potenziellen Kunden erneut ansprechen möchten. Reicht es, dass sie sich nur über Ihre Produkte oder Dienstleistungen informiert haben? Sollen Sie sich die technischen Details eines Gerätes näher angeschaut haben? Oder sollen Sie das Produkt gar schon in den Warenkorb gelegt haben, doch der Klick zum Kauf blieb bisher aus? Stellen Sie sich Ihre Retargeting-Zielgruppe zusammen, geben Sie dem System alle Parameter an die Hand, sammeln Sie die erforderlichen Daten, und erinnern Sie Ihre potenziellen Käufer mit Bild-, Video- oder Textanzeigen erneut an Ihr Unternehmen – die Arbeit wird sich auszahlen!

Das Aufsetzen einer Retargeting-Kampagne ist nicht schwer, sobald alle erforderlichen Tags auf der Webseite verbaut und die Zielgruppen befüllt wurden. Dazu müssen Sie nämlich lediglich eine klassische Kampagne im Google Displaynetzwerk anlegen und statt Targeting-Möglichkeiten wie dem Interessen-, Placement- oder Demografie-Targeting einfach die angelegte Zielgruppe auswählen. Banner, Videos oder Textanzeigen erstellen und schon kann die Remarketing-Kampagne starten.

Übrigens: Betreiben Sie einen Onlineshop und nutzen Google Shopping, verfügen also über einen Merchant-Center-Feed, so können Sie auch auf das sogenannte dynamische Retargeting zurückgreifen. Hierbei wird dem Nutzer statt einer generischen Anzeige eine Art Kataloganzeige präsentiert, auf der sich genau die Artikel in der Farbe und Ausstattung finden, für die sich der potenzielle Kunde zuvor interessiert hat. Wurden also Laufschuhe in Größe 45 und der Farbe Blau angeschaut, so können Sie dem User genau dieses Modell noch einmal beim Surfen präsentieren, um ihn daran zu erinnern, dass ebendiese Laufschuhe in Größe 45 und der Farbe Blau noch auf ihn warten.

Und nicht nur Google, auch andere Werbeplattformen wie Facebook oder LinkedIn bieten ihren Kunden die Möglichkeit, User erneut durch gezielte Retargeting-Kampagnen anzusprechen. Dies geschieht entweder durch ein eigenes Pixel (Facebook, LinkedIn) oder durch Retargeting-Dienstleister.

Anbieter für Retargeting:

▶ Google Ads (*https://support.google.com/google-ads/answer/3124536?hl=de*)

▶ LinkedIn (*https://business.LinkedIn.com/de-de/marketing-solutions/ad-targeting/retargeting*)

▶ Facebook (*www.facebook.com/business/goals/retargeting*)

▶ releva.nz: (*https://releva.nz*)

▶ Criteo: (*www.criteo.com/de/products/criteo-dynamic-retargeting/*)

Zum Schluss möchte ich Ihnen noch drei Best Practices mit auf den Weg geben, mit denen garantiert jede Retargeting-Kampagne zum Erfolg wird:

1. **Die richtigen Banner für die richtigen Zielgruppen**

   Wie wir bereits in Kapitel 3 gelernt haben, lässt sich der Weg des Kunden klassischerweise in fünf Stationen einteilen. Wer das Remarketing perfektionieren möchte, bezieht diese Phasen in die Gestaltung der Werbemittel ein und präsentiert so jeder Zielgruppe ein individuell auf ihre Bedürfnisse zugeschnittenes Werbemittel. Haben sich die User erst einmal kurz mit den Inhalten Ihrer Seite beschäftigt, kann es sinnvoll sein, ihm noch einmal einige allgemeine Infos zukommen zu lassen – User, die bereits ein bestimmtes Produkt im Einkaufswagen hatten, sollten ebendieses Produkt auch auf dem Werbemittel noch mal angezeigt bekommen, um den Weg bis zum Kauf zu verkürzen. Richten Sie also Ihre Retargeting-Strategie entlang der Customer Journey aus, um die Conversion-Rate zu erhöhen.

2. **Frequency Capping nicht vergessen**

   Das Retargeting ist heutzutage keine neue Erfindung mehr – Nutzer fühlen sich schnell genervt, wenn ihnen ein und dasselbe Banner über mehrere Monate immer wieder durch das Internet folgt. Vergessen Sie also nicht, das Frequency Capping zu aktivieren, damit sich Ihre potenziellen Käufer nicht verfolgt fühlen, wenn sie das gleiche Banner 15-mal am Tag zu Gesicht bekommen.

3. **Unnötige Impressionen bringen keinen Gewinn**

Manchmal kann es auch nützlich sein, bestimmte Nutzergruppen aus der Retargeting-Kampagne auszuschließen. So macht es keinen Sinn, einem User, der durch den Kauf eines Produktes bereits zum User wurde, noch immer das Banner anzuzeigen, nur weil die 90 Tage, auf die die Zielgruppe eingestellt ist, noch nicht vorüber sind. Durch den Ausschluss dieser Personengruppen können Sie nicht nur Ihre Werbekosten reduzieren, sondern auch den ROAS (Return on Advertising Spend) erhöhen.

8.8.3   Videowerbung mit YouTube

2005 gegründet, hat sich die Videoplattform YouTube längst zum weltweiten Marktführer entwickelt und kann sich auf globaler Ebene monatlich mit rund 2,3 Millionen Nutzern auszeichnen.[5] Allein 77 % der Deutschen geben an, die Plattform mindestens selten zu nutzen – Tendenz steigend![6] In Deutschland liegt die durchschnittliche tägliche Nutzungsdauer von YouTube-Videos zudem bei stolzen 12 Minuten[7] – klar, dass hier die Chancen hoch stehen, genau die richtigen Nutzer anzutreffen, die sich für Ihre Produkte und Dienstleistungen interessieren. Und zwar mit sogenannten YouTube-Ads, die sich auf vielfältige Art und Weise auf der beliebten Plattform ausspielen lassen – selbstverständlich auch regional. Schließlich macht es keinen Sinn, Werbung für Ihr Café am Rhein-Ufer zu machen, wenn sich die Zuschauer der Video-Ad in Berlin befinden. YouTube-Videoanzeigen helfen Ihnen dabei, genau die Menschen zu erreichen, die Interesse an Ihren Angeboten haben, egal, ob Sie Werbung für ein Restaurant, ein Modegeschäft in der Innenstadt oder Ihre Manufaktur mit angeschlossenem Onlineshop machen möchten. Denn als Anlaufstelle für jedermann bietet YouTube einen unglaublichen großen Nutzerkreis, in dem User Inhalte zu nahezu allen möglichen Themen finden. Und auch in puncto Kosteneffizienz muss sich die Werbeplattform YouTube nicht verstecken, denn bezahlt wird nur, wenn Nutzer sich Ihre Videoanzeige auch ansehen oder auf diese klicken, um zu Ihrer Website zu gelangen. Ein weitläufiger Analyse-Bereich macht auch die Auswertung der Erfolge zum Kinderspiel und zeigt Ihnen schnell, was bereits gut läuft und wo noch Verbesserungspotenzial besteht.

Übrigens: Zwischen der Werbung bei Google Ads und YouTube lassen sich einige Parallelen ziehen – nicht nur, was das Abrechnungsmodell angeht. Denn genau wie in der

---

5   Quelle: *https://de.statista.com/statistik/daten/studie/181086/umfrage/die-weltweit-groessten-social-networks-nach-anzahl-der-user/*

6   Quelle: *https://de.statista.com/statistik/daten/studie/543400/umfrage/reichweite-von-youtube-in-deutschland/*

7   Quelle: *https://de.statista.com/statistik/daten/studie/543384/umfrage/taegliche-nutzungsdauer-von-youtube-in-deutschland/*

Google-Suche erreichen Sie potenzielle Kunden auch bei YouTube genau in dem Moment, wo diese nach einem bestimmten Inhalt suchen. So können Sie die Anzeige für Ihren Friseursalon beispielsweise genau dann ausspielen lassen, wenn jemand nach den neusten Frisur-Trends 2021 sucht. Oder die Werbung für die Auswahl an Bundesliga-Trikots in Ihrem Sportgeschäft in der Kölner Innenstadt, wenn jemand nach den neusten Fußball-Ergebnissen sucht. Auch hier stehen die Suche und die Relevanz der Werbeanzeigen für den Suchenden im Vordergrund.

Wer eine Videokampagne bei YouTube starten will, muss sich dazu nicht bei einem weiteren Tool anmelden, sondern kann dies ganz einfach über die Google-Ads-Plattform tun. Einzige Voraussetzung: Das Google-Ads-Konto muss mit dem eigenen YouTube-Channel verknüpft sein, auf dem Sie Ihre Videos hochladen. Wählen Sie bei den Kampagneneinstellungen für das Zielvorhaben der Kampagne dazu z. B. einfach den Bereich »Markenbekanntheit und Reichweite« oder »Produkt- und Markenkaufbereitschaft« aus und anschließend den Kampagnentyp »Video«.

Verschiedene Arten von Videoanzeigen

Je nach eigenem Zielvorhaben können Sie bei der Kampagneneinrichtung zwischen verschiedenen Kampagnenuntertypen wählen, die jeweils ein ganz eigenes Ziel verfolgen und eigene Spezifikationen mit sich bringen. Zu den wichtigsten gehören:

▶ **In-Stream-Anzeigen (überspringbar)**

Überspringbare In-Stream-Anzeigen eignen sich immer dann, wenn Sie Ihre Videoinhalte vor, während oder nach anderen Videos auf YouTube platzieren möchten. Der Nutzer hat hier die Möglichkeit, die Anzeige nach fünf Sekunden zu überspringen. Die Anzeigen erscheinen nicht nur auf den YouTube-Wiedergabeseiten, sondern auch auf Websites und in Apps, die zu den Google-Videopartnern gehören. Die Bezahlung der Anzeigen erfolgt in der Regel nach dem CPV-Modell. Sie zahlen also nur, wenn sich die Nutzer das Video mindestens 30 Sekunden lang oder bis zum Ende angeschaut haben oder mit diesem interagieren. Überspringbare In-Stream-Anzeigen können in der Kampagneneinstellung immer dann genutzt werden, wenn eines der folgenden Zielvorhaben ausgewählt wurde:

– Umsätze

– Leads

– Zugriffe auf die Website

– Markenbekanntheit und Reichweite

– Produkt- und Markenkaufbereitschaft

Abbildung 8.7 Überspringbare In-Stream-Anzeige bei YouTube

▶ **In-Stream-Anzeigen (nicht überspringbar)**

Auch die nicht überspringbaren In-Stream-Anzeigen werden vor, während oder nach anderen YouTube-Videos geschaltet, ebenso wie auf Websites und in Apps, die zum Google-Videonetzwerk gehören, können aber – wie der Name bereits sagt – nicht übersprungen werden. Hier ist der Nutzer also gezwungen, die gesamte Werbeanzeige anzuschauen, um seinen eigentlichen Videoinhalt ansehen zu können. Aus diesem Grund dürfen die Anzeigen jedoch auch nur maximal 15 Sekunden lang sein. Die Abrechnung erfolgt bei dieser Anzeigenform in der Regel auf Basis eines Ziel-CPMs, also nach Impressionen. Nicht überspringbare In-Stream-Anzeigen können in der Kampagneneinstellung immer dann genutzt werden, wenn das folgende Zielvorhaben ausgewählt wurde: »Markenbekanntheit und Reichweite«.

Abbildung 8.8 Nicht überspringbare In-Stream-Anzeige bei YouTube

▶ **Video-Discovery-Anzeigen**

Die Video-Discovery-Anzeigen verfolgen eine etwas andere Strategie als In-Stream-Anzeigen und werden an Positionen platziert, die für die Nutzer interessant sein können, etwa neben thematisch ähnlichen Videos auf der YouTube-Suchergebnisseite oder auf der Startseite von YouTube Mobile. Die Anzeige selbst besteht dabei aus einem Thumbnail mit wenig Text, bei Klick gerät der Nutzer auf Ihr Video. Nur bei Klick auf das Thumbnail entstehen Kosten, die reine Einblendung der Anzeige ist kostenlos. Video-Discovery-Anzeigen können in der Kampagneneinstellung immer dann genutzt werden, wenn das folgende Zielvorhaben ausgewählt wurde: »Produkt- und Markenkaufbereitschaft«.

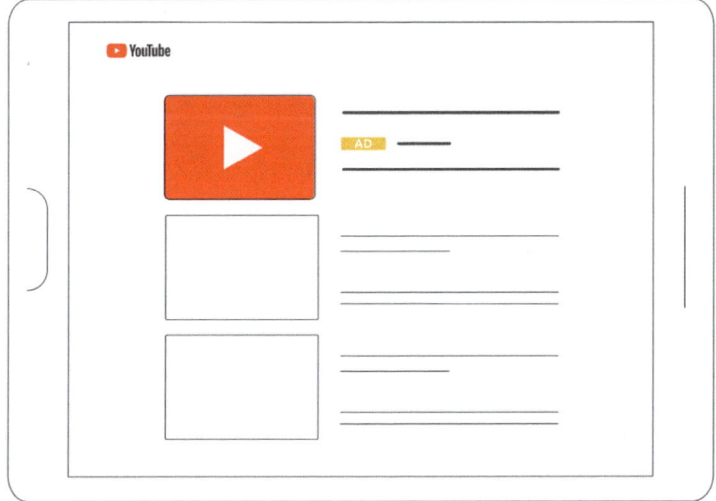

Abbildung 8.9 Video-Discovery-Anzeige bei YouTube

▶ **Bumper-Anzeigen**

Kurze, eingängige Botschaften – darauf liegt bei den Bumper-Anzeigen der Fokus. Dieses Anzeigenformat ist maximal sechs Sekunden lang und kann vor, während oder nach anderen YouTube-Videos abgespielt werden. Ein Überspringen der Anzeige ist nicht möglich. Ausgespielt werden Bumper-Anzeigen sowohl auf You-Tube selbst als auch auf Websites sowie in Apps, die zum Google-Videonetzwerk gehören. Auch hier erfolgt die Abrechnung anhand des Ziel-CPM-Modells. Bezahlt wird also für Impressionen. Bumper-Anzeigen können in der Kampagneneinstellung immer dann genutzt werden, wenn das folgende Zielvorhaben ausgewählt wurde: »Markenbekanntheit und Reichweite«.

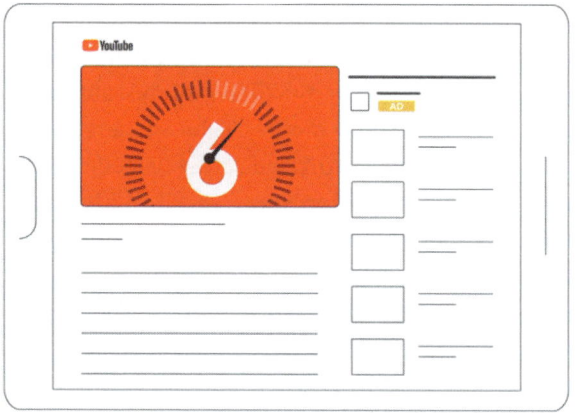

Abbildung 8.10 Bumper-Anzeige bei YouTube

▶ **Out-Stream-Anzeigen**

Mit Out-Stream-Anzeigen erhöhen Sie die Reichweite der eigenen Videoanzeigen auf Mobilgeräten. Ausschließlich für die Ausspielung auf Smartphones konzipiert, werden die Anzeigen anfangs ohne Ton abgespielt – erst durch das aktive Tippen auf die Anzeige wird die Stummschaltung aufgehoben. Achtung: Dieses Anzeigenformat wird nur auf Websites und in Apps von Google-Videopartnern abgespielt, für YouTube selbst ist das Format nicht verfügbar. Die Abrechnung erfolgt per sichtbarem CPM (Cost per 1000 Impressions), wobei nur Kosten anfallen, wenn das Video für mindestens zwei Sekunden wiedergegeben wird. Out-Stream-Anzeigen können in der Kampagneneinstellung immer dann genutzt werden, wenn das folgende Zielvorhaben ausgewählt wurde: »Markenbekanntheit und Reichweite«.

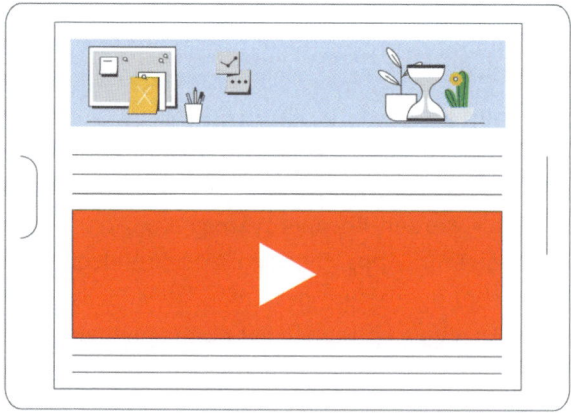

Abbildung 8.11 Out-Stream-Anzeige bei YouTube

▶ **Masthead-Anzeigen**

Wer die Bekanntheit eines neuen Produktes oder eines neuen Services steigern möchte, ist mit einer Masthead-Anzeige gut beraten. Denn mit dieser Werbeform lassen sich in kurzer Zeit große Zielgruppe erreichen. Dabei wird ein Video auf Computern entweder oben im YouTube-Startseitenfeed automatisch maximal 30 Sekunden lang ohne Ton wiedergegeben oder erscheint als Thumbnail am Ende der automatischen Wiedergabe anderer Videos. Auf Mobilgeräten wird das Video ebenfalls automatisch für die volle Videodauer in der YouTube-App oder im Startseitenfeed ohne Ton wiedergegeben oder als Thumbnail dargestellt. Masthead-Anzeigen können nur über einen YouTube-Vertriebsmitarbeiter gebucht werden und werden mit Cost per Day vergütet. Das bedeutet, dass Ihre Anzeige einen ganzen Tag lang bei YouTube auf der Startseite dargestellt wird. Das Werbemittel eignet sich beispielsweise für internationale/nationale Marken und für die Bekanntmachung neuer Produkte.

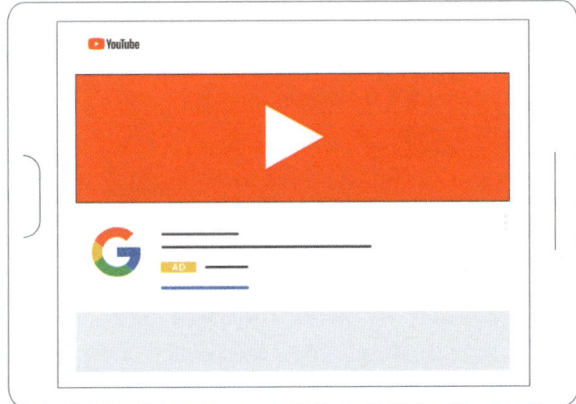

Abbildung 8.12 Masthead-Anzeige bei YouTube

Find My Audience – die richtigen Menschen adressieren

Damit Ihre Videowerbung nicht einfach an irgendwen ausgespielt wird, sondern an die Menschen, die sich mit hoher Wahrscheinlichkeit für Ihr Unternehmen und Ihre Produkte interessieren, bietet YouTube mit dem Tool Find My Audience Werbetreibenden die Möglichkeit, neue Zielgruppen zu entdecken, die wichtigsten Kunden zu ermitteln und mehr darüber zu erfahren, wie sich diese mit individuellen Werbebotschaften erreichen lassen. Dazu können Sie zuhöchst passende Zielgruppen, basierend auf deren Interessen, Gewohnheiten und geplanten Käufe, entdecken und sich im Anschluss ein kostenloses Zielgruppenprofil herunterladen, mit dem sich die richtige Strategie für Ihre Videoanzeigen herausfinden lässt. Das Tool eignet sich vor allem für YouTube-Neulinge und führt sie langsam in die Welt der Kampagnenausrichtung ein. Mit den Ergebnissen lassen sich leicht erste eigene YouTube-Kampagnen starten, ohne stundenlang vor den Einstellungen zu sitzen und nicht weiter zu wissen. Die Kategorien in Find My Audience umfassen dabei aktuell die folgenden:

▶ **Interessen**
- Banken und Finanzen
- Beauty und Wellness
- Essen und Trinken
- Home und Garden
- Lifestyle und Hobbys
- Media und Entertainment
- News und Politik
- Shopping
- Sport und Fitness
- Technologie
- Reisen
- Fahrzeuge und Transport

▶ **Kaufbereite Zielgruppen**
- Kleidung und Accessoires
- Kunst und Handwerk
- Autos und Fahrzeuge
- Produkte für Babys und Kinder
- Beauty und Personal Care
- Business- und Industrieprodukte
- Computer und Peripheriegräte
- Consumer Electronics
- Bildung
- Arbeit
- Event Tickets
- Essen
- Geschenke
- Home und Garden
- Media und Entertainment

– Musikinstrumente und -bedarf

– Wohneigentum

– Software

– Sport und Fitness

– Telekommunikation

– Reisen

Eine Videoanzeige erstellen – auch ohne hohe Kosten möglich

Die Grundlagen sind klar, was noch fehlt, ist eine kreative und wirksame Videoanzeige – doch wer gestaltet mir diese eigentlich? Natürlich können Sie die Arbeit an eine Agentur abgeben, die aus bereits vorhandenem oder noch aufzunehmendem Videomaterial etwas Hübsches zusammenbastelt. Mit der passenden Videosoftware geht diese Arbeit jedoch auch selbst leicht von der Hand.

YouTube selbst nennt auf seiner Hilfeseite unter *www.youtube.com/intl/de/ads/making-a-video-ad/* eine ganze Reihe an Plattformen, die sich für die Gestaltung individueller Videoanzeigen eignen, darunter Marktführer wie Animoto, Vamp, Kazam und Quick-Frame. Hier können Sie die Plattformen sogar noch einmal filtern, etwa nach der Höhe des zur Verfügung stehenden Produktionsbudgets oder der Angebotsleistungen.

Klar ist jedoch: All diese Tools kosten Geld in der Anschaffung – und das leider oft nicht wenig. Dabei lassen sich mit einigen Tipps selbst fürs schmale Budget wirksame Anzeigen gestalten – einzige Voraussetzung: ein wenig Vorbereitungszeit und Hirnschmalz. Unterteilen Sie Ihre Videoproduktion dabei am besten in drei Phasen:

1. **Vorbereitung**: Erstellen Sie ein Konzept

   Welche Art von Werbeanzeige möchten Sie erstellen? Was möchten Sie mit dieser bewirken? Wie lang darf das fertige Video am Ende maximal sein? Warum sollen die User Ihrer Werbebotschaft Vertrauen schenken? Entscheiden Sie sich zu Beginn einer jeden Produktion, ob Sie Ihr Geschäftsprofil vorstellen möchten oder den Fokus auf ein bestimmtes Produkt oder Angebot legen möchten. Lassen Sie sich ruhig auch von anderen Videos inspirieren, und verschaffen Sie sich einen Eindruck, wie sich der Wettbewerb aufstellt. Schreiben Sie im nächsten Schritt ein grobes Storyboard nieder, und legen Sie fest, wer im Video auftritt, was Sie sagen möchten und welche Requisiten gegebenenfalls benötigt werden.

2. **Aufnahme**: Best practices

   Die richtige Ausrüstung zum Filmen muss nicht teuer sein – denn meistens tragen Sie bereits eine sehr gute Kamera in Ihrer Hosentasche: die Ihres Smartphones! Achten

Sie bei Aufnahmen im Innenbereich vor allem auf eine gute Beleuchtung. Wählen Sie am besten einen Ort, in den ausreichend Tageslicht fällt. Vor allem das Gesicht sollte gleichmäßig ausgeleuchtet sein; am besten sollten die Aufnahmen nicht vor einem Fenster stattfinden. Und auch bei Tonqualität sollten Sie nichts dem Zufall überlassen. Achten Sie vor der Aufnahme, ob Geräusche in der Umgebung den Ton beeinflussen könnten, und verwenden Sie, falls möglich, am besten ein Mikrofon. Denken Sie bei der Bildkomposition am besten auch an die Zwei-Drittel-Regel. Diese besagt, dass das Motiv der Aufnahme sich in Drittel unterteilen lassen sollte, um harmonisch zu wirken. Nehmen Sie am besten auch verschiedene Winkel und Perspektiven auf, um später ausreichend Material für die Bearbeitung zur Verfügung zu haben.

3. **Bearbeitung**: Der Video-Editor von YouTube

   Natürlich ist das Video nach Ende der Aufnahme noch nicht fertig. Mit dem Video-Editor von YouTube können Sie dieses jedoch besonders kostengünstig bearbeiten und so schnell und unkompliziert die finale Videoanzeige in den Händen halten. Wählen Sie dazu zunächst die Videoausschnitte aus, die Sie nutzen möchten, und archivieren Sie alle anderen Aufnahmen. Sollen weitere Tonspuren wie Stimmen aus dem Off verwendet werde, können Sie diese im nächsten Schritt hochladen und in die Aufnahmen integrieren. Fügen Sie der Werbeanzeige zudem einen Call-to-Action hinzu, damit potenzielle Kunden wissen, was als Nächstes zu tun ist. Schon ist die Videoanzeige fertig und bereit, auf YouTube verbreitet zu werden.

Was kostet Videowerbung bei YouTube?

Immer wieder werde ich gefragt: Was muss ich für Videowerbung auf YouTube ausgeben? Diese Frage ist ungefähr so schwer zu beantworten wie die Frage, ob Ei oder Huhn zuerst da waren. Denn die Höhe des Budgets hängt von vielen Faktoren ab, etwa der Werbebotschaft, der gewünschten Reichweite und der geografischen Eingrenzung der Werbeanzeigen. YouTube selbst rät Werbetreibenden, mit einem Tagesbudget von 10 € zu starten. Wer diese Höhe investiert, kann zudem auf die kostenfreie Hilfe von YouTube-Spezialisten zurückgreifen, die bei der Erstellung und Optimierung von Videokampagnen helfen. Anpassungen am Werbebudget sind jedoch auch bei YouTube Ads jederzeit problemlos möglich, sodass Sie sich erst einmal langsam an das Thema herantasten und nach und nach Ihre Kampagnen ausweiten können.

Kapitel 9
Funktioniert meine Werbung?

*Der Marketing-Plan steht, die Kampagnen laufen – und jetzt? Zeit, sich
die Ergebnisse Ihrer Werbung näher anzuschauen und diese zu bewerten.
Stimmen Reichweite und Werbewirksamkeit? Wann ist Werbung erfolgreich und wie lerne ich meine Marketing-Aktivität auf den Return on
Invest zu prüfen?*

Auch in dieser Phase sollten Sie auf keinen Fall Ihre Ziele vergessen, um beurteilen zu
können, ob Sie mit Ihrer Werbung die passenden Zielgruppen ansprechen oder Anpassungen am Media-Mix vorgenommen werden müssen. Damit das möglich wird, müssen wir auch die verschiedenen Möglichkeiten der Auswertung kennen. Grundsätzlich
können Sie eine Werbemaßnahme entweder quantitativ in Bezug zur Werbereichweite
oder qualitativ in Bezug zur Werbewirksamkeit bewerten (siehe Abbildung 9.1). Sofern
Sie lediglich die Werbe-Ausspielung betrachten, erhalten Sie häufig Werte, die Ihnen
lediglich etwas über die Quantität Ihrer Werbung verraten.

Wie viele Werbeimpulse wurden ausgespielt, wie viele Klicks haben wir erhalten, und
was sind die effektiven Kosten pro Klick? Das sind alles Werte, die Ihnen etwas über die
Werbereichweite und den Werbeerfolg verraten, sie sagen aber nichts dazu aus, ob Ihre
Werbung auch wirklich Kunden gebracht hat und ob es einen Return on Invest gibt. Die
Werbewirksamkeit kann nur in Form der ausgeführten Handlungen auf Ihrer Website
bewertet werden.

Finden Sie heraus, ob aus Ihren Interessenten echte Kunden werden oder ob sich diese
nach dem Besuch Ihrer Website persönlich bei Ihnen melden. Und berechnen Sie, wie
sich Ihre Werbeausgaben im Verhältnis zum Erfolg der Kampagnen verhalten. Schließlich sollten Sie Ihr Werbebudget nicht zum Fenster rausschmeißen, sondern zielführend einsetzen, um Ihre Unternehmensziele zu erreichen. Bereits Philip Kotler, ein 1931
im US-amerikanischen Chicago geborener Wirtschaftswissenschaftler und Professor
für Marketing an der Kellogg School of Management, sagte: »Marketing ist die Kunst,
Chancen aufzuspüren, sie zu entwickeln und davon zu profitieren.«

Also, worauf warten Sie? Erkennen Sie Ihre Chancen, entwickeln Sie Ihre Kampagnen
weiter, finden Sie heraus, ob Ihre Werbung funktioniert, und profitieren Sie von Ihrer
Arbeit!

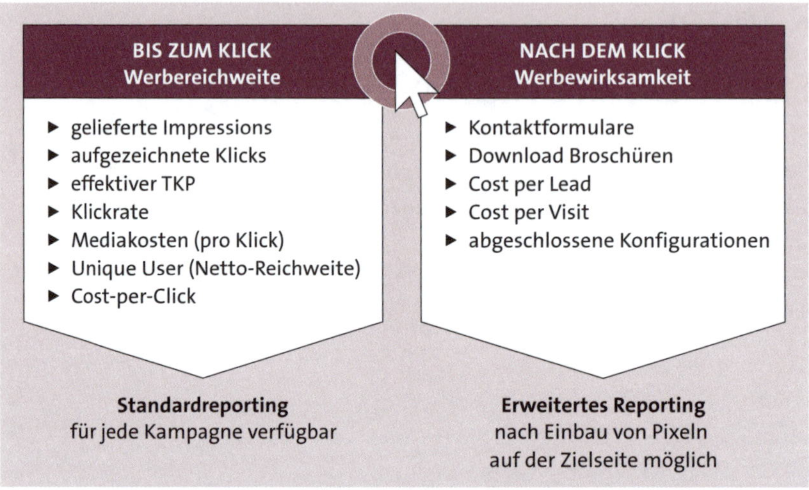

Abbildung 9.1 Werbereichweite und Werbewirksamkeit

9.1   So bewerten Sie das Kosten-Nutzen-Verhältnis Ihrer Werbung

Ihr Marketing-Mix ist auf Papier gebracht, die Ideen sind ausformuliert, vielleicht haben Sie sich auch bereits erste Gedanken über ein Storytelling oder aufmerksamkeitsstarke Werbemittel gemacht. Zeit, sich auch einmal mit den dafür fälligen Kosten zu beschäftigen und sicherzustellen, dass Werbekosten und Reichweite im optimalen Verhältnis zueinanderstehen. Denn was nützt Ihnen eine teure Werbung, die keinen Umsatz generiert und daher nur nett anzusehen ist? Richtig: rein gar nichts! Denken Sie bei der Zusammenstellung der Kosten daran, wirklich alle Ausgaben zu addieren und in die Auswertung einfließen zu lassen, also auch die Gestaltungskosten für benötigte Werbemittel, ggf. Herstellungskosten, Medienkosten, die an Vermarkter oder Tools wie Google Ads gezahlt werden, sowie weitere Kosten, die beispielsweise im Rahmen einer Promotion-Aktion mit kleinen Kostproben Ihrer Produkte anfallen. Vergleichen Sie diese Ausgaben anschließend mit dem durch die Werbung gewonnenen Umsatz.

> *»Wenn ich nicht so viel Geld für Werbung ausgegeben hätte, wäre ich heute Millionär.«*
> *– Jean Paul Getty, Milliardär*

Was bei einem Onlineshop durch die Addierung aller Käufe recht schnell herausgefunden werden kann, stellt für Dienstleistungsunternehmen oftmals ein Problem dar. Denn wie lässt sich der Anruf eines Interessierten oder das bloße Ausstellen eines Angebotes bemessen? Weisen Sie Ihren Conversionzielen, also Anrufen und Co., eine Leistungskennzahl zu, die angibt, wie wertvoll diese Aktion für Ihr Unternehmen ist. So kann ein Anruf bei Ihrem Unternehmen vielleicht 5 € wert sein, während dem Ausstellen eines Angebotes ein deutlich höherer Wert zugewiesen werden kann, da die Wahrscheinlichkeit für einen Abschluss hoch ist. Gewöhnen Sie sich zudem an, Neukunden nach dem Kauf eines Produktes in Ihrem Lokal, dem Annehmen eines Handwerksangebotes oder dem ersten Besuch in Ihrem Salon zu fragen, wie sie auf Sie aufmerksam wurden. So können Sie sich ebenfalls einen besseren Überblick über den Erfolg Ihrer Werbung verschaffen und merken schnell, ob sich Ihre Online-Präsenz in den verschiedenen Medien auszahlt oder das Geld besser in andere Kanäle investiert werden sollte.

Ein weiterer Indikator, der für die Bewertung von Kosten und Nutzen herangezogen werden sollte, ist der sogenannte Tausender-Kontakt-Preis, kurz TKP. Dieser ergibt sich aus dem Verhältnis von Ausgaben und Reichweite und kann von Medium zu Medium stark schwanken. Berechnet wird er wie folgt:

(Werbeausgabe ÷ Kontakte) × 1.000

Stellen Sie sich einmal vor, ein Unternehmen bucht eine lokale Job-Anzeige in der Tageszeitung. Nehmen wir an, die Zeitung hat eine Auflage von 75.000 Exemplaren. Das Unternehmen zahlt für das Stellenangebot bzw. die Anzeige 3.900 €. Rechnen wir (3.900 ÷ 75.000) × 1.000, so ergibt sich ein effektiver Tausender-Kontakt-Preis von rund 52 €.

Zeitgleich investiert das Unternehmen auch in einen kreativen Social-Media-Post, der bei gleichen Ausgaben für Gestaltung und Mediabudget für mehr Reichweite gleich ganz andere Ergebnisse liefert. Da hier durch das hohe Mediabudget deutlich mehr Kontakte erreicht werden können, sinkt der TKP auf rund 4 €. Es werden somit fast 1.000.000 Werbeausspielungen für das gleiche Budget erreicht. Der Kosten-Nutzen-Ertrag steht hier also gleich in einem ganz anderen Verhältnis.

Wenn Sie sich nun fragen, ob es eine Zauberformel gibt, die Ihnen genau sagt, wie viel Prozent des Umsatzvolumens in Marketing-Aktivitäten fließen sollten, muss ich Sie leider enttäuschen. Denn diese Zahl schwankt von Branche zu Branche. So geben Zulieferer der Automobilindustrie häufig rund 3 % des Umsatzvolumens für Ihre Werbung aus, während diese Zahl bei Dienstleistungsunternehmen nicht selten schon bei rund 10 € liegt. Nehmen Sie sich an dieser Stelle besser kein Beispiel am Werbe-Giganten Red Bull – schließlich gibt der Energy-Drink-Hersteller jährlich rund 30 % seines Umsatzvolumens für spektakuläre Marketing-Events, Sport-Sponsorings und Co. aus.[1]

Werfen wir an dieser Stelle einmal einen Blick auf die klassische Kosten-Nutzen-Analyse, wie sie zur Wirtschaftlichkeitsberechnung von Investitionen und anderen Ausgaben herangezogen wird.

Wie der Name bereits verrät, handelt es sich hierbei um eine Gegenüberstellung der Kosten und Nutzen, mit der sich künftige Investitionen und Ausgaben prüfen und

---

1 Quelle: *www.fuer-gruender.de/wissen/existenzgruendung-planen/marketingmix/marketingbudget/*

anhand stichhaltiger Daten bewerten lassen. Das ist vor allem dann hilfreich, wenn Bewertungen ohne definierte Geldwerte oder vorhandene Marktpreise durchgeführt werden müssen. Auf Basis von Schätzungen werden so vorteilhafte von unvorteilhaften Vorhaben unterschieden.

Stellen Sie sich vor, ein Unternehmen möchte acht Mitarbeiter schulen, um Dienstleistungen künftig auf einem noch höheren Niveau anbieten zu können.[2] Um herauszufinden, ob die Schulung auch langfristig rentabel für das Unternehmen ist, stellen Sie eine Kosten-Nutzen-Analyse auf. Da einige Werte wie Reisekosten und Lehrgangsgebühren bekannt sind, lassen sich die Kosten der Maßnahmen recht genau ermitteln:

A. Aufwand	Pro Mitarbeiter	Gesamt
Kosten der Veranstaltung (Lehrgangsgebühren)	1.980	15.840
Hotelkosten	330	2.640
Reisekosten	90	720
Ausfallzeiten	960	7.680
Langsameres Arbeiten während der Umsetzung	290	2.320
Umsetzungskontrolle	140	1.120
Gesamtaufwand im Schulungsjahr		**30.320**
B. Nutzen/Einsparungen		
Verbesserung der Arbeitsabläufe/Schnelleres Arbeiten	1.720	13.760
Abbau von Überzeiten	670	5.360
Selbstständigeres Arbeiten	340	2.720
Reduktion der Fehlerquote	240	1.920
Verbesserung der Kommunikation	160	1.280
Gesamtnutzen im Schulungsjahr		**25.040**
C. Saldo aus Nutzen und Kosten im ersten Jahr		**-5.280**

Abbildung 9.2 Wirtschaftlichkeitsberechnung von Investitionen mit Kosten-Nutzen-Vergleich

---

2 Quelle des Beispiels: *www.lexoffice.de/lexikon/kosten-nutzen-analyse/*

Das Beispiel zeigt, dass die Kosten den geschätzten Nutzen im Jahr, in dem die Weiterbildungsmaßnahme stattfindet, deutlich übersteigen. Allerdings ist auch klar, dass dieser budgetäre Aufwand sich über viele Jahre hinweg bezahlt machen wird, da die Schulung nur noch im Abstand von mehreren Jahren wiederholt werden muss. Der Nutzen hingegen erschließt sich jedes Jahr aufs Neue für das Unternehmen.

Die Grundzüge dieser Analyse lassen sich natürlich auch für die Wirtschaftlichkeitsrechnung von Marketing-Maßnahmen heranziehen und helfen Ihnen dabei, die Effektivität der eigenen Werbung herauszufinden. Summieren Sie alle Kosten, schätzen Sie den Nutzen anhand der vorhandenen Daten ab, und analysieren Sie, ob Ihre Werbekanäle den Erfolg bringen, den Sie sich wünschen, oder andere, gewinnversprechende Maßnahmen ausgetestet werden sollten.

9.2   Klicks und Webseitenbesuche vs. Anruf und Kaufbestätigung

Wer herausfinden möchte, ob seine Werbung ein gewinnbringendes Ziel verfolgt, sollte seinen Blick nicht nur auf eine Kennzahl richten. Denn um die Rentabilität in vollem Umfang zu analysieren, müssen stets mehrere KPI (Key Performance Indicators/Leistungskennzahlen) betrachtet werden. Ganz grundsätzlich lässt sich hier zwischen zwei verschiedenen Bereichen unterscheiden – den Soft KPIs, also den Kennzahlen, die sich vor und auf Ihrer Website abspielen, und den Hard KPIs, den Kennzahlen, die zu einer konkreten Conversion führen, also einen Abschluss der Customer Journey abbilden. Und auch wenn das übergeordnete Werbeziel natürlich die Steigerung des eigenen Umsatzes bildet, so sollten auch die Soft KPIs, also untergeordnete Kennzahlen wie Klicks und Webseitenbesuche, nicht gänzlich vernachlässigt werden.

Die sekundären Soft KPIs haben dabei in der Regel einen indirekten Bezug zu Ihren Marketing-Zielen und sind vorrangig als informations- und kommunikationsbezogen zu sehen. Sie lassen Rückschlüsse über den Weg des Kunden bis zum Abschluss, also über die Customer Journey, zu und ermöglichen es Ihnen, Schwachstellen im Marketing-Plan zu identifizieren. Hierzu zählen vor allem Kennzahlen wie die Besucher Ihrer Webseite, die Anzahl wiederkehrender Besucher, die Klicks aus der organischen Suche bezahlter Suchkampagnen, die Absprungrate Ihrer Webseitenbesucher oder die Verweildauer potenzieller Kunden auf Ihrer Internetpräsenz.

Die primären Kennzahlen, also die Hard KPIs, haben hingegen in der Regel einen direkten Bezug zu Ihren Unternehmenszielen und gelten als transaktionsbezogen. Sie ermöglichen direkte Rückschlüsse über die Rentabilität von Marketing-Maßnahmen und sind entscheidend für den Erfolg einer jeden Kampagne. Wirft man einen Blick auf diese Leistungskennzahlen, so zählen vor allem Daten wie die Anzahl der Anrufe und

Käufe, die Conversion-Rate, der CPA (Cost-per-Akquisition), der ROI (Return on Investment) sowie der ROAS (Return on Advertising Spend) zu den wichtigen Daten.

Nimmt man auch die Kennzahlen der Social-Media-Maßnahmen hinzu, so lässt sich diese Liste um KPIs wie die Awareness, die Anzahl an Social-Media-Kontakten und die Anzahl an Retweets, Posts, Comments oder Likes erweitern. Achten Sie zudem stets darauf, die für Ihr Geschäftsmodell passenden Leistungskennzahlen auszuwählen und zu analysieren – denn viele KPIs ergeben erst im Zusammenhang mit der jeweiligen Branche einen Sinn. So muss ein Betreiber eines Onlineshops ganz andere Kennzahlen analysieren als ein Friseur, bei dem es primär um die Gewinnung von Neukunden und die Vereinbarung von Terminen geht.

Analysieren Sie darüber hinaus alle Zahlen über einen langen Zeitraum, um Änderungen, Trends oder Ausreißer als solche identifizieren zu können und keine vorschnellen Rückschlüsse zu ziehen. Auch saisonale Schwankungen bemerken Sie so mit großer Wahrscheinlichkeit und können entsprechend reagieren.

Doch werfen wir im Folgenden einen Blick auf die wohl wichtigsten KPIs des Digitalmarketing, die branchenunabhängig in keiner Auswertung fehlen sollten: Klicks und Websitebesucher sowie Anrufe und Kaufbestätigungen.

9.2.1 Klicks und Webseitenbesuche

Klicks gehören zu den wohl wichtigsten Soft KPIs des Digitalmarketing. Dazu zählen jedoch nicht nur die Klicks, die Ihre organischen Sucheinträge verzeichnen und die sich über Ihre Google Search Console identifizieren lassen, auch Klickzahlen aus bezahlten Werbemaßnahme gehören zu den sekundären KPIs, die Aufschluss darüber geben, wie gut Ihre Werbung funktioniert. Verzeichnen Sie im Monat viele Tausend Impressionen, doch kaum Klicks, so sollten Sie über die Änderung Ihrer Anzeigentexte oder Meta-Descriptions nachdenken. Denn die Erwartungen der Suchenden werden in diesem Fall nicht erfüllt. Die Bedeutung von Klicks wird umso deutlicher, wenn man bedenkt, welchen Zweck diese verfolgen: Sie führen potenzielle Kunden auf Ihre Webpräsenz, wo die Interessierten weitere Informationen zu Ihren Dienstleistungen oder Ihrem Produkt finden. Folglich sollten Sie auch die Anzahl der Webseitenbesuche stets in Relation zu den monatlichen Klickzahlen setzen. Verzeichnet Ihre Website zwar viele Klicks, doch kaum Webseitenbesuche, weil die Interessierten sofort wieder die Seite verlassen, so stimmen die Inhalte Ihrer Internetpräsenz nicht mit den Erwartungen Ihrer Zielgruppe überein. Änderungen an Inhalt, Aufbau oder Design können die Absprungrate verringern und die beiden Soft KPIs wieder in ein angemessenes Verhältnis bringen.

9.2.2 Anrufe und Kaufbestätigung

Haben Sie die Interessierten auf Ihrer Website halten können, so ist die Erfüllung der Hard KPIs der nächste Schritt der Customer Journey – aus einem Suchenden wird ein Kunde. Zu diesen transaktionsbezogenen KPIs gehört jedoch nicht nur der klassische Kauf über einen Onlineshop. Je nach angebotener Dienstleistung oder Produkt kann auch ein Anruf bei Ihrem Unternehmen, etwa zur Terminvereinbarung für eine persönliche Beratung, zu den primären Leistungskennzahlen zählen. Auch hier gilt: Setzen Sie die für Ihr Unternehmen wichtigen Conversions in Relation zu den übrigen Website-Kennzahlen. Weisen Ihre Analyse-Tools beispielsweise eine hohe Zahl an interessierten Webseitenbesuchern auf, doch es folgen keine Anrufe, keine Terminvereinbarungen oder keine Käufe, so finden die Interessierten bei Ihnen nicht die Antwort auf Ihre Probleme. Auch hier können Änderungen am Inhalt, eine bessere Darstellung der Produkte oder eine klare Kommunikation Ihrer Preise und Verfügbarkeiten helfen, das Verhältnis zwischen Besuchern und Abschlüssen zu verbessern. Diese Relation wird im Online-Marketing im Übrigen als Conversion-Rate bezeichnet.

Anrufe als wichtiger Faktor im lokalen Online-Marketing

In den letzten fünf Jahren konnte ich viele lokale Werbemaßnahmen teils für sehr beratungsintensive Produkte und Leistungen ausführen. Mit der Erfahrung aus Zehntausenden Kampagnen für lokale Unternehmen kann ich Ihnen einen Faktor als wichtiges Entscheidungskriterium nennen, der häufig stark unterschätzt wird. Es ist die Erfolgsmessung auf Basis der Anrufquote. Wie viele Anrufe erhalten Sie aufgrund einer konkreten Werbemaßnahme? Häufig fehlt bereits die Kenntnis, dass diese Messung überhaupt möglich ist – »Geht das überhaupt?«, lautet die Frage, und »ja« – das ist möglich und es ist eine absolut wichtige Maßnahme, um den Erfolg der Werbekampagnen ganzheitlich bewerten zu können. Gerade im regionalen Vertrieb zählt der Anruf zu einem der häufigsten Kontaktpunkte für das Erstgespräch. Eine Werbemaßnahme, bei der die Anrufe nicht erfasst und als Erfolg berücksichtigt werden, scheitert in der Analyse.

Nehmen wir ein Beispiel aus der Praxis. Stellen Sie sich vor, Sie sind Inhaber eines Autohauses und möchten mit Google Ads neue Kunden gewinnen. Sie schalten Werbeanzeigen in den Google-Suchergebnissen und erzielen mit 300 € im Monat 400 Klicks von Interessenten, die in den Suchergebnissen Ihre Werbeanzeige anklicken.

Jetzt wissen Sie, dass Sie 400 Klicks erzielt haben, Sie wissen, dass die Kosten bei 300 € liegen und somit jeder Klick 75 Cent kostet (Cost per Click – CPC). Ist das nun gut oder nicht? Solange Sie keine Daten dazu haben, was diese Nutzer auf Ihrer Internetseite gemacht haben, können Sie dazu keine Aussage treffen. Stellen Sie sich vor, Sie hätten auf der Webseite ein Rückrufformular, welches Sie als Conversion-Punkt in Ihrer Webanalyse festgelegt haben. Jedes Mal, wenn ein Nutzer über Ihre Werbung auf die Seite kommt und ein Kontaktformular ausfüllt, wird eine Conversion an Ihre Webanalyse zurückgemeldet. Sie sehen jetzt, dass Sie für 300 € 5 Kontaktanfragen über die Website erhalten haben.

Kosten von 300 € geteilt durch 5 Kontaktanfragen ergibt 60 €. Das bedeutet, eine Kontaktanfrage kostet Sie 60 €, das ist Ihr Cost per Lead.

Wäre das nun ein guter oder ein schlechter Wert? Wahrscheinlich wäre es ein schlechter Wert, und Sie würden die Werbetätigkeit einstellen. Was aber, wenn Sie zusätzlich zu den Kontaktformularen feststellen, dass aufgrund der Werbetätigkeit 35 Anrufe bei Ihnen eingegangen sind?

Kosten von 300 € geteilt durch 5 Kontaktanfragen und 35 Anrufe (also 40 insgesamt) ergibt 7,50 €. Die Kosten pro Lead lägen dann nur bei 7,50 €.

Wäre das nun eine wirtschaftlich erfolgreiche Werbemaßnahme, und Sie würden diese Maßnahme weiter ausführen? Sie sehen, wie wichtig es ist, Entscheidungen auf Basis einer umfangreichen Informationslage auszuführen und alle Faktoren zu berücksichtigen. In den Werbemaßnahmen, die ich in den letzten Jahren begleiten durfte, habe ich häufig gesehen, dass ein Anrufaufkommen bei lokalen Unternehmen bis zu 20-fach höher war als die Anzahl der Konvertierungen, die über eine Webseite ausgeführt wurden.

Abbildung 9.3 Vergleich Anrufe und ausgefüllte Kontaktformulare (Quelle: matelso GmbH)

Es gibt mehrere Wege, die Anrufe bei Werbemaßnahmen zu erfassen. Zum einen können Sie Ihre Mitarbeitenden anweisen, bei denen, die anrufen, nachzufragen wie die Interessenten auf das Unternehmen aufmerksam geworden sind. Aber seien wir mal ehrlich – machen wir das dann wirklich? Notieren wir uns akribisch jeden Anrufer und jede Anruferin, die sich bei uns gemeldet haben? Können wir die Anzahl der Gesamtanrufe ins Verhältnis zu den Anrufen auf Basis der Werbetätigkeit setzen und haben wir dadurch verlässliche Zahlen? Sie können das Verfahren einsetzen, wenn Sie als Einzelperson agieren und wirklich diszipliniert bei jedem Anruf nachfragen, aber optimal ist diese Methode nicht.

Wichtige Erkenntnisse aus der Anruf-Messung bei Werbemaßnahmen

▶ Die Messung von Anrufen ist ein wichtiger Faktor zur Bewertung lokaler Werbemaßnahmen.

▶ Das Verhältnis zwischen ausgefüllten Webseitenformularen und Anrufen als Conversions liegt häufig im Bereich 1 zu 10 bis 1 zu 20. Das bedeutet, pro gesendetem Formular erhalten Sie im Schnitt zwischen 10 und 20 Anrufen.

▶ Werbemaßnahmen, die im hohen Maße auf Smartphone-Nutzer ausgerichtet sind, erzielen hohe Anrufraten, da es einfacher ist, einen Button mit dem Text »jetzt anrufen« anzuklicken, als auf einem Smartphone ein Formular auszufüllen und auf einen Rückruf zu warten.

▶ Die aktive Einbindung einer Call-to-Action, um Nutzer zum Anruf zu animieren, führt bereits zu einer höheren Anrufquote.

Eine Möglichkeit, die eine höhere Transparenz bietet, wäre der Einsatz einer speziellen Durchwahl, mit der wir die Anrufe ausfiltern und so die Anzahl der Anrufe feststellen. Das wäre eine erste vollumfängliche Analyse. Diese spezielle Durchwahl können Sie in den Werbemitteln kommunizieren und auf der entsprechenden Landingpage Ihres Unternehmens anzeigen. Sie benötigen dazu jedoch die Kenntnis, wie Sie in Ihrer Telefonanlage eine Rufnummer/Nebenstelle einrichten und diese auf einen bestimmten Apparat routen. Zudem können Sie diese Anrufe nicht mit einer Webanalyse wie beispielsweise Google Analytics verknüpfen oder an Ihre digitale Werbetätigkeit anbinden, damit die Werbemaßnahme auf Basis der erzielten Conversions optimiert werden kann.

Diese Möglichkeit bieten Ihnen sogenannte Call-Tracking-Anbieter, bei denen Sie Marketing-Telefonnummern und die zugehörigen Schnittstellen zu Google Analytics, Google Ads oder anderen Komponenten beauftragen können.

Anbieter für Call-Tracking

▶ **Google**
Die Einbindung einer Call-Tracking-Nummer wird im Werbeprogramm Google Ads angeboten. (*https://support.google.com/google-ads/answer/6100664?hl=de*)

▶ **Matelso**
Matelso ist ein Call-Tracking-Anbieter aus Deutschland mit modernster Technologie zur Auswertung von Telefonanrufen. Die Auswertung erfolgt unabhängig von einem Werbenetzwerk. (*https://www.matelso.com*)

9.2.3 Werbekanäle messbar gestalten (Google Analytics UTM-Parameter)

Während sich die Ergebnisse Ihrer Google-Ads-Kampagne durch die Verknüpfung beider Konten leicht in Google Analytics sichtbar machen lassen, kann es bei anderen, nicht Google-eigenen Tools schwieriger sein, die Ergebnisse zu bewerten. Doch auch hier ist es außerordentlich wichtig zu wissen, welche Besucher Ihre Website aufsuchten, wie sich diese auf Ihrer Internetpräsenz verhielten und ob aus Interessenten schlussendlich Käufer wurden. Eine einfache Möglichkeit, auch die Website-Ergebnisse anderer Quellen sichtbar zu machen, sind sogenannte UTM-Parameter, die sich ohne großen Aufwand und vor allem ohne Kosten für das Kampagnen-Tracking nutzen lassen. Denn mittels der selbst zu definierenden Parameter können Sie als Werbetreibender oder Werbetreibende nachverfolgen, wie viele Personen Ihre Website über einen Werbekanal erreichten, und so analysieren, ob das dafür veranschlagte Budget zielführende Ergebnisse liefert.

Als Beispiel möchte ich Ihnen folgenden Link präsentieren:

www.kim-weinand.de/?utm_source=local-marketing&utm_medium=book&utm_campaign=utm-description

Wie Sie sehen, referenziert dieser Link auf meine Homepage *www.kim-weinand.de/*. An die eigentliche Adresse sind – durch das Fragezeichen eingeleitet – bestimmte Parameter angehangen. Diese Parameter bezeichnet man als UTM-Tracking-Parameter.

Was sind eigentlich UTM-Tracking-Parameter?

UTM-Parameter sind ein beliebtes Marketing-Tool, um die Effizienz von Online-Kampagnen zu messen und die Ergebnisse in Google Analytics sichtbar zu machen. Hierbei werden spezifische Parameter an die eigentliche Ziel-URL angehangen, um Ihnen als Werbetreibendem zusätzliche Informationen bereitzustellen, die wiederum für die Optimierung der eigenen Werbemaßnahmen herangezogen werden können. So können UTM-Tracking-Parameter beispielsweise die Frage beantworten, über welchen Kanal die Interessenten Ihre Website erreichten oder welches Bildmotiv die potenziellen Käufer am häufigsten zum Klick veranlasste. Durch die vielfältigen Möglichkeiten des Trackings lassen sich zudem problemlos A/B-Testings durchführen, um herauszufinden, welche Kampagnenmotive Ihrer Zielgruppe gefallen und welche vielleicht nur selten angeklickt werden. Alles mit dem einen Ziel: die eigenen Kampagnen noch besser an die Zielgruppe anzupassen und das verfügbare Werbebudget möglichst gewinnbringend einzusetzen.

UTM-Parameter selbst definieren

UTM-Parameter lassen sich dabei ganz einfach selbst definieren. Dazu können bis zu fünf verschiedene Parameter ausgefüllt und an die Ziel-URL der Kampagne angehangen werden:

▶ **utm_source**

Das Parameter »UTM Source« gehört wohl zu den wichtigsten Tracking-Parametern und sollte in Ihrem Tracking nicht fehlen. Denn hierüber lässt sich eine Webseite, ein soziales Netzwerk oder eine Publikation als Quelle der Webseitenbesuche identifizieren. Hierbei könnte es sich z. B. um Besuche über einen Facebook-Post, einen Twitter-Beitrag, einen bezahlten PR-Artikel in einem Online-Magazin oder einen Newsletter handeln.

▶ **utm_medium**

Auch der Parameter »UTM medium« zählt zu den wichtigsten Lieferanten von Kampagneninformationen und legt das Werbe- oder Marketing-Medium fest, das Sie analysieren möchten. Hierbei könnte es sich z. B. um eine E-Mail, einen Post, einen Blogartikel oder eine bezahlte Werbeanzeige bei Facebook und Co. handeln.

▶ **utm_campaign**

Ergänzend zu den beiden oben genannten Parametern, können Sie mit dem Parameter »UTM Campaign« weitere Informationen zur Kampagnenauswertung erhalten. So können Sie z. B. verschiedene Kampagnen voneinander unterscheiden, wenn diese parallel zueinander laufen. Verwenden Sie für das monatliche Angebot Ihres Unternehmens die Bezeichnung »monatsangebot-april«, und grenzen Sie die Oster-Rabattaktion, die Sie ebenfalls über das gewählte Medium bewerben, mit der Bezeichnung »oster-rabatte« ab.

▶ **utm_content**

Mit dem Parameter »UTM Content« können Sie dem Tracking-Link weitere Informationen hinzufügen, um einzelne Inhalte einer Anzeige noch besser voneinander abzugrenzen. Verwenden Sie z. B. zwei Links innerhalb eines Newsletters, können Sie dank der Parameter herausfinden, welcher Link öfter von den Adressaten angeklickt wurde und welcher das Interesse der potenziellen Kunden nicht weckte.

▶ **utm_term**

Das Tracking-Parameter »UTM Term« verwenden Sie ausschließlich, wenn Sie sich für die manuelle Tag-Kennzeichnung bezahlter Keyword-Kampagnen entschieden haben. Hier können Sie anschließend das Keyword eintragen, um die Ergebnisse, die über diesen Suchbegriff generiert werden, noch besser auszuwerten.

Sind Ihr Google-Ads und Ihr Google-Analytics-Konto miteinander verknüpft, müssen Sie grundsätzlich keine UTM-Tracking-Parameter verwenden. Entscheiden Sie sich jedoch dazu, eine Kampagne über eine andere Suchmaschine wie Bing aufzusetzen oder Werbung auf anderen Kanälen zu schalten, sind UTM-Parameter unerlässlich.

Achten Sie bei der Bestimmung von UTM-Parametern zudem darauf, nur die Parameter auszuwählen, die für das Kampagnen-Tracking wirklich notwendig sind, um den Tracking-Code nicht unnötig aufzublähen. Je mehr Parameter für das Tracking genutzt werden, desto komplexer wird auch die Darstellung im Website-Tracking-Tool und desto komplizierter die Auswertung aller Daten. Starten Sie also am besten zunächst mit ein bis zwei Parametern, und steigern Sie sich langsam mit den ersten Erfahrungen. Gelingt die Auswertung von zwei Parametern fast schon im Schlaf, können weitere Parameter hinzugenommen und das Tracking nach und nach immer detaillierter gestaltet werden.

Wie die Ergebnisse in Analytics dargestellt werden

Sie haben Ihre Kampagnen mit UTM-Tracking-Parametern versehen und möchten nun die Ergebnisse auswerten? Loggen Sie sich in Ihrem Analytics-Konto ein, und schauen Sie sich den Bereich »Akquisition« genauer an. Hier lassen sich die Ergebnisse analog zu den gewählten UTM-Parametern darstellen und auf Wunsch auch in Relation zueinander setzen. Je nach Tiefe der Analyse können Sie sich hier eine zweite Dimension einblenden lassen, beispielsweise um sich die Quelle- und Medium-Ergebnisse anzeigen zu lassen, also herauszufinden, wie die Interessenten Ihre Website fanden und über welches Medium dies geschah. Greifen wir noch mal das Beispiel des Links zu meiner Webseite auf:

www.kim-weinand.de/?utm_source=local-marketing&utm_medium=book&utm_campaign=utm-description.

Wenn ich nun die Zugriffe auf meine Homepage in Google Analytics prüfe, dann sehe ich die folgende Echtzeit-Ansicht, sofern gerade ein Nutzer über diesen Link meine Website besucht.

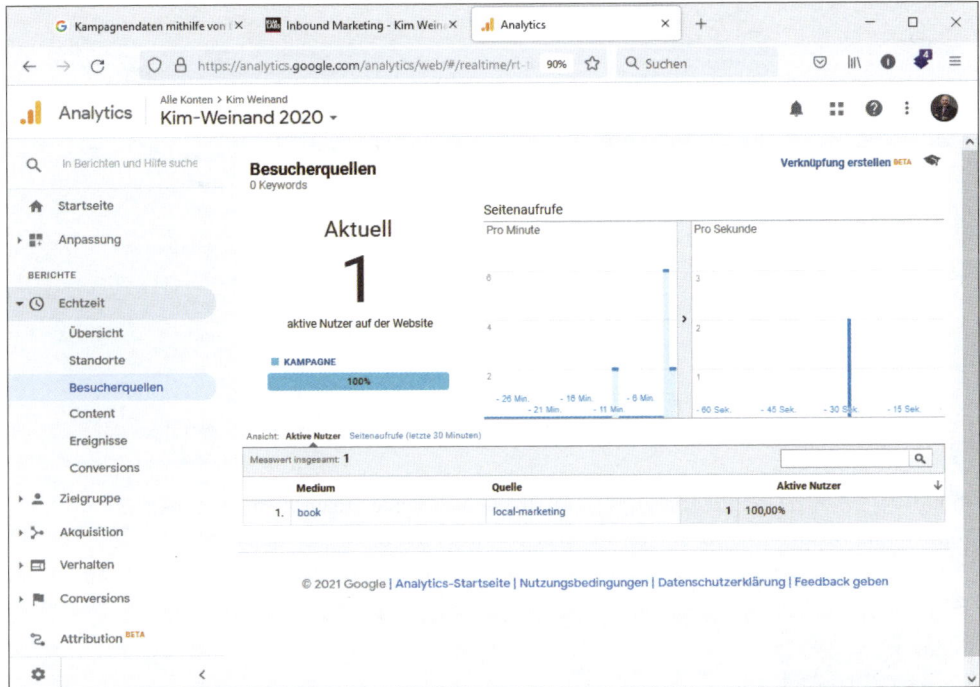

Abbildung 9.4 Google-Analytics-Besucherquellen in der Echtzeit-Ansicht. Zugriffe können durch UTM-Parameter besser analysiert werden.

UTM-Links sind ein wichtiges Mittel, um den Erfolg von Werbemaßnahmen zu prüfen. Stellen Sie sich vor, Sie sind Dozent/Trainer und haben monatlich mehrere Veranstaltungen sowie Webinare. In Ihren Unterlagen individualisieren Sie die Links und können so feststellen, welches Webinar oder welche Präsentation Ihnen im Nachgang interessierte Kontakte bringt (siehe Abbildung 9.5).

Dies kann durchaus ein wichtiger Faktor für zukünftige Veranstaltungen sein.

Sie möchten sich noch weiter ins Thema einlesen? Google selbst stellt für die Gestaltung von UTM-Parametern einige Hilfen bereit: *https://support.google.com/analytics/answer/ 1033863?hl=de.*

UTM-Links generieren

Unter *https://ga-dev-tools.web.app/campaign-url-builder/* stellt Google Ihnen ein Tool zur Verfügung, welches Sie zur Erstellung von UTM-Links nutzen können. Alternativ können Sie bei Google nach »utm link generator« recherchieren. Sie erhalten umgehend passende Seiten, mit denen Sie fertige Links erstellen können (siehe Abbildung 9.6).

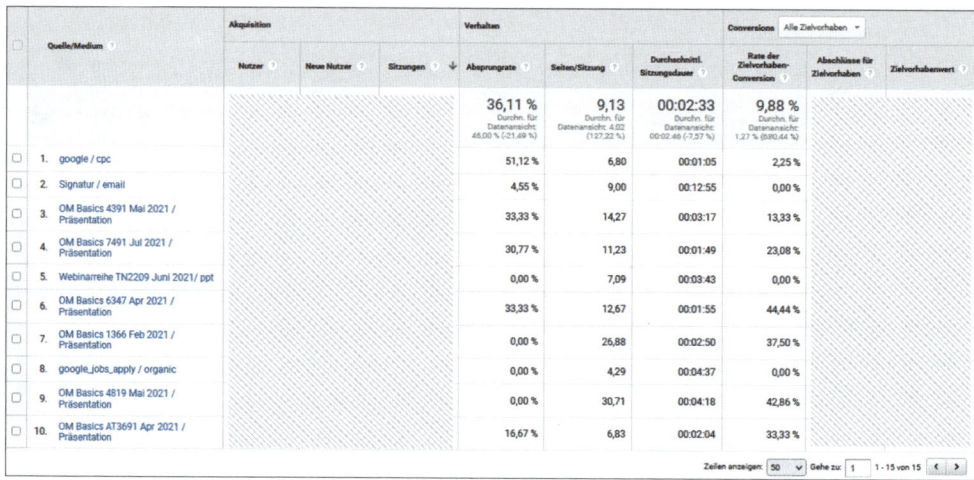

	Quelle/Medium	Akquisition			Verhalten			Conversions Alle Zielvorhaben ▾		
		Nutzer	Neue Nutzer	Sitzungen ↓	Absprungrate	Seiten/Sitzung	Durchschnittl. Sitzungsdauer	Rate der Zielvorhaben-Conversion	Abschlüsse für Zielvorhaben	Zielvorhabenwert
					36,11 % Durchn. für Datenansicht: 46,00 % (-21,49 %)	9,13 Durchn. für Datenansicht: 4,02 (127,22 %)	00:02:33 Durchn. für Datenansicht: 00:02:46 (-7,57 %)	9,88 % Durchn. für Datenansicht: 1,27 % (680,44 %)		
1.	google / cpc				51,12 %	6,80	00:01:05	2,25 %		
2.	Signatur / email				4,55 %	9,00	00:12:55	0,00 %		
3.	OM Basics 4391 Mai 2021 / Präsentation				33,33 %	14,27	00:03:17	13,33 %		
4.	OM Basics 7491 Jul 2021 / Präsentation				30,77 %	11,23	00:01:49	23,08 %		
5.	Webinarreihe TN2209 Juni 2021/ ppt				0,00 %	7,09	00:03:43	0,00 %		
6.	OM Basics 6347 Apr 2021 / Präsentation				33,33 %	12,67	00:01:55	44,44 %		
7.	OM Basics 1366 Feb 2021 / Präsentation				0,00 %	26,88	00:02:50	37,50 %		
8.	google_jobs_apply / organic				0,00 %	4,29	00:04:37	0,00 %		
9.	OM Basics 4819 Mai 2021 / Präsentation				0,00 %	30,71	00:04:18	42,86 %		
10.	OM Basics AT3691 Apr 2021 / Präsentation				16,67 %	6,83	00:02:04	33,33 %		

Zeilen anzeigen: 50 ▾   Gehe zu: 1   1 - 15 von 15 ‹ ›

Abbildung 9.5 Mit Google Analytics UTM-Links können Sie auswerten, über welche Quellen Ihre Besucher kommen und wie sie mit Ihrer Website interagieren.

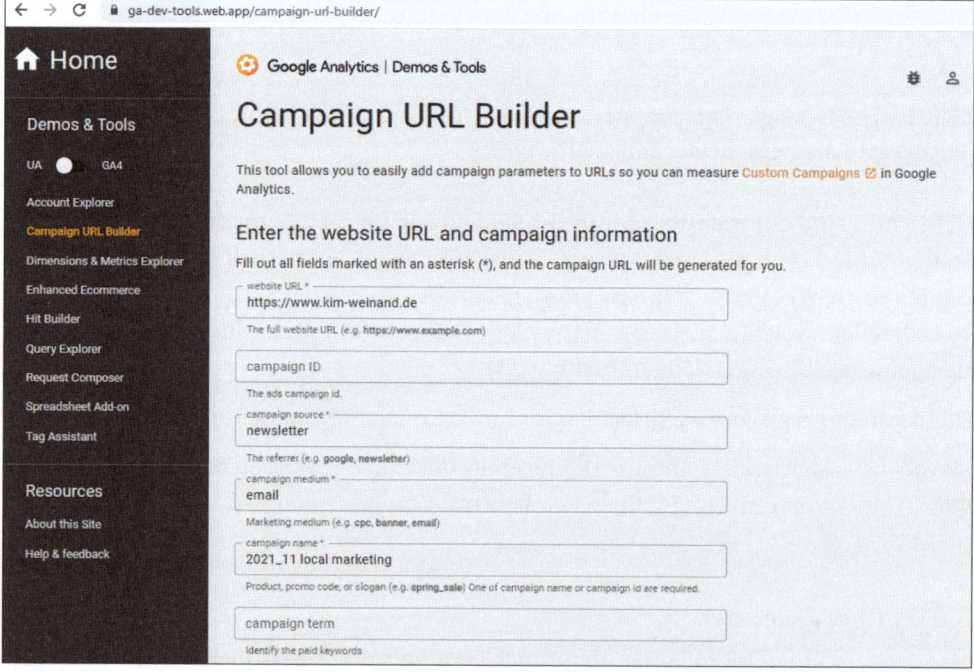

Abbildung 9.6 Google Analytics – UTM Campaign URL Builder (https://ga-dev-tools.web.app/campaign-url-builder/)

9.2.4   Website-Zahlen analysieren und bewerten – Google Analytics verstehen

Wie bereits in vorherigen Kapiteln kurz angerissen, sollte das kostenlose Tool Google Analytics (oder ein vergleichbares Analysetool) stets Bestandteil eines jeden Marketing-Portfolios sein. Google Analytics können Sie sehr einfach für sich einsetzen. Sie melden sich unter *https://accounts.google.com/* mit Ihrem Google-Account an und erstellen Ihre Google Analytics Property. Sie erhalten dann einen UA-Code, den Sie beispielsweise in WordPress mit einem entsprechenden Plug-in einsetzen können. Schauen Sie sich dazu auch die Liste mit den empfohlenen WordPress-Plug-ins in Abschnitt 4.5, »Website-Design anpassen – WordPress-Themes«, an. Alternativ können Sie Google Analytics auch mit dem Google Tag Manager (online unter *https://tagmanager.google.com/?hl= de*) integrieren oder aber das Quellcode-Snippet direkt in die Seite einbauen.

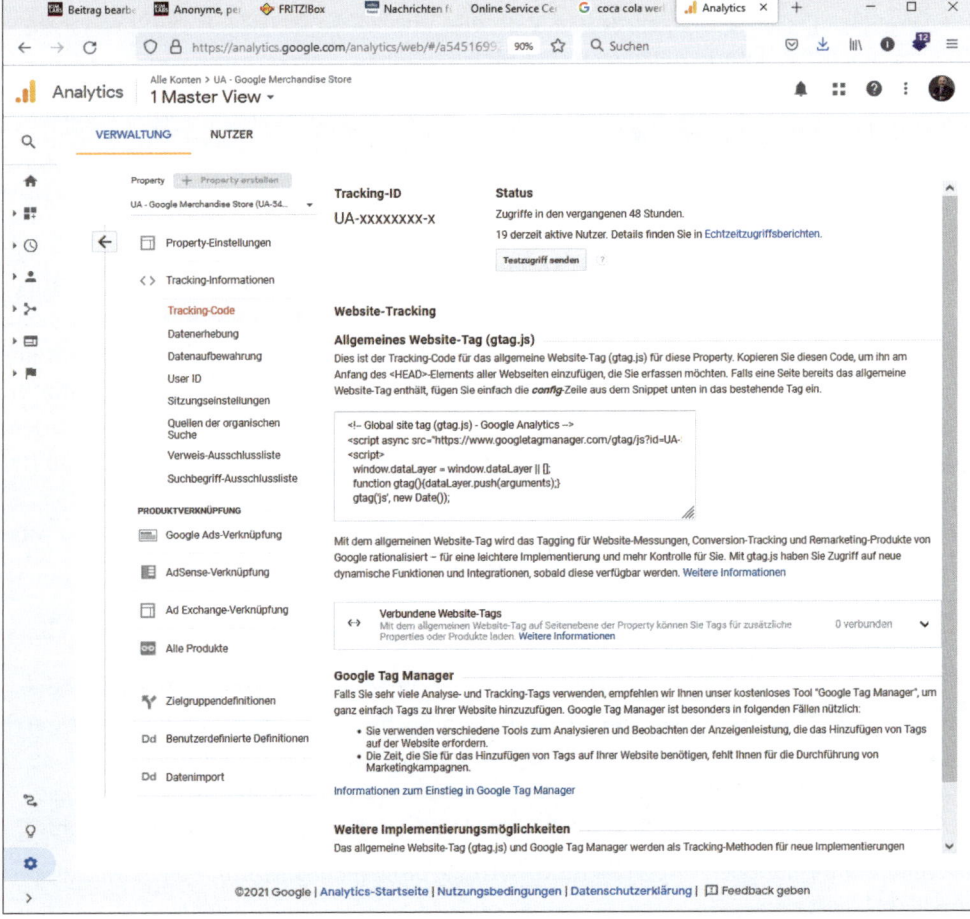

Abbildung 9.7 Google Analytics – Website-Tag zur Integration in den Quellcode

Die Ergebnisse, die sich aus den dort vorhandenen Berichten zu Zielgruppen, Verhalten und Conversions gewinnen lassen, können Rückschlüsse über notwendige Veränderungen an Ihrer Website und Ihrem Marketing-Plan geben. Schließlich lassen sich durch die Daten eine ganze Reihe an Fragen beantworten, auf die Sie ohne ein zuverlässiges Web-Tracking keine Antwort finden würden.

Fragen, die Ihnen eine Web-Analyse beantwortet

▶ Wie viele Interessenten besuchen unsere Webseite pro Monat, und über welche Kanäle stoßen sie auf unsere Internet-Inhalte?

▶ Woher kommen die Besucher, und welche Sprache sprechen sie?

▶ Welche Unterseiten interessieren unsere potenziellen Kunden am meisten, und welche verlassen sie schnell wieder?

▶ Wie viele Besucher nutzen unsere Webseite über einen Desktop-PC, und wie viele greifen für die Internetrecherche zum Mobiltelefon?

▶ Interagieren die Besucher mit unseren Inhalten, oder verlassen sie relativ schnell wieder unsere Internetseite?

▶ Welche Werbekanäle bringen relevante Kontakte, die sich mit unserer Webseite beschäftigen, und welche Werbemaßnahmen produzieren hohe Absprungraten?

Selbstverständlich handelt es sich bei den oben genannten Fragen nur um einige wenige Fragestellungen, auf die Sie mit Google Analytics eine Antwort finden. Sehen Sie sich die Ergebnisse mindestens einmal pro Monat an, vergleichen Sie die Daten miteinander, und erhalten Sie so wichtige Informationen, wie Sie Ihre Marketing-Maßnahmen noch besser auf die Bedürfnisse und Wünsche Ihrer Zielgruppe anpassen können. Zudem gewähren Ihnen die Zahlen einen guten Einblick in Ihre Zielgruppe und helfen Ihnen bei der Erstellung von Personas und Zielgruppen-Charakteristika. Personas haben wir in Abschnitt 3.3.3 bereits besprochen. Eine Webanalyse hilft Ihnen, die Ausprägung der Personas zu prüfen und zu validieren.

Praxistipp

Google Analytics ist sehr umfangreich und hält eine Vielzahl an Informationen für Sie bereit. Damit Sie erste Erfahrungen sammeln können, bietet Google Ihnen Einblick in den Google-Analytics-Account des Google Merchandise Stores (*www.googlemerchandisestore.com*). Sie können die Webanalyse des Shops als Demokonto für Ihren Google-Analytics-Account freischalten und sehen so ein umfangreiches Google-Analytics-Konto.

Weitere Informationen finden Sie unter *https://support.google.com/analytics/answer/6367342?hl=de*.

Den Zugriff auf das Demokonto erhalten Sie über diesen Link: *https://analytics.google. com/analytics/web/demoAccount.*

Schauen Sie sich das Demokonto an, und prüfen Sie alle Informationen. Der Vorteil dieses Accounts liegt in dem hohen Zugriffsvolumen, welches Ihnen eine Fülle an detaillierten Nutzer- und Sitzungsinformationen bietet.

Abbildung 9.8 Google-Analytics-Demokonto – über 49.500 Nutzer im September 2021

Wie Sie mit Analytics Ihre Website-Performance verbessern können

Sie arbeiten kontinuierlich an Ihrer Webseite, erstellen neue Inhalte, schreiben Blogartikel und betreiben SEO – so weit, so gut. Doch was bringt Ihnen diese Arbeit eigentlich? Auch auf diese Frage liefert Google Analytics die passende Antwort. Denn verschiedene Analyseberichte sind eine tolle Möglichkeit, um mehr über Ihre Zielgruppe und deren Umgang mit Ihrer Website zu erfahren. Erfahren Sie beispielsweise, welche Unterseiten am meisten Traffic erhalten, also potenzielle Kunden am meisten interessieren. Finden Sie heraus, wo Ihre Besucher Ihre Website wieder verlassen und welche Geräte sie für ihre Internetrecherche nutzen. Sind die Absprungraten bei mobilen Nutzern z. B. besonders hoch, sollten Sie die Ladegeschwindigkeit Ihrer Seite checken und dank Google PageSpeed Insights (online unter *https://developers.google.com/speed/pagespeed/insights/?hl=DE*) herausfinden, welches Optimierungspotenzial Ihre mobile Web-Version bietet.

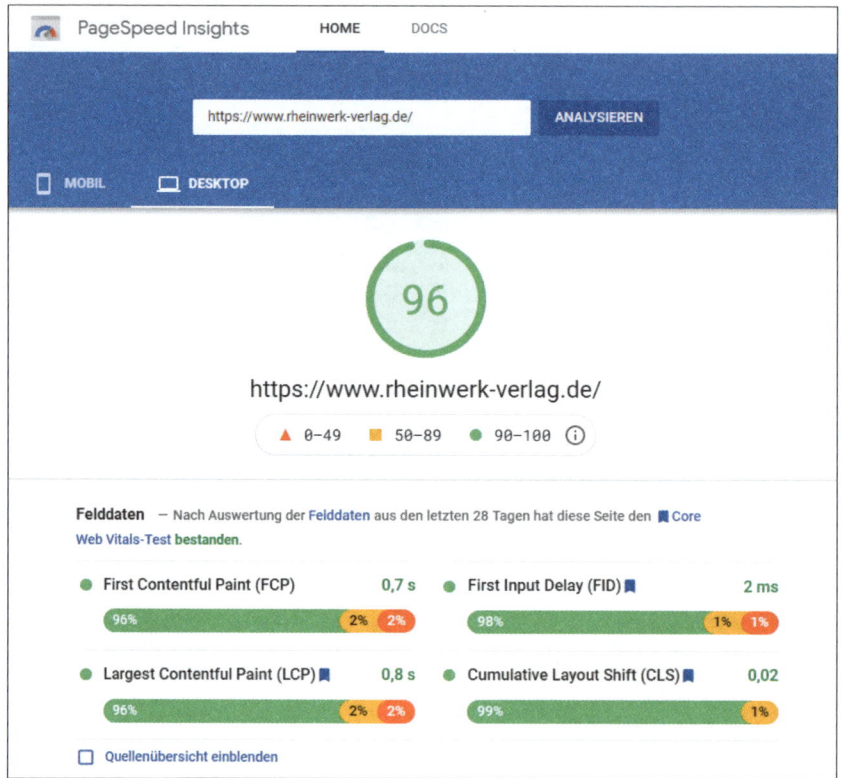

Abbildung 9.9 Pagespeed-Insights zu »www.rheinwerk-verlag.de«

Layout-Check und Layout-Optimierung

Mit Analyseprogrammen wie Google Analytics können Sie eine statistische Analyse des Nutzeraufkommens und der quantitativen Auswertung auf Basis von Zahlen ausführen. Darüber hinaus gibt es weitere Analysetools, die Ihnen auf Basis einer Heatmap-Analyse das reale Klickverhalten Ihres Webseiten-Layouts visuell aufbereiten. Mit einer derartigen Datenanalyse können Sie das Nutzerverhalten ebenfalls analysieren und sehen darüber hinaus anhand der optischen Aufbereitung umgehend, welche Bereiche Ihrer Website gut frequentiert sind und wo eine gewünschte Aktion von den Webseiten-besuchern eher nicht zu einer Interaktion führt.

Gezielte Tests können dabei helfen, mehr über Ihre Website zu erfahren. Gestalten Sie beispielsweise einen Blog-Artikel mit zwei unterschiedlichen Layouts, und finden Sie durch die Analyse heraus, welche Gestaltung den Besuchern Ihrer Website am meisten zusagt. Wir sprechen in diesem Zusammenhang auch vom sogenannten A/B-Testing. Sie erstellen zwei Zielseiten mit identischem Inhalt und ändern lediglich Call-to-Action oder andere Elemente, die Sie überprüfen möchten. So finden Sie heraus, wie Sie mit geringem Aufwand die Verweildauer auf Ihrer Website erhöhen und die Absprungrate verringern können. Statt einfach vage ins Blaue zu arbeiten, sollten Sie sich konkrete Ziele setzen und diese über einen langen Zeitraum verfolgen – nur so stellen sich Erfolge ein, und das Online-Marketing beginnt, richtig Spaß zu machen.

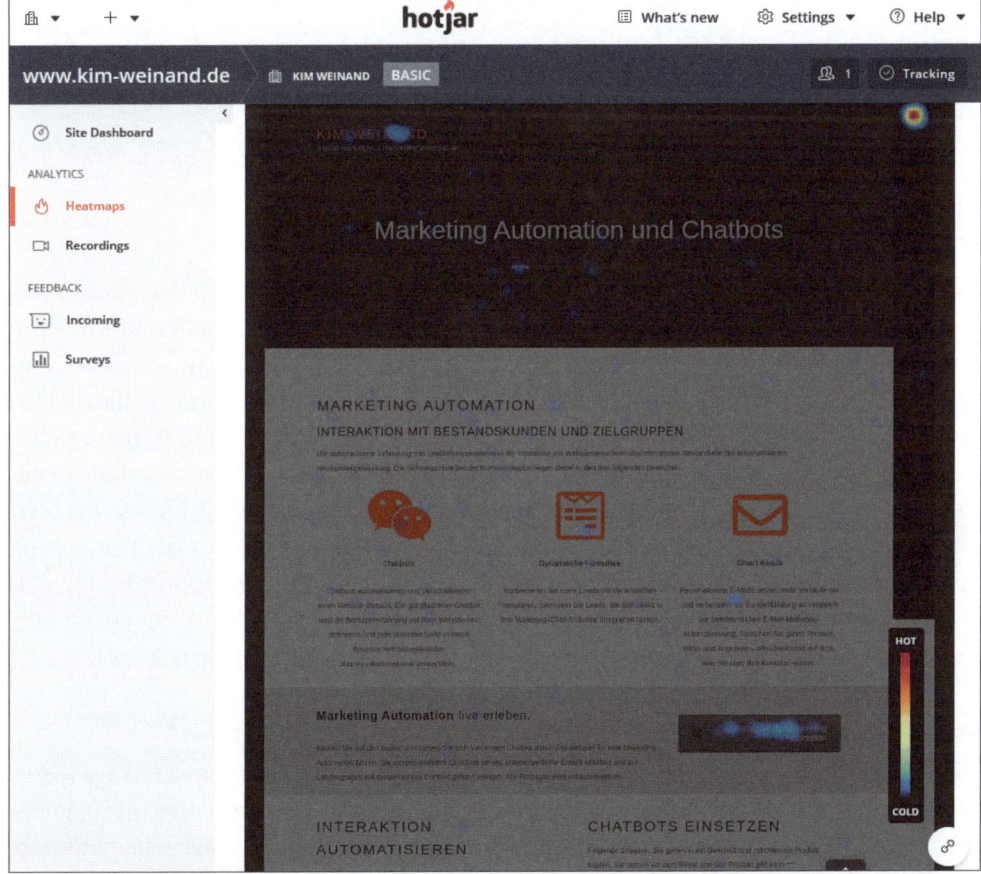

Abbildung 9.10 Heatmap-Analyse www.kim-weinand.de/marketing-automation/ – Klickverteilung (Quelle: Hotjar.com, Kundenaccount Kim Weinand)

Praxistipp

Eine optische Analyse auf Basis des Klickverhaltens unterstützt Ihre datengetriebene Analyse mit Google Analytics. Sie können mit Programmen wie beispielsweise Hotjar.com die Auswertung des Nutzerverhaltens anreichern und finden schnell mögliches Optimierungspotenzial.

Hotjar bietet einen kostenlosen Basisaccount, mit dem Sie bis zu 1000 Besucher Ihrer Seite tracken können. Nutzen Sie die Analyse zur Kontrolle Ihrer Call-to-Actions.

Weitere Informationen zu Analyseprogrammen und den weiterführenden Links finden Sie auf meiner Internetseite unter *tipps.kim-weinand.de/linkliste*.

Wenn Sie einen tieferen Einblick in Google Analytics werfen möchten, empfehle ich Ihnen das Buch »Google Analytics – Das umfassende Handbuch« von Markus Vollmert und Heike Lück. Handbuch ist der richtige Begriff, denn das Buch hat fast 900 Seiten. Sie finden es hier:

www.rheinwerk-verlag.de/google-analytics-das-umfassende-handbuch/

SEO und Analytics – eine untrennbare Einheit

Nicht nur das Verhalten auf Ihrer Website lässt sich mit verlässlichen Daten verbessern, auch Ihre Platzierung in den organischen Suchergebnissen bei Google und Co. kann durch die regelmäßige Auswertung der relevantesten Zahlen gepusht werden. Denn einige Webseiten-Daten sind für die Suchmaschinenoptimierung von unschätzbarem Wert, etwa um herauszufinden, wie viel Such-Traffic Ihre Website über die Suchmaschinen pro Monat erhält oder welche Ihrer Landingpages die meisten Besuchszahlen generiert. Und auch die für die Suche verwendeten Suchbegriffe lassen sich dank der Verknüpfung mit Ihrer Google Search Console auswerten und gezielt für die Platzierung auf den oberen Rängen einsetzen. Denn auch bei der Suchmaschinenoptimierung gilt: Je mehr Sie über die Besucher Ihrer Webseite, also Ihre potenziellen Kunden, wissen, desto besser lassen sich Maßnahmen aller Art auf Ihr Zielpublikum ausrichten.

Machen Sie sich das Leben einfach – mit individualisierten Dashboards

Sie haben während der alltäglichen Arbeit im Unternehmen keine Zeit, sich lange durch Google Analytics zu klicken, um die relevanten Informationen zu erhalten, nach denen Sie suchen? Vereinfachen Sie sich die Arbeit, und nutzen Sie eine praktische Funktion, die Google Analytics genau für diese Situation bereitstellt: personalisierte Dashboards. Hier haben Sie die Möglichkeit, sich auf einem Dashboard genau die Zahlen und Daten zusammenzufassen, die Sie für einen schnellen Überblick und eine schnelle Auswertung benötigen. Ob Gesamtzahl aller Web-Besucher, Channels, Absprungraten oder die

Top 10 der meistbesuchten Unterseiten – legen Sie fest, welche Daten Sie einmal pro Tag oder zumindest einmal pro Woche checken möchten, und bestimmen Sie, wie die Zahlen präsentiert werden sollen, etwa als Tabelle, Kreisdiagramm oder Zeitstrahl, um saisonale Verläufe identifizieren zu können. Eigentlich ganz einfach, oder?

Google unterstützt Sie mit vorgefertigten Schablonen und der zusätzlichen Applikation Google Data Studio. Im Google Data Studio können Sie nicht nur Ihre Daten aus der Webanalyse einbringen, Sie können auch weitere Datenquellen nutzen und diese ebenfalls in Ihr Dashboard aufnehmen.

Schauen Sie sich die vorgefertigten Schablonen an, die Google Ihnen bereitstellt.

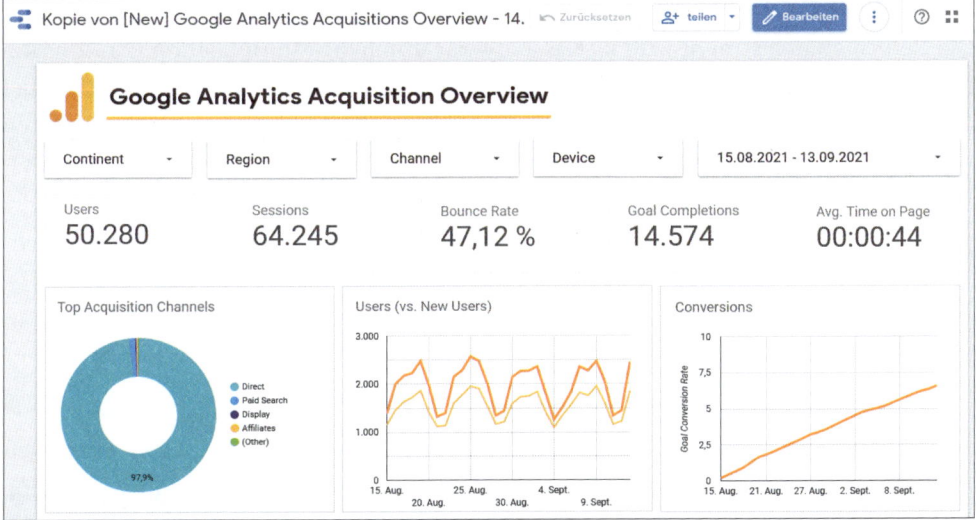

Abbildung 9.11 Data-Studio Vorlagen – Acquisition Overview

Ein weiterer Vorteil – Sie können im DataStudio ein Dashboard erstellen und sich die Daten wöchentlich oder monatlich als PDF per E-Mail zusenden lassen. So sind Sie immer gut informiert und erhalten regelmäßig alle Daten, ohne sich jedes Mal selber mit der Aufbereitung zu beschäftigen. Ein Tipp für Online-Marketing-Manager: Mit diesen monatlichen E-Mails können Sie Ihren Chef oder Ihren Kunden immer auf dem Laufenden halten.

9.3   Wann macht Online-Marketing Spaß? Return on Investment als Indikator nutzen

Die Frage »Wann macht Online-Marketing Spaß?« lässt sich eigentlich ganz einfach beantworten: wenn der Return on Investment (ROI) stimmt. Unter diesem Begriff versteht man dabei eine der wohl wichtigsten Kennzahlen im Marketing, bei denen das eingesetzte Kapital in Relation zum erwirtschafteten Gewinn gesetzt wird. Wörtlich übersetzt bedeutet Return on Investment dabei »Rückkehr der Investition« und ist auch unter dem Namen Kapitalrendite, Kapitalrentabilität oder Anlagenrentabilität bekannt. Dank der Kennziffer können Sie leicht berechnen, ob sich eine Investition in einen Marketing-Kanal lohnt oder das Budget besser in andere Kanäle investiert werden sollte. Neben der Klickrate und den Websitebesuchen ist auch der ROI eine wichtige wirtschaftliche Kennzahl, um den Erfolg von digitalen Werbekampagnen zu bestimmen.

9.3.1   Wie man den ROI berechnet

Der Return on Investment wird klassischerweise durch die Multiplikation von Umsatzrentabilität und Kapitalumschlag berechnet; die Umsatzrentabilität ergibt sich dabei aus dem Gewinn geteilt durch den Umsatz, der Kapitalumschlag wird wiederum durch die Division von Umsatz durch das investierte Kapital berechnet. Was auf den ersten Blick kompliziert klingt, ist eigentlich ganz einfach:

ROI = Gewinn ÷ Umsatz × Umsatz ÷ Gesamtkapital × 100 %

Oder einfacher ausgedrückt:

ROI = (Umsatz − Kosten) ÷ Kosten × 100

Schauen wir uns die Formel einmal anhand eines Beispiels an:

Nehmen wir an, ein Unternehmen gibt für eine Google-Ads-Kampagne monatlich 2.000 € aus. Die Verkäufe, die sich über den Werbekanal generieren lassen, erzielen eine Höhe von 2.500 €. Der Gewinn aus den Verkäufen beläuft sich auf 500 €. Setzt man alle Zahlen in die oben genannte Formel ein, liegt der ROI bei 25 %. Erstrebenswert wäre jedoch ein Wert zwischen 150 % und 250 %, damit die Kosten in einem lohnenden Verhältnis zu den Einnahmen stehen.

9.3.2   Die Bedeutung des ROI für das Digitalmarketing

So weit, so gut. Doch warum ist es so wichtig, jede digitale Maßnahme auch hinsichtlich des ROI zu bewerten? Mit dem Return on Investment erhalten Sie als Marketing-Verantwortlicher eine wichtige Kennzahl, mit der sich die Effektivität jeder Maßnahme aus finanzieller Sicht messbar macht. Voraussetzung dafür ist jedoch, dass Sie vor Beginn einer jeden Marketing-Maßnahme genau definieren, was Sie als Conversion definieren und welchen Wert Sie dieser zuweisen, sodass die Rentabilität aller Kampagnen berechnet werden kann. Bei einheitlicher Verwendung kann der ROI auch als KPI zur abschließenden Bewertung von digitalen Maßnahmen sowie als Zielvorgabe für Agenturen herangezogen werden.

9.3.3   Der ROI in der Suchmaschinenoptimierung

So gut sich der ROI für Digitalmaßnahmen mit festen Budgets einsetzen lässt, so schwierig stellt sich die Berechnung im Zuge der Suchmaschinenoptimierung dar, da nicht jeder Verkauf eines Produktes eindeutig den langfristigen SEO-Kosten zugeordnet werden kann. Denn die Kennziffer ist nicht in der Lage, den Faktor Zeit mit einzubeziehen – ein Faktor, der jedoch vor allem bei der Optimierung der organischen Suchergebnisse eine nicht zu vernachlässigende Rolle spielt. Doch mit einem vollumfänglichen Tracking der organischen Webseitenbesuche lässt sich auch hier zumindest ein ungefährer ROI berechnen, der stets die Ergebnisse von mehreren Monaten beinhalten sollte.

9.3.4   Was unterscheidet den ROI vom ROAS?

Wer sich näher mit dem Begriff des ROIs beschäftigt, stellt schnell fest: Neben dem Return on Investment findet sich oft auch der Begriff des Return on Advertising Spend (ROAS). Und auch wenn die beiden Kennziffern auf den ersten Blick recht ähnlich wirken, so unterscheiden sich die beiden Formeln doch im Detail. Grundsätzlich liegt der Unterschied beider KPIs darin, dass beim ROAS der Umsatz, beim ROI der Gewinn herangezogen wird. Zudem werden beim ROI klassischerweise alle Kosten in die Rechnung einbezogen, also auch Kosten für die Grafikerstellung oder für eine Werbeagentur, während sich der ROAS lediglich mit den Kosten der reinen Werbeausgaben beschäftigt, beispielsweise die Kosten, die für eine Google-Ads-Kampagne herangezogen werden müssen.

Um die Effektivität von Werbekampagnen oder auch die Wirksamkeit von Marketing-Maßnahmen vollumfänglich zu durchschauen, können beide Kennzahlen herangezogen werden. Dabei ist es jedoch wichtig, beide KPIs zur Bewertung der Rentabilität heranzuziehen und sich nicht nur auf einen der Werte zu beschränken. Denn auch wenn der ROAS positiv ist, so kann der ROI die unrentablen Schwachstellen einer Maßnahme aufdecken, etwa durch zu hohe Produktionskosten von Werbespots oder Grafikbannern.

Praxistipp: Den ROI immer im Blick behalten

Der ROI ist für Sie der auschlaggebende Wert, auch wenn eine Agentur Ihnen lediglich den ROAS darstellen wird. Dies ist ganz normal, da eine Agentur in den meisten Fällen keinen Einblick in Ihre Kostenstruktur hat und somit auch keine gesamtwirtschaftliche Aussage zu Ihrer Werbetätigkeit treffen kann.

Verdeutlichen wir dies an einem Beispiel: Ein Unternehmen investiert jährlich 50.000 € in eine Google-Ads-Kampagne und erzielt einen Umsatz von 200.000 €. Der ROAS liegt dabei bei 400 %. Dazu kommen jedoch weitere Kosten für Positionen wie Miete des Ladenlokals, Personal und Reinigung sowie die Kosten für den Materialeinkauf. Die Gesamtkosten liegen bei 175.000 € zzgl. der Kosten für die Werbekampagne. Die Gesamtkosten summieren sich also auf 225.000 € auf. Berechnet man nun den ROI, so liegt dieser bei -11 %. Das Unternehmen arbeitet also trotz positivem ROAS nicht rentabel und sollte das Verhältnis von Kosten und Ausgaben überdenken.

ROAS-Kalkulation	
Google-Werbebudget	50.000 €
Umsatz	200.000 €
ROAS (200.000 / 50.000)	400 %
ROI-Kalkulation	
Google-Werbebudget	50.000 €
Personalkosten	75.000 €
Lagerhalle	20.000 €
Rohstoffe	80.000 €
Gesamtkosten	225.000 €
Umsatz	200.000 €
ROI (200.000 − 225.000) / 225.000	-11 %

Tabelle 9.1 Beispiele für ROAS- und ROI-Kalkulationen

Kapitel 10
Soll ich auch in Social Media präsent sein?

Instagram, Facebook, YouTube, WhatsApp, Twitter, Xing, LinkedIn, Pinterest, TikTok, Snapchat ... die Liste ließe sich scheinbar ewig fortsetzen. Welches soziale Netzwerk passt zu meinem Unternehmen und ist das überhaupt die richtige Frage?

10

In den 2010er-Jahren hat sich nach und nach eine große Anzahl an Social-Media-Kanälen im Internet etabliert, die aus der Informations- und Kommunikationswelt der meisten Menschen kaum mehr wegzudenken sind. Wie oft hören wir Sätze wie »Hast du das auf Facebook schon gesehen?« oder »Das musst du dir auf YouTube ansehen!«?

Und tatsächlich ist es nicht zu leugnen, dass sich über Social Media auch gut Zielgruppen erreichen lassen. Nicht umsonst zählt Facebook mittlerweile rund ein Drittel aller Erdenbürger zu seinen Mitgliedern und erzielt dabei Umsätze mit Werbeeinnahmen von rund 85 Milliarden Dollar pro Jahr, was es an die Spitze der wertvollsten Unternehmen der Welt befördert.

Dennoch lassen sich auch hier nur selten Wunder über Nacht erzielen, und wie jede Werbemaßnahme sollte auch der Schritt in die Welt von Social Media genau geplant und mit Ihrer Unternehmensstrategie abgeglichen sein. Denn wie bereits erwähnt ist eine Social-Media-Auftritt nur dann wirklich erfolgversprechend, wenn er auch regelmäßig gepflegt wird. Dennoch bieten sich durch Social Media einige Vorteile, die sich mit anderen Werbeformen nicht so einfach erreichen lassen.

10.1   Die Vorteile von Social Media

Es liegt auf der Hand, dass Ressourcen notwendig sind, um neben der Webseite und Ihrem Arbeitsalltag auch noch einen weiteren Kanal am Laufen zu halten. Warum aber setzen dann dennoch so viele Unternehmen auf Social Media?

Die Antwort auf diese Frage liegt zum Teil in der besonderen Art und Weise, wie sich der Kunde hier ansprechen lässt. Bei den meisten Social-Media-Plattformen handelt es sich um Netzwerke, die einen eher privaten Charakter haben. Die Nutzer können hier nicht nur Unternehmen folgen, sondern sind vor allem mit ihren Freunden verbunden und loggen sich immer wieder ein, um zu sehen, was sich im Leben ihrer Freunde so tut. Beiträge von Unternehmen, die zwischen den Freundesbeiträgen auftauchen, stehen somit gefühlt auf einer Ebene mit denen der Unternehmen. Es gibt wenige andere Möglichkeiten, um so weit in die Privatsphäre von Kunden einzutauchen.

Darüber hinaus sind hier auch Dinge möglich, die in anderen Werbeformaten niemals denkbar wären. So kann in Werbebeiträgen beispielsweise weit mehr der Humor im Vordergrund stehen als in anderen Formaten, und hier passt es auch eher, wenn der Kunde mit Du angesprochen wird anstatt mit dem förmlichen Sie.

Darüber muss für diese Form der Markenbildung nicht zwangsläufig bezahlt werden. Im eigenen Kanal kann auch kostenlos veröffentlicht werden, um auf direktem Wege die Follower zu erreichen.

Ein weiterer Vorteil, den Social Media Unternehmen in die Hand gibt, ist direktes Feedback von der Zielgruppe. Denn Aktivitäten in sozialen Netzwerken sind keine Einbahnstraße wie bei vielen anderen Werbeformen. Die Kommunikation kann in beide Richtungen laufen. Nutzer können durch ein »Gefällt mir« oder Emojis signalisieren, was sie von Beiträgen halten, oder kommentieren und diskutieren diese sogar. Als aufmerksamer Analyst sollten Sie sich diese Chance zu kostenloser Marktforschung für Ihr Unternehmen keinesfalls entgehen lassen. Denn vielleicht sprechen Ihre Follower in den Kommentaren genau die Schwachstellen Ihres Angebots oder Ihres Unternehmens an, die Sie mitunter sogar leicht verbessern können, oder zeigen Ihnen sogar Potenziale für neue Geschäftsfelder oder Zusatzverkäufe auf.

10.2   Die Macht der Community – Empfehlungen sind Gold wert

Die Kommunikation in sozialen Netzwerken funktioniert nicht wie ein Newsletter, bei dem sich die Empfänger gegenseitig weder kennen noch wahrnehmen, selbst wenn Ihre Newsletter-Abonnentenliste in die Tausenden oder noch höher gehen sollte. Dank der Kommentarfunktion, den verschiedenen Möglichkeiten, die eigene Meinung zu Beiträgen zum Ausdruck zu bringen und auch mit anderen Followern zu diskutieren und sich auszutauschen, entsteht eine Art Community-Gefühl. So haben sich in den sozialen

Netzwerken neue Vorbilder und Meinungsmacher etabliert, die mit Video-Botschaften und eigenen Berichten in sozialen Medien ihr Ansehen steigern und viele »Freunde« und »Follower« generieren konnten.

In Deutschland erreichen Influencer mehrere Millionen Follower. Beispiele für erfolgreiche Influencer in Deutschland sind:

► Lisa und Lena Mantler (lisaandlena) – 16 Mio. Abonnenten auf Instagram

► Pia Wurtzbach (piawurtzbach) – 12,5 Mio. Abonnenten auf Instagram

► Bibi Claßen (bibisbeautypalace) – 7,7 Mio. Abonnenten auf Instagram,
  5,9 Mio. Abonnenten auf YouTube

► Pamela Reif (pamela_rf) – 7,7 Mio. Abonnenten auf Instagram,
  7,5 Mio. Abonnenten auf YouTube

► Dagmar Kazakov (dagibee) – 6,3 Mio. Abonnenten auf Instagram

► Christian Friedrich Johannes Büttner (TheFatRat) – 5,6 Mio. Abonnenten auf YouTube

► Julian Claßen (julienco_) – 5,5 Mio. Abonnenten auf Instagram

Mit diesen Abonnenten-Zahlen haben die Influencer bereits Reichweiten, die höher sind als bei einigen prominenten Fernsehstars, und sie erzielen mit einzelnen Videos in ihren Social-Media-Kanälen höhere »Sendereichweiten« als Fernsehsendungen. Noch extremer wird der Vergleich, wenn wir uns internationale Influencer anschauen. Charli D'Amelio ist eine der derzeit erfolgreichsten Influencerinnen bei TikTok. Sie hat über 115 Millionen Abonnenten.

Für ein Unternehmen kann es werblich sehr interessant sein, mit Influencern zu kooperieren und diese für ihre Werbezwecke als Markenbotschafter einzusetzen. In einer Umfrage der Arbeitsgruppe Influencer Marketing im Bundesverband Digitale Wirtschaft (BVDW) e. V. zählten Marketing-Verantwortliche die Vorteile, die sie der Werbeform zuordnen, auf. Über 70 % der Teilnehmer*innen sahen die Vorteile der Werbeform in der Verbesserung der Kommunikation mit der Zielgruppe und einer höheren Authentizität.

Das gilt natürlich ebenfalls im regionalen Bereich mit Micro-Influencern, die sich auf bestimmte geografische Gebiete oder Themen spezialisiert haben und Ihre Zielgruppe erreichen. Sie können mit Influencern sowohl die Reichweite steigern als auch ganz gezielt die Menschen ansprechen, die Ihrer Präsenz in sozialen Netzwerken bereits folgen. Menschen, die getrost als Fans Ihres Unternehmens bezeichnet werden können, wollen informiert bleiben, aber auch ihren Freunden ein Stück weit zeigen, dass sie Ihre Marke schätzen und Sie einen Mehrwert bieten. So können Aktionen mit Influencern von Ihren Interessenten als spannender Content wahrgenommen werden, der es wert ist, möglichst häufig geteilt, kommentiert und geliked zu werden.

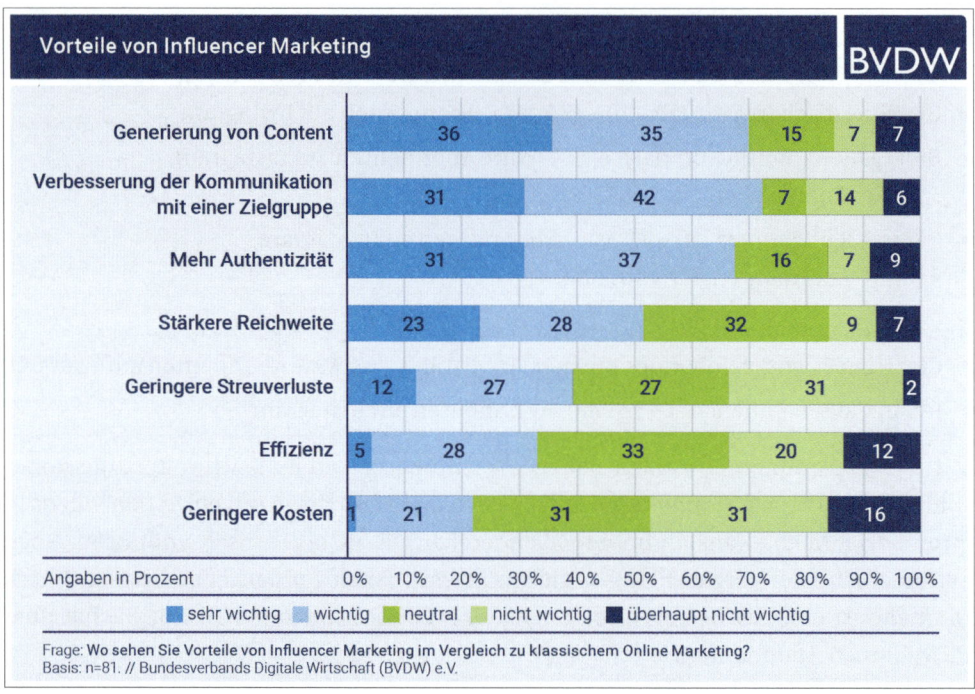

Abbildung 10.1 Vorteile von Influencer-Marketing (Quelle: BVDW)

Diese Follower, die bereits einmal Ihre Zusage dazu abgegeben haben, Ihrem Kanal zu folgen und weitere Infos zu erhalten, können Ihre wichtigsten Multiplikatoren sein. Denn gerade im Bereich der Social Media lässt sich die Dynamik von Mundpropaganda am besten nutzen, wenngleich Botschaften nicht immer nur in ausgesprochener Form von Mund zu Mund weitergegeben werden, sondern auch das Teilen von Beiträgen mit dem jeweils eigenen Freundeskreis darunter zu verstehen ist.

Wenn Sie bei Facebook die Unternehmensseite eines Unternehmens aufrufen, sehen Sie zudem immer, wie viele Ihrer Freunde dieses Unternehmen bereits mit »Gefällt mir« markiert haben.

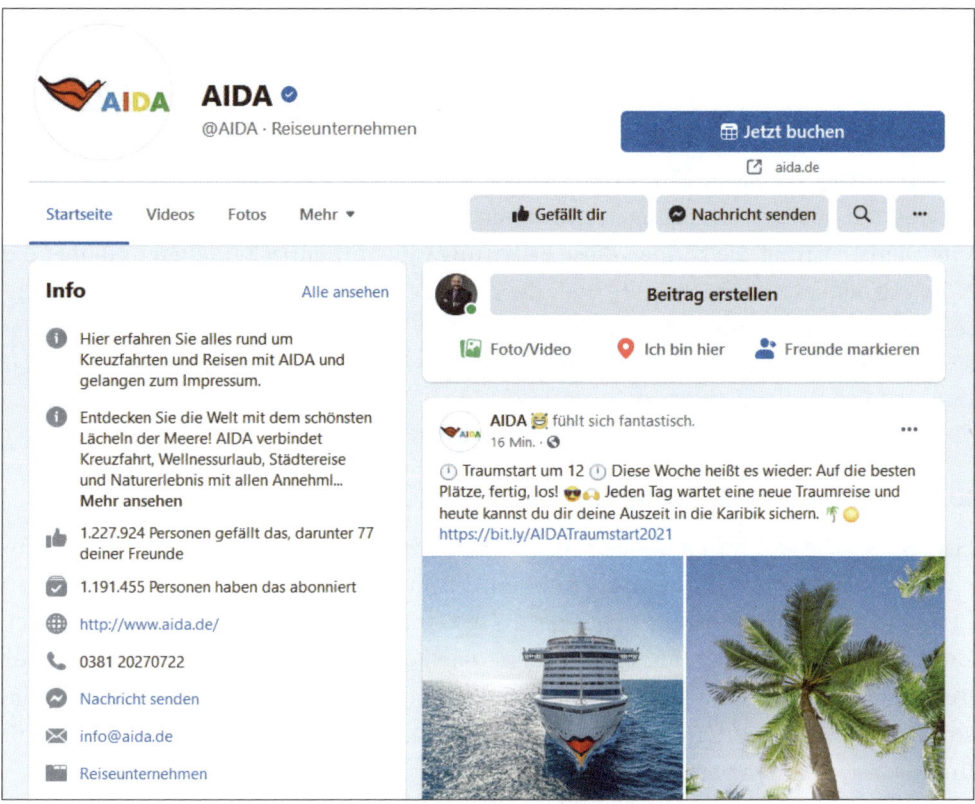

Abbildung 10.2 AIDA-Facebook-Unternehmensseite – Unter »Info« sehen Sie, wie viele Ihrer Freunde diese Seite ebenfalls mit »Gefällt mir« markiert haben.

10.2.1   Warum Empfehlungen von Freunden Gold wert sind

Der entscheidende Unterschied zwischen klassischer Werbung und der Welt der sozialen Medien besteht darin, dass es sich bei Letzteren um sogenannte Peer2Peer-Netzwerke handelt. Das bedeutet, die Nutzer kennen sich im besten Fall sogar und sind befreundet. Wenn sie sich nicht direkt kennen, sondern es sich z. B. nur um zwei Nutzer handelt, die in der gleichen Fanpage über die Kommentarfunktion zu einem Beitrag diskutieren, dann haben sie aber zumindest das Gefühl, auf derselben Ebene zu stehen. Das gibt eine Art Vertrauensvorschuss, da die Nutzer nicht annehmen, dass es dem anderen z. B. nur darum geht, etwas zu verkaufen und Gewinn zu machen. Genau aus diesem Grund hat eine Empfehlung für Ihr Angebot von einem anderen Nutzer oder gar von einem befreundeten Mitglied einen ganz anderen Stellenwert, als wenn Sie selbst als der Anbieter eine Kaufempfehlung aussprechen würden.

Der Marketing-Stratege Prof. Dr. Karsten Killian bringt es treffend auf den Punkt: »Schwache Marken machen Kundenwerbung, für starke Marken machen Kunden Werbung.« Nutzer, die Empfehlungen in sozialen Netzwerken abgeben, haben in der Regel auch schon positive Erfahrungen mit Ihnen gemacht und kennen Ihre Produkte bzw. Ihre Dienstleistung. Sie können diese Erfahrung weit authentischer teilen und über die Nutzung der gekauften Produkte oder die Zufriedenheit mit der Dienstleistung berichten. Andere Nutzer, die über diese Empfehlung im Newsfeed des eigenen Social-Media-Kontos oder aber auch auf Ihrer Fanpage lesen, werden diesen Erfahrungsberichten weit mehr Glauben schenken, als wenn ein Unternehmen selbst positiv über sich spricht.

10.2.2   Kunden wollen auf Nummer sicher gehen

Ein Aspekt, der bei Empfehlungen und Erfahrungsberichten in sozialen Netzwerken eine große Rolle spielt, ist der, dass Kunden, die überlegen, Ihr Angebot in Anspruch zu nehmen, gerne auf Nummer sicher gehen wollen. Sie wollen nicht die Katze im Sack kaufen oder von der Qualität der Produkte nach dem Kauf enttäuscht werden. Daher nutzen viele Menschen vor dem tatsächlichen Kauf die Möglichkeit, einen Blick in die sozialen Netze zu werfen, um zu sehen, welche Meinung andere Kunden bisher von Ihrem Unternehmen haben.

So wertvoll Empfehlungen von anderen Kunden auch sein können, so herausfordernd kann selbstverständlich auch Kritik sein, die in sozialen Medien über Sie geäußert wird. Alle Beiträge stehen öffentlich für alle lesbar im Internet. Kritik einfach zu löschen ist keinesfalls ein empfehlenswerter Schritt. Im Gegenteil könnten Sie dadurch sogar einen sogenannten Shitstorm ernten, bei dem sich viele Nutzer gegen Sie wenden und das Thema damit noch mehr Aufmerksamkeit erhält. Der bessere Weg ist es, die Kritik ernst zu nehmen und behutsam darauf zu antworten oder gar eine Besserung anzubieten.

> *»Ihre unzufriedensten Kunden sind die, von dem Sie am meisten lernen können.«* – *Bill Gates, Gründer von Microsoft*

Getreu diesem Motto sollten Sie die Kritik wahrnehmen und prüfen, wie Sie den Kunden zufriedenstellen und Ihr Produkt oder Ihre Leistung optimieren. Jeder Kunde, der Sie (konstruktiv) kritisiert, schenkt Ihnen seine kostbare Zeit, um Ihnen ein Feedback zu geben, und das sollten Sie würdigen. Zudem sollten Sie dankbar für die Chance sein, dass Sie auf die Kritik reagieren können. Es wäre für Ihr Unternehmen sehr kontraproduktiv, wenn die Kritik irgendwo anders geäußert wird und Sie bekommen es nicht mit. Dann haben Sie noch nicht einmal die Möglichkeit, darauf zu reagieren, und andere Interessenten werden lediglich die Kritik wahrnehmen, aber nicht Ihr Engagement, diese Kritik anzugehen.

10.3   Was kann und soll ich von mir erzählen?

Egal, für welche Social-Media-Plattform(en) Sie sich entscheiden, in der Regel haben Sie dort die Möglichkeit, jederzeit frei zu kommunizieren, was Sie möchten. Das bedeutet aber noch lange nicht, dass Sie das auch tun sollten.

Ein entscheidender Kardinalfehler, den viele Unternehmer machen, die neu in der Welt der Social Media sind, ist der, dass sie der Meinung sind, es handele sich dabei einfach um einen kostenlosen Kanal, in dem sie all ihre Werbebotschaften einfach veröffentlichen können. Theoretisch ist das natürlich möglich, aber die Praxis zeigt, dass diese Vorgehensweise nur selten zum Ziel führt, um tatsächlich Kunden auf diesem Weg zu gewinnen oder das Image der Marke nachhaltig zu verbessern.

Soziale Netzwerke sollten keinesfalls einfach mit Werbekanälen gleichgesetzt werden, um schnell Umsätze zu erzielen. Diese Netzwerke bieten Ihnen vielmehr die Möglichkeit, interessierten Nutzern und auch bestehenden Kunden nach und nach ein positives Image Ihres Unternehmens zu vermitteln und durch eine eher langfristig angelegte Kommunikationsstrategie die Kundenbindung und die Wahrnehmung Ihrer Marke zu stärken. Keinesfalls ist Social Media der richtige Ort, um Ihre Follower mit platten Werbebotschaften zu bombardieren. Natürlich kann ab und zu auch auf ein interessantes Angebot oder eine Aktion hingewiesen werden, aber niemand hat große Lust, auf Instagram, Facebook oder anderswo ständig nur Kaufangebote zu erhalten. Ist dies der Fall, ziehen es viele Nutzer vor, den Kanal nicht mehr zu abonnieren, wodurch der Kreis der Menschen, die Sie erreichen, nach und nach schwindet.

Um den richtigen Stil zu finden, den die Nutzer von Social-Media-Plattformen schätzen, kann es sich lohnen, wenn Sie einfach selbst ein wenig beobachten, wie andere erfolgreiche Unternehmen in diesem Bereich kommunizieren. Ihnen wird schnell auffallen, dass die Marken, die viele Likes für Ihre Beiträge erhalten und auf deren Fanpages viel kommentiert und diskutiert wird, überraschenderweise kaum oder mitunter sogar gar keine direkten Werbebotschaften veröffentlichen. Im Gegenteil verstehen sie es, ihre Community gut zu unterhalten und ihnen auch Informationen zu bieten, die sie anderswo nicht erhalten.

Der US-amerikanische Werbefachmann Leo Burnett formulierte sehr treffend: »Sagt den Leuten nicht, wie gut ihr die Güter macht, sagt ihnen, wie gut eure Güter sie machen.« So sollten Sie Ihre Social-Media-Aktivität nicht um das Produkt herum gestalten. In Anlehnung an das Zitat von Leo Burnett hier ein eigenes Zitat:

> »Content-Marketing wirkt, wenn Ihre Kunden erkennen, dass es nicht die Produkte sind, die zu ihnen passen, sondern dass sie es sind, die zu Ihren Produkten passen.«

Vier goldene Regeln für Beitragsarten

Diese Arten von Beiträgen sollten in etwa ausgewogen vorkommen:

1. Unterhaltsame und interessante Beiträge.
2. Insights in das eigene Unternehmen wie z. B. Fotos aus Ihrer Firma, Vorstellung von Mitarbeitern und Einblicke in den Produktionsprozess.
3. Verlinkungen zu Seiten und Beiträgen, die nicht von Ihrer Firma stammen, wie z. B. Statistiken oder die Bezugnahme auf aktuelle Themen in den Medien, die Ihre Branche betreffen oder Ihre Zielgruppe interessieren könnten.
4. Maximal jeder vierte Beitrag sollte tatsächlich eine Werbebotschaft mit einem konkreten Angebot enthalten, wobei auch dieses elegant verpackt sein sollte und nicht plump daherkommen darf.

10.3.1 Was wünschen sich Follower auf meiner Fanpage?

Wenn jemand Ihren Kanal auf einem Social-Media-Portal abonniert, dann hört er von Ihrem Unternehmen in der Regel nicht zum allerersten Mal. Zumindest hat er gesehen, dass einer seiner Freunde Ihren Kanal bereits abonniert hat, und interessiert sich daher dafür. In jedem Fall ist ein gewisses Interesse für Ihr Angebot oder Ihre Branche beim Nutzer vorhanden. Ansonsten würde er kaum zustimmen, Neuigkeiten von Ihnen zu empfangen. In vielen Fällen handelt es sich bei Ihren Fans, die Ihren Kanal abonniert haben, sogar um bestehende Kunden, die Sie mitunter sogar persönlich aus den Verkaufsgesprächen kennen und die Ihr Angebot bereits in Anspruch genommen haben. Damit einher geht eine bestimmte Erwartungshaltung.

Die Kunden, die Ihr Unternehmen bereits kennen und vielleicht schon bei Ihnen gekauft haben oder mit dem Gedanken spielen, Ihr Angebot in Anspruch zu nehmen, wissen in der Regel schon sehr gut über Ihr Sortiment bzw. Ihre Dienstleistung Bescheid. Sie sind weniger daran interessiert, mehr über Ihr Angebot zu erfahren, als vielmehr Ihr Unternehmen besser kennenzulernen. Jeder Nutzer, der auf den Button klickt, um jeden Ihrer neuen Beiträge in Zukunft zu empfangen, bringt Ihnen also bereits einen gewissen Vertrauensvorschuss entgegen. Diese Personen haben bereits einen eher positiven Eindruck von Ihrem Betrieb gewonnen. Sie wollen auf dem Laufenden bleiben und mehr erfahren.

Aus diesem Grund bringt es auch eher wenig, ausschließlich über Ihr Produktangebot zu sprechen. Social Media bietet Ihnen die Möglichkeit, eine völlig neue Ebene der Kommunikation zu Ihrer Zielgruppe zu eröffnen. Richtig angestellt, kann Social Media die klassische Beziehung Anbieter – Kunde auf eine viel freundschaftlichere Ebene heben, bei der sich Ihre Kunden weitaus mehr eingebunden und als Teil Ihres Unternehmens fühlen. Es ist wichtig, Ihnen auf Social Media immer wieder Informationen und Einblicke zu gewähren, die sie anderswo nicht bekommen. Es lohnt sich sogar, Ihrer Community über diesen Kanal vorab Informationen zu geben, ehe Sie diese auf anderen Schienen veröffentlichen. So haben Ihre Follower das Gefühl, eine privilegierte Stellung einzunehmen, und werden zu Ihren besten Multiplikatoren.

10.4   Wie kann ich Kunden gewinnen?

Social Media bietet Ihnen drei unterschiedliche Wege, Kunden zu gewinnen:

1. Kundengewinnung durch (gutes) organisches Social-Media-Management

2. Kundengewinnung durch die Zusammenarbeit mit Influencern

3. Kundengewinnung durch bezahlte Anzeigen

Die ersten beiden Varianten wurden bereits angesprochen. Mit eigenen Beiträgen, aber auch mit Antworten auf Kommentare, die Sie in Ihrem Social-Media-Kanal veröffentlichen, schaffen Sie potenziell natürlich die Möglichkeit, das Vertrauen Ihrer Kunden in Ihr Unternehmen zu stärken und vor allem Ihren Namen stärker in deren Bewusstsein zu verankern. Sollten diese Menschen das nächste Mal einen Bedarf haben, der in Ihren Bereich fällt, ist die Chance deutlich höher, dass diese Personen dann auch an die Möglichkeit denken, bei Ihnen zu kaufen.

Mit dieser Methode können Sie vor allem Nutzer des Portals erreichen, die der Community Ihres Unternehmens angehören und Ihnen folgen. Wenn diese Nutzer Ihre Beiträge »liken«, also ein »Gefällt mir« dafür abgeben oder sogar kommentieren oder teilen, dann können dies in der Regel auch deren Freunde sehen und werden möglicherweise so auch auf Sie aufmerksam. Um die Reichweite Ihrer Beiträge zusätzlich zu erhöhen, lohnt es sich, mit Hashtags zu arbeiten.

10.4.1   Was ist ein Hashtag?

Hashtags sind Schlagworte, vor die ein Rautezeichen gesetzt wird. Solche Begriffe können entweder in den Text eines Beitrags eingebaut werden oder aber darüber oder darunter separat platziert werden. Der Grund dafür, warum viele Nutzer von Social-Media-Plattformen dies nutzen, ist der, dass damit eine Suchfunktion unterstützt wird. Wenn Sie z. B. einen Beitrag, den Sie veröffentlichen, mit dem Hashtag #Valentinstag versehen, dann wird Ihr Posting allen Nutzern angezeigt, die nach diesem Hashtag im Portal suchen. Besonders sinnvoll ist dies natürlich kurz vor oder direkt am Valentinstag, da dann auch das Suchvolumen für dieses Thema am höchsten ist und das Ereignis viele Menschen bewegt. Genauso können Sie natürlich auch Ortsangaben wie #Berlin oder auch #BerlinMitte in Form von Hashtags verwenden, wenn Sie annehmen, dass Nutzer danach suchen könnten und sich beispielsweise Ihr Ladengeschäft dort befindet.

Besonders häufig wird auf Twitter mit Hashtags gearbeitet, aber mittlerweile hat sich diese Funktion auch bei den meisten anderen Plattformen eingebürgert. Auf diese Weise werden auch Nutzer auf Sie aufmerksam, die Sie bisher nicht kannten, und der eine oder andere wird Ihnen vielleicht folgen, um später möglicherweise zu einem neuen Kunden zu werden.

10.4.2   Bezahlte Werbung

Neben der Veröffentlichung von Beiträgen, die grundsätzlich kostenlos ist, gibt es noch die Möglichkeit zur bezahlten Werbung. So sozial die Plattformen auch scheinen mögen, sollte nicht vergessen werden, dass dahinter schlussendlich dennoch private Unternehmungen stehen, die Gewinne erzielen wollen. Daher bieten sie anderen Unternehmen Werbeplätze, damit sich diese vor den häufig Millionen oder in wenigen Fällen sogar Milliarden von Nutzern präsentieren zu können.

Die Möglichkeit, bezahlte Werbung zu schalten, wird häufig vor allem in der Anfangsphase einer Fanpage genutzt, wenn diese noch keine oder nur wenige Follower aufweist, um damit genau diese Anzahl zu steigern. Aber auch in späteren Phasen wird gerne bezahlte Werbung geschaltet, um bestimmte Aktionen zu bewerben oder einfach die Markenbekanntheit weiter zu steigern.

Der Clou an dieser bezahlten Werbung besteht darin, dass diese nicht einfach wahllos an irgendwelche Mitglieder der jeweiligen Plattform ausgesendet wird, sondern Sie in den Einstellungen zu Ihrer Werbekampagne zuvor genau definieren können, wem die Anzeigen angezeigt werden sollen, und optional sogar, wem nicht – z. B. Nutzern, die

Ihrer Seite ohnehin bereits folgen. Hier eine kleine Auswahl an Kriterien, nach denen Sie Ihre Zielgruppe für die Ausrichtung einer Werbekampagne z. B. definieren können:

▶ **Nach Region**

Hier können Sie einzelne Orte, Bundesländer oder Länder angeben oder aber auch einfach einen Umkreis in Kilometern angeben. Nutzern, die sich außerhalb dieser Region befinden, bekommen die Anzeigen nicht dargestellt. Das ist vor allem dann wichtig, wenn Sie z. B. keinen Versand für Produkte anbieten oder Ihre Dienstleistung nur für Menschen in der näheren Umgebung relevant ist.

▶ **Nach Alter**

Wenn Sie ein Geschäft für den Pflegebedarf für Senioren führen, werden sich dafür eher keine 16-Jährigen interessieren. Besser ist es daher, die Altersangabe richtig zu wählen, um Ihr Werbebudget zu schonen.

▶ **Nach Interessen**

Die sozialen Netzwerke wissen aufgrund des Verhaltens ihrer Nutzer sehr gut, für welche Themen diese sich interessieren. So können sie beispielsweise speziell solche Menschen ansprechen, die sich für Computerspiele und technische Geräte interessieren, oder auch solche, die schon einmal an der Börse investiert haben.

▶ **Nach Berufsgruppen**

Wenn Sie Berufsbekleidung für bestimmte Branchen anbieten oder aber als Vermesser für Immobilienentwickler arbeiten, sollten Sie Ihre Kampagnen auf die dafür relevanten Berufsgruppen einschränken.

▶ **Nach abonnierten Fanpages**

Menschen, die Fan eines Holzbaubetriebes bei Ihnen in der Nähe sind, könnten sich auch für Ihre Schreinerei-Produkte interessieren – warum also nicht genau jenen Nutzern Ihre Werbeanzeige präsentieren?

Die genannten Filtermöglichkeiten stellen nur einen sehr kleinen Teil der möglichen Varianten dar, und je nach Plattform, auf der Sie werben möchten, unterscheidet sich die Auswahl natürlich nochmals. Zudem gibt es die Möglichkeit, gezielt die Personen anzusprechen, die Ihre Internetseite bereits besucht haben. Wir sprechen in diesem Fall von Remarketing.

Die bezahlten Beiträge auf den sozialen Plattformen werden immer als bezahlte Anzeigen dargestellt. Auf Facebook sehen Sie beispielsweise den Hinweis GESPONSERT unterhalb der Facebook-Seite, für die eine Werbung ausgespielt wird.

Abbildung 10.3 Werbeanzeige von lexoffice auf Facebook. Unterhalb des
Seitennamens wird das Wort »Gesponsert« angezeigt.

Wenn Sie wissen möchten, warum eine bestimmte Werbung Ihnen ausgespielt wird,
dann können Sie bei der Werbeanzeige den kleinen Pfeil in der oberen rechten Ecke
anklicken und wählen dann den Punkt »Warum sehe ich diese Werbeanzeige«. Sie
sehen dann Informationen, die Ihnen die jeweilige Plattform bezüglich der Targeting-
Kriterien zur Verfügung stellt:

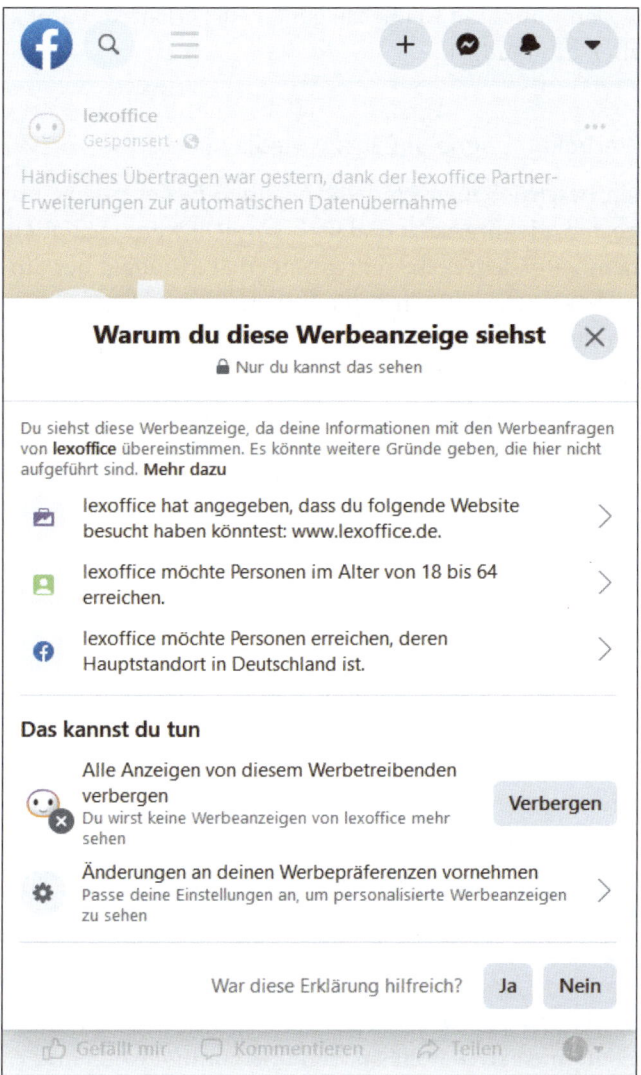

Abbildung 10.4 Facebook – Erläuterung zur Werbeeinblendung

Die Filter-Kriterien zur Selektion der Zielgruppe zeigen, welches Potenzial in dieser Art der Werbung steckt. Warum sollten Sie noch Hunderte oder Tausende von Euros in eine Anzeige in der lokalen Tageszeitung investieren, bei der sich doch nur ein sehr geringer Prozentsatz der Leserschaft tatsächlich für Ihre Produkte interessiert, wenn Sie ausschließlich Menschen mit Ihrer Werbebotschaft in Kontakt bringen können, die tatsächlich den Kriterien Ihrer Zielgruppe exakt entsprechen?

Das Beste jedoch kommt noch! Denn um eine solche zielgenau ausgerichtete Kampagne zu starten, brauchen Sie kein Riesenbudget.

10.4.3   Wie viel kostet eine Werbekampagne auf Social Media?

Ein wesentlicher Vorteil bei den beschriebenen Werbekampagnen besteht nicht nur darin, dass diese innerhalb kürzester Zeit aufgesetzt und veröffentlicht werden können, sondern dass auch nur mit einem vergleichsweise sehr geringen Startbudget der Einstieg beginnt. Genau wie Google Ads, welches wir in Kapitel 6 behandelt haben, ermöglichen die meisten Social-Media-Plattformen das Werben bereits ab lediglich einem Euro täglich. Darüber hinaus arbeiten die meisten Werbeprogramme ebenfalls auf dem CPC-Prinzip. Das bedeutet, dass Sie pro erzieltem Klick bezahlen. Kosten fallen also nur dann an, wenn ein Nutzer tatsächlich auf Ihre Werbeanzeige geklickt hat. Es gibt aber noch andere Verrechnungsmodelle wie CPM (Cost per Mille – auch als TKP bekannt), also die Kosten pro tausend erreichten Nutzern.

10.5   Wie aktiv muss ich sein?

Es gibt einen Grund, warum »Social-Media-Manager« mittlerweile eine eigene Berufsbezeichnung ist und in größeren Unternehmen eine eigene Stelle dafür geschaffen wird. Der Grund liegt darin, dass richtiges Social-Media-Management mitunter auch viel Zeit und Energie beansprucht. Aus diesem Grund ist es wichtig, dass Sie sich nicht nur überlegen, auf welchen Kanälen Sie präsent sein möchten, sondern auch, wer diese Social-Media-Kanäle schlussendlich pflegen soll bzw. wie viel Zeit Sie dafür erübrigen möchten. Zwar ist es immer noch besser, eine Fanpage einzurichten, die als Visitenkarte dienen kann und wo Sie nur selten etwas veröffentlichen, als überhaupt nicht auf Social Media präsent zu sein. Doch das Schaffen einer aktiven Community wird auf diese Weise nicht möglich sein, und ebenso wenig wird Ihre Reichweite dank Social Media steigen, wenn Sie dort selbst nicht eine aktive Rolle spielen und zumindest ab und zu Beiträge veröffentlichen. Die Algorithmen in den meisten Plattformen sorgen dafür, dass solche Fanseiten, die aktiver sind und gut gepflegt werden, eine höhere Reichweite erfahren, während andere Seiten, die kaum aktiv sind, sogar deutlich an Sichtbarkeit einbüßen.

Selbstverständlich macht es auch wenig Sinn, hyperaktiv zu sein und einfach irgendwelche Beiträge zu posten, auch wenn diese vielleicht nur witzig sind, aber mit Ihrem Geschäft mitunter gar nichts zu tun haben. Denn dann laufen Sie nicht nur Gefahr, Ihre Social-Media-Marke zu verwässern, sondern darüber hinaus auch noch Ihre Fans mit einer hohen Anzahl an Postings zu nerven, sodass diese schlussendlich abspringen und Ihrem Kanal nicht mehr folgen möchten.

10.5.1   Die gute Mischung

Auch bei der Frage, wie aktiv Sie auf Ihrem Social-Media-Kanal sein sollten, können Sie sich wieder selbst die Frage stellen, wie viele Botschaften Sie selbst gerne von einem Unternehmen, dem Sie folgen, erhalten möchten und ab wann Sie es als zu viel empfinden. Darüber hinaus zählt hier mehr denn anderswo: Weniger ist mehr. Lieber einen gut recherchierten, schön aufbereiteten Beitrag mit wirklichem Mehrwert für die Nutzer posten und dafür nur einmal in der Woche, als täglich 17 Postings rauszuhauen, die die Nutzer aufgrund fehlender Relevanz kaum wahrnehmen oder sich davon sogar gestört fühlen.

Wenn Sie tatsächlich wenig Zeit für Ihr Social-Media-Management aufbringen können, aber Sie z. B. ohnehin regelmäßig einen Blog schreiben oder einen Newsletter aussenden, kann ein guter Weg darin bestehen, die Beiträge aus Ihrem Blog auch jedes Mal nach der Veröffentlichung in Ihren Social-Media-Kanälen zu teilen bzw. Teile aus Ihrem Newsletter zu übernehmen und damit kurze Beiträge für Facebook, Twitter und Co. zu gestalten. Dabei zu beachten ist auch, dass Sie z. B. mit jeder Verlinkung auf Ihren Blog auch ein sogenanntes Social Signal erzeugen und dieses wiederum die Sichtbarkeit Ihrer Website stärkt und unterstützt.

10.5.2   Reagieren Sie auf Ihre Community

Auch, wenn Sie nur wenige Ressourcen übrig haben sollten, um Ihre Social-Media-Auftritte zu pflegen, sollten Sie es keinesfalls vernachlässigen, auf Ihre Community zu reagieren, wenn diese selbst aktiv wird. Denn ab und zu werden die Mitglieder Ihrer Community Ihre Beiträge kommentieren, Fragen stellen, selbst etwas in Ihrem Kanal posten oder sogar Kritik üben. In keinem dieser Fälle und speziell nicht im letzten Fall sollten Sie es unterlassen, darauf zu reagieren. Denn dann könnte es schnell passieren, dass Ihre Community denkt, Sie würden sie ignorieren oder vor allem auch Kritik nicht ernst nehmen oder leugnen. Wenn Sie mit einem Social-Media-Kanal an die Öffentlichkeit gehen, müssen Sie auch damit rechnen, dass Sie Rückmeldungen aller Art von Menschen erhalten. Zwar brauchen Sie keinesfalls immer sofort zu reagieren, aber wenn Sie gar nicht auf direkte Anfragen oder auch Kritik in Form von Kommentaren reagieren, wird man Ihnen dies mitunter übelnehmen und vielleicht sogar auf die Verlässlichkeit oder Qualität Ihres Unternehmens schließen. Bevor Sie einen Kanal auf Social Media eröffnen, denken Sie daher auch daran, dass Sie damit einen zusätzlichen Kommunikationskanal zu Ihren Kunden aufmachen, bei dem Ihre Kunden auch Ihre Rückmeldung auf Anfragen erwarten.

10.5.3   Bieten Sie Ihrer Community von Zeit zu Zeit etwas

Eine Methode, wie Sie Ihre Community interessiert und bei der Stange halten, besteht darin, ihr immer wieder etwas zu bieten. Wenn die Mitglieder Ihrer Community erkennen, dass sie Vorteile daraus ziehen, indem sie Ihre Beiträge aufmerksam lesen, werden sie Ihnen auch weiterhin folgen und Ihnen treu bleiben. Im klassischsten Sinn sind dies Gewinnspiele, bei denen Ihre Community aufgefordert wird mitzumachen, um einen Preis zu gewinnen. Im Idealfall binden Sie diese Gewinnspiele vielleicht an Fragen, die es zu beantworten gilt und die die Teilnehmerinnen und Teilnehmer beantworten sollen, die aber mit Ihrem Unternehmen oder Ihrer Branche thematisch in Verbindung stehen.

Eine andere Methode, damit Ihre Community das Gefühl erhält, zu einer besonders privilegierten Gruppe zu gehören, besteht darin, ihr Informationen zukommen zu lassen, die ansonsten noch keiner hat. Steht etwa ein neuer Produkt-Release an und Sie haben ein erstes Foto, das Sie veröffentlichen möchten, kann es ein guter Weg sein, dieses Bild zunächst auf Ihrem Fankanal zu teilen und darauf aufmerksam zu machen, dass es sich um Erstinformationen handelt. Viele Unternehmen sind bereits dazu übergegangen, die klassische Pressemitteilung an die Medien erst auszusenden, nachdem die Neuigkeiten bereits in den sozialen Medien gestreut wurden. Nicht selten verteilt sich die Nachricht dann wie von selbst wie ein Lauffeuer und wird im besten Fall sogar zum viralen Phänomen. Denn viele Menschen sind gerne Early Adopters und möchten gerne ganz vorne mit dabei sein, wenn eine Neuigkeit oder ein neuer Trend seinen Lauf nimmt. Daher möchten diese Menschen die Neuigkeit auch automatisch mit ihren Freunden teilen. So wird Ihr Beitrag schnell immer öfter geteilt, sodass sehr schnell eine rasch wachsende Personengruppe darauf aufmerksam wird. In manchen Fällen werden solche Beiträge dann sogar von klassischen Medien aufgenommen, um darüber zu berichten.

10.6   Wer betreut meine Kanäle?

Je nachdem, wie ernsthaft Sie Social Media nutzen möchten und wie intensiv Sie in diesem Bereich tätig werden möchten, kann Social-Media-Management einen großen Zeitfaktor darstellen. Irgendwelche Postings rauszuhauen, ist nicht schwer, aber auch auf lange Sicht eine Community aufzubauen und vor allem regelmäßig über lange Zeiträume hinweg immer wieder interessante Informationen und Beiträge zu veröffentlichen, ist eine ganz andere Geschichte. Daher wird sich früher oder später die Frage stellen, wer Ihre Kanäle betreuen soll. Im Idealfall stellen Sie sich diese Frage besser früh als spät, da Sie dann von Anfang an einen konsistenten Kommunikationsstil wahren können und die Verantwortlichkeiten von Beginn an festgelegt sind.

10.6.1   Intern oder extern?

Eine Frage, die sich gleich zu Beginn selbstverständlich stellt, ist die, ob Sie die Betreuung Ihrer Kanäle selbst bzw. von eigenen Angestellten durchführen lassen möchten oder ob Sie Social-Media-Management sogar außer Haus geben. Denn schon lange hat sich Social-Media-Management zu einer eigenen Disziplin im Online-Marketing etabliert, sodass sich verschiedene Firmen darauf spezialisiert haben und dies für ihre Kunden übernehmen.

Die Betreuung Ihrer Kanäle intern abzuwickeln kann einige entscheidende Vorteile mit sich bringen. Denn Sie und auch Ihre Mitarbeiter sind direkt vor Ort, wenn es zu Situationen und Ereignissen kommt, von denen auch die virtuelle Welt erfahren sollte. Ein Bild mit einem Smartphone ist schnell erstellt, um es online zu stellen und der Community davon zu berichten, dass etwa gerade eine neue Lieferung heiß begehrter Ware eingetroffen ist, Sie ein großes Projekt gerade abgeschlossen haben oder aber auch einen Weiterbildungsworkshop besuchen, um die Qualität Ihres Angebots hoch zu halten. Der Weg vom Ereignis zum fertigen Beitrag im Internet ist somit deutlich kürzer, und damit gelingt es einerseits vielleicht, öfter Beiträge zu veröffentlichen, aber andererseits in jedem Fall auch, den Mitgliedern der Community tatsächlich das Gefühl zu geben, sehr nahe an Ihrem Unternehmen dran zu sein und wirklich einen Blick hinter die Kulissen zu erhalten. Wenn Sie die Betreuung Ihrer Kanäle auslagern, gelingt dies wahrscheinlich nicht so einfach, auch wenn es verschiedene Möglichkeiten gibt, dies dennoch zu bewerkstelligen.

Wenn Sie einen neuen Kanal auf Facebook, Instagram oder anderswo eröffnet haben und sich für die interne Betreuung Ihrer Kanäle entschieden haben, dürfen Sie allerdings nicht automatisch erwarten, dass Ihre Mitarbeiter selbst aktiv werden, zum Smartphone greifen und posten, was ihnen einfällt, noch ist diese Vorgehensweise besonders ratsam. Wenn sich in Ihrem Team nicht zufällig ein außergewöhnliches Talent für Social-Media-Marketing findet, das zudem auch noch über ausreichend Eigeninitiative und Mut verfügt, einfach tätig zu werden, wird es um Ihre Kanäle erst einmal ruhig bleiben. Denn auch die interne Abwicklung Ihrer Social-Media-Aktivitäten startet nicht einfach von allein, nur weil Sie Fanpages eingerichtet haben. Was es braucht, ist in

10

jedem Fall eine klare Verantwortlichkeitszuteilung sowie auch ein klares Briefing der mit diesen Aufgaben betrauten Mitarbeiterinnen und Mitarbeiter.

10.6.2   Weniger ist mehr

Auch beim Social-Media-Marketing gilt: Weniger ist mehr. Denn viele Köche verderben den Brei. Wenn Ihr gesamtes Team die Erlaubnis hat, auf Ihren Kanälen Beiträge zu veröffentlichen, steigt damit nicht nur die Gefahr, dass dabei auch viele irrelevante oder unpassende Beiträge veröffentlicht werden, sondern es wird auch kaum gelingen, ein einheitliches Wording bzw. einen einheitlichen Kommunikationsstil zu finden. Daher ist es besser, Sie übertragen die wichtige Aufgabe der Betreuung Ihrer Kanäle nur einer Person oder übernehmen dies mitunter auch selbst. Die anderen Mitarbeiter können zwar Zuträger von Informationen an diese Person sein, wenn ihnen im Arbeitsalltag Dinge auffallen, die auch für Social Media interessant sein könnten, sollten aber nicht unbedingt das Recht besitzen, einfach selbst tätig zu werden. Darüber hinaus könnten mit der Verteilung der Zugänge zu Ihren Social-Media-Profilen auch Risiken entstehen, etwa dann, wenn Mitarbeiter das Unternehmen verlassen, Sie aber vergessen haben sollten, die Zugangsdaten zu ändern, um einen weiteren Zugriff zu verhindern. Dennoch sollten Sie Ihre Teammitglieder für das Thema sensibilisieren, damit diese in ihrem täglichen Doing auch Ihre Kommunikationskanäle immer im Hinterkopf haben und bei interessanten Ereignissen mit Ihrem Social-Media-Verantwortlichen in Kontakt treten können.

Ihr Social-Media-Manager oder Ihre Social-Media-Managerin sollten in jedem Fall eine Person sein, die sich in der virtuellen Welt zu Hause fühlt und die Funktionalitäten der einzelnen Plattformen gut kennt. Diese Person trägt ein hohes Maß an Verantwortung, denn immerhin gilt alles, was in einem Ihrer Kanäle gepostet wird, als die offizielle Stimme Ihres Unternehmens. Daher sollte es sich in jedem Fall um eine vertrauenswürdige Person handeln, die sich der Tragweite ihrer Handlungen bewusst ist.

Neben der Übertragung der Verantwortlichkeit für die Betreuung Ihrer Kanäle dürfen Sie einen Fehler nicht tun, über den vor allem kleinere und mittlere Unternehmen leider oft stolpern. Denn Verantwortlichkeit alleine genügt nicht. Es braucht auch die nötigen Zeitressourcen, um diesen Job gut zu machen. In den wenigsten KMUs wird eine eigene Stelle für Social Media geschaffen, wo sich jemand 100 % seiner Zeit nur um dieses Thema kümmern kann. In der Regel wird diese Aufgabe einer geeigneten Person übertragen, die bereits lange im Unternehmen arbeitet und sich mitunter auch sonst bereits um andere werberelevante Aufgaben kümmert. Nicht selten hat diese Person aber auch bereits eine Fülle von Arbeiten zu erledigen und soll nun noch Social Media dazunehmen. Ihnen sollte klar sein, dass dies nicht funktionieren wird. Wenn Sie die

Pflege Ihrer Kanäle einer internen Person zuteilen, müssen Sie auch dafür Sorge tragen, dass diese überhaupt ausreichend Zeit dafür bekommt, um sich tatsächlich darum zu kümmern. Ist dies nicht in ausreichendem Maße möglich, was bei vielen kleineren und mittelgroßen Unternehmen der Fall ist, kann die Auslagerung der Social-Media-Tätigkeit eine Variante darstellen.

Auch wenn Sie das Social-Media-Management outsourcen, ist es ebenso wichtig, vielleicht sogar noch wichtiger, die Person oder das Unternehmen, die Sie dabei unterstützen, sorgfältig auszuwählen und auch zu briefen. In einem ersten Gespräch sollten der gewünschte Kommunikationsstil und die Themenbereiche besprochen werden, über die Beiträge veröffentlicht werden. Damit auch Beiträge entstehen können, die »nahe« am Unternehmen sind, sollten Sie mit Ihrem Social-Media-Manager außerdem vereinbaren, auf welchem Weg Informationen, Bilder oder auch Videos aus Ihrem Unternehmen zu ihm gelangen können, damit er diese aufbereitet und in Ihrem Kanal veröffentlicht.

10.7 Die wichtigsten Plattformen

Welche sozialen Netzwerke Sie auswählen, hängt zu einem großen Teil davon ab, wie Ihre Zielgruppe aussieht und wo sich diese am liebsten bewegt. Zu den aktuell wichtigsten Netzwerken gehören Instagram, Facebook, YouTube, WhatsApp, Twitter, Xing, LinkedIn, Snapchat, TikTok und Pinterest.

▶ **Facebook**

Facebook gilt im Moment als das größte soziale Netzwerk weltweit. Neben 2,38 Milliarden aktiven Nutzern verwenden auch etwa 65 Millionen Unternehmen Facebook als Kommunikationskanal. Um wettbewerbsfähig zu bleiben, ist ein eigenes Facebook-Profil für Ihr Unternehmen empfehlenswert, auch wenn der Altersdurchschnitt der Nutzer mittlerweile gestiegen ist und vor allem jüngere Zielgruppen bereits zu anderen Plattformen abgewandert sind. Facebook liefert mit seinem Analysetool zudem auch wertvolle Informationen zu Views, Interaktionen und Impressionen, die einzelne Beiträge erzielen. Von Textbeiträgen, Videos über geteilte Blogartikel bis hin zu Bildern und Stories – an Content-Formaten ist hier einiges möglich.

▶ **Instagram**

Anders sieht das bei Instagram aus. Die App gehört zu Facebook, ist allerdings fotobasiert. Ästhetik steht hier im Mittelpunkt. Jeden Monat nutzen etwa 800 Millionen Menschen Instagram aktiv, etwa 25 Millionen Unternehmensprofile sind registriert.

Mit der perfekten Inszenierung – egal ob in Form von Fotos oder Videos – lässt sich hier vieles erreichen. Sie können Ihr Unternehmen in Szene setzen, Produkte vorstellen und Ihre Markenbekanntheit sowie Brand Awareness steigern.

▶ **YouTube**

Die Plattform gilt als die bekannteste Videoplattform der Welt. Etwa eine Milliarde Nutzer schauen hier Videos an. Auch viele Unternehmen betreiben eigene Videokanäle, um ihre Expertise weiterzugeben oder ihr Unternehmen anderweitig zu präsentieren.

▶ **Twitter**

Bei Twitter handelt es sich um einen Microblogging-Dienst. Pro Tweet stehen Nutzern maximal 280 Zeichen zur Verfügung. Solche kleinen Beiträge ermöglichen es Ihnen, sowohl im B2B- als auch im B2C-Bereich präsent zu bleiben und Ihre Kundenbindung zu stärken. Aus Twitter ging einst auch der mittlerweile bekannte Hashtag (#) hervor, mit dem Sie Beiträge mit Schlagworten versehen können.

▶ **Xing und LinkedIn**

Diese beiden Plattformen gehören zu den Business-Netzwerken. Anders als bei Facebook und Instagram verlaufen die Interaktionen und das Networking hier nahezu rein auf professioneller Ebene. Hier können Expertenwissen ausgetauscht und berufliche Kontakte geknüpft werden – beide Plattformen eignen sich also hervorragend für die B2B-Kommunikation. Während Xing eher im deutschsprachigen Raum verbreitet ist, ist LinkedIn international aufgestellt und verzeichnet höhere Nutzerzahlen.

▶ **Pinterest**

Pinterest gilt als Bilder-Bibliothek und Suchmaschine für Selbermacher. Mit 291 Millionen aktiven Nutzern monatlich ist Pinterest als Plattform nicht zu unterschätzen. Nutzer können auf Pinterest virtuelle Pinnwände zu verschiedenen Themen erstellen. Die meisten Bildbeiträge (Pins) sind mit Websites verbunden, auf die Nutzer bei Interesse weitergeleitet werden. Nutzer suchen hier oft nach inspirierenden Ideen und auch nach ansprechenden Produkten, was die Plattform für entsprechende Unternehmen besonders interessant macht.

▶ **Snapchat**

Snapchat ist ein Instant-Messaging-Dienst. Die Nutzer von Snapchat sind hauptsächlich Teenager, was die App für Unternehmen mit entsprechender Zielgruppe spannend macht. Snapchat-Nutzer können hier Nachrichten in Form von Fotos und kurzen Videos an andere Nutzer senden.

▶ **TikTok**

Auch die Nutzer von TikTok sind jung – die meisten davon jugendlich. Konsumiert und hochgeladen werden hier hauptsächlich selbstgemachte Videos mit Musikhinterlegung. Als Unternehmen können Sie hier mit kreativen Spots punkten.

▶ **WhatsApp**

Bei der App handelt es sich um einen Instant-Messaging-Dienst, der zum Facebook-Konzern gehört. Er war zu einem großen Teil für die Ablösung der SMS verantwortlich. Verwendet wird die App allerdings hauptsächlich zur privaten Kommunikation. Seit 2018 gibt es WhatsApp Business zur Kommunikation zwischen kleinen Unternehmen und deren Kunden.

10.7.1   Facebook, Instagram & Co. einsetzen

Sicher haben Sie bereits von Facebook gehört, der größten Social-Media-Plattform der Welt. Auch vom Kurznachrichtendienst Twitter haben Sie vielleicht bereits einmal gehört oder sogar schon selbst getwittert. Daneben gibt es noch eine Vielzahl anderer Social-Media-Plattformen von Instagram über Snapchat bis zu Pinterest und anderen. Ferner sind auch Videoplattformen wie YouTube genau genommen zu den sozialen Medien zu zählen. Denn sie erfüllen alle Grundfunktionen, um den sozialen Austausch zwischen ihren Mitgliedern zu ermöglichen. Diese sind vor allem das Veröffentlichen von Inhalten, in diesem Fall in Form von Videos, sowie das Kommentieren von Beiträgen und damit die Interaktion zwischen den einzelnen Mitgliedern. Doch auch das Bewerten von Videos ist möglich – auf YouTube mit dem sogenannten Daumen-hoch-Symbol, wenn ein Beitrag gefallen hat. Wer einen Videokanal richtig gut findet, der kann ihn auch abonnieren und bleibt damit immer über neue Videos des Kanals informiert.

Bei der Vielzahl an Social-Media-Plattformen ist es oft schwierig, sich als Unternehmerin bzw. Unternehmer für einige davon zu entscheiden, auf denen künftig kommuniziert werden soll. Keinesfalls müssen Sie sich verpflichtet fühlen, auf allen verfügbaren Social-Media-Plattformen präsent zu sein. Besser ist es, sich auf ein oder zwei Plattformen zu fokussieren und dort wirklich mit qualitativen Beiträgen zu brillieren. Ein gut gepflegter und interessant gehaltener Kanal birgt deutlich mehr Potenzial als zehn Kanäle, für die Sie in Wahrheit zu wenig Zeit haben, um sie alle immer stets up to date zu halten. Darüber hinaus sollten Sie auch im Hinterkopf behalten, dass viele Ihrer Kunden ebenfalls mehrere Plattformen nutzen. Selbst, wenn Sie also z. B. nicht bei Instagram präsent sein sollten, können Ihre Kunden Sie dann zumindest bei Facebook oder einer anderen Plattform finden.

Eine Überlegung, die noch in die Entscheidung für einen Kanal einfließen kann, ist die, welche Zielgruppe Sie damit besonders ansprechen möchten, aber auch die bevorzugte Beitragsform. Ist Ihr Publikum eher jung, empfiehlt sich vielleicht eher eine Plattform wie TikTok oder Snapchat. Wenn Sie viel mit Fotos und Bildern arbeiten möchten, liegt es sehr nahe, Instagram zu nutzen. Haben Sie vor, sich Ihrer Community vor allem in kurzen Textnachrichten mitzuteilen, ist Twitter ideal. Sind Ihre Produkte sehr erklärungsbedürftig und möchten Sie vielleicht Heimwerker ansprechen, die sich Tipps dazu holen wollen, kann es sinnvoll sein, erklärende Videos auf YouTube bereitzustellen.

10.7.2   Wie kann ich Reichweite generieren?

Beiträge in Social Media zu veröffentlichen, ist die eine Sache. Damit Reichweite für Ihr Unternehmen zu generieren, die andere. Dazu bieten die verschiedenen Plattformen einige Funktionalitäten, die dieses Ziel unterstützen. Die Nutzer Ihrer anfangs vielleicht noch kleinen Community haben die Möglichkeit, Ihnen zu zeigen, ob sie Ihre Beiträge gut finden. Bei Facebook ist dies das berühmte »Gefällt mir«, bei YouTube der Daumen hoch. Anderswo können Herzchen oder Smileys verteilt werden. Und selbstverständlich können Nutzer, denen Ihre Beiträge gefallen, diese auch mit ihrem eigenen Freundeskreis teilen.

Sie sollten wissen, dass jede Aktion, die in Ihrem Kanal passiert, von der Plattform registriert wird. Dahinter läuft ein ausgeklügelter Algorithmus, der Kanälen, die besonders aktiv sind oder von ihren Fans besonders gelobt werden, noch mehr Aufmerksamkeit und Reichweite verschaffen. So kann es auch passieren, dass ein witzig gestaltetes Video oder ein gelungener Tweet plötzlich »viral« geht, sich also in kürzester Zeit wie ein Virus verbreitet und immer öfter geteilt wird. Auch wenn dieses Phänomen meist kurzlebig sein mag, birgt ein viraler Beitrag immenses Potenzial, innerhalb kürzester Zeit eine riesige Masse an Menschen zu erreichen, die bis vor Kurzem noch nie in ihrem Leben von Ihrer Marke gehört haben.

Zu beachten ist, dass die vorhin genannten Plattformen sich vor allem an Privatpersonen richten bzw. eher in der privaten Zeit genutzt werden. Befinden Sie sich allerdings in einer Branche, in der Sie vorwiegend auf B2B-Kunden abzielen, könnte auch eine auf Geschäftsleute spezialisierte Plattform für Sie infrage kommen.

10.7.3   Xing & LinkedIn – die Stärken der Business-Netzwerke

Neben den vorwiegend privat genutzten Plattformen existieren einige, die sich vor allem an eine professionelle Business-Community richten. Seiten wie Xing (*www.xing.com*) oder LinkedIn (*www.linkedin.com*) werden vor allem genutzt, um ein berufliches Profil zu erstellen, das Auskunft gibt über die Jobposition, das Unternehmen, bei dem man tätig ist, sowie den bisherigen Karriereweg. Menschen, die sich beruflich kennen, können sich zu Netzwerken zusammenschließen und sich über diese Seiten austauschen. Für viele Berufstätige bieten solche Business-Plattformen das Potenzial, schnell und ohne große Hürden mit Entscheidungsträgern und Schlüsselkräften in Kontakt zu treten. Wenn Sie vor allem in einem B2B-Geschäft tätig sind und Ihre Kunden daher vor allem oder ausschließlich Unternehmenskunden sind, kann es für Sie deutlich empfehlenswerter sein, auf Xing oder LinkedIn präsent zu sein als auf Facebook.

Während Xing sich lange auf dem deutschsprachigen Markt als Berufsnetzwerk etabliert hat, holt das amerikanische Pendant auch hierzulande rasant auf und ist für viele kaum mehr wegzudenken. Handelte es sich bei beiden Seiten anfangs eher um eine Mischung aus Firmenverzeichnissen und Geschäftskontakte-Netzwerken, bieten diese mehr und mehr auch spielerische Aspekte und grundlegende Social-Media-Funktionalitäten. So können auch Unternehmen inzwischen detailreiche Fanseiten gestalten und dort Beiträge veröffentlichen. Wenn Sie sich als Experte auf Ihrem Gebiet etablieren möchten und dabei vor allem Businesskunden erreichen wollen, kann diese Strategie mitunter genau die richtige für Sie sein. Nirgendwo sonst können Sie so niederschwellig Entscheider aus zahlreichen Unternehmen erreichen, die Ihre Leistungen benötigen. Wenn Sie sich ein Premium-Konto anlegen, stehen Ihnen darüber hinaus sogar zahlreiche Filtermethoden zur Verfügung, um genau die Personen und Berufsgruppen zu finden, die für Sie von Interesse sind. Alternativ können Sie sich auch an Forendiskussionen beteiligen oder selbst welche starten. Dazu bieten sich auch hier bezahlte Werbeschienen an, mit denen Sie Werbung nur an jene Unternehmen ausspielen, die genau Ihrer Zielgruppe entsprechen.

10

Kapitel 11

Wir müssen reden – mit den Kunden digital richtig kommunizieren

Reden, reden, reden – und zuhören! Kommunikation ist das A und O im Berufsalltag. Für die digitale Kommunikation gelten die gleichen Regeln, allerdings benötigen Sie neue Antennen, damit Sender und Empfänger auf der selben Wellenlänge zueinander finden.

11

Wenn ein Kunde zu Ihnen ins Geschäft kommt und eine Frage zu einem Produkt hat oder auch einen Besprechungstermin bei Ihnen im Büro wahrnimmt, wissen Sie sofort ganz genau, was Sie dem Kunden sagen, wie Sie mit ihm kommunizieren und welche Punkte ihm wichtig sind. Sie haben ähnliche Situationen in Ihrer Laufbahn bereits unzählige Male erlebt und können auf Ihren Erfahrungsschatz sowie auf Ihr Talent im Umgang mit Menschen zurückgreifen.

In der virtuellen Kommunikation sieht dies hingegen oft ein wenig anders aus. Denn auch wenn Sie Ihr Business besser kennen als jeder andere und ein Experte auf Ihrem Gebiet sind, muss es Ihnen nicht auch zwangsläufig leichtfallen, sich in Social Media, in Blogartikeln und auf Ihrer Website bei der Texterstellung gut zurechtzufinden und hier den richtigen Ton zu finden. Oftmals lässt sich ein Kommunikationsstil, wie Sie ihn im direkten Gespräch mit Kunden oder selbst in einer E-Mail an den Tag legen, nicht 1:1 einfach in die Kommunikation in Onlinemedien übertragen.

Generell sprechen wir bei der Erstellung von Texten für digitale Medien gerne vom »Content-Marketing«. Dabei unterscheiden wir zwischen Werbung und Kommunikation. Platte Sprüche und direkte Aktionsangebote mögen bei der Werbung im Elektrofachhandel oder beim Discounter ziehen, allerdings nicht in der Kommunikation mit Zielgruppen, bei der Sie Wissen vermitteln möchten. Content-Marketing ist die moderne Form des Werbetextes, mit dem wir informierende, beratende und unterhaltsame Inhalte für unsere Zielgruppen und Multiplikatoren aufbereiten, um sie von unserem Unternehmen und unserem Leistungs- und Produktangebot zu überzeugen.

Das ist nicht immer ganz einfach, da die Nutzer nicht unbedingt die Fachbegriffe verwenden und nicht so detailverliebt über uns informiert werden möchten, wie wir es eigentlich gerne hätten. Es reicht nicht aus, dem Kunden zu sagen, dass er zu uns kommen soll, weil *wir* doch *wirklich* kompetent sind und ihm das für *seine Bedürfnisse* passende Produkt zur *besten* Qualität anbieten möchten. Die Geschichte des Marketing und der Werbesprache zeigt immer wieder, es werden nicht die besten Anbieter Marktführer, sondern die, die sich am besten vermarkten. Von daher gilt es nicht nur Qualität zu bieten, sondern die Kunden auch darüber zu informieren und die Qualität spürbar werden zu lassen. Ich greife gerne noch mal mein Zitat aus Abschnitt 10.3 auf: »Content-Marketing wirkt, wenn Ihre Kunden erkennen, dass es nicht die Produkte sind, die zu ihnen passen, sondern dass sie es sind, die zu Ihren Produkten passen.« Wenn Sie Menschen davon überzeugen können, dass sie zu Ihren Produkten passen, dann haben Sie (im Content-Marketing) alles richtig gemacht. Content-Marketing bezieht sich heute nicht mehr nur auf das reine Texten, sondern auf alle Inhalte, die Sie zur Ansprache verwenden können. Also auch Bildelemente, Videos, Podcasts etc. unterstützen Content-Marketing. Nutzen Sie alle Möglichkeiten, mit denen Sie Ihrer Zielgruppe einfach den Mehrwert vermitteln können, den sie mit Ihren Produkten und Leistungen erhalten.

> »Wenn etwas leicht zu lesen ist, dann war es schwer zu schreiben.«
> – Enrique Jardiel Poncela, Autor und Journalist

Ganz egal, auf welche Form und welche Kanäle Sie beim Content-Marketing setzen – ob es Artikel auf Ihrer eigenen Webseite sind, Videos auf YouTube, Fachberichte in einschlägigen Magazinen oder Veröffentlichungen mit Tipps in Foren und auf Seiten, auf denen sich potenzielle Kunden Rat holen möchten – wichtig ist, dem Leser einen spürbaren Mehrwert zu bieten. Der Empfänger der Botschaft soll damit eine Information erhalten, die er vorher nicht hatte und die ihm entweder bei der Lösung seines Problems hilft oder ihm zeigt, welcher Schritt als Nächster kommt, um das zu erreichen.

Wenn Sie noch wenig Tuchfühlung mit der Welt der sozialen Medien hatten, dann sollten Sie wissen, dass dort etwas anders kommuniziert, wird als vermutlich in Ihrem restlichen Geschäftsleben. Der Kommunikationsstil ist oft ein wenig legerer und amikaler. Wer durch die neuesten Beiträge bei Instagram scrollt oder sich seine Timeline auf Facebook durchsieht, hat häufig gerade ein paar Minuten Zeit und sucht Kurzweil oder möchte die wichtigsten Neuigkeiten des Tages aus seinem persönlichen Umfeld in Erfahrung bringen. Versetzen Sie sich in die Situation der Nutzer, und Sie werden schnell sehen, dass hier keine langen technischen Abhandlungen gefragt sind. Der Inhalt muss »snackable« aufbereitet sein, sodass man sich in kurzer Zeit ein »Häppchen« Content genehmigen kann. In Social Media ist es zudem deutlich eher akzeptiert, Kunden per Du anzusprechen, wobei dies natürlich mit Ihrer Marke und Ihrer Branche zu vereinbaren sein sollte. Ansonsten kann natürlich auch beim respektvollen Sie verblieben werden.

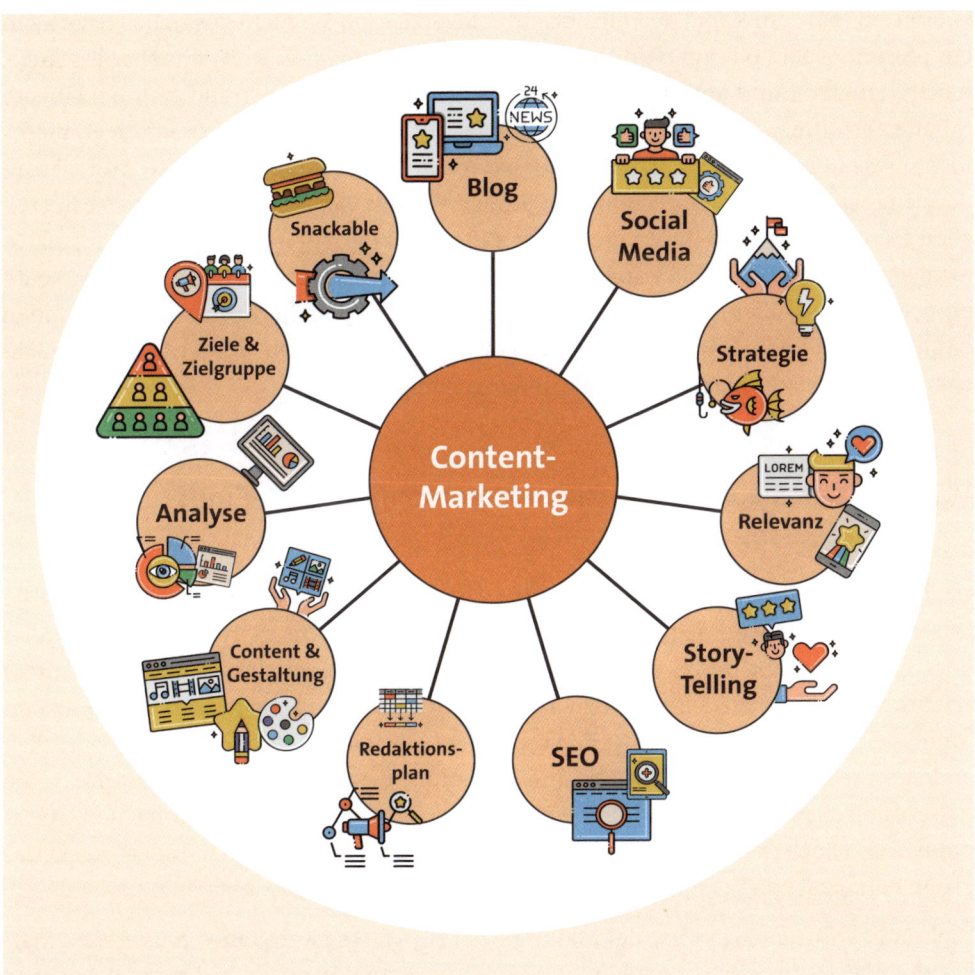

Abbildung 11.1 Elemente des Content-Marketing

Ein guter Tipp gerade am Beginn kann es sein, wenn Sie sich einfach einmal die Fanseiten Ihrer Marktbegleiter ansehen und ein wenig analysieren, wie diese kommunizieren. Was kommt gut an, was nicht? Was können Sie für Ihren eigenen Kommunikationsstil lernen?

11.1 Bilder und Videos sind unerlässlich

Beim Scrollen durch Instagram, Facebook & Co. ist die Aufmerksamkeitsspanne der Nutzer meist eher kurz. Daher ist es wichtig, den Blick innerhalb von Sekunden auf Ihren Beitrag zu lenken. Bilder sind dabei in der Regel unerlässlich. Natürlich können Sie einen Text in Ihrem Kanal posten, doch überlegen Sie, ob Sie nicht zusätzlich dazu auch ein passendes Bild oder gar ein Video hinzufügen. Dieses fällt weit schneller ins Auge, macht neugierig und animiert dazu weiterzulesen. Wenn Sie dennoch einmal längere Inhalte vermitteln möchten, was manchmal nicht zu umgehen ist, ist es klüger, dieses nicht unbedingt in Facebook und schon gar nicht in Twitter abhandeln zu wollen, sondern einfach auf den entsprechenden Beitrag in Ihrem Blog zu verlinken, wo Sie ausreichend Raum haben, um Ihrer Leserschaft alle Details der Thematik näherzubringen. So bringen Sie Ihre Community auch wieder dazu, auf Ihre Website zu klicken. Dies sollte ein wesentliches Ziel Ihrer Aktivitäten in den sozialen Medien sein, da Ihre Kunden dann auch auf andere Angebote auf Ihrer Website aufmerksam werden und Sie möglicherweise auch kontaktieren oder Bestellungen abgeben.

11.2   Kennen Sie das Potenzial von persönlichen Mailings und Messaging?

Wenn Sie einen Beitrag bei Facebook bemerken, der von einem Unternehmen, dem Sie folgen, gepostet wurde, liegt es ganz an Ihnen, ob Sie darauf reagieren und aktiv werden oder nicht. Schreibt Ihnen dieses Unternehmen jedoch eine direkt an Sie gerichtete Nachricht und spricht Sie womöglich namentlich darin an, liegt es zwar ebenso an Ihnen, ob Sie darauf reagieren wollen oder nicht, doch das Gefühl dazu ist ein gänzlich anderes. Die persönliche Ansprache und das Gefühl, dass sich diese Botschaft nur an Sie richtet und nicht massenhaft gestreut wurde, macht einen Riesenunterschied; selbst dann, wenn auch diese Nachricht automatisiert erstellt wurde. Genau hierin steckt das große Potenzial von persönlichen Mailings und persönlichem Messaging.

Viele Jahrzehnte lang gehörte der Mailing-Brief zum festen Kern eines gelungenen Marketing-Mix. Kaum ein Unternehmen, das nicht irgendwann darauf gesetzt hat und bestehenden Kunden oder auch zur Neukundenakquise Briefe gesendet hat. Gerade für kleinere Unternehmen stellt dies jedoch mitunter viel Aufwand dar, der nicht einfach zu bewerkstelligen ist. Nicht nur die Textgestaltung, sondern auch die Datenverwaltung hinsichtlich der Empfängeranschriften, der Druck, die Kuvertierung und Frankierung der Briefe sowie die damit verbundenen Kosten stellen einen Aufwand dar, den nicht jedes Unternehmen einfach so nebenher unternehmen kann. Glücklicherweise brauchen solche Anschreiben heute nicht mehr in physischer Form versendet zu werden, sondern können auch elektronisch verschickt werden. Die E-Mail gilt mittlerweile als akzeptierter Kommunikationskanal zwischen Unternehmen und ihren Kunden und erregt dabei ähnlich viel Aufmerksamkeit wie ein Brief.

Die E-Mail ist jedoch nicht der einzige Kanal, wie Sie mit Ihrer Community direkt und sehr persönlich kommunizieren können. Auch in den meisten Social-Media-Plattformen ist direktes Messaging möglich. Selbstverständlich möchten Ihre Kunden nicht ungefragt laufend Direktnachrichten von Ihnen erhalten, doch wenn Sie aufmerksam die Aktivitäten in Ihrem Kanal verfolgen, werden Sie sehen, dass es sich manchmal sehr anbietet, einzelne Mitglieder direkt anzuschreiben. Beispielsweise, wenn Sie sehen, dass einer Ihrer Follower gerade einen Kauf bei Ihnen in höchsten Tönen öffentlich gelobt hat. Dann bietet es sich vielleicht an, sich bei diesem direkt zu bedanken und auf eine aktuelle Rabattaktion für Zubehörartikel zu genau diesem Artikel hinzuweisen. Die jeweilige Person wird sich wertgeschätzt fühlen, da das Unternehmen, von dem sie offenbar viel hält, ihr Lob tatsächlich auch gesehen hat und ihr eine direkte Rückmeldung gibt.

In einigen Fällen können Direktnachrichten auch in größerer Menge an Ihre Community rausgehen. Etwa dann, wenn ein bestimmtes Thema aufgrund saisonaler Ereignisse ohnehin speziell im Fokus steht und Sie dafür ein passendes Angebot geschnürt haben. Besonders bietet sich das direkte Messaging natürlich bei Produkten und Dienstleistungen an, deren Bedarf regelmäßig auftritt und daher sehr vorhersehbar ist. Führen Sie etwa eine Autowerkstätte, können Sie Ihre Kunden beispielsweise ein Jahr nach dem letzten Autoservice darauf hinweisen, dass der nächste Servicetermin ansteht, oder aber auch vor Beginn der Winterreifensaison nachfragen, ob die alten Winterreifen noch in Ordnung sind, und gleichzeitig vielleicht einen Rabattgutschein für das Umstecken der Reifen anbieten. Mit Sicherheit wird dem Empfänger diese Botschaft mehr auffallen als eine Werbeanzeige mit derselben Botschaft, die er in der Timeline Ihres Profils sieht.

11.3   Tue Gutes und rede drüber – Unternehmensblog, News und weitere Kunden-Mehrwerte

Vielleicht sind Sie schon einmal zu Websites von Marktbegleitern gesurft oder auch von Unternehmen komplett anderer Branchen, an denen Sie interessiert waren, und haben auf der Webseite im Menü den Punkt »Blog« gefunden. Manchmal ist dieser Menüpunkt auch mit »News« oder »Neuigkeiten« benannt, oder Sie finden gleich auf der Startseite informative Artikel des Unternehmens und kommen über diese Artikel zu weiteren News-Artikeln auf der Internetseite.

Obwohl viele Websites einen solchen Blogbereich bieten, kann sich nicht jeder gleich etwas unter der Bezeichnung »Blog« vorstellen. Wenn Sie bei anderen Internetseiten darauf klicken, finden Sie dort, sofern der Blog gut geführt ist, eine Reihe von Artikeln, die sich in der Regel rund um das Thema des Unternehmens drehen. Das können Berichte über erfolgreich abgeschlossene Aufträge und Projekte sein, über Umbaumaßnahmen am Firmengelände, aber auch besondere Aktionen für Kunden oder generelle News aus der Branche, die für die Zielgruppe ebenso interessant sein könnten. Was früher die Firmenzeitung war, ist somit heute der Blog und wird digital veröffentlicht.

11.3.1   Brauche ich einen Blog?

Viele große Unternehmen nutzen einen Blog und bieten in diesem Bereich News und unterschiedliche Informationen und »Geschichten« an. Beispiele für große News-Portale und Blogs unterhalb einer Markenpräsenz sind:

- *https://news.nike.com*
- *www.adidas.de/blog*
- *https://news.samsung.com/de/*
- *www.apple.com/de/newsroom/*
- *https://ikea-unternehmensblog.de/*
- *www.mediamarkt.de/de/content*
- *https://mitreisend.bestwestern.de/blog/*
- *https://blog.aboutamazon.de/*
- *https://blog.adac/*
- *www.meinschiff.com/blog/*

Ein Blog ist sicher kein Muss, aber Websites, die einen solchen News-Bereich bieten und dort auch regelmäßig neue Beiträge veröffentlichen, genießen dadurch einige Vorzüge:

- Besucher der Webseite erkennen dadurch, dass die Seite nicht veraltet ist, sondern es sich um ein aktives Unternehmen handelt.
- Besucher erhalten direkte Einblicke in das Unternehmen, was wiederum das Vertrauen zum Anbieter deutlich erhöhen kann und Vorteile gegenüber Mitbewerbern bietet, die nicht derart viel über sich preisgeben.
- Auch bei Kundschaft, die bereits gekauft hat, wird die Kundenbindung gestärkt, wenn sie immer wieder Beiträge im Blog liest und sich damit mit dem Unternehmen beschäftigt.
- Neuigkeiten, die im Blog veröffentlicht werden, eignen sich perfekt als Grundlage für Postings in Social Media sowie zur Einbindung im Newsletter.
- Jeder Artikel, der im Blog veröffentlicht wird, kann von Google gefunden und indiziert werden. Das erhöht die Präsenz in den Suchergebnissen bei Google und in ande-

ren Suchmaschinen. Ich finde dieses Thema für Sie enorm wichtig, daher kommt gleich auch ein eigener Abschnitt dazu.

▶ Im Blog lassen sich auch Themen ausführlicher behandeln, für die auf anderen Seiten der Webseite kein (geeigneter) Platz ist.

▶ Ein Blog bietet eine gute Möglichkeit, Content aufzubauen, der die Sichtbarkeit in Suchmaschinen steigert. Wenn Sie innerhalb von zwei bis drei Jahren alle zwei Wochen einen Blogartikel veröffentlichen, dann können Sie somit 70 zusätzliche Seiten zu Ihrer Internetpräsenz aufbauen, die organisch bei Google zum Themenumfeld Ihres Unternehmens positioniert werden können.

11.3.2   Wie Sie durch Ihren Blog Expertenstatus erlangen

Früher waren Magazine und Zeitungen, in denen Experten zu bestimmten Themen Stellung bezogen haben, neben Vorträgen die wichtigsten Kommunikationskanäle für diese, um ihren Expertenstatus zu untermauern und ihre Reputation zu stärken. Dabei hing es oft natürlich auch vom richtigen Geschick im Umgang mit Journalisten und auch guten Beziehungen ab, um einen Beitrag in einem Printmedium zu erhalten.

Heute haben Sie als Unternehmerin oder Unternehmer weit mehr Chancen, mit Ihrer Zielgruppe zu kommunizieren und das Bild, das diese von Ihnen hat, zu schärfen. Ihr eigener Blog bietet dazu ein einfach zugängliches Medium, in dem Sie jederzeit an die Öffentlichkeit treten können. Je nach Branche eignen sich dabei unterschiedliche Thematiken, die Sie in Ihrem Blog aufgreifen können, um Sie als Experte auszuweisen und bei der Leserschaft Ihres Blogs das Gefühl entstehen zu lassen, dass Sie Ihr Handwerk verstehen. In diesem Newsbereich Ihrer Website können Sie z. B. Stellung zu aktuellen Themen in den Medien beziehen, die mit Ihrer Branche in Verbindung stehen. Sind Sie beispielsweise als Versicherungsmakler tätig und ist in den Medien gerade von der stark gestiegenen Statistikzahl gerichtlich ausgetragener Nachbarschaftsstreitigkeiten die Rede, könnten Sie in einem Blogartikel darauf Bezug nehmen und Ihren Lesern näherbringen, wie eine Rechtschutzversicherung in einem solchen Fall Hilfe leistet. Sind Sie hingegen Architekt, können Sie natürlich auch über ausgeklügelte Wohnlösungen, die Sie bereits für Kunden realisiert haben, berichten oder aber auch über die Herausforderung, die Balance zwischen den Wünschen Ihrer Auftraggeber und dem Baurecht zu finden. Ihre Community wird es Ihnen danken, wenn Sie ihr solche Einblicke in Ihr Tun geben und sie dabei auch den einen oder anderen Tipp von Ihnen mitnehmen kann.

Damit Sie dank Ihrer Blogartikel nach und nach als Experte oder Expertin in Ihrem Gebiet wahrgenommen werden, sollte natürlich nicht nur der Inhalt interessant sein und verlässliche Auskünfte geben, sondern Sie sollten dabei auch einige redaktionelle Grundregeln beachten. Niemand hat z. B. große Freude daran, einen Blog zu lesen, in

11

dem viele Grammatik- und Rechtschreibfehler vorkommen. Wenn Ihnen das Schreiben einfach nicht liegt, sollten Sie vielleicht lieber nur die Inputs liefern und die Erstellung der Artikel jemandem überlassen, der sich damit leichter tut.

Darüber hinaus spielen auch im Internet natürlich Bilder eine große Rolle. Ein Artikel, der mit einigen zum Inhalt passenden, am besten selbst erstellten Bildern versehen ist, wirkt natürlich interessanter und wird lieber vollständig gelesen, als ein Beitrag, der ausschließlich aus Text besteht und möglicherweise auch nur durch wenige Überschriften unterbrochen wird.

11.3.3   Blog als Treiber für SEO

Das Thema SEO haben wir bereits in Abschnitt 5.2, »Was ist Suchmaschinenoptimierung?«, behandelt, an dieser Stelle verbinden wir jetzt die Themen Content-Marketing und Expertenstatus durch das Schreiben von Texten mit dem Thema SEO – wir schlagen also gleich zwei Fliegen mit einer Klappe. Zum einen können Sie sich als Experte präsentieren, zum anderen unterstützt jeder neue Artikel Ihre Sichtbarkeit in den organischen Suchergebnissen von Google & Co. Dies ist enorm wichtig. Sie können mit jedem neuen Blog-Artikel oder mit jeder neuen »News« bei Google Ihre Sichtbarkeit steigern, und das ermöglicht Ihnen zusätzliche Besucher auf Ihrer Internetseite. Suchmaschinen helfen Tag für Tag Milliarden Menschen dabei, schnell und einfach die Informationen zu finden, nach denen sie suchen. Unternehmen, die hier ganz oben auf der ersten Seite auftauchen, erhalten naturgemäß die meisten Klicks, weil kaum jemand wirklich nachsieht, was sich auf der zweiten, dritten oder gar 14. Seite der Suchergebnisse befindet.

Suchmaschinenoptimierung setzt sich zum Ziel, Websites möglichst weit vorne in diesen Suchergebnissen zu platzieren und ihnen damit ein gutes Ranking zu verleihen. Nur im obersten Drittel der Suchergebnisse finden sich die klick- und damit auch umsatzträchtigsten Websites zu jeder Suche.

Stellen Sie sich vor, Sie sind ein regionaler Malerbetrieb. Die Beschreibung Ihres Unternehmens und die Beschreibung Ihres Leistungs- und Angebotsspektrums ist schnell umrissen, und Sie können damit ein Internetangebot von ca. 10 bis 20 Seiten aufbauen. Wenn Sie sich anstrengen und die Leistungen sehr ausführlich beschreiben möchten und vielleicht noch die Vorteile diverser Produkte und Materialien beschreiben, dann schaffen Sie es sogar auf 30 oder gar 40 Seiten Content. Aber glauben Sie, dass Ihre Kunden diese Texte dann auch wirklich lesen wollen und Sie ein relevantes Informationsangebot geschaffen haben? Wechseln wir noch mal kurz die Rolle. Sie sind jetzt nicht der Inhaber des Malerbetriebs, sondern Sie sind ein möglicher Kunde und Sie möchten Ihre Küche neu streichen lassen. Würden Sie sich die Seiten mit den Produktvorteilen einer bestimmten Farbe durchlesen, weil Sie gerade auf der Webseite des Malerbetriebs in einem Nebensatz darauf hingewiesen werden? Würden Sie den Maler als kompetent beschreiben, weil die Produkteigenschaften der verschiedenen Farben und Lacke beschrieben werden? Interessanter wären doch wahrscheinlich »Welche Wandfarbe passt zu meiner Küche?« oder »5 Küchen-Farbkonzepte, die Sie kennen sollten«. Und wenn Ihnen diese Artikel zusagen und Sie dadurch zu einer mutigen Farbe inspiriert wurden, würden Sie diesen Malerbetrieb dann nicht viel eher kontaktieren?

Wenn Sie also als Inhaber eines Malerbetriebs nicht über Produkteigenschaften schreiben, sondern einen Unternehmensblog aufbauen und dort Ihre Ergebnisse und die Farbwelt beschreiben, die Sie mit Ihrer Arbeit erschaffen, dann werden Ihnen niemals die Ideen für neue lesenswerte und interessante Beiträge ausgehen. Ihre Kunden und potenziellen Interessenten werden Sie als kompetent ansehen und Sie bei Ihren Fragen viel eher kontaktieren, weil Sie von Ihrer Arbeit überzeugt sind, obwohl Sie noch nie mit Ihnen Kontakt hatten.

Die Vielfalt der möglichen Blog-Beiträge kennt dabei keine Grenzen. Schauen Sie sich die Blogs großer Unternehmen an, und lassen Sie sich für Ihre persönliche Ideenfindung inspirieren. Den Blog von Nike finden Sie beispielsweise unter *https://news.nike.com*. Eine kleine Recherche bei Google mit dem Suchparameter *»site:https://news.nike.com/«* zeigt, dass Nike über 27.000 Ergebnisse liefert.

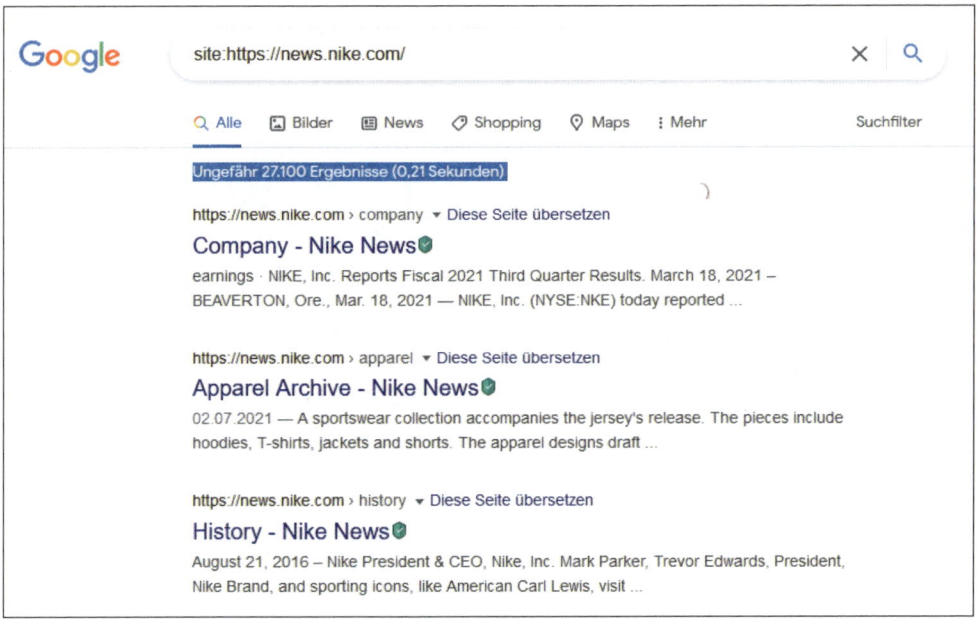

Abbildung 11.2 Die Google-Suche zur Seite https://news.nike.com/ liefert 27.100 Ergebnisse.

Ein weiteres Beispiel für einen gelungenen Einsatz eines Blogs hat die Marke Alpina auf ihrer Internetpräsenz *https://alpina-farben.de/* geschaffen.

> *»Kein Kunde kauft jemals ein Erzeugnis. Sie kaufen immer das, was das Erzeugnis für sie leistet.« – Peter F. Drucker, Pionier der modernen Managementlehre*

Dieses Credo scheint die Marke verinnerlicht zu haben. Alpina hat alle Produkte und Produkteigenschaften auf der Webseite gelistet und zusätzlich einen Bereich »Inspirationen für Deinen Wohnraum« geschaffen. Es ist also kein klassischer Unternehmensblog oder ein News-Bereich, sondern es geht um Inspirationen und Farbtrends.

Abbildung 11.3 Relevante Inhalte für potenzielle Kunden – Alpina zeigt Inspirationen und stärkt so das Produktinteresse und zeigt gleichzeitig Fachkompetenz.

Schon fast als kleiner Nebeneffekt des enormen Nutzwertes für die Kunden entsteht dabei zudem eine Menge Content, der von Google indexiert werden kann und bei relevanten Suchanfragen den Nutzern in den Google-Suchergebnissen angeboten wird. Das Internetangebot von *alpina-farben.de* umfasst über 1.300 indexierbare Content-

Elemente. Wenn Sie bei Google eine Suchanfrage mit »Welche Wandfarbe passt zu [...]«
eintippen, dann wird Ihnen mit hoher Wahrscheinlichkeit auf der ersten Suchergebnisseite ein Ergebnis der Internetseite von Alpina ausgespielt werden.

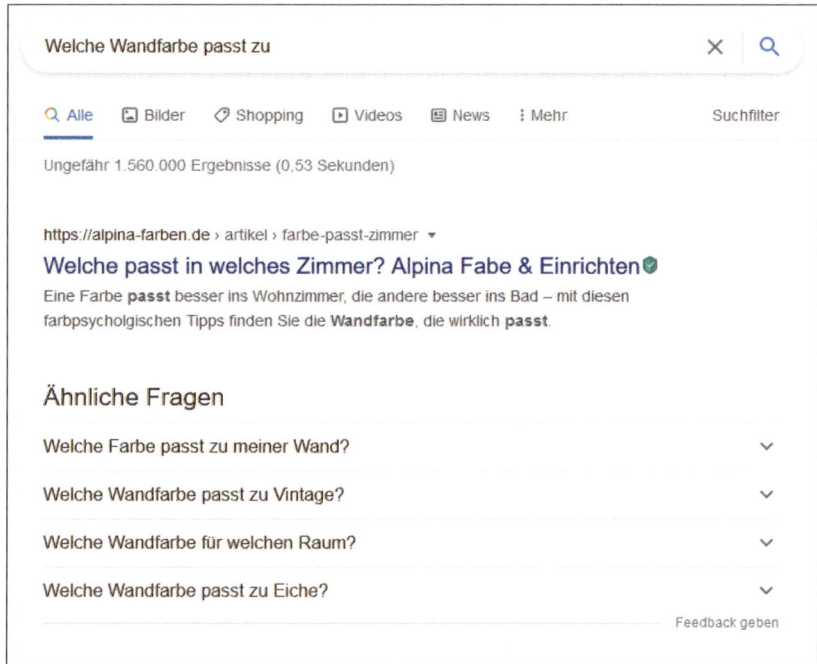

Abbildung 11.4 In den Suchergebnissen zur Farbgestaltung erscheint häufig
ein Ergebnis von »alpina-farben.de«.

Genau diese Erkenntnis hilft Ihnen dabei, sich für Ihr Unternehmen Inspirationen zu
holen. Achten Sie bei Ihrer nächsten Google-Suche darauf, welche Suchergebnisse
Ihnen gleich als Erstes ins Auge springen und welche Sie anklicken. Dabei wird Ihnen
auffallen, dass die ersten Suchergebnisse nicht nur rein optisch ins Auge fallen, da sie
weiter oben sind, sondern sich darin sehr wahrscheinlich auch die für Sie relevantesten
Inhalte verbergen. Nutzen Sie das, um sich für Ihre eigene Internetpräsenz Anregungen
zu holen.

Suchmaschinen wie Google arbeiten mit ausgeklügelten Algorithmen, um Nutzern
immer die zu ihrer jeweiligen Suchanfrage relevantesten Ergebnisse ganz oben darzustellen. Dabei bedienen sich die Algorithmen einer Vielzahl an unterschiedlichen Faktoren, um zu errechnen, welche Webseite die relevanteste Information bietet. Schaffen Sie
also relevanten Content in Ihrem Blog, der auf die Suchanfragen Ihrer Zielgruppe zugeschnitten ist und Ihnen aufzeigt, was Ihr Produkt für die Nutzer leistet.

Einer der wesentlichsten Faktoren, die Google & Co. bei der Ermittlung der Relevanz von Websites miteinbeziehen, sind die jeweiligen Inhalte, die diese in Form von Text, Bildern und Videos bereitstellen. Genau aus diesem Grund kann auch Ihr Blog ein wichtiger Treiber für Ihre SEO bzw. Suchmaschinenoptimierung darstellen. Jeder Blogbeitrag, der zumindest aus Text, aber mitunter auch aus Bildern und Videos besteht, ist gespickt mit zahlreichen Informationen, nach denen Ihre Kunden bei Google und in anderen Suchmaschinen suchen könnten. Die Crawler der Suchmaschinen durchforsten das Internet stetig nach neuen, relevanten Inhalten. Schaffen Sie es, einen Artikel auf Ihrem Unternehmensblog zu veröffentlichen, der die wichtigsten Fragen Ihrer Zielgruppe zu Ihrem Angebot beantwortet, so können Sie Ihre Website mitunter sehr schnell in den ersten Zeilen der Suchergebnisse zu diesen Fragestellungen finden. Wird Ihr Artikel tatsächlich als sehr wertvoll und hilfreich eingestuft, erhalten Sie darüber mitunter über viele Jahre hinweg immer wieder Anfragen und Zugriffe auf Ihre Website. Eine einmalige Investition also, die sich langfristig lohnen kann.

Darüber hinaus lohnt es sich auch noch aus einem anderen Grund, regelmäßig für Ihren Blog Artikel zu schreiben und zu veröffentlichen. Denn für das Zustandekommen des Suchmaschinenrankings ist unter anderem auch der News-Faktor ein wesentliches Kriterium. Google & Co. prüfen daher regelmäßig, auf welchen Websites immer neue Inhalte erscheinen und auf welchen aber nicht. Die Suchmaschinen gehen davon aus, dass Websites, die nur einmal erstellt wurden, dann aber statisch bleiben, und bei denen keine neuen Inhalte online gestellt werden, auch für die Nutzer weniger relevant sind und mitunter vielleicht nicht gut gewartet und gepflegt werden. Daher haben diese auch hinsichtlich der Suchmaschinensichtbarkeit einen kleinen Nachteil.

11.3.4   Woher weiß Google, welche Blogbeiträge gut sind und welche nicht?

Da bei Google keine Mitarbeiter angestellt sind, die sich jeden neuen Blogartikel ansehen, um ihn auf seine Relevanz hin zu bewerten, stellt sich die Frage, wie die Suchmaschinen feststellen, ob ein Text wirklich von hoher Qualität ist. Wie stellt Google also fest, ob ein Artikel wesentliche Informationen für die Nutzer bereithält oder einfach nur in die Länge gezogen ist, aber in Wirklichkeit keinen Mehrwert bietet? Dazu bedienen sich die Crawler einiger Daten, aus denen sie Rückschlüsse auf die Relevanz der Blogtexte ziehen. Sehr wohl ist KI (Künstliche Intelligenz) heute z. B. in der Lage zu bewerten, ob sich in einem Text viele Rechtschreibfehler finden oder eine hochwertige Wortwahl an den Tag gelegt wurde. Auch kann Google den Text mit anderen Beiträgen im Internet abgleichen, um herauszufinden, ob dieser Text einzigartig ist oder aber in Teilen oder sogar gänzlich anderen Texten ähnelt. Letzteres wird von Google abgestraft und kann sogar zur Verbannung der Webseite aus den Suchergebnissen führen. Doch auch die

Informationen über die Aktivitäten der Nutzer auf der Seite sind für Suchmaschinen sehr wichtig, um herauszufinden, wie hilfreich ein Artikel für sie war. Landen die Nutzer auf einer Seite des Blogs, aber verlassen diesen danach gleich wieder, kann angenommen werden, dass sie nicht gefunden haben, wonach sie gesucht haben. Verweilen sie hingegen sehr lange und scrollen langsam durch den Text, spricht dies für einen interessanten Text, der es wert ist, ihn zu lesen. Macht dies eine große Anzahl von Nutzern, so handelt es sich sehr wahrscheinlich um einen hoch relevanten Artikel in diesem Segment. Ein weiteres Indiz dafür kann es sein, wenn Nutzer unter dem Blogartikel auch Kommentare abgegeben haben und miteinander diskutieren. Denn dann haben sie wirklich Commitment gezeigt und halten es für wichtig, ihre Meinung zu dem Artikel kundzutun. Wenn darüber hinaus noch von anderen Websites auf Ihre Website verlinkt wird, ist dies ein weiteres Kriterium, das nahelegt, dass Ihre Website hohe Relevanz genießt.

11.3.5   Blog als Basis für Social Media

Nach den vorherigen Abschnitten sollte deutlich geworden sein, wie wichtig ein Blog für die Sichtbarkeit und den Erfolg Ihrer Website sein kann. Einen weiteren Anlass, einen solchen Bereich auf Ihrer Website einzurichten, werden Sie erkennen, wenn Sie den Nutzen eines Blogs in Bezug auf Social Media sehen. Denn gerade dann, wenn Sie nicht viel Zeit haben, sich um Ihre Social-Media-Kanäle zu kümmern, kann es sehr sinnvoll sein und Sie entlasten, wenn Sie den Blog als zentralen Punkt all Ihrer Online-Marketing-Aktivitäten verstehen. Blogartikel, die Sie einmal veröffentlichen, gehören für alle Ewigkeit Ihnen, Sie haben die volle Kontrolle darüber, und sie unterstützen die Sichtbarkeit Ihrer Website bei Google. Wenn Sie jeden Blogartikel, den Sie erstellt haben, aber zusätzlich noch einmal auf Ihren Social-Media-Kanälen teilen, kostet Sie das nicht viel mehr Zeit, allerdings haben Sie so mit wenigen Klicks auch Ihre Social-Media-Kanäle bespielt, was Ihnen Ihre Community danken wird, und können darüber hinaus zusätzliche Reichweite für Ihren Blog generieren. Ihre Fans auf Social Media schauen wahrscheinlich nicht immer wieder auf Ihre Website, um zu sehen, ob es etwas Neues gibt. Über Facebook, Instagram, Twitter und Co. werden sie jedoch darauf aufmerksam und dazu animiert, auf Ihre Website zu klicken. Erst einmal dort angelangt, ist es gut möglich, dass sie nicht nur auf andere Artikel Ihres Blogs aufmerksam werden, sondern mitunter sogar Ihr Angebot sichten, in Ihren Onlineshop klicken oder einfach nur ein frisches Bild von Ihrer Marke erhalten, die in den Köpfen Ihrer Community damit gestärkt wird.

Zudem können Ihre treuen Kunden auch über die entsprechenden Buttons den Blog-Artikel selber noch mal in den sozialen Netzwerken teilen.

11.3.6 Wie finde ich die richtigen Inhalte?

Kommen wir zu einer Frage, die Ihnen bei diesem Kapitel vielleicht schon die ganze Zeit im Kopf rumschwirrt: Was soll ich denn bloß schreiben? Stimmt's, ist das Ihre Frage? Das ist wahrscheinlich bei den meisten Lesern an dieser Stelle die Frage, die sie sich stellen, aber sie stellen sich die falsche Frage. Die Frage lautet nicht: »Worüber soll ich schreiben?«, die Frage lautet: »Was will meine Zielgruppe wissen?«

Es gibt verschiedene Tools, mit denen Sie herausfinden, welche Themen Ihre Kunden interessieren und welche Fragen Sie aufgreifen sollten, um potenzielle Interessenten von Ihrer Kompetenz zu überzeugen. Manche Dinge werden dabei für Sie einfach nur banal klingen, aber Ihre Kunden sind für die Aufklärung dankbar. Manchmal sind es gerade die einfachen Inhalte, die einen enormen Mehrwert bieten, oder: »Einfachheit ist die höchste Stufe der Vollendung«, um es mit den Worten von Leonardo Da Vinci auszudrücken.

Stellen Sie sich vor, Sie arbeiten in einem Alten- und Pflegewohnheim und sind dort für PR und Marketing verantwortlich. Welche Fragen stellen sich potenzielle Kunden, und sind Ihre Kunden auch gleichzeitig diejenigen, die Sie mit Ihrer Werbung erreichen möchten, oder sind es eher die erwachsenen Kinder, die sich im Alter um Ihre Eltern kümmern und diese gerne gut versorgt wissen möchten?

Fangen Sie doch mal an zu googlen und nutzen Sie Begriffe wie Altenheim, Pflegeheim, Seniorenzentrum in Verbindung mit den Frageworten Wie, Was, Warum, Wer, und schauen Sie, welche Autovervollständigung Google Ihnen bereits anbietet. So sehen Sie schnell, welche Fragestellungen von Nutzern bei Google eingetippt werden. Hier finden Sie bereits die ersten Ideen für den Content, den Sie erstellen können.

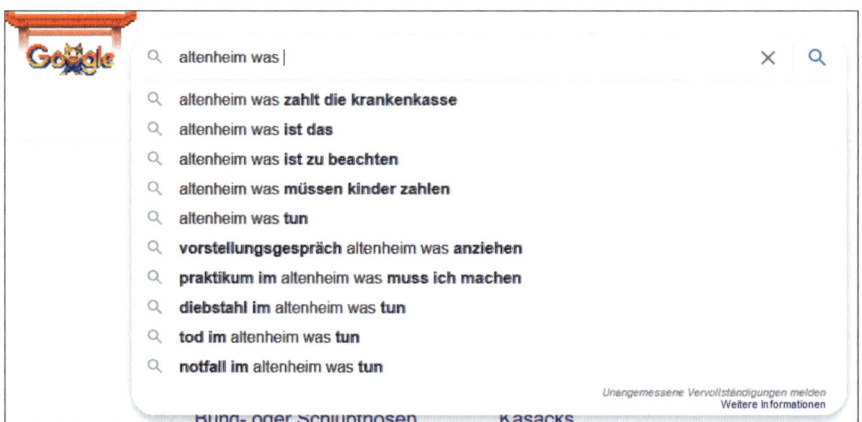

Abbildung 11.5 Die Google-Autovervollständigung gibt Hinweise auf Suchanfragen potenzieller Interessenten.

Wenn Sie nun bereits einige Ideen haben, dann können Sie das Suchvolumen im Google Ads Keywordplaner prüfen. Den Keywordplaner haben wir in Abschnitt 6.1, »Was sind Google Ads?«, behandelt. Prüfen Sie die verschiedenen Suchanfragen, die Sie durch die Autovervollständigung erhalten haben, im Keywordplaner auf das entsprechende Suchvolumen, und Sie sehen, ob es sich lohnt, die Inhalte für diese Fragestellung aufzubereiten.

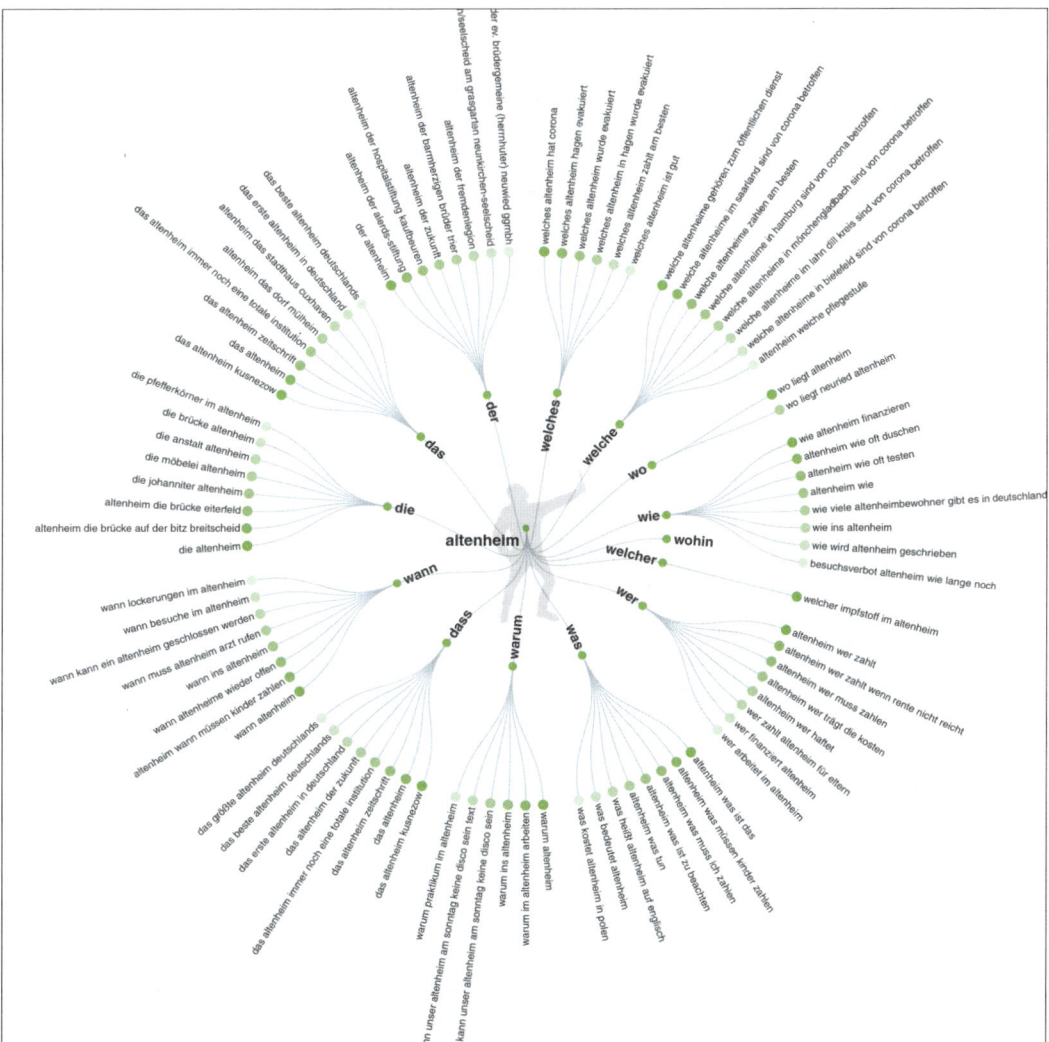

Abbildung 11.6 Fragen zum Themengebiet »Altenheim« (Quelle: answerthepublic.com)

Eine weitere Quelle, mit der Sie die Fragen potenzieller Interessenten finden und bewerten können, ist die Google Search Console. Die Search Console haben wir in Abschnitt 5.2.2 behandelt. Schauen Sie sich den Leistungsbericht an, und prüfen Sie die Suchanfragen ebenfalls auf die enthaltenen Frageworte Wie, Was, Wo, Warum, Wer.

Als dritte Quelle können Sie Tools diverser Anbieter nutzen. Eine Internetplattform, die Sie dabei sehr gut unterstützt, ist *www.answerthepublic.com*. Sie erhalten auf der Website zahlreiche Hinweise, die Sie für die Content-Erstellung nutzen können. Geben Sie beispielsweise »Altenheim« ein, und lassen Sie sich die deutschen Ergebnisse dazu anzeigen.

11.4   Lassen Sie Ihre Website für sich arbeiten – Formulare und Chatbots

Ihre Website ist 24 Stunden am Tag an 365 Tagen im Jahr erreichbar, sofern es keine technischen Störungen gibt. Ob einer Ihrer Kunden oder zukünftigen Kunden also um vier Uhr in der Früh auf Ihre Seite klickt, am Heiligen Abend dringend eine Information benötigt, die Sie bereitstellen, oder einfach sonntags einmal die Zeit findet, um Ihren Blog ausführlich zu lesen – all das ist möglich, ohne dass Sie persönlich ständig verfügbar sein müssen. Sie können Ihre Website somit als eine Art virtuellen Vertriebsmitarbeiter ansehen, der rund um die Uhr für Ihre Kundschaft da ist und ihr die wichtigen Erstinformationen gibt. Informationen, die Sie nicht mehr vermitteln müssen. Ihre Website nimmt Ihnen also viel Arbeit ab und kann Ihnen darüber hinaus viel Zeit für Erstgespräche ersparen. Wenn Ihre Kunden dann bei Ihnen zum ersten Mal ins Büro kommen oder in Ihr Geschäft, sind sie bereits informierter über Ihr Angebot, und Sie brauchen nicht mehr jedes Detail genau zu erklären und auszuführen.

Doch Ihre Website kann Ihnen noch deutlich mehr Aufwände abnehmen, je nachdem, wie Sie sie gestalten möchten. Denn dank geschickt eingesetzter Formulare und auch künstlicher Intelligenz, etwa in Form von Chatbots, kann Ihnen Ihre Website noch weit mehr Aufgaben abnehmen.

Wenn es beispielsweise Ihre Aufgabe ist, die Energiekosten der Häuser Ihrer Kunden zu optimieren und Sie dabei immer wieder im direkten Gespräch mit dem Kunden Daten zu dessen Haus abfragen, die dieser dann mitunter gar nicht zur Hand hat, warum bieten Sie nicht gleich ein Formular an, mit dem er Ihnen alle benötigten Daten einfach von zu Hause aus bereits übermitteln kann? So haben Sie beim persönlichen Termin nicht nur korrekte Daten als Grundlage zur Verfügung, sondern ersparen sich die Datenerhebung und können gleich mit dem nächsten Schritt starten.

Haben Sie hingegen ein Reisebüro, das sich auf Individualreisen spezialisiert hat, kennen Sie sicherlich die fünf wichtigsten Punkte, auf die Reisende besonders viel Wert legen und die Sie daher unbedingt zur Gestaltung eines individuellen Urlaubspakets eruieren müssen. Diese Datengrundlage hilft nicht nur Ihnen selbst bei der weiteren Arbeit, sondern steigert auch die Wahrscheinlichkeit, dass Reisewillige überhaupt mit Ihnen über Ihre Website Kontakt aufnehmen. Denn gerade bei einem breiten Themenbereich wie dem Reisen weiß nicht jeder, welche Angaben für Sie wichtig sind. Wenn Sie diese bereits vorgeben, fällt die Kontaktaufnahme deutlich einfacher.

11.4.1   Intelligente Formulare

Was aber, wenn Kunden Ihnen nicht nur die Datenbasis für die weitere Bearbeitung eines Auftrags über Formulare übermitteln, sondern wenn anhand derer Ihre Website automatisch bereits die ersten Arbeitsschritte übernimmt, ein Kundenprofil anlegt und in Ihr CRM-System einspeist? Vielleicht erhält der Kunde, der seine Reiseinformationen angegeben hat, auch gleich drei aktuelle Angebote für Reisepakete, die zu seinen Kriterien passen könnten, automatisch zugesendet, bevor Sie sich bei ihm melden. Sagt ihm eines davon zu, können Sie den Verkauf schneller abschließen. Andernfalls hat er sich dadurch vielleicht zumindest inspirieren lassen und weiß nun genauer, was er möchte.

Ähnlich können Formulare auch in anderen Bereichen gestaltet werden, um Ihnen Arbeit abzunehmen. Haben Sie beispielsweise einen Brautmodenverleih und hat die zukünftige Braut ihre Maße und modischen Vorlieben in das Formular auf Ihrer Website eingegeben, ist es ein Leichtes, diese Daten mit Ihrem Sortiment abzugleichen und der Kundin gleich einige Vorschläge zuzusenden. Ein Service, der Begeisterung ebenso wie Vertrauen schafft.

Wollen Sie noch einen Schritt weitergehen, dann lohnt es sich, über die Einbindung eines Chatbots auf Ihrer Website nachzudenken.

11.4.2   Was macht ein Chatbot auf meiner Webseite?

Vielleicht haben Sie auf manchen FirmenWebsites bereits einmal ein Chatfenster entdeckt, das Ihnen ermöglicht, mit einer Mitarbeiterin oder einem Mitarbeiter zu chatten. So können Sie sehr bequem und ohne große Hürden einfach unbürokratisch Fragen zu Produkten und Dienstleistungen stellen, die Ihnen im besten Fall sofort beantwortet werden.

Selbstverständlich ist auch ein solcher Kundenservice-Chat in der Regel nur während der Bürozeiten besetzt und damit auch erreichbar. Nicht so mit einem Chatbot.

Ein Chatbot ist eine Software, die einige Aufgaben Ihres Kundenservice übernehmen kann. Im Grunde stellt der Chatbot ein Programm dar, das in der Lage ist, Schlüsselworte in Texten, die Ihre Kunden in den Chat schreiben, zu erkennen, diese dank künstlicher Intelligenz in den richtigen Kontext zu setzen und anschließend darauf zu reagieren. Der Chatbot ahmt damit die Kommunikation mit einem menschlichen Kundendienst-Mitarbeiter nach und ist damit für all jene Interessenten da, die den Support-Chat auch abseits der Büroöffnungszeiten nutzen möchten. So kann eine Vielzahl ihrer Fragen auch mitten in der Nacht oder sonntags beantwortet werden, ohne dass die Fragesteller lange warten müssen.

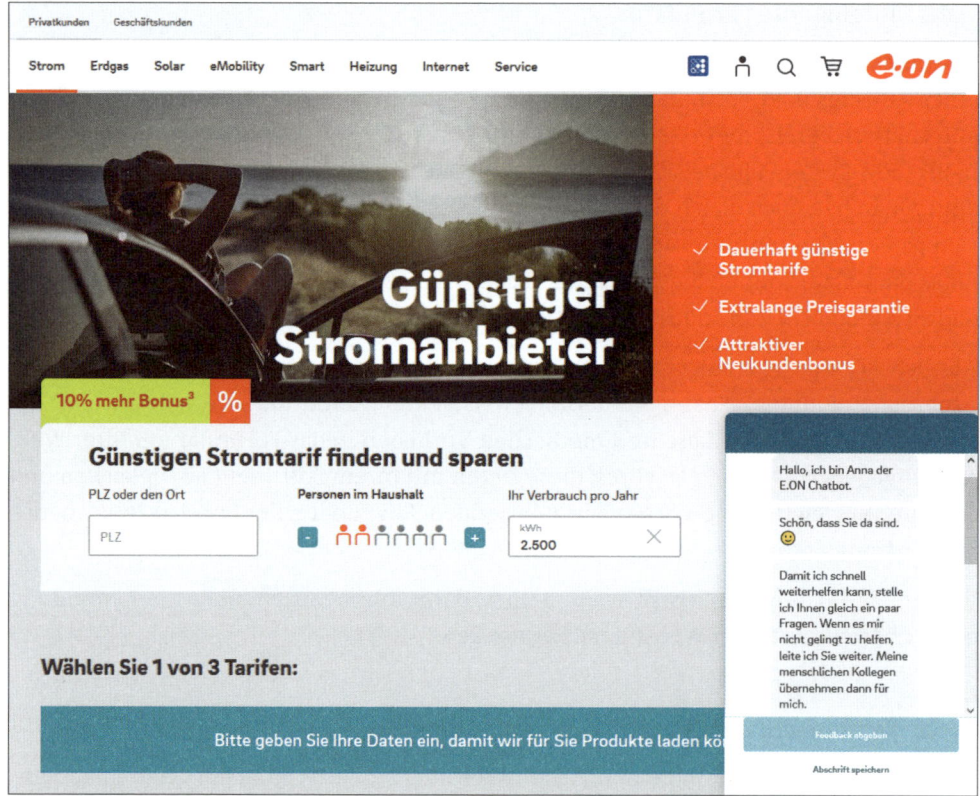

Abbildung 11.7 Anna, der E.ON Chatbot auf der Seite »eon.de«

Die Chatbot-Software ist natürlich nur so gut wie die Datenbank, auf die sie Zugriff hat. Denn um auf die Fragen Ihrer Kunden zu antworten, ist es wesentlich, dass der Chatbot auch mit Informationen versorgt wird. Diese können aus Ihrer Produktdatenbank stammen, aus dem CRM-System, aber auch aus anderen Quellen. Der Chatbot fragt diese blitzschnell ab und gleicht ab, ob eine Information auf die gestellte Frage passen könnte. In Onlineshops nutzen viele Kunden den Chatbot daher beispielsweise als Suchmaschine innerhalb des Shops, um Produkte rascher ausfindig zu machen, wenn sie den genauen Produktnamen nicht kennen. Der Chatbot kann rasch den Produktnamen nennen, einen Link zur Produktseite bereitstellen und außerdem gleich den Lagerstand abfragen oder darauf hinweisen, dass gerade eine Rabattaktion dazu verfügbar ist.

Selbstverständlich kennt der Chatbot aber auch Informationen von Ihrer Website wie z. B. Ihre Öffnungszeiten oder die Adressen Ihrer Filialen und kann diese den Kunden sofort nennen.

Besonders klug ist es, wenn Sie sich von Zeit zu Zeit ansehen, welche Fragen die Besuchenden Ihrer Website gestellt haben und wie dieser sie beantwortet hat oder ob er sie mitunter auch nicht beantworten konnte. Tauchen hier immer wieder ähnliche Fragen auf, können Sie auch individuelle Antworttexte vorgeben, die der Chatbot in Zukunft in einem solchen Fall verwenden soll.

Sind Sie beispielsweise Goldhändler und Ihre Kunden möchten immer wieder wissen, wie der Goldankauf genau funktioniert, können Sie Ihrem Chatbot vorgeben, wo er diese Information findet bzw. wie er den Ablauf beim Goldankauf erklären soll. So brauchen Sie auf diese Frage nicht immer wieder selbst zu antworten, sondern können sich in dieser eingesparten Zeit um andere Dinge kümmern.

11.5   Mit Newsletter und E-Mail-Marketing für zusätzlichen Umsatz sorgen

Bevor es Social Media gab und sogar bevor es einfach zugängliche Werbeprogramme wie Google Ads gab, mit denen Unternehmen zielgruppengenau ihre Botschaften im Onlinebereich platzieren konnten, verfolgten zahlreiche Unternehmen eine Werbestrategie, die einerseits auf Printwerbung, aber im Feld des Online-Marketing vorwiegend auf dem Versand von Newslettern per E-Mail aufgebaut war. Einige Firmen konnten auf diese Weise sogar beachtliche Erfolge erzielen. Auch wenn Newsletter-Marketing zu den Methoden des Online-Marketing zählt, die bereits am längsten in Verwendung sind, kommt diesem nach wie vor große Bedeutung zu. Der Versand von Nachrichten via E-Mail an Ihre Community bringt einige entscheidende Vorteile mit sich, die sich mit, anderen Werbeformen nicht in diesem Ausmaß erzielen lassen. Jemand der den Newsletter eines Unternehmens abonniert, ist ein echter Fan. Aus diesem Grund tun Unternehmen gut daran, Ihren treuen Kunden Vorteile einzuräumen und diese mit dem Newsletter zu verbinden. So kann man eine kontinuierliche Kundenbindung aufbauen.

Abbildung 11.8 MeinSchiff Newsletter – Die Anmeldung bietet Vorteile für treue Kunden.

11.5.1 E-Mails und Messaging-Dienste sind wichtig

E-Mails haben schon lange in großem Ausmaß das Versenden von physischen Briefen ersetzt. Insbesondere da auch immer mehr behördliche offizielle Stellen, Universitäten, aber auch große Konzerne Nachrichten an Ihre Mitglieder, Kunden und Bürger lieber elektronisch per E-Mail versenden als per Brief, nimmt die E-Mail mehr und mehr auch den Stellenwert des per Post gesendeten Briefs ein. Aus diesem Grund schenken die meisten E-Mail-Empfänger der Begutachtung Ihres E-Mail-Posteingangs auch entsprechend viel Aufmerksamkeit. Schließlich könnte es auch eine wichtige Nachricht sein, die sie erreichen soll. Ähnlich verhält es sich mit Message-Diensten wie WhatsApp, Facebook Messenger oder dem Posteingang bei LinkedIn, Xing und anderen Plattformen. Werbliche Nachrichten sind ein elementares und sehr wichtiges Mittel in der Kundenansprache und weitaus persönlicher als die Werbung mit Displaybanner und Co. Eine E-Mail wird schnell gescannt und dennoch aufmerksam begutachtet und erst einmal als wichtiger Inhalt eingestuft. Vor allem dann, wenn Sie Ihre Newsletter so gestalten, dass diese nicht nur als platte Werbung daherkommen, sondern im Gegenteil jedes Mal Mehrwert und neue Einblicke für die Leser eröffnen und daher auch gerne gelesen werden.

11.5.2   E-Mails erreichen Ihre Empfänger

Ein weiterer Vorteil, den E-Mails innehaben, besteht darin, dass Sie Ihre Empfänger damit erreichen. Selbst wenn diese kurzerhand entscheiden sollten, dass der Newsletter diesmal nicht relevant für sie ist und die Mail sofort im Papierkorb landet, ist die E-Mail dennoch angekommen und wurde, wenn auch nur kurz, wahrgenommen. Damit unterscheidet sich die E-Mail deutlich von vielen anderen Werbeformen, bei denen weniger klar festgestellt werden kann, ob die Zielgruppe diese überhaupt wahrgenommen hat, selbst dann, wenn das Werbesujet im richtigen Umfeld platziert wurde. Wenn Sie Ihren Newsletter nicht nur aus Ihrem herkömmlichen E-Mail-Programm versenden, sondern dafür ein Newsletter-Marketing-Tool nutzen, können Sie sogar feststellen, welcher Prozentsatz der E-Mail-Empfänger den Newsletter auch tatsächlich geöffnet hat oder sogar einen darin enthaltenen Link geklickt hat und somit auf Ihre Website gelangt ist.

11.5.3   Mit Newslettern zum Erfolg

Wenn Sie regelmäßig Newsletter an Ihre Fangemeinschaft versenden, kann dies einen starken Umsatztreiber für Ihr Unternehmen bedeuten. Denn dank der Nachrichten, die Sie Ihrer Community immer wieder in den Posteingang senden, wird diese immer wieder an Ihr Unternehmen erinnert, aber natürlich auch auf aktuelle Aktionen aufmerksam gemacht und damit mitunter sogar dazu animiert, schnell Käufe zu tätigen, um das Angebot nicht zu verpassen. Mit geschickt gestalteten Newslettern können Sie sogar Bedürfnisse und Wünsche bei Ihren Kunden wecken, die diese aktuell gar nicht auf dem Radar hatten. Damit der Newsletter zu einer wesentlichen Säule Ihrer Online-Marketing-Strategie werden kann, ist es unumgänglich, eine Mailingliste aufzubauen. Denn schließlich bringt Ihnen das größte Talent zum Verfassen außergewöhnlicher Newsletter-Texte nur wenig, wenn Sie über keine E-Mail-Adressen verfügen, an die Sie Ihre Botschaften richten können. Daher gilt es, Ihren Kunden, aber auch Besuchern Ihrer Webseite, die informiert bleiben möchten, eine Möglichkeit zu bieten, sich für Ihren Newsletter einzutragen. In keinem Fall dürfen Sie den Newsletter ungefragt an Kund*innen oder andere Empfänger*innen senden, da dies rechtlich nicht gedeckt wäre.

Beispielsweise können Sie bereits auf der Startseite Ihrer Website in einem eigenen Feld auf Ihren Newsletter aufmerksam machen und Vorteile für die Anmeldung in Aussicht stellen. Mit einem Klick auf einen Button können sich Interessierte in ein Formular eintragen und damit der Zusendung Ihres Newsletters zustimmen. Es empfiehlt sich, vorgefertigte Formulare von Newsletter-Marketing-Tools zu verwenden, da hinsichtlich der Registrierung zum Newsletter bestimmte rechtliche Vorgaben einzuhalten sind. Auch müssen die Empfänger jederzeit die Möglichkeit haben, sich wieder vom Newsletter abmelden zu können.

11

Die Möglichkeit zur Registrierung für Ihre Mailingliste lässt sich aber auch an anderer Stelle gut einbauen. Sieht Ihr Geschäftsmodell mitunter ohnehin vor, dass sich Ihre Kunden auf Ihrer Website als Kunden registrieren, können Sie auch dort eine Check-in-Box vorsehen, die nur angeklickt werden muss, um auch den Newsletter zu erhalten. Ebenso können Sie natürlich auch in Ihrem Geschäftslokal oder beim Gespräch mit Kunden entsprechende Formulare aufliegen haben, wo sich Interessierte für Ihren Newsletter eintragen können. Wichtig ist gerade hier, auf die Datenschutzrichtlinien zu achten, damit Informationen eines Kunden nicht anderen Personen zugänglich gemacht werden.

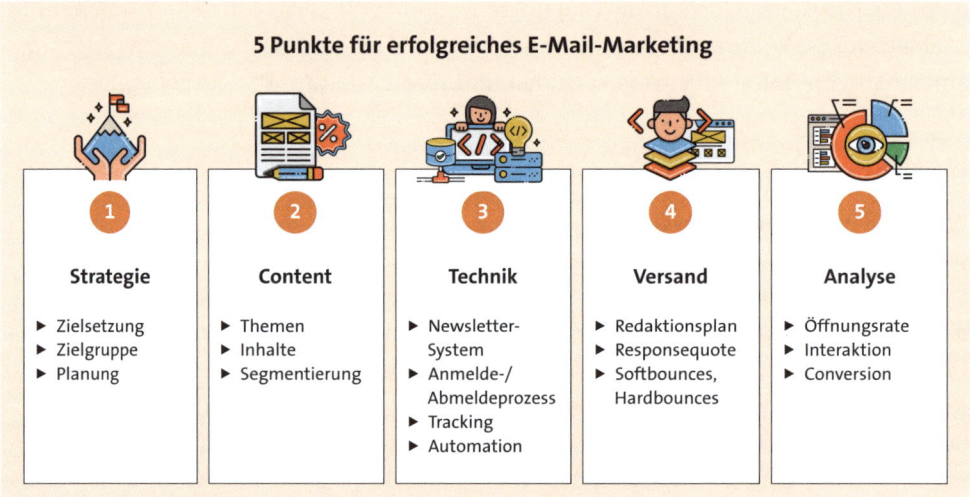

Abbildung 11.9 5 Punkte für eine erfolgreiche Planung Ihres E-Mail-Marketing

11.5.4   Intelligente Newsletter, die Ihnen Arbeit abnehmen

Wenn Sie Newsletter-Marketing umsetzen möchten und dieses ein wesentlicher Bestandteil Ihrer Online-Marketing-Strategie werden soll, bleiben Ihnen mehrere Möglichkeiten, wie Sie dieses organisieren.

▶ Sie können Ihre Newsletter selbst verfassen und aus Ihrem lokalen E-Mail-Programm einzeln an die Adressaten versenden. Die An- und Abmeldung zum Newsletter koordinieren Sie manuell.

▶ Sie nutzen ein E-Mail-Marketing-Tool, mit dem Sie Ihre Newsletter versenden. Die An- und Abmeldung wird ebenfalls über dieses Tool gemanaged.

▶ Sie nutzen ein CRM (Customer-Relationship-Management) mit angeschlossener Marketing-Automation-Suite. Mit der Software können Sie vollumfänglich die Kommunikation mit Ihren Kunden erfassen und auf Basis der Interessen und des Verhaltens Ihrer Kunden intelligente Newsletter versenden.

Zwar werden Sie auch mit den ersten beiden Varianten beträchtliche Erfolge erzielen können und Zusatzumsätze generieren können, aber dennoch viel Potenzial ungenutzt liegen lassen. Denn erfahrene Marketing-Profis wissen, dass die Reaktionsrate auf Werbebotschaften deutlich höher ist, wenn diese individuell auf die jeweiligen Kundensegmente zugeschnitten sind, als nach dem Motto »one fits all« vorzugehen und einfach eine Botschaft in Bausch und Bogen an alle E-Mail-Empfänger auszusenden, ganz egal, ob diese sich gerade in ganz unterschiedlichen Lebensphasen befinden, verschiedenen Einkommensklassen zuzuordnen sind oder auch gänzlich unterschiedliche Interessen haben. Wenn Sie ein Bekleidungsgeschäft führen und genau wissen, welche Ihrer Kunden sich für Laufsport und Radfahren interessieren und welche Ihrer Kunden aber auch Trachtenkleidung gut finden, warum sollten Sie diesen dann ein und dieselbe Werbebotschaft zukommen lassen?

Würde es nicht mehr Sinn machen, der einen Gruppe Sportmodeartikel vorzustellen und die andere Gruppe auf Ihre neue Kollektion an festlicher Trachtenkleidung aufmerksam zu machen? Intelligente Newsletter-Programme können genau das für Sie übernehmen. Dank einer Verknüpfung mit Ihrem CRM-System, in denen alle Daten zu Ihren Kunden bereits abgelegt sind, werden unterschiedliche Newsletter für unterschiedliche Kundensegmente erstellt und mitunter auch in zeitlich unterschiedlicher Abfolge, z. B. passend zu überregionalen Sportereignissen oder auch traditionellen Festivitäten, versendet.

Je mehr Informationen Sie über Ihre Newsletter-Empfänger haben, umso genauer können die Aussendungen auch zugeschnitten werden. Ist Ihre Website mit einem intelligenten System hinterlegt, können sich sogar Aussagen über das Verhalten und die Vorlieben Ihrer Websitebesucher treffen lassen. Sind diese mit ihrem Kundenkonto eingeloggt, wissen Sie auch, um wen es sich handelt, und können diese Daten den jeweiligen Profilen zufließen lassen. Dies alles geschieht vollautomatisch. So weiß Ihre Marketing-Software schon bald, zu welchen Uhrzeiten bestimmte Nutzer sich immer wieder einloggen bzw. Ihre Website besuchen oder für welche Kategorien aus Ihrem Angebot sie sich besonders interessieren. Diese Informationen können für den Newsletter-Versand genutzt werden, um den Newsletter z. B. genau zu den Uhrzeiten zu versenden, wo angenommen werden kann, dass der Nutzer sich auch bisher mit Ihrem Angebot beschäftigt hat, oder ihn auf spezielle Angebote für genau jene Produkte auf-

11

merksam zu machen, die er sich bereits einmal auf Ihrer Website angesehen hat oder sogar auf die Merkliste gesetzt hat.

Anbieter für Newsletter-Systeme und CRM-/Marketing-Automation

Anbieter für **Newsletter-Systeme** sind unter anderem:

- *Mailchimp (https://mailchimp.com)*
- *Cleverreach (www.cleverreach.com)*
- *rapidmail (www.rapidmail.de)*
- *Klicktipp (www.klicktipp.com)*

Anbieter für **CRM- und Marketing-Automation** sind unter anderem:

- *Sharpspring (https://sharpspring.com)*
- *Hubspot (www.hubspot.de)*
- *Evalaunche (www.sc-networks.de)*

Eine aktuelle Auswahl an Tipps und Links zu diversen Anbietern finden Sie auch unter *https://tipps.kim-weinand.de/linkliste.*

Eine ausführliche und umfassende Informationssammlung zum Thema Marketing-Automation finden Sie auf *https://b-relevant.agency/was-ist-marketing-automation/.*

Kapitel 12
Online-Marketing-Strategien

Von der Theorie zur Praxis – Zeit das Gelesene umzusetzen. Anhand
verschiedener Szenarien sehen Sie auf den folgenden Seiten, wie Sie die
Informationen aus den vorherigen Kapiteln für Ihre persönliche Strategie
anwenden können.

In den vorherigen Kapiteln haben Sie einen umfassenden Überblick über die diversen Themen des Online-Marketing erhalten. Wir haben uns einzelne Mediakanäle wie Search, Display-Marketing, Social Media und Video-Marketing angeschaut. Wir haben über Tracking und Webanalyse gesprochen, wir haben Ziele und Zielgruppen besprochen, und wir haben über Content-Aufbau und Usability geredet. Zeit, diese Themen zu ordnen und anhand praktischer Beispiele Strategien zu erarbeiten. In diesem Kapitel geht es darum, die Themen zu gliedern und Ihnen den Mehrwert für Ihr Unternehmen zu präsentieren. Dazu möchte ich einige reale Erfolgsgeschichten präsentieren und Ihnen anhand dieser Unternehmen aufzeigen, auf Basis welcher Maßnahmen die jeweilige Strategie aufgebaut wurde. Bevor wir in die Praxisfälle eintauchen, starten wir mit dem Zitat von André Kostolany: »Einen Tag strategisch Denken bringt mehr als dreißig Tage Arbeit«, und so sprechen wir auch hier kurz über die Theorie und das Konzept, welches Sie für Ihre Maßnahmen als Rahmenkonstrukt anwenden sollten.

Grundsätzlich müssen Sie sich bewusst werden, dass Online-Marketing ein kontinuierliches Kommunikationsmittel ist und Sie über die Werbung in die Interaktion und von dort in die Analyse und die Neuausrichtung der Werbung kommen. Und so ergibt sich ein Kreis, den es andauernd zu prüfen und zu optimieren gilt. Die Einstiegspunkte können immer wieder unterschiedlich sein, und Sie werden vielleicht auch in einem Projekt ganz gezielt einen Teilaspekt dieses Kreislaufs prüfen, allumfassend vom Erstkontakt bis zur Wideransprache können wir Online-Marketing jedoch in die folgenden Teilbereiche aufgliedern.

Wir haben bereits in Kapitel 3 die Reise Ihrer Kunden von der ersten Werbeansprache bis zur Kaufentscheidung besprochen. Wie aber setzen wir das in der Tat um? Im Kreislauf der digitalen Kundengewinnung wollen wir die Praxis pragmatisch halten und beschreiben vier Phasen in denen wir den potenziellen Kunden oder die potenzielle

Kundin entsprechend dem Entscheidungszyklus mit Botschaften bespielen. So bildet sich für jede Stufe der Customer Journey der folgende Prozess aus vier Phasen ab:

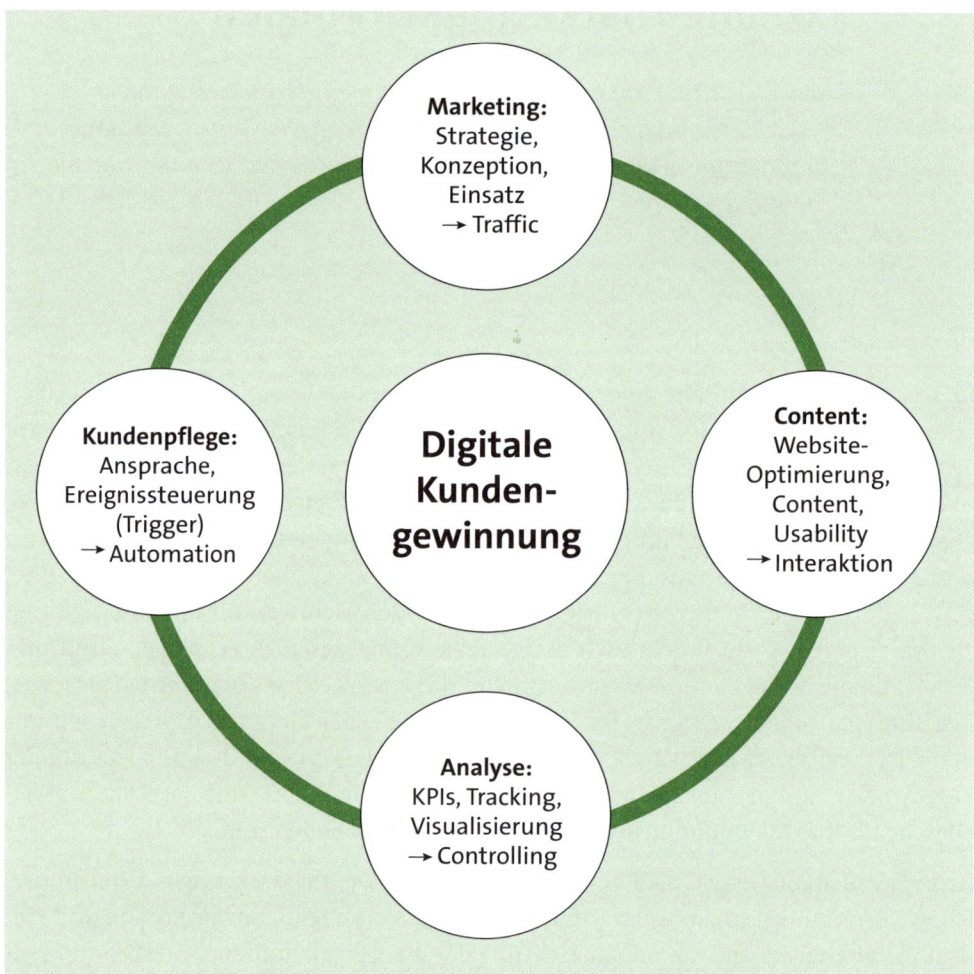

Abbildung 12.1 Modell der digitalen Kundengewinnung

Digitale Kundengewinnung in vier Phasen

1. Phase: *Marketing*
   Der Interessent wird durch eine Werbebotschaft angesprochen. Dies kann im initialen Prozess eine klassische Werbeansprache durch ein Video-Werbemittel, eine Display- oder Social-Media-Anzeige sein. Die vier Phasen können sich jedoch auf den unterschiedlichen Stufen der Customer Journey wiederholen, und so ist diese Phase

grundsätzlich für die Gewinnung von Traffic für die Stufe der Customer Journey zuständig.

2. Phase: *Content*
Diese Phase ist die wichtigste Phase, da mit Ihr die Überzeugungsarbeit beginnt. Der Interessent wurde durch Phase 1 auf das Unternehmen oder das Produkt aufmerksam. Nun besucht er die Website, die Landingpage oder den Social-Media-Auftritt des Unternehmens. Es gilt nun den Nutzer durch aufmerksamkeitsstarken und relevanten Content und eine Call-to-Action vom Leistungsangebot zu überzeugen.

3. Phase: *Analyse*
Wir müssen die Werbeansprache und die Interaktion auf Ihren Erfolg hin überprüfen. Sprechen wir die Zielgruppe mit der richtigen Werbebotschaft an? Gewinnen wir relevante Kontakte, und interagieren diese mit unserem Content? Haben wir die richtige Call-to-Action auf unserer Zielseite? In welchem Umfang erfolgen Micro- und Macro-Conversions? Diese Fragen gilt es für die einzelnen Stufen der Customer Journey zu bewerten und in den Phasen zur digitalen Kundengewinnung zu berücksichtigen

4. Phase: *Automation*
Diese Phase unterstützt die Skalierung in der Kundengewinnung und hilft, das gängige Modell der Kundenansprache durch Automation und Wiederansprache zu unterstützen. Auf Basis der Auswertung von Ereignissen lassen sich Folgehandlungen ableiten, und so dient das Verhalten des Kunden (Micro-Konvertierung) zur fortlaufenden Qualifizierung für die weitere Werbeansprache.

Spätestens an dieser Stelle des Buchs sollten Sie sich nun die Matrix aus Abbildung 3.5 anschauen und sich die einzelnen Stufen der Customer Journey Ihrer Kunden vergegenwärtigen. Laden Sie sich unter *https://tipps.kim-weinand.de/linkliste* die Ausfüllhilfe herunter, und füllen Sie diese aus. Definieren sie die in diesem Kapitel dargestellten Phasen anhand der Ausfüllhilfe für jede einzelne Stufe der Customer Journey. So erhalten sie einen Marketing-Trichter, durch den potenzielle Kunden und Kundinnen massenhaft durchpurzeln können.

Wichtig bei der strategischen Planung ist, dass Sie wissen, wo und wie Sie beginnen. Wenn Sie zum ersten Mal über die Werbetätigkeit nachdenken, sollten Sie Ihre Ziele und Zielgruppen formulieren und erst danach über die restlichen Themen nachdenken. Macht es Sinn, auf Social Media präsent zu sein? Das ist keine Frage, die Sie beantworten, sondern das ist eine Frage, die Ihre Zielgruppe beantwortet. Denken Sie dran, der Wurm muss dem Fisch schmecken und nicht dem Angler. Ihre Entscheidungen bzgl. der Werbeansprache sollten Sie voll und ganz aus Sicht Ihrer Zielgruppe gestalten. »Jedes Ding wird mit mehr Genuss erjagt als genossen«, William Shakespeare.

Praxistipp: Definieren Sie schriftlich Ihre Zielgruppe

Bei allen Projekten, die ich begleiten durfte, gab es einen wichtigen Aspekt, der über Erfolg und Misserfolg entschieden hat. Die Definition der Zielgruppe. Denken Sie wie Ihre Kunden, das ist das A und O. Nichts ist so wichtig wie dieses Thema. Achten Sie stets bei jeder Werbeansprache darauf, dass Sie im Vorfeld in der strategischen Planung die Zielgruppenbeschreibung detailliert ausarbeiten. Es hört sich trivial an, aber wer seine Zielgruppe kennt, der sollte diese auch so abgrenzen können, dass er anhand der Merkmale, die seine Zielgruppe auszeichnen, eine genaue Ansprache findet. Bedenken Sie bitte auch immer, zur Zielgruppenbeschreibung gehören nicht nur demografische Merkmale. Kreieren Sie fiktive Personas wie in Abschnitt 3.3.3.

Und nachdem wir nun mit André Kostolany unsere Maßnahmen strategisch geplant haben, schreiten wir mit Johann Wolfgang von Goethe zur Tat: »Es ist nicht genug zu wissen – man muss es auch anwenden. Es ist nicht genug zu wollen – man muss es auch tun!« Also los geht's, schauen wir uns Marketing-Konzepte in der Praxis an.

12.1 Digitales Buchungssystem und Onlineshop im Friseurhandwerk

Fangen wir mit der Strategie für einen lokalen Handwerks-Betrieb an. Wir sprechen über einen Friseurbetrieb, bei dem wir mit klassischen Online-Marketing-Maßnahmen begonnen haben und bei dem die Pandemie zu einer komplexen Digitalisierung des Buchungsprozess geführt hat.

Wir sprechen über die Kai Weinand Hairlounge in Trier (zu finden unter: *www.kaiweinand.de*). Bereits zur Eröffnung vor vielen Jahren hatte ich mich um die digitale Präsenz des Unternehmens gekümmert und so wurde gleich zu Beginn ein Google-My-Business-Account angelegt und bei der Webseite wurde die Webanalyse Google Analytics integriert. Auch für Facebook wurde eine Unternehmensseite angelegt. Der Grundstock für den digitalen Auftritt war gelegt. Das war aber auch zu gleich das höchste der Gefühle für den Inhaber, der die digitale Geschäftsansprache für seine Kunden nicht als primäres Werbemittel ansah. »Ich werde niemals online Haare schneiden« war eine seiner früheren Aussagen und damit hatte er natürlich recht.

Es war ein langer Weg bis zur Online-Terminvereinbarung und einem angeschlossenen Newsletter-System, aber dazu gleich mehr.

Das Unternehmen begann früh damit Facebook als Kommunikationskanal mit den Kunden für sich zu entdecken. Bereits nach kurzer Zeit gab es regelmäßige Statusupdates und wenn ein Termin kurzfristig frei wurde, dann wurde dieser ebenfalls über die

Facebook-Unternehmensseite bekannt gegeben und in vielen Fällen kurzfristig wieder vergeben. Man konnte also feststellen, dass die Kommunikation über soziale Netzwerke zu neuem Umsatz führte bzw. einen potenziellen Verdienstausfall vermeiden konnte. Mit der Zeit wuchs die Anzahl der Abonnenten auf über 1.200 Nutzer. Ein Facebook-Post zu kurzfristigen Terminen konnte so durch die eigene Community geteilt werden und konnte eine Reichweite von bis zu 1.000 Nutzer erreichen. Bei Posts mit Vorher-Nach-her-Vergleich konnte die Reichweite auch schonmal auf 2.500 Nutzer anwachsen. Es wurde dafür kein Werbebudget eingesetzt. Die Reichweite wurde lediglich durch das Teilen der Follower erzielt und war eine rein organische Reichweite.

Abbildung 12.2 1.115 erreichte Personen mit einem Facebook Post. So können abgesagte Termine vermittelt werden.

Anfang 2019 haben wir erstmalig über digitale Marketing-Maßnahmen gesprochen und uns dazu entschieden, Google-Werbeanzeigen in den Suchergebnissen zu nutzen. Die Hairlounge hatte zu diesem Zeitpunkt acht Mitarbeitende. Das Unternehmen lief gut, und die Auslastung der Mitarbeiter war zu einem hohen Anteil gegeben. Genau der richtige Zeitpunkt, um über Werbung und Wachstum nachzudenken. Die damalige Website war lediglich eine Unternehmenspräsentation, ohne Darstellung von einzelnen Leistungsgebieten wie Haarverlängerung, Strähnentechniken, Brautfrisuren etc. So konnten wir in der Werbeansprache auch lediglich Suchanfragen aufgreifen, zu denen wir auf der Internetseite auch relevante Informationen präsentieren konnten. Eine Werbeansprache zum Thema Haarverlängerung wäre zu diesem Zeitpunkt nicht erfolgsorientiert gewesen. Eine Interessentin, die zu diesem Thema recherchiert und der wir die Werbung dargestellt hätten, wäre enttäuscht gewesen, da sie nach Klick auf die Werbebotschaft auf der Webseite des Friseurbetriebs keine weiteren Informationen gefunden hätte. Aus diesem Grund haben wir uns darauf beschränkt, generische Suchanfragen zu Friseurrecherchen in Trier aufzugreifen und die Werbung bei solchen Suchanfragen auszuspielen.

Im Mai 2019 konnten wir bei einem Budget von 197,43 € bereits 501 Klicks aus den Suchanfragen genieren und relevante Interessenten auf die Seite des Friseurbetriebs bringen. Die Kosten für jeden Klick (CPC) lagen bei 0,39 €.

Nach dem Monat bereitete ich das erste Reporting auf und zeigte dem Inhaber: »Wir haben 500 Klicks generiert.« – Seine Antwort war sehr ernüchternd: »Aha, 500 Klicks.« Dann war Ruhe. Er überlegte und hakte nach: »500 Klicks? Und was heißt das jetzt? Wie viele Kunden habe ich denn dadurch bekommen?« Die Frage war gut, und ich konnte ihm dazu keine Antwort geben. Der Inhaber bewertete die Maßnahme negativ, da er keinen spürbaren Mehrwert wahrgenommen hatte. Er konnte die virtuellen Klicks nicht als Erfolg sehen, und es war komplett intransparent, wer oder was jetzt 200 € gekostet hatte. Es gibt kaum Interessenten, die eine Webseite eines Friseurs aufrufen und dort ein Kontaktformular ausfüllen. Wer einen Termin möchte, der ruft an! Also mussten wir uns überlegen, wie wir den Nachweis erbringen, dass aufgrund der 500 Klicks auch reale Kontakte entstehen.

Die Lösung war Call-Tracking. Das Thema Call-Tracking haben wir bereits in Abschnitt 9.2, »Klicks und Webseitenbesuche vs. Anruf und Kaufbestätigung«, besprochen. Mit Call-Tracking kann man die Anruffrequenz aufgrund einer konkreten Werbemaßnahme prüfen, und so wollten wir das Anrufaufkommen auf Basis der Google-Werbeanzeigen nachweisen.

Gesagt, getan. Im August war das Call-Tracking auf der Webseite integriert, und wir konnten prüfen, wann ein Interessent bei Google auf eine Werbeanzeige klickte und die

Website besuchte – die eigentliche Telefonnummer wurde nun durch ein eingebautes Werbepixel ausgetauscht, und eine Marketing-Telefonnummer wurde eingeblendet. Wenn die Interessentin dann die dargestellte Telefonnummer anrief, dann wurde dies als Erfolgsmessung für die Werbemaßnahme gezählt. Bei jedem Anruf bekamen die Mitarbeiter der Hairlounge zudem eine Ansage, bevor das Gespräch begann. Sie hörten vor dem Gespräch ein Intro: »Das folgende Gespräch erfolgt aufgrund Ihrer Google-Ads-Werbetätigkeit«, und so war nicht nur die Erfolgsmessung möglich, sondern auch die Wahrnehmung für den Erfolg der Werbeform war zu 100 % gegeben.

Abbildung 12.3 Neugestaltete Website der Kai Weinand Hairlounge

Anfang September erstellten wir das nächste Reporting. Im August hatten wir Kosten in Höhe von 197,40 €, und wir hatten 508 Klicks. Die Ergebnisse waren also nahezu identisch zu den Ergebnissen im Mai. Es gab lediglich einen kleinen Unterschied. Wir konnten die Frage »Und was heißt das jetzt?« beantworten. Wir hatten im August mit der

Werbetätigkeit 80 Anrufe generiert. Damit konnte der Inhaber was anfangen, und so wurde die Kampagne als sehr erfolgreich wahrgenommen. Natürlich gab es auch einen hohen Anteil Bestandskunden, die bei Google nach dem Unternehmen recherchiert hatten, um über das Suchergebnis direkt auf »jetzt anrufen« zu klicken. Der Inhaber konnte aber nachvollziehen, wie viele Erstkontakte generiert wurden, und das war ein wichtiger Faktor. Das Reporting hätten wir eigentlich nicht benötigt, da die Ansage, die die Mitarbeiter bei den Telefonaten vorab gehört hatten, bereits den Beweis für den Erfolg der Maßnahme erbracht hatten und vom Inhaber als viel wichtiger wahrgenommen wurde als das eigentliche Reporting.

Das Reporting gab dennoch sehr aufschlussreiche Informationen bezüglich der Anrufqualität. Neben der Auswertung der Anrufanzahl gab es weitere wichtige Werte, wie beispielsweise die durchschnittliche Anrufdauer und die Quote der nicht angenommenen Anrufe. Genau dieser Wert war es, der dann das Thema Digitalisierung in ganz neues Fahrwasser lenkte. Die Auswertung einige Monate später zeigte auf, dass innerhalb eines Monats 43 Anrufe (46 %) nicht entgegengenommen wurden.

Die Rezeption war krankheitsbedingt nicht besetzt, und alle Friseure waren lediglich temporär zum Telefondienst eingeteilt. Wenn ein Anruf kam, musste man die Arbeit am Kunden unterbrechen, oder der Anrufbeantworter wurde eingeschaltet. Die Auswertung zeigte lediglich die Anzahl der Anrufe, die über die Werbetätigkeit zugestellt wurden. Das komplette Ausmaß der nicht angenommenen Anrufe konnte nur geschätzt werden. Das war verlorenes Potenzial, und so gab es erste Überlegungen, wie man dieses Problem angehen könnte. Nach einiger Überlegung kam man zu dem Schluss, dass eine Online-Terminvereinbarung der richtige Weg und die ideale Ergänzung zur klassischen Terminvereinbarung per Telefon wäre. Wir waren überzeugt, unser Kunde leider (noch) nicht.

Es kam alles anders als erwartet, und einige Wochen später stand das Leben erst einmal für alle still. Im März 2020 traf uns der erste Lockdown, und alle Friseure mussten schließen. Seit dieser Zeit hat sich für alle Unternehmer in Bezug zum Kontakt mit Kunden und die Hygieneregeln in Unternehmen vieles geändert. Corona war ein Katalysator für das Thema Digitalisierung, und so gab es auch im Friseurhandwerk einige Veränderungen. Die Kai Weinand Hairlounge entschied sich, in das Thema Digitalisierung zu investieren und das Unternehmen zukunftssicher aufzustellen.

Während der Pandemiezeit hat der Inhaber verschiedene Videos über die Facebook-Seite der Hairlounge gepostet, und unter anderem war ein Kamerateam von RTL zu Gast.

Ende des Jahres 2020 war die zweite Lockdown-Welle. Der Inhaber der Hairlounge berichtete über die Situation im Grenzgebiet zu Luxemburg und wie aus Sicht des

Unternehmers der Lockdown wirkte und wie man sich damit fühlte. Seine Videos veröffentlichte er bei Facebook und erzielte eine Reichweite von über 150.000 Kontakten mit unzähligen Reaktionen. Die Interaktion mit den Nutzern zeigte, dass das Medium Internet ein enormes Potenzial zur Kommunikation mit Menschen hat, und so wurde eine Investition in den Ausbau der Digitalstrategie beschlossen. Durch unsere Beratung und mit einem Förderprogramm des Bundeslandes Rheinland-Pfalz (DigiBoost) wurde der Internetauftritt mit regionalen Partnern komplett erneuert und der Buchungsprozess digitalisiert. Wir konnten endlich die digitale Terminvereinbarung umsetzen.

Die Website wurde binnen weniger Monate komplett neu strukturiert und den aktuellen Gegebenheiten angepasst. Es entstand ein Onlineshop für Gutscheine und Produkte sowie eine Online-Terminvereinbarung. Damit interessierte Nutzer*innen sich vor ihrem Besuch vom Hygienekonzept überzeugen können, entstand ein Virtual Showroom – eine interaktive 360°-Ansicht, in der sich Internetnutzer die Räumlichkeiten bereits vor ihrem Besuch anschauen können und sich durch vordefinierte Action-Points zusätzliche Informationen abrufen können (siehe Abbildung 12.4).

Abbildung 12.4 Im virtuellen Showroom der Kai Weinand Hairlounge bieten Action Points Interaktionsmöglichkeiten (Quelle: www.kai-weinand.de).

Im virtuellen Showroom wurde das Hygienekonzept anhand der Interaktionspunkte vorgestellt, zusätzlich wurde eine Landingpage erstellt. So wurden die Kunden über die Schutzmaßnahmen informiert, und das Konzept für den Friseurbesuch zeigte den Kunden die Sicherheit im Umgang mit den Schutzmaßnahmen für Mitarbeiter und Gäste.

Abbildung 12.5 Landingpage zum Corona-Hygiene-Schutzkonzept

Die Landingpage und der virtuelle Showroom gaben den Kunden und Kundinnen die Sicherheit, dass bei ihrem Besuch auf Gesundheit und coronakonformes Arbeiten Wert gelegt wird. Die Bewerbung der Informationen erfolgte sowohl bei Google als auch bei Facebook.

Abbildung 12.6 COVID-19-Update zum Thema Hygienekonzept auf Facebook. Mit dem einzelnen Post wurden 1.833 Personen erreicht.

Die 360°-Ansicht wurde im Google-My-Business-Account bereitgestellt. Die virtuelle Begehung liefert Menschen einen Einblick, die bisher noch keine Berührungspunkte mit dem Unternehmen hatten. Man kann sich also gleich bei Google einen Eindruck verschaffen, ohne dass man die Website des Unternehmens aufrufen muss. Innerhalb von fünf Monaten wurden die 360°-Bilder auf der Unternehmenspräsenz bei Google My Business über 12.500-mal aufgerufen.

Damit das Unternehmen zu den Leistungen wie beispielsweise »Brautfrisuren«, »Haar-verlängerung«, »Bart schneiden« und weiteren Themen besser in den organischen Suchergebnissen aufgefunden werden kann, wurden neue Unterseiten geschaffen.

Bereits nach wenigen Wochen ist die Website bei Google zu vielen neuen Begriffen gelistet. Nach acht Wochen steigt die Anzahl der Suchbegriffe, zu denen die Website bei Google auffindbar ist, um 70 %. Neue Begriffe mit einem Top-10-Ranking sind unter anderem »brautfrisuren trier«, »balayage painting« und »bart schneiden lassen«.

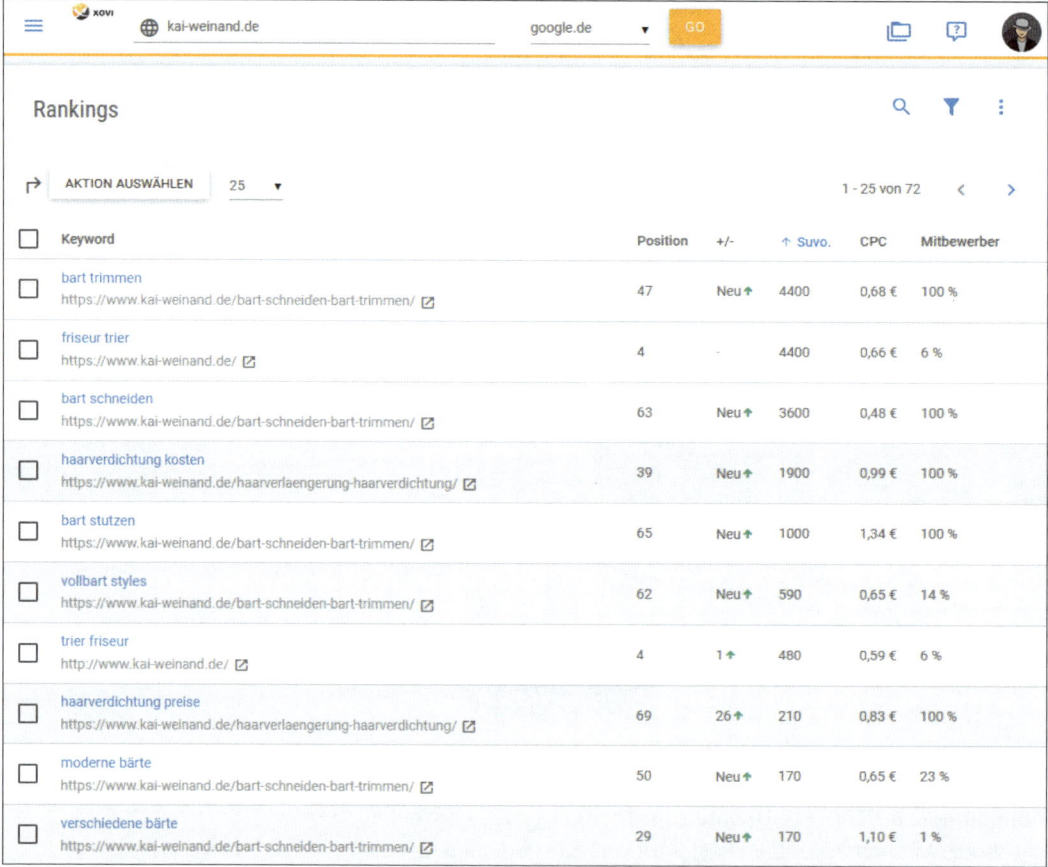

Abbildung 12.7 Ranking-Tabelle zu kai-weinand.de (Quelle: XOVI)

Die Online-Terminvereinbarung wurde im Juli 2021 erstmalig öffentlich eingesetzt, und bereits im ersten Monat wurde ein Anteil von 5 % der Termine von den Kunden eigen-ständig über das System gebucht. Die Zeitersparnis für die Mitarbeiter kann man bereits für diesen geringen Buchungsanteil mit fast zehn Stunden festsetzen. In den nächsten

Monaten wird mit einem Buchungsanteil von 25 bis 30 % durch die Kunden gerechnet. Die Zeitersparnis dürfte dann bei ca. einer Arbeitswoche liegen. Zusätzlich zur Zeitersparnis steigt die Interaktion mit den Kunden, da jeder Kunde umgehend eine Buchungsbestätigung erhält und auch zwei Stunden vor Termin eine Erinnerungsnachricht gesendet wird. Alle Nachrichten sind personalisiert, und der Kunde wird jeweils mit seinem Namen angeschrieben.

Zeitgleich wurde der Einsatz eines Newsletter-Systems vorbereitet, mit dem man zum aktuellen Pandemiegeschehen und je nach Inzidenz und den damit verbundenen Auflagen die Kunden informieren kann. Ende August 2021 stieg die 7-Tage-Inzidenz in Trier erneut an, und aufgrund der integrierten Lösung war es dem Friseurbetrieb möglich, mit einem Aufwand von 45 Minuten alle Kunden, die innerhalb der nächsten beiden Wochen einen Termin hatten, über die neuen Bestimmungen und die damit verbundene 3G-Regelung für ihren Friseurbesuch zu informieren. Auch hier wurde darauf geachtet, dass die Kunden in der Nachricht persönlich – mit ihrem Namen – angesprochen werden.

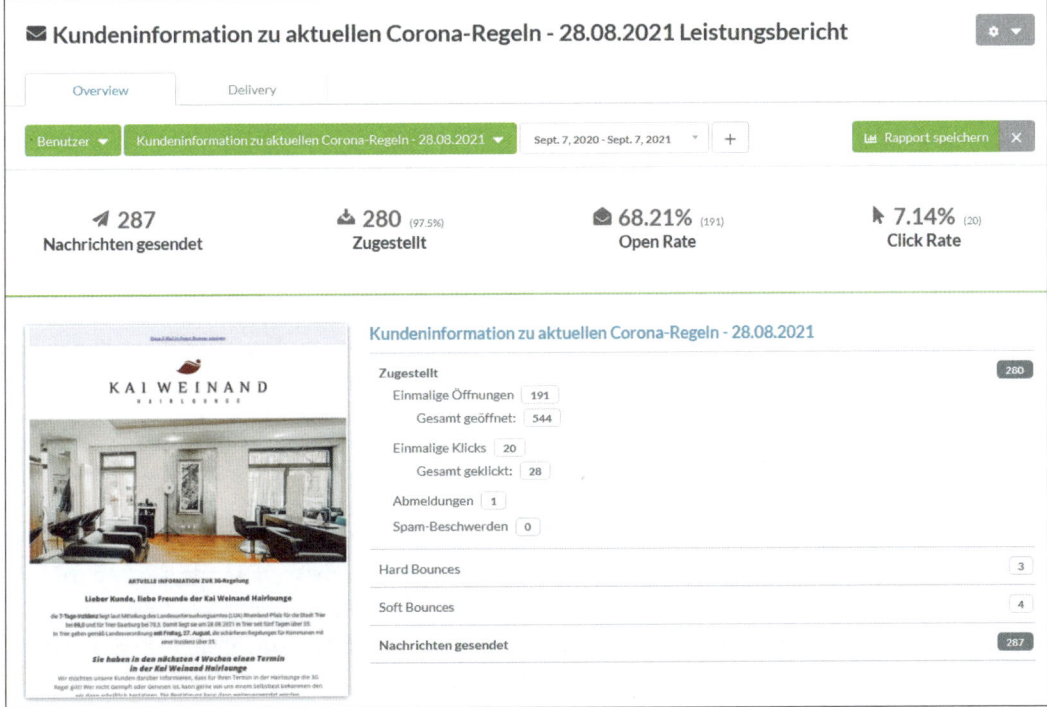

Abbildung 12.8 Versand einer Kundeninformation zur 7-Tage-Inzidenz und der 3G-Regelung

Zwei Kunden haben ihren Termin online verschoben, ein Kunde hatte den Termin aufgrund der geänderten Situation online storniert. Alles ohne zusätzlichen Aufwand für die Mitarbeiter.

Das gesamte Online-Marketing-Konzept basiert auf dem System der digitalen Kundengewinnung. Die unterschiedlichen Systeme sind im Sinne der Kommunikationsstecken miteinander verknüpft. Natürlich wird ein Friseur auch zukünftig online keine Haare schneiden, aber der Kundenservice entwickelt sich, und die digitale Unterstützung ist ein Wettbewerbsvorteil für die Interaktion mit aktuellen und zukünftigen Kunden.

Schauen Sie sich die Abbildung 12.1 noch einmal an, und lassen Sie uns die einzelnen Phasen der digitalen Kundengewinnung anhand der Strategie der Kai Weinand Hairlounge durchgehen. Die Werbetätigkeiten bei Google (organisch sowie werblich mit Google Ads) und Facebook (organisch, beispielsweise mit Posts zu freien Terminen) definieren den Anteil in der ersten Phase der digitalen Kundengewinnung (*Traffic*). Die neue Internetseite bietet mit Virtual Showroom, Onlineshop und Online-Terminvereinbarung ein vielfältiges Angebot für den Websitebesucher (*Content*). Zudem gibt es bei Google My Business die 360°-Bilder. Die dritte Phase der Kundengewinnung (*Controlling*) bereitet den technischen Aspekt des Projektes vor und stellt die spätere Auswertung sicher. Das Telefontracking ist nach wie vor ein wichtiger Teil der Erfolgsmessung. Die Auswertung kann aufgrund der Online-Terminvereinbarung zudem um neue Conversion-Daten angereichert werden. Die Buchung eines Termins wird in Google Analytics als Conversion zurückgespielt, und so können die Trafficquellen (Facebook, Google, Newsletter etc.) auf Basis der Terminbuchungen analysiert und bewertet werden.

In den nächsten Wochen beginnt der Aufbau des Newsletters, damit rechtzeitig zum Weihnachtsgeschäft mit einem werblichen Newsletter der Kauf von Gutscheinen über den Onlineshop beworben werden kann (→ Automation). Zudem wird diese Phase der Kundengewinnung bereits dadurch unterstützt, dass die Kunden jetzt eigenständig online Termine buchen, umbuchen und wieder stornieren können.

> **Fazit**
>
> Ein rundum eingespielter Prozess, bei dem sowohl der Informationsfluss mit Kundinnen und Kunden als auch für potenzielle Interessenten verbessert wurde. Die Mitarbeitenden haben mehr Zeit für die Arbeit am Kunden, und gleichzeitig wird eine höhere Kommunikation mit Interessenten und Kunden sichergestellt. Nur in einem Punkt hatte der Inhaber von Anfang an recht: Haare schneiden, das muss der Friseur noch selbst, und er kann es nicht online – und ich glaube, das ist auch gut so!

12.2 Digitalisierung im Klavierhaus

Ein stimmungsvolles Projekt. Das Klavierhaus Hübner hat 30 Mitarbeiter. Die Internetseite finden Sie unter *www.klavierbauer.de*. Das Unternehmen hat eine Klavierwerkstatt und baut unter der Marke M. Hübner eigene Klaviere und Flügel. Zudem ist das Unternehmen exklusiver Steinway & Sons Partner für Luxemburg, Rheinland-Pfalz und das Saarland. Ein weiteres Standbein ist die Vermietung von Klavieren, um somit den Einstieg in die Welt des Klavierspielens zu fördern. Durch eine starke virale Bekanntmachung mit klassischen Medien und dem Slogan »Mietklaviere ab 1,- € pro Tag« wurde das Unternehmen weit über die regionalen Grenzen hinaus bekannt, und der Inhaber Marcus Hübner wurde von Menschen in der Region mit den Worten »Das ist doch der mit den 1-Euro-Klavieren« wiedererkannt.

Abbildung 12.9 Die Internetseite des Pianohauses Hübner (Quelle: www.klavierbauer.de).

Die Werbestrategie war erstklassig und ging auf. Wir starteten mit Werbeanzeigen in den Google-Suchergebnissen, um so das bereits vorhandene Potenzial digital abschöpfen zu können und dann in den Suchergebnissen mit passenden Werbeanzeigen zu erscheinen, wenn Nutzer nach Klavieren und Flügeln recherchierten. Der Fokus lag auf der Recherche nach vordefinierten Marken und einem Kaufinteresse. Ebenso wurde auch digital das Angebot für Mietklaviere beworben. Ein großartiges Angebot war zudem, dass die monatliche Klaviermiete für die ersten zwölf Monate auf einen Kauf angerechnet wurde, sofern ein Mietkunde sich nach zwölf Monaten dazu entschied, das Klavier zu kaufen.

Abbildung 12.10 Werbemittel Display-Marketng Marcus Hübner

Im Mietvertrag war geregelt, dass sich der Mieter verpflichtet, das Klavier einmal alle zwölf Monate stimmen zu lassen. Genau dieser Punkt gab für uns im Verlauf unserer Tätigkeit den Ausschlag für unser gemeinsames Duett – von der Klaviertastatur zur Computertastatur und wieder zurück. Wir hatten privat ebenfalls für unsere Kinder ein Klavier im Pianohaus Hübner gemietet, und in einem unserer Gespräche fragte ich, ob ich demnächst eine Nachricht bzgl. des anstehenden Stimmtermins oder der Übernahme des Klaviers erhalten würde. Die Antwort war: »Das stimmt, das wäre eigentlich eine gute Idee – aber nein, das haben wir bisher noch nie gemacht.«

Das Unternehmen hat mehrere Tausend Mietkunden, und es gab kein System beziehungsweise keine Schnittstelle, durch die die Kundschaft zu anstehenden Terminen informiert wurde? Das war der Beginn eines großartigen Projektes zum Bestandskundenmanagement!

Im Vergleich zum Projekt bei der Kai Weinand Hairlounge ging es hier nicht primär um die Neukundengewinnung. Der Fokus lag auf der Bestandskundenbetreuung und der Automation in der Ansprache auf Basis von vordefinierten Ereignissen.

Es wurde eine Marketing Automation Software (MAS) für das Unternehmen angeschafft. Über die Website können Kunden einen Stimmtermin sowie Transportaufträge anfragen und Kontaktanfragen zu konkreten Instrumenten stellen. Zudem gibt es natürlich die Möglichkeit der allgemeinen Kontaktaufnahme via Formular, Telefonanruf und E-Mail. In einem ersten Schritt wurden die Formulare auf der Webseite an das neue System angegliedert, damit die entsprechenden Anfragen und Leads in die Software einlaufen. Auf Basis der unterschiedlichen Formulare werden (vollautomatisiert) unterschiedliche Prozesse angestoßen, und die Nachrichten werden gleich an die entsprechenden Personen weitergeleitet. Die Mitarbeiter sparen Zeit, und der Kundenservice wird dabei verbessert. Nehmen wir die Anfrage eines Klavier-Stimmtermins, um den Prozess zu verdeutlichen und die Vorteile der Marketing Automation Software darzustellen. Das Formular finden Sie auf folgender Seite: *www.klavierbauer.de/stimmservice/*. Die Anfrage (das gesendete Kontaktformular) wird in einem Vertriebsprozess (Funnel) dargestellt. Der Funnel besteht aus fünf Phasen:

1. Kontaktanfrage
2. persönliche Terminvereinbarung
3. Terminbestätigung
4. Stimmtermin ausgeführt
5. Kundenfeedback einholen

Jede Kontaktanfrage via Webseite wird automatisch in die 1. Phase übermittelt. Die Mitarbeiter legen den Eintrag manuell in Phase 2 ab (Drag & Drop). Das bedeutet, dass zurzeit eine Termin-Abstimmung mit dem Mitarbeiter erfolgt. Das ist ein manueller Prozess, der in Phase 2 definiert ist. Sobald ein Termin fixiert ist, wird der Termin in der Software eingetragen, und die Anfrage wird in Phase 3 verschoben. Eine Marketing-Automation (Workflow) sendet den Kunden daraufhin die Terminbestätigung, und einen Tag vor dem Stimmtermin erhalten die Kunden erneut eine Erinnerung an den Termin. Nachdem der Termin ausgeführt wurde (durch den Außendienst bestätigt), wird die Anfrage in Phase 4 des Funnels verschoben. Hierdurch wird ein weiterer Workflow gestartet, durch den der Kunde zwölf Monate nach Stimmtermin eine neue E-Mail mit der Anfrage zu einem neuen Stimmtermin erhält. Klaviere sollen in der Regel einmal im Jahr gestimmt werden. Durch den Workflow werden die Kunden für einen neuen Termin angefragt, ohne dass die Mitarbeiter sich den Termin auf Wiedervorlage legen müssen. Dies ist eine kontinuierliche und wiederkehrende Entlastung für die Mitarbeiter, und es wird aus dem Bestandskundennetz ein zusätzlicher Umsatz generiert. Ein weiterer Vorteil ist, dass man proaktiv auf die Kunden zugeht. Wenn der Kunde die E-Mail erhält, kann er frei entscheiden, ob er einen Termin vereinbaren möchte oder ob er in drei Monaten noch mal kontaktiert werden möchte oder aber ob er keine weitere Nachricht erhalten möchte. Sofern er auswählt, dass er in drei Monaten noch mal kontaktiert werden möchte, wird ein weiterer Workflow aktiviert, und der Kunde erhält vollautomatisiert eine weitere Benachrichtigung. Hier erhält er wieder die gleichen Auswahlmöglichkeiten.

Wenn ein Stimmtermin ausgeführt wurde und der Kunde für eine Umfrage infrage kommt, dann wird die Anfrage von Phase 4 des Vertriebsprozesses in Phase 5 verschoben. Dadurch wird die nächste Automation gestartet, und der Kunde erhält eine E-Mail, in der er gebeten wird, fünf Fragen zum Kundenservice und seiner Zufriedenheit zu beantworten. Wenn er die Fragen beantwortet, prüft das System, ob der Kunde positiv bewertet oder neutral/negativ. Sofern die Bewertung positiv ist, wird eine weitere E-Mail versendet, in der sich das Unternehmen für das Feedback bedankt und um eine öffentliche Rezension auf Facebook oder Google bittet. Wenn die Bewertung neutral oder negativ ist, dann erhält der Kunde eine E-Mail, in der sich das Unternehmen für die Rückmeldung bedankt und anfragt, ob man mit dem Kunden bitte noch mal bzgl. der ausgeführten Arbeiten persönlich sprechen kann. Er erhält dann keine E-Mail mit der Aufforderung zur Bewertung auf Google oder Facebook, da dies kontraproduktiv wäre.

Die Umsetzung dieser Automation bietet den Mitarbeitenden einen enormen Mehrwert in der Bestandskundenpflege und der Gewinnung von positiven Bewertungen bei Google und Facebook.

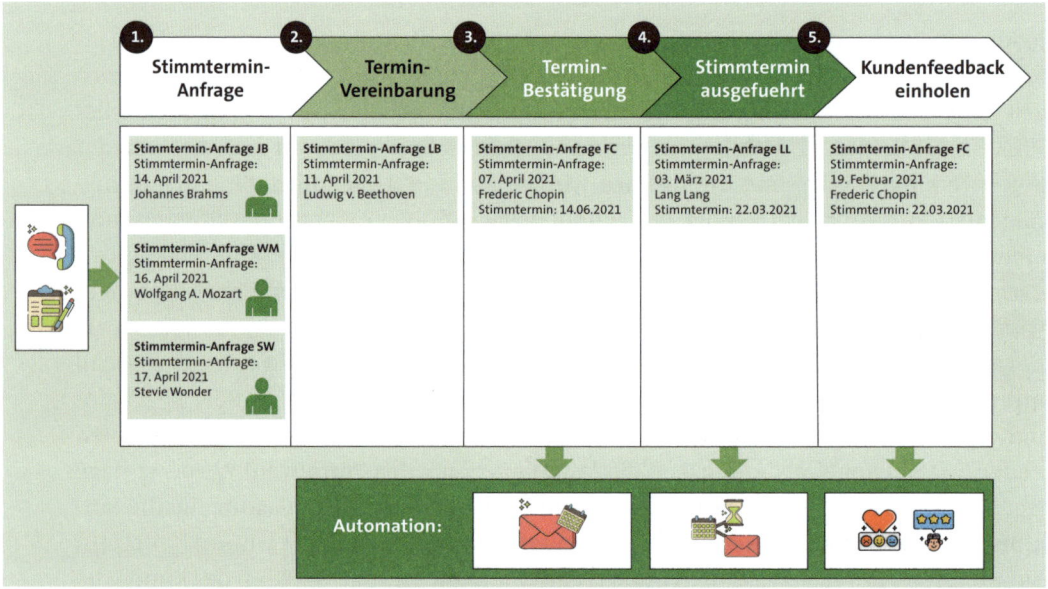

Abbildung 12.11 Marketing-Automation im Kundenprozess

Ähnlich wie in Abbildung 12.11 dargestellt, sieht auch die Ansicht innerhalb der Software aus. Per Drag & Drop können die einzelnen Leads von einer Phase in die nächste geschoben werden. Alternativ kann auf Basis eines vordefinierten Auslösers der Lead-Eintrag automatisch verschoben werden. Wenn ein Eintrag zu einer neuen Phase verschoben wird, dient das als Auslöser, um Folgeaktionen wie den Versand von E-Mails zu planen.

Wenn ein Eintrag also von Phase 2 »Termin-Vereinbarung« zu Phase 3 »Termin-Bestätigung« verschoben wird, dann erfolgt das manuell, nachdem ein Mitarbeiter mit dem Interessenten den Termin vereinbart hat. Die weiteren Schritte – der Versand der Bestätigungs-E-Mail und die Erinnerungs-Mail einen Tag vor dem Termin – werden allerdings wieder automatisiert versendet. So entlastet die Marketing-Automation den Vertriebs-prozess des Unternehmens und bietet gleichzeitig eine hochflexible und personifizierte Kontaktstrecke für jeden einzelnen Kunden.

Fazit

Die Neukundenakquise ist ein wichtiger Bestandteil eines jeden Unternehmens. Meis-tens werden Bestandskunden nicht als Potenzial für das Neugeschäft angesehen, oder der Aufwand für die Wideransprache auf Basis der vorliegenden Informationen ist auf-grund der eingesetzten Ressourcen und technischen Gegebenheiten nicht möglich. In diesem Szenario konnte die Digitalisierung des Bestandskundenmanagements neue Vertriebskapazitäten schaffen und gleichzeitig aufgrund der persönlichen Wideran-sprache der Kunden die Zufriedenheit steigern.

12.3 Google Ads für Unternehmensberatung

Was machen Entscheider*innen, wenn sie eine Unternehmensberatung benötigen? Sie tun das Gleiche wie der Hauseigentümer, der einen Handwerker braucht – sie lassen sich Unternehmen aus ihrem Bekanntenkreis empfehlen, und sie googeln! So sahen es Cassini Consulting und Kim Labs und prüften, welche Begriffe für die Unternehmensbe-ratung aus Dortmund wichtig sein könnten und ob es relevant, ist in den Suchergebnis-sen präsent zu sein.

Abbildung 12.12 Die Startseite von Cassini Consulting (Quelle: www.cassini.de).

Ein kurzer Check des Suchbegriffs »Unternehmensberatung« zeigte, dass allein zu diesem Begriff durchschnittlich über 22.000 Suchanfragen deutschlandweit pro Monat gestellt werden.

Abbildung 12.13 Historie des monatlichen Suchvolumens zu »Unternehmensberatung« in Deutschland (Quelle: Google Ads Keyword-Planer).

Es wurde eine umfangreiche Keyword-Analyse zu über 3.500 unterschiedlichen Suchanfragen ausgeführt. Die Begriffe wurden nach Suchvolumen und Intension geprüft, und in einem zweiten Schritt wurde analysiert, zu welchen Begriffen das Unternehmen bereits in den Google-Suchergebnissen vertreten ist und ob es Zugriffe über diese Suchanfragen gibt.

Cassini Consulting war bereits zu vielen Suchanfragen in den Ergebnissen präsent, sofern die Suchanfragen auf den Begriff Consulting abzielten und nicht das deutsche Synonym »Unternehmensberatung« verwendet wurde. Da Cassini das Wort »Consulting« bereits im Namen trägt, hatte man sich allgemein im Unternehmen darauf verständigt, dieses Wording auch in der Kommunikation zu verwenden. Die Keyword-Analyse zeigte, dass der Begriff »Consulting« (Business-Consulting, Management consultancy) ein deutlich geringeres Suchvolumen als »Unternehmensberatung« aufwies, und da man den Begriff »Unternehmensberatung« auf der Webseite kaum verwendet hatte, konnte Google lediglich die Relevanz zwischen Consulting und Cassini herstellen, aber nicht zwischen »Unternehmensberatung« und »Cassini«. Die Analyse zeigte auch für die Suchanfragen an den verschiedenen Standorten ein ähnliches Bild. Bei den Suchanfragen zu »Consulting Berlin« und »Consulting Düsseldorf« war Cassini auf der ersten Suchergebnisseite auffindbar, zu »Unternehmensberatung Berlin« und »Unternehmensberatung Düsseldorf« war Cassini allerdings nicht in den ersten 100 Suchergebnissen vertreten. Das Suchvolumen zu diesen und zu vielen weiteren lokalen Suchanfragen zeigte jedoch eine deutliche Tendenz:

Suchbegriff	Durchschnittl. monatl. Suchvolumen	Suchergebnis-Position (Google)
Consulting Berlin	250	9
Unternehmensberatung Berlin	1.300	100+
Consulting Düsseldorf	150	3
Unternehmensberatung Düsseldorf	1.300	100+

Tabelle 12.1 Suchvolumen und Suchergebnis-Positionen zu Suchbegriffen

Auf Basis der Erkenntnisse wurden inhaltliche und strukturelle Webseitenanpassungen definiert. Cassini hatte bereits bestimmte Ereignisse auf der Website als Conversion-Punkte definiert. Es wurde eine Google-Werbekampagne zur Validierung des Suchverhaltens und des Suchvolumens sowie zur Kundengewinnung aufgesetzt. Aufgrund der bereits vorhandenen Conversion-Erfahrungen konnte umgehend gestartet und die Maßnahmen bewertet werden.

Das Projekt erzielte in den ersten vier Wochen eine Steigerung der Conversion-Rate von über 50 %.

Fazit

Der Kunde bestimmt das Spiel. Auch wenn unter Experten der Begriff Consulting wesentlich häufiger genutzt wird, so ist die organische Sichtbarkeit in den Suchergebnissen der potenziellen Zielgruppe stark davon abhängig, dass wir die Begriffe der Kunden einsetzen und diese in unserem Sprachgebrauch beziehungsweise im Content unserer Websites verwenden.

12.4   Der Mehrwert für Systemhaus-Kunden ist mehr wert für den Unternehmenserfolg

Im Allgemeinen sagt man »Suchmaschinen lieben Content«, und dem kann ich nur zustimmen. Wie sehr, konnte ich bereits vor etlichen Jahren im Fall eines IT-Systemhauses sehen.

Das IT-Systemhaus hatte zehn Mitarbeiter und war im Vertrieb und im Aufbau von Unternehmensnetzwerken angesiedelt. Den Informatikern und IT-Spezialisten war es wichtig, die eigene Firmenpräsenz und das damit verbundene Webhosting selbst auszuführen, und so hatten wir neben einer Webanalyse in Google Analytics auch Daten zur Serverauslastung und dem allgemeinen Traffic des Servers. Die Informationen des Serverprotokolls wiesen eine Diskrepanz zwischen Website-Traffic laut Google Analytics und dem Datentransfer auf. Laut Serverprotokoll gab es einen Nutzeransturm auf die Website, die das 20-fache Volumen der Zahlen in Google Analytics widerspiegelte.

Ein Grund, sich die Logfiles der Server näher anzuschauen: Das Datenvolumen, welches über den Server abgerufen wurde, war extrem hoch, spiegelte sich aber nicht in den Zugriffszahlen wieder. In den Logfiles konnte man schnell feststellen, dass der meiste Traffic über PDF-Downloads erfolgte, und in einem PDF kann man keine Google-Analytics-Messung vornehmen. Der Traffic kam also nicht auf der Website an, sondern es waren PDF-Dateien, die das enorme Potenzial der Interessentengewinnung darstellten. Die Zugriffe kamen über eine organische Quelle. Nutzer recherchierten in Suchmaschinen nach Produkteigenschaften und Datenblättern und wurden auf dem Server des Unternehmens fündig.

Das Systemhaus hatte auf der eigenen Internetseite eine Vielzahl an Herstellern und Kooperationspartnern mit den entsprechenden Produkten vorgestellt. So wurden die Hardware-Komponenten von Firewall-Anbietern, Server- und Druckerkomponenten sowie viele Datenblätter zu Notebooks, Workstations, Monitoren und vielen weiteren IT-Geräten zum Download angeboten. Insgesamt hatten sich so über 2.000 Datenblätter von Herstellern angesammelt. Die Informationen waren ursprünglich als Ergänzung zum Internetauftritt gedacht und sollten das Angebot abrunden. Bei vielen relevanten Suchanfragen der Zielgruppe wurden allerdings nur die PDF-Dateien in den Suchergebnissen angeboten und nicht die eigentliche Zielseite auf der Website. Also hatte man nun zwar eine hohe Auslastung des Servers und eine gute Auffindbarkeit, aber alle Aufrufe waren nicht zielführend, denn die Datenblätter der Hersteller referenzierten nicht auf das Systemhaus. Es musste nun geprüft werden, wie man sich diese ungewollte Präsenz zukünftig zu Nutze machen und damit Neukunden gewinnen kann.

Ein erster, simpler Trick half sofort und brachte bereits den gewünschten Effekt. Alle PDF-Dateien wurden über eine Automation angepasst, und an jedes Dokument wurde eine zusätzliche Seite angehangen. Es war eine Informationsseite des Unternehmens, auf der die Kontaktdaten, der Link zur Homepage (als Direktlink im PDF gespeichert) sowie die Aufforderung »Sie haben Fragen zu diesem Produkt – Rufen Sie uns an!« angezeigt wurden, und darunter wurden prominent ein entsprechender Ansprechpartner und die Telefonnummer platziert. Die Dateien wurden unter der ursprünglichen Bezeichnung wieder auf den Server geladen. Bereits nach drei Tagen kam der erste Anruf eines Interessenten, der ein PDF zu einem speziellen Serverprodukt heruntergeladen hatte. Nach einer Woche gab es den ersten Geschäftsabschluss, der nachweislich einem PDF-Download zugeordnet werden konnte.

Fazit

PDF-Dateien bieten eine enorme Möglichkeit, Content und zusätzliche Kontaktpunkte aufzubauen. Eine reine Webanalyse ist nicht immer aussagekräftig, wenn es darum geht, die eigene Präsenz in den Suchergebnissen zu bewerten.

Ob Ihr Unternehmen bereits mit PDF-Dateien bei Google indexiert ist, können Sie über die Google-Suche herausfinden. Nutzen Sie dazu die folgende Suchanfrage:

»filetype:pdf site:www.Domainname.xyz«

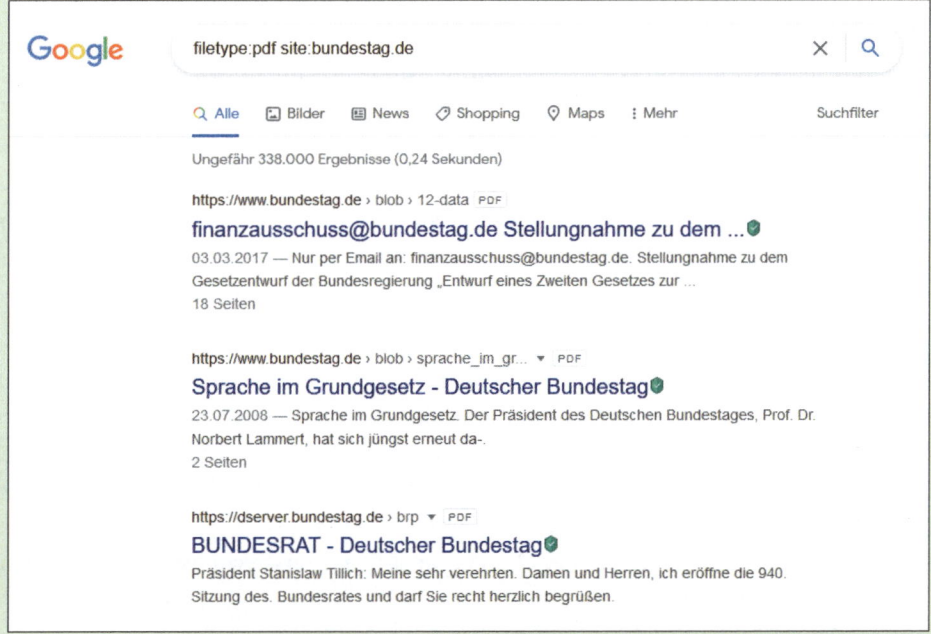

Abbildung 12.14 Recherche mit Google-Suchparametern – Der Server bundestag.de liefert 338.000 Ergebnisse

12.5   Ihr Start ins Online-Marketing – ein Leitfaden für den Schnelleinstieg

Jetzt haben wir uns einige Konzepte angeschaut, und Sie haben Projekte aus der Praxis kennengelernt. Es geht nicht immer alles nach Lehrbuch, und die Umsetzung ist jedes Mal individuell auf das Unternehmen und die jeweilige Situation zugeschnitten. Dennoch gibt es Komponenten, die ich bei jedem Projekt abfrage und wie bei einer Checkliste prüfe, ob diese Punkte bereits vorhanden sind oder ob wir das einsetzen sollten. Egal ob die Maßnahmen später Bestandteil des Projektes sind, sie bilden lediglich den Handlungsleitfaden ab und geben mir die Gewissheit für eine sorgfältige Beratung.

Aus diesem Grund möchte ich Ihnen auch die aus meiner Sicht wichtigsten Komponenten für kleine und mittelständische Unternehmen an die Hand geben, mit denen Sie Ihr Online-Marketing anreichern sollten. Es sind bei weiterm nicht alle Punkte, und eine vollständige Auflistung würde zu viele Eventualitäten aufgreifen. Die hier genannten sind allerdings für alle Unternehmensformen – egal ob Handwerker, Versicherungsmakler, Dienstleister oder Einzelhändler – wichtig. Zu den jeweiligen Punkten habe ich Ihnen auch noch mal die Kapitel des Buchs genannt, sodass Sie die Tabelle später mit diesen Informationen schnell wieder aufrufen können.

1. **Ihr Internetauftritt**

   Egal ob Onlineshop, App oder Unternehmenspräsenz: Ihr Internetauftritt ist Dreh- und Angelpunkt aller digitalen Aktivität. Hier möchten Sie aus Interessenten Kunden und aus Kunden wiederkehrende Kunden, Freunde und Multiplikatoren machen. Nutzen Sie ein Website-System, welches Sie bedienen können, beispielsweise Word-Press, mit dem Sie den verschiedenen Webseitenbesuchern relevante Informationen präsentieren können (weitere Informationen finden Sie in Kapitel 4, »Es geht nicht ohne eigene Website«).

2. **Usability & Webanalyse**

   Eine Analyse bringt Ihnen keine Kunden, sie hilft Ihnen aber dabei herauszufinden, warum keine Kunden kommen und was Sie dafür tun müssen. Und da kommt Usability ins Spiel. Sie benötigen auf Ihrer Internetseite relevante Informationen, die Ihre Zielgruppe entlang der Customer Journey begleitet und zum richtigen Zeitpunkt mit einer Call-to-Action zu einem Lead verwandelt. Nutzen Sie Google Analytics UND die Google Search Console. Optional helfen ergänzende Dienste wie beispielsweise Hotjar. Weitere Informationen finden Sie in Kapitel 9, »Funktioniert meine Werbung?«, und in Kapitel 3, »Die Customer Journey meiner Kundschaft verstehen«.

3. **Google-My-Business-Eintrag**

Sie sind ein lokales Unternehmen, und Sie *müssen* lokal auffindbar sein. Ein Eintrag in Google My Business ist für Sie ein wichtiges Instrument. Nutzen Sie den Eintrag, und pflegen Sie aktuelle Inhalte ein. Fordern Sie (gute) Kunden zur Bewertung auf, und prüfen Sie regelmäßig, wie Ihr Eintrag auffindbar ist. Werfen Sie dazu einen Blick in Kapitel 7, »Die erste Anlaufstelle – Google My Business«.

4. **Suchmaschinenoptimierung**

Was nützt Ihnen der schönste Internetauftritt, wenn er nicht gefunden wird? Achten Sie also darauf, dass Sie die richtigen Begrifflichkeiten einsetzen und diese auch entsprechend der SEO-Kriterien korrekt eingebaut sind (Überschriften, Title, Description). Prüfen Sie, ob Sie einen relevanten Linkaufbau betreiben können und andere Websites Ihnen eine Referenz (einen Backlink) ausstellen. Dies kann z. B. in lokalen Branchenbüchern, Websites von Unternehmensverbänden, Herstellerseiten und bei Unternehmenspartnern erfolgen. Zu diesem Punkt finden Sie alles Weitere in Kapitel 5, »So werden Sie bei Google von Ihren Kunden gefunden«.

5. **Google Ads – Suchmaschinenwerbung**

Ihre Präsenz in den richtigen Suchergebnislisten zu relevanten Suchanfragen ist für Sie ein echter Erfolgsgarant. Sofern Sie nicht organisch in den Suchergebnissen Ihrer Zielgruppe erscheinen, sollten Sie über Werbeanzeigen in den entsprechenden Suchergebnissen nachdenken. Die Informationen zur Werbung in den Suchergebnissen finden Sie in Kapitel 6, »Sichtbar sein mit Google Ads«.[1]

6. **Social-Media-Aktivitäten**

Erstellen Sie Unternehmenseinträge in den sozialen Netzwerken Ihrer Zielgruppen und Kunden. Bespielen Sie die Kanäle mit relevantem, ansprechendem Content. Die Informationen zu sozialen Netzwerken finden Sie in Kapitel 10, »Soll ich auch in Social Media präsent sein?«.

7. **Bestandskundenmanagement**

Nutzen Sie E-Mail-Marketing und Marketing-Automation, um aus zufriedenen Kunden wiederkehrende Kunden und Multiplikatoren zu machen. Setzen Sie eine persönliche Ansprache im Newsletter und individuellen Content auf Basis der Interessen und Kommunikationsmaßnahmen jedes Einzelnen. Sie bieten Ihren Kunden einen Mehrwert, ohne dass dies für Sie einen Mehraufwand darstellt. Ganz im Gegenteil – Sie werden durch die Automation entlastet, und gleichzeitig steigt die Kunden-

---

1 Anmerkung: Nein, ich bekomme keine Provision von Google (leider, das würde sich schon lohnen), jedoch ist dies aus meiner Sicht eine der effektivsten Vertriebsformen im Internet.

bindung aufgrund der höheren Interaktion. (Weitere Informationen finden Sie in Kapitel 11, »Wir müssen reden – mit den Kunden digital richtig kommunizieren«.)

Sieben Punkte für Ihre persönliche Online-Marketing-Strategie. In welchem Tempo und in welcher Reihenfolge Sie diese Punkte umsetzen, ist Ihnen überlassen. Aus meiner Sicht bietet Ihnen die Liste eine fundamentale Basis für ein erfolgreiches lokales (Online-)Marketing.

Kapitel 13

War es das jetzt? – Wie geht es weiter?

Welche Trends treiben die Branche an? Ein kleiner Ausblick und ein Hinweis zu Förderprogrammen runden in diesem Kapitel den Weg zu Ihrem ganz persönlichen »Local Marketing« ab.

Zu guter Letzt möchte ich mit Ihnen einen Ausblick in die Zukunft werfen. Wie entwickelt sich die Medien- und Kommunikationslandschaft, welche technologischen Neuerungen werden unseren Alltag in den nächsten Jahren verändern, und was hat das für Auswirkungen auf Ihre und meine Branche sowie das Verhalten der Menschen.

Es ist eine spannende Zeit, in der wir leben, und noch nie gab es so viele Innovationen, die rasend schnell in kurzen Innovationszyklen unseren Alltag erreichen.

Wichtige Treiber für die nächsten Jahre sind dabei sicherlich künstliche Intelligenz und Quantencomputer. Ich kann mir kaum vorstellen, welche Fortschritte wir in den nächsten Jahren durch diese Technologien erreichen werden, und so können wir nur mutmaßen was sich ändern wird, und für uns eine persönliche Ableitung für die Kundenkommunikation ziehen.

Wir werden zukünftig eine wesentlich stärkere Mensch-Maschine-Interaktion erleben, und vor allem die Spracheingabe und Gestensteuerung wird sich stärker entwickeln. Wie kann uns das bei der Kommunikation mit unseren Kunden derzeit bereits weiterhelfen?

13.1   Voice matters

Es gibt erste Anzeichen dafür, welche Kommunikationswege sich in naher Zukunft etablieren werden und welche Technologien diesbezüglich entwickelt werden. Ein großes Anwendungsgebiet ist die Interaktion via Sprachsteuerung und die Nutzung von Sprachassistenten – egal ob im Auto, auf dem Smartphone, beim neuen TV-Gerät oder bei Smart-Speakern, die Sprachsteuerung etabliert sich, und wir finden Gefallen daran.

Es wird daher in den nächsten Jahren wichtiger werden, dass Informationen über Ihr Unternehmen von Maschinen gelesen und für passende Fragen interpretiert werden können.

»Wo ist das nächste Einkaufszentrum«, »Nenne mir gute Friseursalons in meiner Nähe«, »Wo ist der nächste Änderungsdienst«, »Wo ist die nächste Kfz-Werkstatt«, »Wo finde ich einen BMW-Vertragspartner«, »Welche vegetarischen Restaurants gibt es in Köln«, »Wie ist der Preis für den neuen VW Golf Combi«, »Nenne mir Malerbetriebe in meiner Nähe mit guten Bewertungen«, »Welcher Friseur in meiner Nähe macht Haarverlängerungen«, »Wer repariert Waschmaschinen«, »Suche mir ein Hotel in der Münchner Innenstadt«, »Suche mir ein *günstiges* Hotel in der Münchner Innenstadt«, »Suche mir ein *exklusives* Hotel in der Münchner Innenstadt«, »Wie lange hat der Supermarkt heute geöffnet«, »Wie lautet die Telefonnummer der Kim Labs GmbH«, »Wo finde ich einen guten Schuster«, »Wo bekomme ich das neue Buch von Kim Weinand«, »Wo bekomme ich indische Gewürze in Saarbrücken«, »Wer verkauft Elektrofahrräder in Mainz« und viele weitere Suchanfragen werden wir zukünftig nicht mehr eintippen, sondern sprachgesteuert abfragen und dann aufbauend auf den Antworten weitere Fragen und Folgeaktionen definieren.

»Verbinde mich mit Malerbetrieb Meier«, »Welche Leistungen bietet Hochzeitshaus Schneider«, »Kann man bei Friseursalon Müller online Termine vereinbaren«, »Reserviere einen Tisch für zwei Personen im Restaurant ›Zur Glocke‹ für Freitagabend 18 Uhr«, »Hat das Restaurant ›Dolce Vita‹ vegane Gerichte«, »Sind im Hotel ›Vier Jahreszeiten‹ Hunde erlaubt« – das sind alles Sprachbefehle, die wir in den nächsten Jahren erleben werden.

Und so wird sich der Begriff *googeln* wieder relativieren, und neue Begriffe werden geprägt. Für Sie wird die technische Aufbereitung der Informationen auf Ihrer Internetseite ein Faktor für Ihre Auffindbarkeit in der Sprachsuche sein.

In Abschnitt 5.2.1 haben Sie bereits die Lösung dazu kennengelernt: strukturierte Daten (Rich Snippets), die Sie mit den maschinenlesbaren Informationen nach Schema.org aufbereiten können. So können Sie sich bereits heute für morgen rüsten.

Kommen wir zu Online-Audio und Podcasts: Nicht nur die Sprachassistenten zeigen Ihnen, wie die Entwicklung ist. Generell entwickeln sich neue Unterhaltungsmodelle, oder bestehende Modelle werden digitalisiert. So entwickeln sich digitale Audioangebote in Form von Digitalradio-Anbietern und Online-Musikanbietern, die diese Branche bereichern und neue Formate bereitstellen. Online-Audio und Podcasts sind diesbezüglich ein enormer Wachstumsmarkt, und Unternehmen stellen zunehmend den früheren Content des Blogs als Audio-Content in einem Podcast bereit.

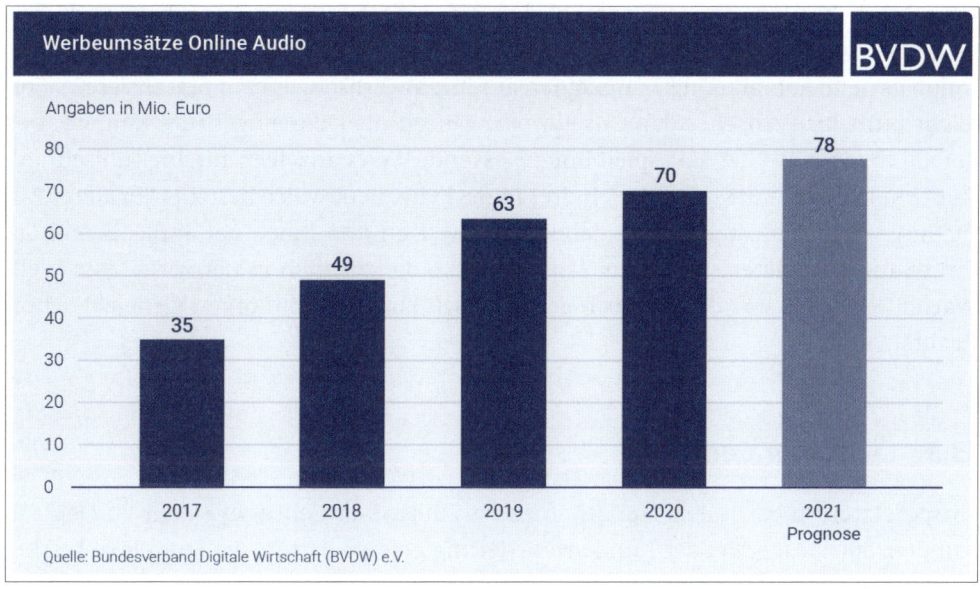

Abbildung 13.1 Werbeumsätze Online-Audio (Quelle: BVDW)

Neudeutsch sprechen wir in dem Zusammenhang vom Podcasting, und es ist derzeit ein großer Trend. Ebenso konnten wir 2020 einen Boom der Audio-Plattform Clubhouse erleben. Nach nur einem Jahr (Stand April 2021) kam Clubhouse auf rund 13 Millionen Nutzer und wurde mit rund vier Milliarden Dollar bewertet.[1] Genauso schnell wie der Hype kam, war er allerdings auch wieder weg, und ein halbes Jahr später findet der Dienst kaum noch Wahrnehmung. Generell bleibt aber das Thema Audio in vielerlei Hinsicht für die Zukunft ein wichtiger Kanal.

13.2 SMART-Dienste – vernetzte Welten

Online-Audio ist auch die perfekte Überleitung zu einem weiteren wichtigen Schritt in der Digitalwerbung – die vernetzte Welt und damit Multichannel-Marketing. Zukünftig wird es eine neue Form des Remarketing und der gezielten Werbeansprache geben. Sie rufen eine Webseite eines Anbieters auf, und im Nachgang erhalten Sie eine Radiowerbung als Remarketing-Maßnahme. Die digitale Vernetzung des Radiodienstes mit den Analysedaten aus der Werbemaßnahme oder ihrer klassischen Webanalyse schafft

---

1 Quelle: *www.wiwo.de/technologie/digitale-welt/clubhouse-gruender-wir-sind-viel-zu-schnell-gewachsen/27301658.html*

neue Möglichkeiten. Und ja, wenn wir den Bereich des linearen Fernsehens verlassen und über Streaming-Dienste nachdenken, dann ist es auch hier zukünftig möglich, Ihnen gezielte Remarketing-Kampagnen auf Ihrem Fernsehgerät zu präsentieren. Vielleicht prüft Ihr Fernseher dann in ein paar Jahren über die eingebaute Kamera, wer gerade vor dem TV sitzt, und spielt Ihnen passende Werbeanzeigen aus. Im Kühlschrank ist die Milch leer, und Sie haben seit drei Tagen keine neue Milch bestellt? Ein klarer Fall für Ihren Sprachassistenten, Sie darauf hinzuweisen und Ihnen per Sprachbefehl die Bestellung anzubieten. Sie sehen, es gibt viele Möglichkeiten in der vernetzten Welt. Warten wir es ab, was derzeit noch gespenstisch klingt, wird morgen vielleicht schon Realität?

13.3   Customer Centricity

Unser letzter Punkt in den Trendthemen ist »Customer Centricity« oder zu Deutsch Kundenzentrierung. Bei der Kundenzentrierung geht es darum, die komplexe Werbestrategie nicht auf die eigenen Produkte, sondern auf den Kunden auszurichten und ihn in den Mittelpunkt der Konzeption zu stellen. Es ist der (heutige) Heilige Grahl der Vertriebs- und Marketing-Konzepte. Mit dem Modell der Customer Journey aus Kapitel 3 sehen wir bereits Ansätze für eine Kommunikationsstrategie. Bei der Zentrierung richten wir den Blickwinkel jedoch nicht von außen auf den Kunden, sondern ausschließlich von Kundenseite aus auf das Produkt beziehungsweise auf unser Unternehmen. Ein schönes Zitat, welches dieses Konzept sehr gut widerspiegelt, ist:

> *»Ein Kunde ist der wichtigste Besucher in unserem Hause. Er ist nicht von uns abhängig. Wir sind von ihm abhängig. Er unterbricht unsere Arbeit nicht, sondern er ist Ziel und Zweck unserer Arbeit. Er ist bei unseren Aufgaben kein Außenstehender. Er ist Teil davon. Wir tun ihm keinen Gefallen, indem wir uns um ihn kümmern. Er tut uns einen Gefallen, indem er uns die Möglichkeit dazu bietet.«* – *Mahatma Gandhi*

Und so bietet uns die Zentrierung auf unseren Kunden einen wichtigen Wettbewerbsvorteil, sofern wir das Modell vollumfänglich umsetzen: Wir machen keine Werbung, um Kunden zu erreichen, wir erreichen Kunden, um mit ihnen Werbung zu machen. Hört sich kompliziert an, ist aber eigentlich ganz einfach. Das Konzept bietet uns einen anderen Einstiegspunkt für unsere eigentliche Werbemaßnahme.

Die klassische Werbeansprache sieht ungefähr so aus:

▶ Wir machen Werbung und sprechen Zielgruppen an. Wir stellen unsere Produkte vor.

▶ Die Nutzer kommen auf unsere Website.

▶ Die relevanten Interessenten interagieren mit unserem Content und schauen sich die Produkteigenschaften an.

▶ Die Interessenten nehmen Kontakt mit uns auf und werden zu Leads.

▶ Die Leads konvertieren zu Kunden.

Häufig können wir zwar messen, wie viele Websitebesucher zu Kunden werden, aber wir können diese Information nicht rekursiv mit der Werbetätigkeit und den Triggern auf der Website in Verbindung setzen. So fehlt ein wichtiger Teil der Datenanalyse, um die Qualität der Zielgruppenansprache zu verbessern und aus dem gewonnenen Kundenbild ein Profil für die verbesserte Neukundenansprache ableiten zu können.

Bei der Ansprache nach dem Prinzip der Customer Centricity prüfen wir zuerst unsere Kundenbasis und kreieren von dort aus unsere Werbung. Das bedeutet:

▶ Wir arbeiten mit einem CRM-System und pflegen unsere Kunden im System ein.

▶ Wir interagieren mit unseren Kunden über unsere Webseite, über ein Newslettersystem und unsere sozialen Netzwerke und prüfen das Nutzerverhalten.

▶ Auf Basis des Nutzerverhaltens und der Interessen werden Content und Call-to-Actions dynamisch angepasst und spiegeln das Verhalten des Nutzers wieder.

▶ Wir leiten aus dem Nutzerverhalten neue Content-Elemente ab und prüfen, welche Gemeinsamkeiten unsere Kunden haben (Interessen, Kaufgewohnheiten, demografische Merkmale).

▶ Auf Basis der Gemeinsamkeiten und einer höchstmöglichen Überschneidung planen wir Werbemaßnahmen, um Neukunden (die unseren Bestandskunden in den Interessen und den demografischen Merkmalen ähneln) anzusprechen. Wir suchen sozusagen statistische Zwillinge unserer Kunden und bewerben ganz gezielt Personen mit gleichen Eigenschaften und Vorlieben.

In dieser Abfolge werden wir zukünftig wesentlich häufiger Werbemaßnahmen ausführen. Unter dem Begriff »Statistische Zwillinge« finden Sie bereits verschiedene Werbeansätze, und auch Google und Facebook bieten Ihnen die Bewerbung von Statistischen Zwillingen auf Basis vordefinierter Kundengruppen an. Ein Vermarkter benötigt dazu Zugriff auf Ihre Kundenbasis, und diese können Sie dem Anbieter entweder in Form einer Schnittstelle oder einer Liste (csv) zur Verfügung stellen.

Eine klassische Mediaplanung entfällt dann zukünftig, und Sie werben auf Basis Ihrer eigenen Kundendaten, um Neukunden anzusprechen. Das Konzept verspricht in naher Zukunft eine sehr effiziente Werbemöglichkeit zu werden.

13.4   Förderprogramme für Digitalisierung

Zum Schluss möchte ich Ihnen noch einen Mehrwert mitgeben und mich damit bedanken, dass Sie das Buch bis hierhin durchgearbeitet haben. Wenn Sie hier angekommen sind und jetzt bereits im Gedanken schon Ihr Konzept ausarbeiten, dann möchte ich Ihnen mit dem Hinweis auf staatliche Förderprogramme noch mal einen letzten Anreiz für Ihren Fahrplan geben. Sowohl der Bund als auch viele Bundesländer unterstützen KMUs mit unterschiedlichen Förderungen.

13.4.1   Förderungen auf Bundesebene

Hier eine Übersicht der Förderungen auf Bundesebene:

▶ **Digitalisierungsförderung als Bestandteil der Überbrückungshilfe III Plus**

Derzeit können Unternehmen, Soloselbstständige und Freiberufler*innen, die Anspruch auf die Überbrückungshilfe III Plus haben, einen Zuschuss für Digitalisierungsmaßnahmen in Höhe von einmalig bis zu 10.000 Euro erhalten. Die Antragsfrist dafür läuft (Stand Oktober) bis zum Jahresende 2021.

Die Informationen dazu finden Sie unter: *www.ueberbrueckungshilfe-unternehmen.de*.

▶ **Digital Jetzt – Investitionsförderung für KMU**

Das Förderprogramm *Digital jetzt – Neue Förderung für die Digitalisierung des Mittelstands* des Bundesministeriums für Wirtschaft und Energie (BMWi) bezuschusst mittelständische Unternehmen aus allen Branchen (inklusive Handwerksbetriebe und freie Berufe) mit 3 bis 499 Beschäftigten, die entsprechende Digitalisierungsvorhaben planen (z. B. Investitionen in Soft-/Hardware und/oder in die Mitarbeiterqualifizierung).

Abbildung 13.2 Zahlen und Fakten zu »Digital Jetzt« (Quelle: BMWi)

Das Programm bietet finanzielle Zuschüsse und soll Firmen dazu anregen, mehr in digitale Technologien sowie in die Qualifizierung ihrer Beschäftigten zu investieren.

Im laufenden Jahr verdoppelt sich das Budget von 57 Millionen Euro auf 114 Millionen Euro. Insgesamt stehen über das Konjunkturpaket knapp 250 Millionen Euro zusätzlich bis 2024 zur Verfügung. Ein Antrag auf Förderung kann – Stand September 2021 – bis einschließlich 2023 gestellt werden.

Weitere Informationen finden Sie unter: *www.bmwi.de/Redaktion/DE/Dossier/digital-jetzt.html*.

▶ **unternehmensWert:Mensch plus (uWM plus)**

Mit passgenauen Beratungsdienstleistungen unterstützt das Beratungsprogramm unternehmensWert:Mensch kleine und mittlere Unternehmen (KMU) bei der Entwicklung moderner, mitarbeiterorientierter Personalstrategien.

Es wird Beratung in vier Handlungsfeldern gefördert: Personalführung, Chancengleichheit & Diversity, Gesundheit sowie Wissen & Kompetenz. Je nach Unternehmensgröße werden 50 bis 80 % der Beratungskosten übernommen.

Weitere Informationen: *www.unternehmens-wert-mensch.de/*.

13.4.2   Förderungen auf Landesebene

Neben diesen Förderungen gibt es eine Vielzahl an Förderprogrammen für KMUs in den entsprechenden Bundesländern. Eine Auflistung finden Sie unter *https://gemeinsam-digital.de/foerderung-digitalisierung/*.

13

Danksagung

Herzlichen Dank an alle, die sich für meine Bücher und Vorträge interessieren und mir Feedback geben. Herzlichen Dank auch an das Team vom Rheinwerk-Verlag, das mich unterstützt und dieses neue Buch ermöglicht hat.

Ich bin Euch allen sehr dankbar für die Inspiration und die Motivation, die ihr mir auf meinem Weg zu diesem Buch gegeben habt. Vielen Dank für eure Rückmeldung zu meinen Büchern *Top Rankings bei Google & Co.* und *Online-Marketing für Sachverständige.* Persönliche Nachrichten, E-Mails, Rezensionen und die positive Berichterstattung in der Fachpresse sind für mich nicht nur Motivation für Neues, sie machen auch zutiefst dankbar für das, was ich bisher erreichen durfte.

>*»Die dankbaren Menschen geben den anderen Kraft zum Guten.« – Albert Schweitzer*

In meinem Fall haben »die Anderen« mir die Kraft gegeben, und so möchte ich mit meiner Dankbarkeit auch anderen Menschen die Kraft geben, an sich zu glauben, und Sie zu Ihren eigenen Projekten ermutigen.

So wie ich diese Motivation brauche und schätze, so braucht man auch die Unterstützung während des Schreibens. Das größte Geschenk, das man einem Autor machen kann, sind Zeit und Verständnis. Davon habe ich in den letzten Wochen und Monaten wirklich reichlich gebraucht. Und ich habe das Glück, dass mich meine Familie ganz besonders unterstützt hat.

Ich möchte mich von Herzen bei euch bedanken – danke, dass ihr an mich glaubt, mich unterstützt und mir diese Zeit schenkt.

Danke ... meine drei Engel! Danke Schatz, danke Emma, danke Nina!

Kim Weinand

Index

W

Y

Z

Machen Sie Pinterest zu Ihrer Trafficmaschine

Pinterest ist der heimliche Star im Online-Marketing. Nutzen Sie die Stärken von Pinterest in Ihrem Marketingmix und leiten Sie mehr Traffic auf Ihre Website und in Ihren Shop. Wie das geht? Das Praxisbuch bietet Ihnen das nötige Wissen, um erfolgreiches Pinterest-Marketing zu betreiben, ganz gleich, ob Sie Pinterest bereits einsetzen oder ganz neu dabei sind. Die Praxisbeispiele helfen Ihnen dabei, Ihre Marke auf Pinterest in Stellung zu bringen. Mit vielen Planungs- und Strategietipps, Pinterest Ads und Monitoring.

377 Seiten, broschiert, in Farbe, 29,90 Euro, ISBN 978-3-8362-7882-9
www.rheinwerk-verlag.de/5184

Das große SEO-Standardwerk

Die neue Auflage des SEO-Bestsellers von Sebastian Erlhofer. Setzen Sie auf das Wissen des Experten und bringen Sie Ihre Web sites bei Google und Co. ganz nach vorne. Lernen Sie, wie Sie Texte schreiben, die Google liebt (und Ihre Besucher auch). Machen Sie sich mit den Werkzeugen der SEO-Profis vertraut, durchleuchten Sie Ihre Seite gezielt auf Schwachstellen und erfahren Sie, wie Sie SEO-Fehler und Schwachstellen schnell und sicher beheben. Unverzichtbar in der Online-Marketing-Ausbildung!

1.219 Seiten, gebunden, 49,90 Euro, ISBN 978-3-8362-7674-0
www.rheinwerk-verlag.de/5116